2026

화물운송종사 자격시험
적중기출문제집

교통안전시설 일람표

주의표지

번호	명칭	번호	명칭	번호	명칭
101	+자형교차로	102	T자형교차로	103	Y자형교차로
104	ㅏ자형교차로	105	ㅓ자형교차로	106	우선도로
107	우합류도로	108	좌합류도로	109	회전형교차로
110	철길건널목	110의2	노면전차	111	우로굽은도로
112	좌로굽은도로	113	우좌로 이중굽은도로	114	좌우로 이중굽은도로
115	2방향통행	116	오르막경사	117	내리막경사
118	도로폭이 좁아짐	119	우측차로없어짐	120	좌측차로없어짐
121	우측방통행	122	양측방통행	123	중앙분리대시작
124	중앙분리대끝남	125	신 호 기	126	미끄러운도로
127	강변도로	128	노면고르지못함	129	과속방지턱
130	낙석도로	132	횡단보도	133	어린이보호
134	자 전 거	135	도로공사중	136	비 행 기
137	횡 풍	138	터 널	138의2	교 량
139	야생동물보호	140	위 험	141	상습정체구간

규제표지

번호	명칭	번호	명칭	번호	명칭
201	통행금지	202	자동차통행금지	203	화물자동차통행금지
204	승합자동차통행금지	205	이륜자동차및원동기장치자전거통행금지	205의2	개인형이동장치통행금지
206	자동차·이륜자동차및원동기장치자전거통행금지	206의2	이륜자동차·원동기장치자전거및개인형이동장치통행금지	207	경운기·트랙터및손수레통행금지
210	자전거통행금지	211	진입금지	212	직진금지
213	우회전금지	214	좌회전금지	216	유턴금지
217	앞지르기 금지	218	정차·주차금지	219	주차금지
220	차중량제한	221	차높이제한	222	차폭제한
223	차간거리확보	224	최고속도제한	225	최저속도제한
226	서 행	227	일시정지	228	양 보
230	보행자보행금지	231	위험물적재차량통행금지		

지시표지

번호	명칭	번호	명칭	번호	명칭
301	자동차전용도로	302	자전거전용도로	303	자전거 및 보행자 겸용도로
303의2	노면전차 전용도로	304	회전교차로	305	직 진
306	우 회 전	307	좌 회 전	308	직진 및 우회전
309	직진 및 좌회전	309의 2	좌회전 및유턴	310	좌우회전
311	유 턴	312	양측방통행	313	우측면통행
314	좌측면통행	315	진행방향별통행구분	316	우 회 로
317	자전거 및 보행자 통행구분	318	자전거전용차로	319	주차장
320	자전거주차장	320의2	개인형이동장치주차장	320의3	어린이통학버스 승하차
320의4	어린이 승하차	321	보행자전용도로	321의2	보행자우선도로
322	횡단보도	323	노인보호(노인보호구역안)	324	어린이보호(어린이보호구역안)
324 의 2	장애인보호(장애인보호구역안)	325	자전거횡단도	326	일방통행
327	일방통행	328	일방통행	329	비보호좌회전
330	버스전용차로	331	다인승차량전용차로	331의2	노면전차전용차로
332	통행우선	333	자전거나란히통행허용	334	도시부

보조표지

번호	명칭	번호	명칭	번호	명칭
401	거 리	402	거 리	403	구 역
404	일 자	405	시 간	406	시 간
407	신호등화상태	407의2	우회전 신호등	407의3	신호등 방향
407의4	신호등 보조장치	408	전방우선도로	409	안전속도
410	기상상태	411	노면상태	412	교통규제
413	통행규제	414	차량한정	415	통행주의
415의2	충돌주의	416	표지설명	417	구간시작
418	구간 내	419	구 간 끝	420	우방향
421	좌방향	422	전 방	423	중량
424	노폭	425	거 리	427	해 제
428	견인지역				

보조표지 예시 문안: 시 내 전 역 · 일요일·공휴일제외 · 08:00~20:00 · 1시간 이내 차둘 수 있음 · 적신호시 · 우회전 신호등 · 버스 전용 / 서울역 방향 · 보행신호연장시스템 / 보행자 작동신호기 · 앞에 우선도로 · 안전속도 30 · 안개지역 · 차로엄수 · 건너가지 마시오 · 승용차에 한함 · 속도를 줄이시오 · 충 돌 주 의 · 터널길이 258m · 구간시작 200m · 구 간 내 400m · 구 간 끝 600m · 전방 50M · 3.5t · 3.5m · 100m · 해 제 · 견 인 지 역

표지판 종류

종류	주의	규제	지시	보조
예시	(100~210)	(100~210)	(∅1000)	(∅1000)

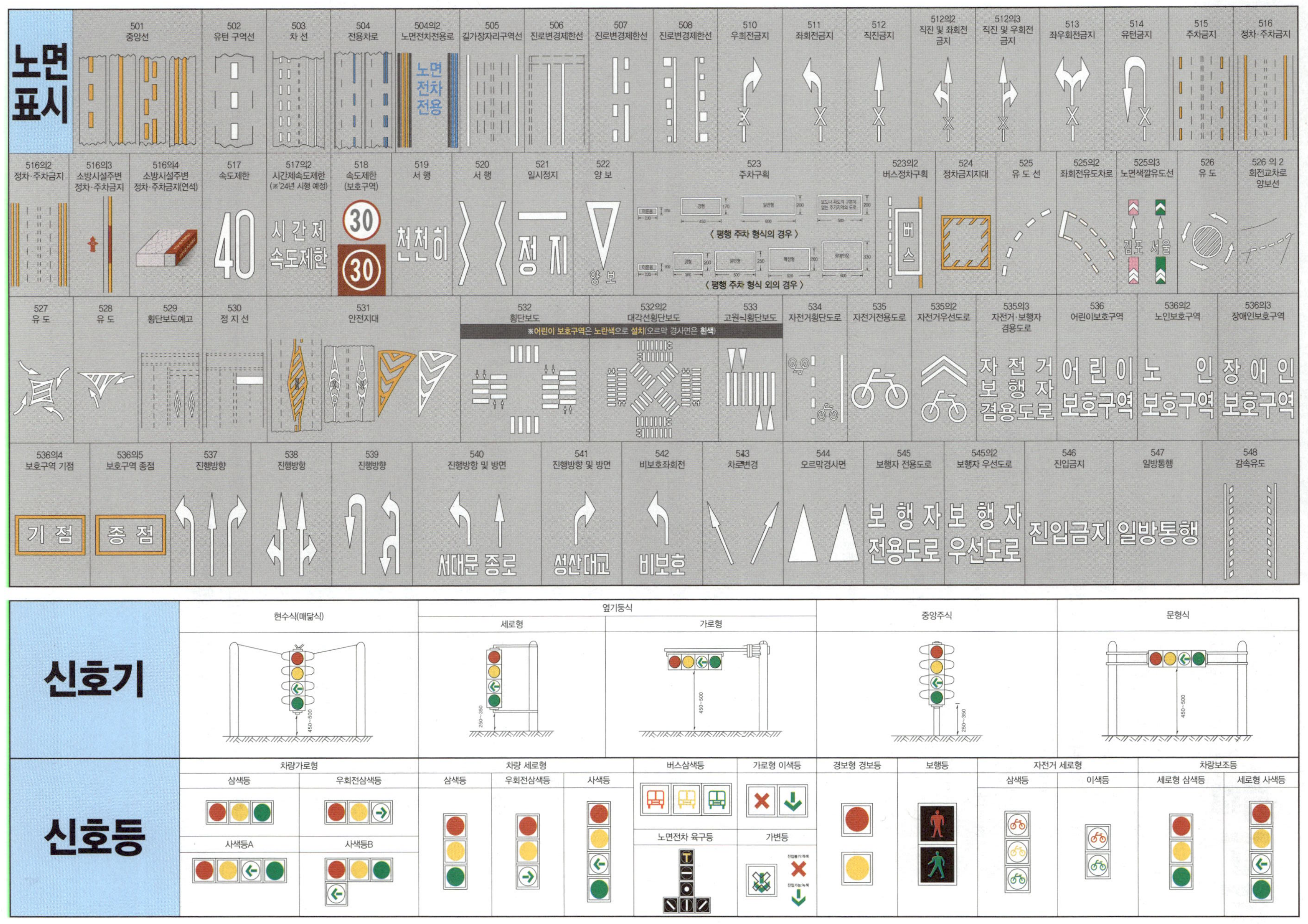

노면표시

501 중앙선
502 유턴 구역선
503 차 선
504 전용차로
504의2 노면전차전용로
505 길가장자리구역선
506 진로변경제한선
507 진로변경제한선
508 진로변경제한선
510 우회전금지
511 좌회전금지
512 직진금지
512의2 직진 및 좌회전 금지
512의3 직진 및 우회전 금지
513 좌우회전금지
514 유턴금지
515 주차금지
516 정차·주차금지

노면전차전용

516의2 정차·주차금지
516의3 소방시설주변 정차·주차금지
516의4 소방시설주변 정차·주차금지(연석)
517 속도제한
517의2 시간제속도제한 (※'24년 시행 예정)
518 속도제한 (보호구역)
519 서 행
520 서 행
521 일시정지
522 양 보
523 주차구획
523의2 버스정차구획
524 정차금지지대
525 유 도 선
525의2 좌회전유도차로
525의3 노면색깔유도선
526 유 도
526 의 2 회전교차로 양보선

40
시 간 제 속도제한
30
30
천천히
정 지
양 보
〈 평행 주차 형식의 경우 〉
〈 평행 주차 형식 외의 경우 〉
경형 일반형
보도나 차도의 구분이 없는 주거지역 도로
장애인용
버스
김포 서울

527 유 도
528 유 도
529 횡단보도예고
530 정 지 선
531 안전지대
532 횡단보도
532의2 대각선횡단보도
533 고원식횡단보도
534 자전거횡단도로
535 자전거전용도로
535의2 자전거우선도로
535의3 자전거·보행자 겸용도로
536 어린이보호구역
536의2 노인보호구역
536의3 장애인보호구역

※어린이 보호구역은 노란색으로 설치(오르막 경사면은 흰색)
자 전 거 보 행 자 겸용도로
어린이 보호구역
노 인 보호구역
장 애 인 보호구역

536의4 보호구역 기점
536의5 보호구역 종점
537 진행방향
538 진행방향
539 진행방향
540 진행방향 및 방면
541 진행방향 및 방면
542 비보호좌회전
543 차로변경
544 오르막경사면
545 보행자 전용도로
545의2 보행자 우선도로
546 진입금지
547 일방통행
548 감속유도

기 점 종 점
서대문 종로
성산 대교
비보호
보 행 자 보 행 자 전용도로 우선도로
진입금지 일방통행

신호기
현수식(매달식)
옆기둥식
세로형
가로형
중앙주식
문형식
450~500
250~350

신호등
차량가로형
삼색등
우회전삼색등
사색등A
사색등B
차량 세로형
삼색등
우회전삼색등
사색등
버스삼색등
가로형 이색등
노면전차 육구등
가변등
경보형 경보등
보행등
자전거 세로형
삼색등
이색등
차량보조등
세로형 삼색등
세로형 사색등

머리말

화물운송종사자격시험 합격을 위한 핵심을 모두 담아내려 하였다. 화물운송종사자격시험을 취득하려는 사람들이 어떻게 하면 빠르고 쉽게 자격증을 취득하는데 도움을 줄 수 있는가를 고민하며 책을 만들었다. **이론은 간명하게 전달하려고 노력하면서 이로 인해 이해의 정도가 떨어지지 않도록** 내용의 양을 조절하였다. 즉 합격에 필요한 지식과 이해의 필요를 위한 분량의 배분을 적절하게 하도록 하였다.

적중모의고사는 시험에 자주 출제되는 기출테마에 대한 주제를 위주로 만들었으며, **최근 출제경향에 부합**되도록 하였다. 그리고 이론에는 **별표를 표시**하여 이론 중에서 어느 부분이 중요한지를 파악할 수 있도록 하는 동시에, 강약을 두어 내용을 공부할 수 있도록 하였다. 그리고 잘 외워지지 않는 중요부분은 **두문자를 제공**하여 암기에 편의를 제공하였고, **적절한 곳에 어드바이스**를 통하여 학습의 방향을 잡을 수 있도록 하였다. 각 파트별 기출 및 중요내용을 **지문형식을 통해서 이론을 암기내지 숙지할 수** 있도록 내용을 구성하였다.

QR코드로 제공된 것은 독자들이 스마트폰을 통하여 보다 입체적으로 이해할 수 있도록 하였다. 블로그나 카페에서는 교재의 제한된 공간보다 입체적으로 공부할 수 있기 때문에 이해나 암기에 보다 수월할 수 있을 것이다. **앞부분의 막판암기노트는** 시험장에서 꼭 확인해야 할 내용을 압축적으로 정리하였다. 기출지문정리와 함께 마지막 정리에 활용하면 합격에 큰 도움이 될 것이다.

이 책의 특징을 소개하면 다음과 같다.

❶ 내용을 평면적으로 설명하기 보다는 내용에 중요도 표시를 하였으며, 독립 주제나 학습이 더 필요한 내용은 + STUDY를 통하여 교재 학습에 강약을 주면서 공부할 수 있도록 하였다.

❷ QR코드를 통하여 이론의 어려운 주제나 중요한 부분을 스마트폰과 함께 공부할 수 있도록 하였다. 이를 통해 버스운전자격시험의 어려운 부분을 보다 쉽고 공부할 수 있을 것이다.

❸ 각 단원별 말미에는 "기출지문정리"를 제공하여 이론학습 후 중요지문을 통해서 이론을 더욱 공고히 할 수 있도록 하였다. 암기에도 활용하면 좋을 것이다.

❹ 뒷 부분에는 **최종모의고사 2회분**을 수록하여 본문 학습 후에 스스로 제한된 시간 내에 문제를 풀고 최종 점검과 부족한 점을 보완할 수 있도록 내용을 구성하였다.

❺ 책 앞부분의 "막판암기노트"는 시험장에서 최종 점검할 내용과 암기사항을 정리하였다. 마지막 정리에 활용하면 좋을 것이다.

❻ 책의 중간 중간 잘 외워지지 않는 내용은 '두문자'를 제공하여 암기에 도움을 주려고 하였고 적절한 곳에 어드바이스를 통해서 학습의 방향을 잡을 수 있도록 하였다.

2026년 2월 교통지식연구회

❶ 화물운송종사자 자격시험제도 소개

(1) 자격 취득 대상자

사업용(영업용) 화물자동차(용달·개별·일반화물) 운전자는 반드시 화물운송종사자격을 취득 후 운전하여야 한다.

(2) 사업용(영업용) 화물자동차의 개념

타인의 운송수요에 부응하여 운송서비스를 제공하고 그에 대한 대가를 받는 '유상운송'을 목적으로 등록하는 화물자동차로서 화물자동차에 사업용 노란색 자동차번호판을 장착한 자동차를 말한다.

(3) 시험과목 및 합격기준

시험 과목	문항수
교통 및 화물 관련 법규	25문항
화물취급요령	15문항
안전운행요령	25문항
운송서비스	15문항

(4) 시험 시간(회차별)

1회차	09:20 ~ 10:40
2회차	11:00 ~ 12:20
3회차	14:00 ~ 15:20
4회차	16:00 ~ 17:20

❷ 자격취득절차 안내

(1) 응시 조건

아래의 항목이 모두 충족된 경우에만 시험 응시가 가능하다. 그리고 기준은 시험접수마감일 기준이다.

1) 연 령 : 만 20세 이상
2) 아래의 응시요건 2가지 중 하나만 해당되면 시험에 응시 가능(운전경력)

❶ 운전면허 1종 또는 2종 면허(소형 제외) 이상 소지자로 운전면허 보유(소유) 기간이 만 2년이 경과한 사람

❷ 운전면허 1종 또는 2종 면허(소형 제외) 이상 소지자로 사업용(영업용 노란색 번호) 운전경력이 1년 이상인 사람

♠ 운전면허 보유(소유) 기간이 만 2년(면허취득일 기준, 운전면허 정지 기간과 취소 기간은 제외)이 경과한 사람이다.

♠ 운전경력은 운전면허 취득일이 2년 이상 보유(소유) 또는 사업용 운전 경력이 1년 이상 경우에 한한다.

3) 국토교통부령이 정하는 운전적성 정밀검사 기준에 적합할 것(시험 접수일 기준)

＊ 법 개정으로 운전적성 정밀검사를 받지 않더라도 시험에 응시할 수 있다. 다만, 취업하기 전까지는 정밀검사를 받아야 한다.

4) 화물자동차운수사업법 제9조의 결격사유에 해당하지 않는 사람

♠ 시험 직전이나 원서접수 시 한국교통안전공단 국가자격시험 홈페이지 반드시 참조

(2) 시험접수

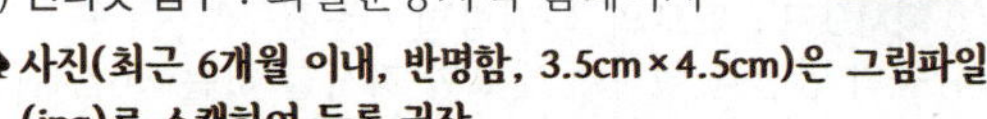

1) 인터넷 접수 : 화물운송자격 홈페이지
♠ 사진(최근 6개월 이내, 반명함, 3.5cm×4.5cm)은 그림파일(jpg)로 스캔하여 등록 권장
2) 방문 접수 : 전국 18개 자격시험장 방문 접수
♠ 다만, 현장 방문접수 시에는 응시 인원충족 등으로 당일 시험 응시가 불가할 수도 있사오니 가급적 인터넷으로 시험가능일을 확인하시고 접수를 하는게 불편을 줄일 수 있음
♠ 인터넷접수 온라인 결제로 진행, 방문접수 시 현장에서 결제(11,500원)
3) 상설·비상설 시험장

CBT 상설시험장	정밀검사장 활용 CBT 비상설 시험장
서울 구로, 수원, 대전, 대구, 부산, 광주, 인천, 춘천, 청주, 전주, 창원, 울산, 화성 ♣ 매일 4회(오전2회, 오후2회)	서울 노원, 상주, 제주, 의정부, 홍성 ♣ 매주 화, 목 오후 2회

(3) 시험 응시

1) 시험 예약 당시 지정한 시험장 : 시험 시작 20분 전까지 시험등록
2) 시험과목(4과목, 총 80문제) : 교통 및 화물자동차 관련 법규, 화물 취급 요령, 안전운행, 운송서비스

(4) 합격한 후에는 합격자 법정교육(8시간)

1) 합격자 발표 : 시험 종료 후 합격자(총점 60% 이상)에 한하여 시험시행 장소에서 발표

⊙ QR코드를 통한 시험소개와 공부방법 제시

01. 운전자가 신호를 하려는 지점

① 좌회전할 경우에는 그 교차로의 가장자리에 이르기 전 **30미터**

② 고속도로에서는 **100미터 이상**의 지점에 이르렀을 때에 신호기를 작동해야 한다.

02. 안전표지의 종류

① **주의표지** : 도로상태가 **위험**하거나 도로 또는 그 부근에 **위험물**이 있는 경우에 필요한 안전조치를 할 수 있도록 이를 도로사용자에게 알리는 표지이다.

② **규제표지** : 도로교통의 안전을 위하여 각종 **제한 · 금지** 등의 **규제**를 하는 경우에 이를 도로사용자에게 알리는 표지이다.

③ **지시표지** : 도로의 통행방법 · 통행구분 등 도로교통의 안전을 위하여 **필요한 지시**를 하는 경우에 도로사용자가 이를 따르도록 알리는 표지이다.

④ **보조표지** : 주의표지 · 규제표지 또는 지시표지의 **주기능을 보충**하여 도로사용자에게 알리는 표지이다.

⑤ **노면표시** : 도로교통의 안전을 위하여 각종 주의 · 규제 · 지시 등의 내용을 노면에 기호 · 문자 또는 선으로 도로사용자에게 알리는 표시이다.

03. 도로에 따른 화물자동차의 통행차로

① **고속도로 이외의 도로** : 오른쪽 차로

② **고속도로**

 ㉠ 편도 2차로 이상 : 2차로(1차로는 앞지르기차로)

 ㉡ 편도 3차로 이상 : 오른쪽 차로

※ 오른쪽차로 : 고속도로의 경우 1차로와 왼쪽 차로를 제외한 나머지 차로

04. 화물자동차의 최고속도

① **일반도로**

 ㉠ 주거 · 상업 · 공업지역 : 매시 50km 이내

 ㉡ 지정한 노선 또는 구간의 일반도로/편도1차로 : 매시 60km 이내

 ㉢ 편도 2차로 이상 : 매시 80km 이내

※ 일반도로의 최저속도는 제한없음

② **고속도로**

 ㉠ 편도 2차로 이상 고속도로

 ○ 지정 · 고시하지 않은 노선 또는 구간 : 매시 **100km**(적재중량 1.5톤 이하 화물자동차), 매시 **80km 이내**(적재중량 1.5톤 초과 화물자동차)

 ○ 지정 · 고시한 노선 또는 구간 : 매시 90km 이내

 ㉡ 편도 1차로 : 매시 80km

※ 고속도로의 최저속도는 매시 50km 이하

③ **자동차전용도로** : 매시 90km 이내

※ 자동차전용도로의 최저속도는 매시 30km

05. 이상 기후 시의 운행 속도

이상기후 상태	운행 속도
○ 비로 노면이 젖어 있는 경우 ○ 눈이 20mm 미만 쌓인 경우	최고속도의 20/100을 줄인 속도
○ 폭우 · 폭설 · 안개 등으로 가시거리가 100m 이내인 경우 ○ 노면이 얼어붙은 경우 ○ 눈이 20mm 이상 쌓인 경우	최고속도의 50/100을 줄인 속도

06. 앞지르기 금지 장소

① 교차로,   ② 터널 안,   ③ 다리 위

④ 도로의 구부러진 곳, 비탈길의 고갯마루 부근 또는 가파른 비탈길의 내리막 등 시 · 도경찰청장이 안전표지로 지정한 곳

07. 서행해야 하는 장소

① 교통정리를 하고 있지 아니하는 교차로

② 도로가 구부러진 부근

③ 비탈길의 고갯마루 부근

④ 가파른 비탈길의 내리막

⑤ 시 · 도경찰청장이 안전표지로 지정한 곳

08. 정차 및 주차의 금지

① 교차로 · 횡단보도 · 건널목이나 보도와 차도가 구분된 도로의 보도(노상주차장은 제외)

② 교차로의 가장자리 또는 도로의 모퉁이로부터 5m 이내인 곳

③ 안전지대가 설치된 도로에서는 그 안전지대의 사방으로부터 각각 10m 이내인 곳

④ 버스여객자동차의 정류지(停留地)임을 표시하는 기둥이나 표지판 또는 선이 설치된 곳으로부터 10m 이내인 곳

⑤ 건널목의 가장자리 또는 횡단보도로부터 10m 이내인 곳

⑥ **다음의 곳으로부터 5미터 이내인 곳**

 ㉠ 소방용수시설 또는 비상소화장치가 설치된 곳

 ㉡ 소방시설로서 대통령령으로 정하는 시설이 설치된 곳

09. 차마의 운전자가 일시정지하여야 하는 장소

① 차마의 운전자는 보도와 차도가 구분된 도로에서 도로 외의 곳을 출입할 때

② 철길건널목을 통과하려는 경우

③ 보행자가 횡단보도를 통행하고 있을 때

④ 보행자전용도로의 통행이 허용된 차마의 운전자

⑤ 모든 차의 운전자는 교차로나 그 부근에서 긴급자동차가 접근하는 경우

⑥ 교통정리를 하고 있지 아니하고 좌우를 확인할 수 없거나 교통이 빈번한 교차로

⑦ 시·도경찰청장이 일시정지 표지로 지정한 곳

⑧ 교통약자(어린이, 맹인, 장애인, 노인 등)의 교통사고 위험 상황이거나 도로를 횡단하는 경우

⑨ 차량신호등이 적색등화의 점멸되는 경우 정지선이나 횡단보도에 있을 때

10. 차의 등화 시기

① 전조등·차폭등·미등과 그밖의 등화를 켜야 하는 경우

  ㉠ 밤에 도로에서 차를 운행하거나 고장이나 그 밖의 부득이한 사유로 정차 또는 주차시키는 경우

  ㉡ 안개가 끼거나 비 또는 눈이 올 때에 도로에서 차를 운행하거나 고장이나 그 밖의 부득이한 사유로 도로에서 차 또는 노면전차를 정차 또는 주차하는 경우

  ㉢ 터널 안을 운행하거나 고장 또는 그 밖의 부득이한 사유로 터널 안 도로에서 차 또는 노면전차를 정차 또는 주차하는 경우

② 밤에 도로에서 차를 운행하는 경우

  ㉠ 자동차 : 전조등, 차폭등, 미등, 번호등과 실내조명등

  ㉡ 견인되는 차 : 미등·차폭등 및 번호등

③ 도로에서 정차 또는 주차하는 경우 : 차폭등 및 미등

11. 교통정리가 없는 교차로에서의 양보운전

① 교통정리를 하고 있지 아니하는 교차로에 들어가려고 하는 차의 운전자 : 이미 교차로에 들어가 있는 다른 차가 있을 때에는 그 차에 진로를 양보하여야 한다.

② 동시에 교차로에 진입할 때의 양보운전

  ㉠ 그 차가 통행하고 있는 도로의 폭보다 교차하는 도로의 폭이 넓은 경우에는 서행하여야 하며, 폭이 넓은 도로로부터 진입하는 차에 진로를 양보해야 한다.

  ㉡ 동시에 진입하려고 하는 경우에는 우측도로에서 진입하는 차에 진로를 양보해야 한다.

  ㉢ 좌회전하려고 하는 경우에는 직진하거나 우회전하려는 차에 진로를 양보해야 한다.

12. 범칙행위 및 범칙금액(승합차 기준)

① 범칙금액 13만원

  ○ 속도위반(60km/h 초과)

  ○ 벌점 60점(60km/h 초과 80km 이하)

② 범칙금액 9만원 : 안전표지가 설치된 곳에서의 정차·주차 금지 위반

③ 범칙금액 7만원

  ○ 중앙선 침범·통행구분 위반

  ○ 신호·지시 위반

  ○ 운전 중 운전자가 볼 수 있는 위치에 영상 표시 및 영상표시장치 조작, 휴대전화사용

  ○ 운행기록계 미설치 자동차운전금지 등의 위반

  ○ 횡단·유턴·후진 위반

  ○ 앞지르기 방법 및 금지시기·장소 위반

  ○ 횡단보도 보행자 횡단방해

④ 범칙금액 5만원

  ○ 차마에서 밖으로 물건을 던지는 행위

  ○ 통행금지·제한 위반

  ○ 일반도로 전용차로 통행 위반

  ○ 고속도로·자동차전용도로 안전거리 미확보

  ○ 앞지르기의 방해금지 위반

  ○ 교차로 관련 위반

  ○ 보행자 통행방해 또는 보호 불이행

  ○ 정차·주차금지 위반,   ○ 주차금지 위반

  ○ 시비·다툼 등으로 인한 차마의 통행방해행위

13. 어린이보호구역 및 노인장애인보호구역의 과태료 부과기준(승합자동차 기준)

위반행위 및 범칙금액	과태료 금액	범칙 금액
1. 신호·지시 위반	14만원	13만원
2. 횡단보도 보행자 횡단방해		
3. 속도위반		
60km/h 초과	17만원	16만원
40km/h 초과 60km/h 이하	14만원	13만원
20km/h 초과 40km/h 이하	11만원	10만원
20km/h 이하	7만원	6만원
4. 정차·주차 금지 위반		
어린이보호구역의 위반	13만원	12만원
노인·장애인보호구역의 위반	9만원	9만원

막판 암기 노트

○ 승합차등의 경우 어린이보호구역에서 2시간 이상 정차 또는 주차위반을 하는 경우는 범칙금 14만원(노인·장애인보호구역은 10만원)

14. 노면표시 각종 선의 의미

① **도로 중앙 황색 실선**(이중실선 포함) : 넘어서는 안되는 중앙선(중앙선 침범 적용)

② **도로 중앙 황색 점선** : 2차선 왕복도로에 있으며 추월을 위해 잠시 넘어갈 수 있으나 되돌아가야 함

③ **백색** : 차선 변경 금지(실선), 차선 변경 가능(점선)

⑤ **도로가에 있는 황색 실선** : 원칙상 주·정차 금지이나 상황에 따라 주차 허용

⑥ **도로가에 있는 황색 점선** : 정차는 가능

⑦ **도로가에 있는 황색 이중실선** : 주·정차 금지

15. 교통사고 시 운전자 조치의 순서

탈출 → 인명구조 → 후방방호 → 연락 → 대기

16. 교통사고 시 지체없이 보고해야 하는 경우(국토교통부장관 도는 시·도지사)

① 전복 사고.

② 화재가 발생한 사고

③ 사망자가 2명 이상, 사망자 1명과 중상자 3명 이상, 중상자 6명 이상의 사람이 죽거나 다친 사고

17. 교통사고 발생 시 운송사업자의 보고 의무

① 24시간 이내에 사고의 개략적인 상황을 관할 시·도지사에게 보고한다.

② ①에서 보고한 후 72시간 이내에 사고보고서를 시·도지사에게 제출하여야 한다.

18. 정밀검사의 종류

① 신규검사

㉠ 신규로 운송사업용 자동차를 운전하려는 자

㉡ 운송사업용 자동차 운전업무에 종사하다가 퇴직한 자로서 **신규검사를 받은 날부터 3년이 지난 후 재취업**하려는 자(재취업일까지 무사고 운전한 경우는 제외)

㉢ 신규검사의 적합판정을 받은 자로서 **운전 적성정밀검사를 받은 날부터 3년 이내에 취업하지 아니한 자**(다만, 신규검사를 받은 날부터 취업일까지 무사고로 운전한 사람은 제외)

② 특별검사

㉠ 중상 이상의 사상(死傷)사고를 일으킨 자

㉡ 과거 1년간 벌점 누산점수가 81점 이상인 자

㉢ 질병, 과로, 그 밖의 사유로 운송사업자가 신청한 자

③ 자격유지검사(검사대상이 된 날부터 3개월 이내에 받아야 함)

㉠ 65세 이상 70세 미만인 사람(자격유지검사 적합판정 후 3년이 지나지 아니한 사람은 제외)

㉡ 70세 이상인 사람(자격유지검사의 적합판정 후 1년이 지나지 아니한 사람은 제외)

19. 운수종사자의 교육

구 분	교육대상자	시간	주기
신규교육	새로 채용한 운수종사자 (사업용자동차를 운전하다가 퇴직한 후 2년 이내에 다시 채용된 사람은 제외)	16	
보수교육	무사고 무벌점 기간이 5년 이상 10년 미만인 운수종사자	4	격년
보수교육	무사고 무벌점 기간이 5년 미만인 운수종사자	4	매년
보수교육	**법령위반 운수종사자**	8	수시
수시교육	국제행사 등에 대비한 교육받을 필요를 인정하는 운수종사자	4	필요 시

20. 교통사고처리특례법상 사고운전자가 형사처벌 대상이 되는 경우

① **사망사고**

② i) 업무상과실치상죄 또는 중과실치상죄를 범하고 **피해자를 구호조치를 불이행 후 도주**, ii) 피해자를 사고장소로부터 옮겨 유기하고 도주한 경우

③ 차의 교통으로 업무상과실치상죄 또는 중과실치상죄를 범하고 **음주측정 요구에 불응**한 경우

④ **신호·지시 위반** 사고

⑤ **중앙선침범** 사고, **횡단, 유턴 또는 후진 중** 사고

⑥ **과속**(20km/h 초과) 사고

⑦ **앞지르기의 방법·금지시기·금지장소** 또는 **끼어들기의 금지** 위반하거나 고속도로에서의 앞지르기 방법 위반 사고

⑧ **철길건널목 통과방법** 위반 사고

⑨ **횡단보도에서 보행자 보호의무** 위반 사고

⑩ **무면허 운전 중** 사고

⑪ **주취·약물복용 운전중** 사고

⑫ **보도침범, 통행방법 위반** 사고

⑬ **승객추락방지의무** 위반 사고

⑭ **어린이보호구역 내 어린이 보호의무 위반** 사고

⑮ 민사상 손해배상을 하지 않은 경우

⑯ **자동차의 화물이 떨어지지 아니하도록 필요한 조치**를 하지 아니하고 운전한 경우

⑰ **중상해**(생명에 대한 위험, 불구, 불치나 난치의 질병) 사고를 유발하고 형사상 합의가 안 된 경우

21. 화물자동차운수사업법의 목적

i) 화물자동차운수사업을 효율적으로 관리, ii) 건전하게 육성하여 화물의 원활한 운송을 도모, iii) 공공복리의 증진에 기여

22. 화물자동차의 규모별 구분

① **경형**

  ㉠ 초소형 : 배기량이 250cc 이하이고, 길이 3.6미터 · 너비 1.6미터 · 높이 2.0미터 이하인 것

  ㉡ 일반형 : 배기량이 1,000cc 미만으로서 길이 3.6미터, 너비 1.6미터, 높이 2.0미터 이하인 것

② **소형** : 최대적재량이 **1톤 이하인 것**으로서 총중량이 **3.5톤 이하인 것**

③ **중형** : 최대적재량이 **1톤 초과 5톤 미만**이거나, 총중량이 3.5톤 초과 10톤 미만인 것

④ **대형** : 최대적재량이 **5톤 이상**이거나, 총중량이 10톤 이상인 것

23. 화물자동차운수사업법의 용어 정리

① **화물자동차 운수사업** : 화물자동차 운송사업, 화물자동차 운송주선사업 및 화물자동차 운송가맹사업을 말한다.

② **화물자동차 운송사업** : 다른 사람의 요구에 응하여 화물자동차를 사용하여 **화물을 유상으로 운송하는** 사업을 말한다.

③ **화물자동차 운송주선사업**

  ㉠ 다른 사람의 요구에 응하여 유상으로 화물운송계약을 중개 · 대리하거나

  ㉡ 화물자동차 운송사업 또는 화물자동차 운송가맹사업을 **경영하는 자의 화물 운송수단을 이용하여 자기의 명의**(名義)**와 계산**(計算)**으로 화물을 운송하는 사업을 말한다.

④ **화물자동차 운송가맹사업** : 다른 사람의 요구에 응하여 자기 화물자동차를 사용하여 유상으로 화물을 운송하거나 **화물정보망을 통하여** 소속 화물자동차 운송가맹점에 의뢰하여 화물을 운송하게 하는 사업을 말한다.

⑤ **화물자동차 운송가맹사업자** : 국토교통부장관으로부터 화물자동차 운송가맹사업의 허가받은 사람이다.

24. 제1종 보통면허로 운전할 수 있는 차의 종류

① 승용자동차

② 승차정원 15인 이하의 승합자동차

③ **적재중량 12톤 미만의 화물자동차**

④ 3톤 미만의 지게차

⑤ 총중량 10톤 미만의 특수자동차

25. 화물자동차 운수사업의 운전업무 종사자의 요건

아래의 ① 및 ②의 요건을 갖춘 후 ③ 또는 ④의 요건을 갖추어야 한다.

① **연령 · 운전경력 등 운전업무에 필요한 요건을 갖출 것**(모두 충족해야 함)

  ㉠ 화물자동차를 운전하기에 적합한 운전면허를 가지고 있을 것

  ㉡ 20세 이상일 것

  ㉢ 운전경력이 2년 이상일 것

② 운전적성에 대한 정밀검사기준에 맞을 것

③ 화물자동차시험에 합격하고 정하여진 교육을 받을 것

④ 교통안전체험, 화물취급요령 및 화물자동차 운수사업법령 등에 관하여 국토교통부장관이 실시하는 이론 및 실기교육을 이수할 것

26. 운송사업의 허가를 받을 수 없는 결격사유

① 피성년후견인 또는 피한정후견인

② 파산선고를 받고 복권되지 아니한 자

③ 운수사업법을 위반하여 징역 이상의 실형을 선고받고 그 **집행이 끝나거나 집행이 면제된 날부터 2년이** 지나지 아니한 자

④ 운수사업법을 위반하여 징역 이상의 형의 집행유예 기간 중에 있는 자

⑤ **허가를 받은 후 6개월간의 운송실적이 기준에 미달한 경우**, 허가기준을 충족하지 못하게 된 경우, 5년마다 허가기준의 사항을 신고하지 아니하였거나 거짓으로 신고한 경우 등에 따라 **허가가 취소된 후 2년이 지나지 아니한 자**

⑥ 부정한 방법으로 허가나 변경허가를 받거나, 변경허가를 받지 아니하고 허가사항을 변경한 경우에 해당하여 **허가가 취소된 후 5년이 지나지 아니한 자**

27. 운임과 요금을 신고하여야 하는 운송사업자의 범위

① **구난형 특수자동차**(화물자동차를 소유한 운송사업자 또는 운송가맹사업자)

② **밴형 화물자동차**(화주와 화물을 함께 운송하는 운송사업자 또는 운송가맹사업자)

막판 암기 노트

28. 화물 이탈방지조치를 하지 않아도 되는 경우

① 「건설기계관리법」에 따른 건설기계

② 자동차(이륜자동차는 제외)

③ 코일

④ 대형 식재용 나무

⑤ 유리판, 콘크리트 벽 등 대형 평면 화물

⑥ 그 밖에 ①부터 ⑤까지와 유사한 화물로서 덮개 또는 포장을 하는 것이 곤란한 화물

29. 운행 중 휴게시간

운수종사자는 휴게시간 없이 2시간 연속운전한 후에는 15분 이상의 휴게시간을 가져야 한다.

30. 운송사업자의 책임

① 화물의 멸실·훼손 또는 인도의 지연으로 인한 운송사업자의 책임 : 화물의 인도기한을 지난 후 3개월 이내에 인도되지 아니하면 그 화물은 멸실된 것으로 본다.

② 국토교통부장관은 손해배상에 대하여 화주가 요청하면 분쟁을 조정할 수 있다.

31. 운송사업의 허가취소를 반드시 해야 하는 경우(필요적 취소 사유)

① 부정한 방법으로 화물자동차 운송사업 허가를 받은 경우

② 결격사유의 어느 하나에 해당하게 된 경우

③ 화물자동차 교통사고와 관련하여 거짓이나 그 밖의 부정한 방법으로 보험금을 청구하여 금고 이상의 형을 선고받고 그 형이 확정된 경우

32. 자가용 화물자동차

① 자가용 화물자동차 사용 신고 대상 행정기관 : 시·도지사이다(화물자동차운수사업법령의 허가·신고의 대상 행정기관은 대부분 국토교통부장관이다).

② 자가용 사용신고대상 화물자동차

  ㉠ 특수자동차

  ㉡ 특수자동차를 제외한 화물자동차로서 최대적재량이 2.5톤 이상인 화물자동차

33. 화물자동차의 요건

① 화물적재공간을 갖추고 그 무게가 운전자를 제외한 승객이 모두 탑승했을 때의 무게보다 많은 자동차

② 바닥면적이 최소 2 이상인 화물적재공간을 구비한 자동차로서 다음의 요건

  ㉠ 승차공간과 화물적재공간이 분리되어 있는 자동차

  ㉡ 승차공간과 화물적재공간이 동일 차실 내에 있으면서 격벽을 설치한 자동차로서 화물적재공간의 바닥면적이 승차공간의 바닥면적보다 넓은 자동차

34. 적재물배상보험 등에 미가입한 경우 과태료

① 운송사업자(화물자동차 1대당)

  ㉠ 가입하지 않은 기간이 10일 이내인 경우 : 1만5천원

  ㉡ 가입하지 않은 기간이 10일을 초과한 경우 : 1만5천원에 11일째부터 기산하여 1일당 5천원을 기산한 금액. 다만, 과태료의 총액은 자동차 1대당 50만원을 초과하지 못한다.

② 운송주선사업자

  ㉠ 가입하지 않은 기간이 10일 이내인 경우 : 3만원

  ㉡ 가입하지 않은 기간이 10일을 초과한 경우 : 3만원에 11일재부터 기산하여 1일당 1만원을기산한 금액. 다만, 과태료의 총액은 100만원을 초과하지 못한다.

③ 운송가맹사업자(화물자동차 1대당)

  ㉠ 가입하지 않은 기간이 10일 이내인 경우 : 15만원

  ㉡ 가입하지 않은 기간이 10일을 초과한 경우 : 15만원에 11일째부터 기산하여 1일당 5만원을 기산한 금액, 다만, 과태료의 총액은 자동차 1대당 500만원을 초과하지 못한다.

35. 종합검사의 대상과 유효기간

차 종	구 분	차 령	유효기간
경형·소형 화물자동차	사업용	차령이 2년 초과	1년
중형 화물자동차	사업용	차령이 2년 초과	차령 5년까지는 1년, 이후부터 6개월
대형 화물자동차	사업용	차령이 2년 초과	6개월

36. 자동차 정기검사의 유효기간

차 종	차 령	유효기간
경형·소형 사업용 화물자동차	모든 차령	1년(신규검사를 받은 것으로 보는 자동차의 최초 검사유효기간은 2년)
중형 사업용 화물자동차	5년 이하	1년
	5년 초과	6개월
대형 사업용 화물자동차	2년 이하	1년
	2년 초과	6개월

37. 튜닝검사의 구조 · 장치 변경승인 불가항목

① 총중량이 증가되는 튜닝

② 승차정원 또는 최대적재량의 증가를 가져오는 승차장치 또는 물품적재장치의 튜닝

③ 튜닝 전보다 성능 또는 안전도가 저하될 우려가 있는 경우의 튜닝

38. 자동차 정기검사나 종합검사를 받지 아니한 경우의 과태료

① **검사지연기간이 30일 이내인 때** : 과태료 4만원

② **검사 지연기간이 30일 초과 114일 이내인 경우** : 4만원에 31일째부터 계산하여 3일 초과시마다 2만원을 더한 금액

③ **검사 지연기간이 115일 이상인 경우** : 60만원

39. 도로관리청이 운행을 제한할 수 있는 차량

① 축하중이 10톤을 초과하거나 총중량이 40톤을 초과하는 차량

② 차량의 폭이 2.5미터, 높이가 4.0미터(도로 구조의 보전과 통행의 안전에 지장이 없다고 도로관리청이 인정하여 고시한 도로노선의 경우에는 4.2미터), 길이가 16.7미터를 초과하는 차량

③ 도로관리청이 인정하는 차량

40. 운송장의 기능

① 계약서의 기능

② 화물인수증의 기능

③ 운송요금 영수증 기능

④ 화물에 대한 정보처리의 기본자료

⑤ 배송에 대한 증거서류의 기능

⑥ 수입금 관리 자료

⑦ 행선지 분류정보의 제공

41. 파렛트 화물의 붕괴방지 요령

① **밴드걸기 방식**(수평밴드걸기 방식과 수직밴드걸기 방식)

　㉠ 밴드가 걸려있는 부분은 화물의 움직임을 억제

　㉡ 화물의 압력이나 진동 · 충격으로 밴드가 느슨해질 수 있음

② **주연어프방식**

　㉠ **파렛트의 가장자리를 높게 하는 방법**

　㉡ 다른 방법과 병용하는 것이 효율적

　㉢ **부대화물에 효과적**

③ **슬립멈추기 시트삽입방식**

　㉠ 포장과 포장 사이 시트를 삽입하는 방식

　㉡ **부대화물에는 효과적이나 상자가 튀어나오기 쉬움**

③ **풀붙이기접착방식** : **자동화 · 기계화가용이**하고 비용이 저렴

④ **수평밴드걸기 풀붙이기 방식** : 풀붙이기와 밴드걸기를 병용하는 것으로 화물의 붕괴를 방지하는 효과를 높임

⑤ **슈링크 방식** : 열수축성 플라스틱 필름을 슈링크 터널을 통과시킬 때 필름을 수축시켜 파렛트를 밀착시키는 방식으로 **통기성이 없어 물이나 먼지를 막으나 활용이 제한적이고 비용이 많이 든다.**

⑦ **박스테두리방식** : 슈링크방식과 달리 열처리는 행하지 않으나 통기성은 없다.

42. 화물자동차의 유형

① **일반형** : 보통의 화물운송용인 것

② **덤프형** : 적재물을 중력에 의하여 쉽게 미끄러뜨리는 구조의 화물운송용인 것

③ **밴형** : 지붕구조 덮개 구조인 화물운송용인 것

④ **특수용도형** : 특수한 구조로 하거나, 기구를 장치한 것으로서 위 어느 형에도 속하지 아니하는 화물운송용인 것

43. ABS(Anti-lock Brake System)의 특성

① **급제동 시에도 핸들조향이 가능**하다.

② 옆으로 미끄러지는 위험은 방지할 수 없다.

③ 접지면이 부족한 자갈길이나 평평하지 않은 도로 등에서는 일반 브레이크 차량보다 제동거리가 더 길어진다.

44. 진동과 소리로 아는 고장의 전조현상

① **주행 전 차체에 이상한 진동이 느껴지는 경우** : 엔진에서의 고장이 주원인이다.

② **엔진회전수에 비례하여 쇠가 마주치는 소리가 나는 경우** : 밸브장치의 밸브 간극의 조정이 잘못된 경우가 많다.

③ **가속페달을 힘껏 밟는 순간 끼익! 소리가 나는 경우** : 팬벨트 또는 V벨트의 이완으로 인한 풀리와의 미끄러짐으로 발생한다.

④ **클러치를 밟을 때 '달달달' 소리와 함께 차체가 떨리고 있는 경우** : 클러치 릴리스 베어링의 고장으로 정비공장에서 교환한다.

⑤ **차를 세우려고 할 때 바퀴에서 '끼익!' 하는 소리가 나는 경우** : 브레이크 라이닝의 마모가 심하거나 라이닝에 결함이 있을 때 일어나는 현상

⑥ **핸들이 어느 속도에 이르면 극단적으로 흔들리는 경우** : 앞바퀴 불량으로 **앞차륜 정렬**(휠 얼라인먼트)이 맞지 않거나 바퀴 자체의 **휠 밸런스가 맞지 않을 때** 주로 일어난다.

⑦ **주행 중 하체 부분에서 비틀거리는 흔들림이 일어나거나 커브를 돌았을 때 휘청거리는 느낌이 들 때** : 바퀴의 휠 너트의 이완이나 타이어의 공기가 부족할 때 발생한다.

⑧ **비포장도로의 험한 노면 상을 달릴 때 '딱각 딱각' 하는 소리나 '쿵쿵' 하는 소리가 날 때** : 현가장치인 쇽업소버의 고장으로 볼 수 있다.

45. 냄새와 열로 판단하는 고장의 전조현상

① **고무 같은 것이 타는 냄새가 날 때는 바로 차를 정지** : 대개 엔진실 내의 전기 배선 등의 피복이 녹아 벗겨져 합선에 의해 **전선이 타면서 나는 냄새**이다.

② **단내 같은 냄새가 심하게 나는 경우** : 주브레이크의 간격이 좁든가, 주차브레이크가 완전히 풀리지 않았을 경우에 발생하거나 긴 언덕길을 내려갈 때 계속 브레이크를 밟는 경우에도 이러한 현상이 발생한다.

③ **바퀴마다 드럼에 손을 대보면 어느 한쪽만 뜨거울 경우** : 브레이크 라이닝 간격이 좁아 브레이크가 끌리기 때문이다.

46. 자동변속기의 오일 색깔에 따른 상태

① **정상** : 투명도가 높은 붉은 색

② **갈색** : 가혹한 상태에서나 혹은 장시간 사용한 경우

③ **검은색을 띨 때** : 클러치 디스크의 마멸분말에 의한 오손이나 기어가 마멸된 경우

④ **니스 모양으로 된 경우** : 매우 높은 고온에 오일이 노출된 경우

⑤ **백색** : 오일에 수분이 다량으로 유입된 경우

47. 완충장치의 스프링

① **판스프링** : i) 구조가 간단하고 진동의 억제작용이 크며, ii) 내구성이 크다. iii) 작은 진동의 흡수가 곤란하여 승차감이 좋지 않다. iv) 버스나 화물에 많이 사용한다.

② **코일 스프링**(승용차에 많이 사용) : 진동에 대한 감쇠작용을 못하며 구조가 복잡하고, 에너지 흡수율이 판 스프링보다 크고 유연하다.

③ **토션바 스프링** : 진동의 감쇠작용이 없어 쇽업소버를 병용한다. 그리고 에너지 흡수율이 다른 스프링에 비해 크며 구조도 간단하다.

④ **공기 스프링** : i) 승차감이 우수하기 때문에 장거리 주행자동차 및 대형버스에 사용되며, ii) 차체의 높이를 일정하게 유지할 수 있으나, iii) 구조가 복잡하고 제작비가 비싸다.

48. 쇽업소버와 스태빌라이저

① **쇽업소버**

　㉠ 노면에서 발생한 스프링의 진동을 흡수하여 승차감이 좋다.

　㉡ 운동에너지를 열에너지로 변환한다.

　㉢ 노면에서 발생하는 진동에 대해 일정 상태까지 그 진동을 정지시키는 감쇠력이 좋다.

② **스태빌라이저**

　㉠ 차체의 기울기를 감소시키는 장치이다.

　㉡ 커브 길에서 자동차가 선회할 때 차체가 기울어지는 것을 감소시켜 롤링을 방지하여 준다.

　㉢ 토션바의 일종이다.

49. 휠 얼라이먼트의 기능

① **조향핸들의 조작을 확실하게 하고 안전성을 줌** : 캐스터의 작용

② **조향핸들에 복원성을 부여** : 캐스터와 조향축(킹핀) 경사각의 작용

③ **조향핸들의 조작을 가볍게 함** : 캠버와 조향축(킹핀) 경사각의 작용

④ **타이어 마멸을 최소로 함** : 토인의 작용

50. 휠 얼라이먼트의 각종 용어 정리

① **캠버**(Camber) : 자동차를 앞에서 보았을 때 앞바퀴가 수직선에 대해 어떤 각도를 두고 설치되어 있는 것을 말하며, **조향핸들의 조작을 가볍게 하고, 앞 차축의 휨을 방지**한다.

② **캐스터**(Caster) : 자동차 앞바퀴를 옆에서 보았을 때 앞 차축을 고정하는 조향축(킹핀)이 수직선과 어떤 각도를 두고 설치되어 있는 것을 말하며, **조향바퀴에 방향성을 부여하고, 직진방향으로의 복원성**을 준다.

③ **토인**(Toe-in) : 자동차 앞바퀴의 양쪽 바퀴의 중심선 사이의 거리가 앞쪽이 뒤쪽보다 약간 작게 되어 있는 것으로 **타이어의 마멸을 방지하고, 토 아웃되는 것을 방지**한다.

④ **조향축**(킹핀)**의 경사각** : 캠버처럼 **조향핸들의 조작을 가볍게** 하고, **캐스터와 함께 앞바퀴에 복원성을 주어 직진방향으로 쉽게 되돌아가게** 한다.

51. 동체시력의 특성

물체의 이동속도가 빠를수록, 연령이 높을수록, 조도(밝기)가 낮은 상황에서, 장시간 운전에 의한 피로상태에서 저하된다.

52. 시야

정상적인 시력을 가진 사람의 시야범위는 $180°$ ~ $200°$ 이다(WHO는 운전에 요구되는 최소한의 기준 으로 한 쪽 눈의 시야가 $140°$ 이상일 것을 요구).

53. 명순응과 암순응

① **명순응** : 섬광회복력은 운전자의 시각기능을 섬광을 마주보기 전 단계로 되돌리는 신속성을 말하는데, 명순응은 밝은 빛(섬광)을 봤을 때 빛을 적게 받아들여 어두운 곳까지 볼 수 있게 하는 과정을 말한다.

② **암순응** : 불빛이 사라지면 다시 동공은 어두운 곳을 잘 보려고 빛을 많이 받아들이기 위해 확대되는 과정을 암순응이라 하며, **명순응보다 회복이 느리다.**

54. 자동차의 물리적 현상

① **원심력** : 원심력은 속도가 **빠를수록, 커브가 작을수록, 또 차의 중량이 무거울수록** 커지게 되는데, 특히 **속도의 제곱에 비례해서 커지므로** 커브에 진입하기 전에 속도를 줄인다.

② **스탠딩 웨이브**(Standing wave) **현상** : 타이어의 회전속도가 빨라지면 타이어의 변형(주름)이 **복원되지 않고 그 물결이 회복되지 않는 현상**이다. 속도를 낮추고 타이어의 **공기압을 약간 높이고**, 마모된 타이어나 재생타이어를 사용하지 않는다.

③ **수막현상**(Hydroplaning) : 타이어이 배수 기능이 감소되어 노면의 물 위를 미끄러지듯이 되는 현상을 말한다. 예방은 고속으로 주행하지 않고, **공기압을 평소보다 약간 높게** 한다. 그리고 배수효과가 좋은 타이어(리브형 타이어)를 사용한다.

④ **페이드**(Fade) **현상** : 비탈길에 내려가면서 **브레이크의 반복 · 사용으로 마찰열이 라이닝에 축적**되어 브레이크의 제동력이 저하되는 현상이다.

④ **워터 페이드**(Water fade) **현상** : 브레이크 마찰재가 물에 젖어 마찰계수가 작아져 브레이크의 제동력이 저하되는 현상으로 브레이크 페달을 반복해 밟으면서 천천히 주행하면 마찰열에 의하여 서서히 브레이크가 회복된다.

⑤ **베이퍼 록**(Vapour lock) **현상** : 긴 내리막길에서 풋 브레이크를 지나치게 사용하면 **브레이크액의 기화로 페달을 밟아도 스펀지를 밟는 현상**이 되어 브레이크가 작동하지 않는 현상으로 엔진브레이크를 사용하여 저단기어를 유지하면서 풋 브레이크 사용을 줄여서 베이퍼 록 현상을 예방한다.

⑥ **모닝 록**(Morning lock) **현상** : 습도가 높은 날 장기간 주차한 후에는 **브레이크 드럼에 미세한 녹이 발생**하는 현상으로 아침에 운행하기 전 브레이크를 몇 차례 밟아주거나, 서행하면서 브레이크를 몇 번 밟아서 모닝록 현상을 예방한다.

55. 내륜차와 외륜차

① 내륜차와 외륜차는 소형차에 비해서 대형차(버스나 트럭)일수록 크다.

② 자동차가 전진 중 회전할 경우에는 내륜차에 의해, 또 후진 중 회전할 경우에는 외륜차에 의한 교통사고의 위험이 있다.

③ **내륜차에 의한 사고위험** : 전진(前進)주차 도중 차의 뒷부분이 주차되어 있는 차와 충돌하거나, 커브길 진입 도중 차의 뒷부분이 이륜차, 소형자동차, 보행자와 충돌할 수 있다.

④ **외륜차에 의한 사고위험**

 ㉠ 후진주차를 위해 주차공간으로 진입도중 차의 앞부분이 다른 차량이나 물체와 충돌할 수 있다.

 ㉡ 화물자동차가 1차로에서 좌회전하는 도중에 차의 뒷부분이 2차로에서 주행 중이던 승용차와 충돌할 수 있다.

56. 정지거리 및 공주거리

① **공주시간과 공주거리** : 운전자가 자동차를 정지시켜야 할 상황임을 지각하고 브레이크 페달로 발을 옮겨 브레이크가 작동을 시작하는 순간까지의 시간을 공주시간이라고 한다. 이때까지 자동차가 진행한 거리를 공주거리라고 한다.

② **제동시간과 제동거리** : 운전자가 브레이크에 발을 올려 브레이크가 막 작동을 시작하는 순간부터 자동차가 완전히 정지할 때까지의 시간을 제동시간이라 한다. 이때까지 자동차가 진행한 거리를 제동거리라고 한다.

③ **정지시간과 정지거리** : 위험을 인지하고 자동차를 정지시키려고 시작하는 순간부터 자동차가 완전히 정지할 때까지의 시간을 정지시간(공주시간+제동시간)이라고 하고 그 시간동안 이동한 거리를 정지거리(공주거리+제동거리)라고 한다.

57. 자동차와 관련된 용어

① **공차상태** : 자동차에 **사람이 승차하지 아니하고 물품을 적재하지 아니한 상태**로서 연료 · 냉각수 및 윤활유를 만재하고 예비타이어(예비타이어를 장착한 자동차만 해당)를 설치하여 운행할 수 있는 상태를 말한다.

② **차량중량** : **공차상태의 자동차 중량**을 말한다.

③ **적차상태** : 공차상태의 자동차에 승차정원의 인원이 승차하고 최대적재량의 물품이 적재된 상태이다

④ **차량총중량** : **적차상태의 자동차 중량**이다.

58. 물류관리의 기본원칙

① **7R 원칙** ★

 ㉠ Right Quality(적절한 품질), ㉡ Right Quantity(적절한 양), ㉢ Right Time(적절한 시간), ㉣ Right Place(적절한 장소), ㉤ Right Impression(좋은 인상), ㉥ Right Price(적절한 가격), ㉦ Right Commodity(적절한 상품)

② **3S 1L 원칙**

㉠ 신속하게(Speedy), ㉡ 안전하게(Safely), ㉢ 확실하게(Surely), ㉣ 저렴하게(Low)

59. 물류의 기능

운송기능, 포장기능, 보관기능, 하역기능 정보기능, 유통가공기능

60. 물류전략의 실행구조(과정순환)

전략수립(Strategic) → 구조설계(Structural) → 기능정립(Functional) → 실행(Operational)

61. 물류활동의 분류

① **자사물류**(제1자 물류) : 화주기업이 직접 물류활동을 처리하는 자사물류

② **제2자 물류**(물류자회사) : 기업이 사내의 물류조직을 분리하여 자회사로 독립시키는 경우

③ **제3자 물류** : 외부의 전문물류업체에게 물류업무를 아웃소싱하는 경우

62. 제4자 물류

제3자 물류의 기능에 컨설팅 업무를 추가 수행하는 것으로 다양한 조직들의 효과적인 연결을 목적으로 하는 통합체(single contact point)로서 공급망의 모든 활동과 계획관리를 전담하는 것이다.

63. 공급망관리에 있어서 제4자 물류의 4단계

① 1단계 - **재창조**(Reinvention)

② 2단계 - **전환**(Transformation)

③ 3단계 - **이행**(Implementation)

④ 4단계 - **실행**(Execution)

64. 물류시스템은 필요한 비용과 서비스레벨이 트레이드 오프의 관계이다.

65. 용어 정리

① **공급망관리**(SCM) : 최종고객의 욕구를 충족시키기 위하여 원료공급자로부터 최종소비자에 이르기까지 공급망 내의 각 기업간에 긴밀한 협력을 통해 공급망인 전체의 물자의 흐름을 원활하게 하는 공동전략을 말한다.

② **전사적 품질관리**(TQC) : 기업경영에 있어서 전사적 품질관리란 제품이나 서비스를 만드는 모든 작업자가 품질에 대한 책임을 나누어 갖는 것이다.

③ **신속대응**(QR) : 생산·유통관련업자가 전략적으로 제휴하여 소비자의 선호 등을 즉시 파악하여 시장변화에 신속하게 대응함으로써 시장에 적합한 상품을 적시에, 적소로, 적당한 가격으로 제공하는 것을 원칙으로 하고 있다.

④ **효율적 고객대응**(ECR) : 소비자 만족에 초점을 둔 공급망 관리의 효율성을 극대화하기 위한 모델로서, 제품의 생산단계에서부터 도매·소매에 이르기까지 전 과정을 하나의 프로세스로 보아 관련 기업들의 긴밀한 협력을 통해 전체로서의 효율 극대화를 추구하는 효율적 고객대응기법이다.

⑤ **주파수 공용통신**(TRS) : 이동자동차나 선박 등 운송수단에 탑재하여 이동간의 정보를 리얼타임(real-time)으로 송수신할 수 있는 화물추적통신망시스템이다.

⑥ **범지구측위시스템**(GPS) : 인공위성을 이용하여 주로 자동차위치추적을 통한 물류관리에 이용되는 통신망이다.

⑦ **통합판매·물류·생산시스템**(CALS) : 제품의 생산에서 유통 그리고 폐기까지 전 과정에 대한 정보를 한 곳에 모은다는 의미에서 통합유통·물류·생산시스템으로서 제조·유통·물류산업의 인터넷이라고 한다.

66. 트럭운송의 장점

사업용(영업용) 트럭운송의 장점	자가용 트럭운송의 장점
① 수송비가 저렴하다.	① 높은 신뢰성이 확보된다.
② 물동량의 변동에 대응한 안정수송이 가능하다.	② 상거래에 기여한다.
③ 수송 능력이 높다.	③ 작업의 기동성이 높다.
④ 융통성이 높다.	④ 안정적 공급이 가능하다.
⑤ 화주의 설비투자가 필요 없다.	⑤ 시스템의 일관성이 유지된다.
⑥ 화주의 인적투자가 필요 없다.	⑥ 리스크가 낮다(위험부담도가 낮다).
⑦ 변동비 처리가 가능하다.	⑦ 인적 교육이 가능하다.

차 례

PART 1

교통 및 화물관련법규

CHAPTER 1 도로교통법령

01 도로교통일반

❶ 도로교통 일반

(1) 용어의 개념 및 정리[도로교통법(이하 법명 생략) 제2조]

1) 도로 ★ :「도로법」에 따른 도로, 「유료도로법」에 따른 유료도로, 「농어촌도로정비법」에 따른 농어촌도로[면도(面道), 이도(里道), 농도(農道),] 그밖에 현실적으로 불특정 다수의 사람 또는 차마가 통행할 수 있도록 공개된 장소로서 안전하고 원활한 교통을 확보할 필요가 있는 장소를 말한다.

> **+ STUDY 도로법 제10조의 도로 ★**
>
> **고속국도**(고속국도의 지선 포함), **일반국도**(일반국도의 지선 포함), **특별시도·광역시도, 지방도, 시도, 군도, 구도**
>
> ❖ 도로교통법상의 도로에 도로법상의 도로가 포함되어 있으므로 도로법상의 도로는 도로교통법상의 도로가 됩니다. 다만, 농어촌도로 중 이도(里道)는 도로법상의 도로에 포함되지 않으나 도로교통법상의 도로에는 포함된다는 사실을 주의하셔야 합니다.

2) 자동차전용도로 : 자동차만 다닐 수 있도록 설치된 도로이다.

3) 차도(車道) ★ : 연석선(돌 등으로 이어진 선), 안전표지 또는 그와 비슷한 인공구조물을 이용하여 경계(境界)를 표시하여 모든 차가 통행할 수 있도록 설치된 도로의 부분이다.

4) 중앙선 : 차마의 통행 방향을 명확하게 구분하기 위하여 도로에 황색 실선이나 황색 점선 등의 안전표지로 표시한 선 또는 중앙분리대나 울타리 등으로 설치한 시설물, 가변차로가 설치된 경우에는 신호기가 지시하는 진행방향의 가장 왼쪽에 있는 황색 점선이다.

5) 차로 ★ : 차마가 한 줄로 통행하도록 **차선으로 구분한 차도의 부분**이다.

6) 차선 ★ : 차로와 차로를 구분하기 위하여 그 경계 지점을 안전표지로 표시한 선이다.

7) 길가장자리구역 : 보도와 차도가 구분되지 아니한 도로에서 보행자의 안전을 확보하기 위하여 도로의 가장자리 부분(안전표지 등으로 경계를 표시) 이다.

8) 보도 : 연석선, 안전표지나 그와 비슷한 **인공구조물로 경계를 표시하여 보행자**(유모차 및 보행보조용 의자차 포함)**가 통행**할 수 있도록 한 도로의 부분이다.

9) 횡단보도 : 보행자가 도로를 횡단할 수 있도록 안전표지로 표시한 도로의 부분이다.

10) 교차로 : '+'자로, 'T'자로나 그 밖에 둘 이상의 도로(보도와 차도가 구분되어 있는 도로에서는 차도)가 교차하는 부분이다.

11) 안전지대 : 도로를 횡단하는 보행자나 통행하는 차마의 안전을 위하여 **안전표지나 이와 비슷한 인공구조물로 표시한 도로의 부분**이다.

12) 안전표지 : 교통안전에 필요한 주의·규제·지시 등을 표시하는 표지판이나 도로의 바닥에 표시하는 기호·문자 또는 선 등이다.

13) 차마 : 다음의 차와 우마를 말한다.

① **차 ★** : 자동차, 건설기계, 원동기장치자전거, 자전거, **사람 또는 가축의 힘이나 그 밖의 동력으로 도로에서 운전**되는 것을 말하는 것이다[다만, 철길이나 가설된 선을 이용하여 운전되는 것, 유모차와 보행보조용 의자차, 노약자용 보행기, 실외이동로봇, 동력이 없는 손수레, 어린이가 이용하는 놀이기구, 이륜자동차·원동기자전거 또는 자전거로서 운전자가 내려서 끌거나 들고 통행하는 것은 제외].

✿ 무엇이 '차'이고 아닌지를 구별하셔야 합니다.

② **우마** : 교통이나 운수(運輸)에 사용되는 가축이다.

14) 자동차 : 철길이나 가설된 선을 이용하지 아니하고 원동기를 사용하여 운전되는 차(견인되는 자동차도 자동차의 일부로 봄)로서 다음의 차이다.

① 승용자동차, 승합자동차, 화물자동차, 특수자동차, 이륜자동차(다만, 원동기장치자전거 제외)

② '건설기계관리법'에 따른 덤프트럭, 아스팔트살포기, 노상안정기, 콘크리트믹서트럭, 콘크리트펌프, 천공기(트럭 적재식) 등

15) 긴급자동차 : 소방차, 구급차, 혈액 공급차량, 그 밖에 대통령령으로 정하는 자동차

16) 주차★ : 운전자가 승객을 기다리거나 화물을 싣거나 차가 고장 나거나 그 밖의 사유로 **차를 계속 정지 상태**에 두는 것 또는 운전자가 차에서 떠나서 **즉시 그 차를 운전할 수 없는 상태**에 두는 것을 말한다.

17) 정차☆ : 운전자가 **5분을 초과하지 아니하고 차를 정지**시키는 것으로서 주차 외의 정지 상태를 말한다.

18) 일시정지 : 차의 운전자가 그 차 또는 노면차의 바퀴를 일시적으로 완전히 정지시키는 것을 말한다.

19) 서행☆ : 운전자가 **차를 즉시 정지시킬 수 있는 정도의 느린 속도로 진행**하는 것이다.

20) 운전 : 도로(술에 취한 상태에서의 운전금지, 과로한 때 등의 운전금지, 사고발생시의 조치 등은 도로 외의 곳을 포함)에서 차마 또는 노면전차를 그 본래의 사용방법에 따라 사용하는 것(조종을 포함)이다.

❷ 신호기 및 안전표지

(1) 신호기가 표시하는 신호의 종류 및 신호의 뜻

1) 원형등화

① **녹색의 등화**

㉠ 차마는 직진 또는 우회전할 수 있다.

㉡ **비보호좌회전표지 또는 비보호좌회전표시가 있는 곳에서는 좌회전할 수 있다.**

② **황색의 등화** ★

㉠ 차마는 정지선이 있거나 횡단보도가 있을 때에는 그 **직전이나 교차로의 직전에 정지**하여야 하며, 이미 교차로에 차마의 일부라도 진입한 경우에는 신속히 교차로 밖으로 진행하여야 한다.

㉡ 차마는 **우회전할 수 있고 우회전하는 경우에는 보행자의 횡단을 방해하지 못한다.**

③ **황색등화의 점멸** : 차마는 다른 교통 또는 안전표지의 표시에 주의하면서 진행할 수 있다.

④ **적색의 등화** ★

㉠ 차마는 정지선, 횡단보도 및 교차로의 직전에서 정지하여야 한다.

㉡ **차마는 우회전하려는 경우 정치선, 횡단보도 및 교차로의 직전에서 정차한 후 신호에 따라 진행하는 다른 차마의 교통을 방해하지 않고 우회전할 수 있다.**

㉢ **㉡에도 불구하고 차마는 우회전 삼색등이 적색의 등화인 경우 우회전할 수 없다.**

⑤ **적색등화의 점멸** : 차마는 정지선이나 횡단보도가 있을 때에는 그 직선이나 교차로의 직선에 일시정지한 후 다른 교통에 주의하면서 진행할 수 있다.

❖ "적색×표시 사각형등화가 점멸하는 경우에 차마는 ×표가 있는 차로로 진입할 수 없고, 이미 차마의 일부라도 진입한 경우에는 신속히 그 차로 밖으로 진로를 변경하여야 한다."를 제외하고, / 나머지 화살표의 등화(녹색화살표의 등화, 황색화살표의 등화 등)와 사각형등화하는 원형등화의 신호등과 같은 논리로 진행 또는 정지하면 된다.

(2) 안전표지의 종류(규칙 제8조) ★★

안전표지란 교통안전에 필요한 주의·규제·지시 등을 표시하는 표지판이나 도로의 바닥에 표시하는 기호·문자 또는 선 등의 노면표시를 말한다.

1) 주의표지 : 도로상태가 **위험**하거나 도로 또는 그 부근에 위험물이 있는 경우에 필요한 안전조치를 할 수 있도록 이를 알리는 표지이다.

2) 규제표지 : 도로교통의 안전을 위하여 **각종 제한·금지 등의 규제**를 하는 경우에 이를 도로사용자에게 알리는 표지이다.

3) 지시표지 : 도로교통의 안전을 위하여 **필요한 지시**를 하는 경우에 도로사용자가 이를 따르도록 알리는 표지이다.

4) 보조표지 : 주의표지·규제표지 또는 지시표지의 **주기능을 보충**하여 이를 알리는 표지이다.

5) 노면표시

① 도로교통의 안전을 위하여 각종 주의·규제· 지시 등의 내용을 노면에 기호·문자 또는 선으로 도로사용자에게 알리는 표시이다.

② **노면표시 각종 선의 의미 ★** : 점선은 허용, 실선은 제한, 복선은 의미의 강조를 말한다.

③ **노면표시의 기본색상 ★**

㉠ **백색** : 동일방향의 교통류 분리 및 경계 표시한다.

㉡ **황색** : 반대방향의 교통류분리 또는 도로이용의 제한 및 지시(중앙선표시, 노상장애물 중 도로중앙장애물표시, 주차금지표시, 정차·주차금지 표시 및 안전지대표시)를 표시한다.

㉢ **청색** : 지정방향의 교통류분리를 표시한다(버스전용차로표시 및 다인승차량 전용차선표시).

㉣ **적색** : 어린이보호구역 또는 주거지역 안에 설치하는 **속도제한표시**의 테두리선에 사용한다.

✿ 암기법 : 주의표지는 '위험', 규제표지는 '규제', 지시표지는 '지시', 보조표지는 '보종'이라는 말이 들어갑니다.

✿ 교재의 2페이지에 있는 안전표지 그림을 숙지하세요. 규제표지는 그림에 사선이나 "금지"나 "제한"이 들어간 그림이 많습니다.

02 자동차의 통행과 속도

❶ 차마의 통행

(1) 차로에 따른 통행차의 기준 ★★

차로 구분		통행차
고속도로 이외 도로	왼쪽차로	승용자동차, 경형·소형·중형 승합자동차
	오른쪽 차로	대형승합자동차, **화물자동차**, 특수자동차, 건설기계, 이륜자동차, 원동기장치자전거(개인형 이동장치는 제외)
고속도로	편도 2차로 이상	1차로	앞지르기를 하려는 모든 자동차 (다만, 차량통행량 증가 등 도로상황으로 인하여 부득이하게 시속 80km 미만으로 통행할 수밖에 없는 경우에는 앞지르기를 하지 않더라도 통행할 수 있다.)

	2차로	**건설기계를 포함한 모든 자동차**
편도 3차로 이상	1차로	**앞지르기를 하려는 승용자동차** 및 앞지르기를 하려는 경형·소형·중형 승합자동차. (다만, 도로상황으로 인하여 부득이하게 시속 80km 미만으로 통행할 수밖에 없는 경우에는 앞지르기를 하는 경우가 아니라도 통행할 수 있다.)
	왼쪽 차로	**승용자동차** 및 경형·소형·중형 승합자동차
	오른쪽 차로	**대형승합자동차, 화물자동차**, 특수자동차, 건설기계

❶ 왼쪽차로

(1) 고속도로 외의 도로의 경우 : 차로를 반으로 나누어 1차로에 가까운 부분의 차로. 다만, 차로수가 홀수인 경우 가운데 차로는 제외

(2) 고속도로의 경우 : 1차로를 제외한 차로를 반으로 나누어 1차로에 가까운 부분(다만, 1차로를 제외한 차로의 수가 홀수인 경우 그 중 가운데 차로는 제외)

❷ 오른쪽 차로

(1) 고속도로 외의 도로의 경우 : 왼쪽 차로를 제외한 나머지 차로

(2) 고속도로의 경우 : 1차로와 왼쪽 차로를 제외한 나머지 차로

(2) 차로에 따른 통행차의 기준에 의한 통행방법

1) 차도통행의 원칙

① 차마의 운전자는 보도와 차도가 구분된 도로에서는 차도를 통행하여야 한다.

② 차마의 운전자는 보도를 횡단하기 직전에 일시정지하여 보행자의 통행을 방해하지 아니하도록 횡단하여야 한다.

③ 도로 외의 곳으로 출입할 때에는 보도를 횡단하여 통행할 수 있다.

2) 차마의 운전자는 **도로**(보도와 차도가 구분된 도로에서는 차도)의 **중앙**(중앙선이 설치되어 있는 경우에는 그 중앙선을 말함) **우측 부분을 통행**하여야 한다.

3) 도로의 중앙이나 좌측통행이 가능한 경우 ★

① 도로가 일방통행인 경우

② 도로의 파손, 도로공사나 그 밖의 장애 등으로 도로의 우측 부분을 통행할 수 없는 경우

③ 도로 우측 부분의 폭이 6미터가 되지 아니하는 도로에서 다른 차를 앞지르려는 경우(다만, 도로의 좌측 부분을 확인할 수 있는 경우, 반대 방향의 교통을 방해할 우려가 있는 경우, 안전표지 등으로 앞지르기를 금지하거나 제한하는 경우에는 통행할 수 없음)

④ 도로 우측 부분의 폭이 차마의 통행에 충분하지 아니한 경우

⑤ 가파른 비탈길의 구부러진 곳에서 교통의 위험을 방지하기 위하여 시·도경찰청장이 필요하다고 인정하여 **구간 및 통행방법을 지정하고 있는 경우**에 그 지정에 따라 통행하는 경우

4) 도로의 가장 오른쪽 차로로 통행하여야 하는 차

① 자전거　　　　　　② 우마

③ **건설기계**[덤프트럭, 아스팔트살포기, 노상안정기, 콘크리트믹서트럭, 콘크리트펌프, 천공기(트럭적재식) 이외]

④ **다음의 위험물 등을 운반하는 자동차**

㉠ 지정수량 이상의 위험물(「위험물안전관리법」 제2조제1항제1호 및 제2호)

㉡ 화약류(총포·도검·화약류 등의 안전관리에 관한 법률)

㉢ 유독물질(「화학물질관리법」 제2조제2호)

㉣ 의료폐기물

㉤ 고압가스

㉥ 액화석유가스

㉦ 방사성물질 또는 그에 따라 오염된 물질

㉧ 허가대상 유해물질

㉨ 원제(「농약관리법」 제2조)

⑤ 그 밖에 사람 또는 가축의 힘이나 그 밖의 동력으로 도로에서 운행되는 것

5) 앞지르기를 할 때 : 통행기준에 지정된 차로의 바로 옆 왼쪽차로로 통행할 수 있다.

6) 진로양보의무

① **긴급자동차를 제외한 모든 차의 운전자는 뒤에서 따라오는 차보다 느린 속도로 가려는 경우** : 통행구분이 설치된 도로를 제외하고 도로의 우측 가장자리로 피하여 진로를 양보하여야 한다(다만, 통행구분이 설치된 도로는 그렇지 않음).

② **좁은 도로에서 긴급자동차 외의 자동차가 서로 마주보고 진행할 때** : 다음의 구분에 따른 자동차가 도로의 우측 가장자리로 피하여 진로를 양보하여야 한다. ★

㉠ 비탈진 좁은 도로에서 자동차가 서로 마주보고 진행하는 경우에는 **올라가는 자동차**

✿ 내려가는 자동차는 후진이 어려우므로 통행우선권을 갖게 됩니다.

㉡ 비탈진 좁은 도로 외의 좁은 도로에서 사람을 태웠거나 물건을 실은 자동차와 동승자가 없고 물건을 싣지 아니한 자동차가 서로 마주보고 진행하는 경우에는 **동승자가 없고 물건을 싣지 아니한 자동차**

(3) 운행상의 안전기준 ★★

1) 화물자동차의 적재중량 : 구조 및 성능에 따르는 적재중량의 110퍼센트 이내이다.

2) 화물자동차의 적재용량은 다음의 구분에 따른 기준을 넘지 아니할 것

① **길이** : 자동차 길이에 그 길이의 **10분의 1**을 더한 길이

② **너비** : 자동차의 **후사경으로 뒤쪽을 확인할 수 있는 범위**(후사경의 높이보다 낮게 적재한 경우에는 그 화물을, 후사경의 높이보다 높게 적재한 경우에는 뒤쪽을 확인할 수 있는 범위)의 너비

③ **높이** : **지상으로부터 4미터**(도로구조의 보전과 통행의 안전에 지장이 없다고 인정하여 고시한 도로노선의 경우에는 4.2미터)의 높이

(5) 승차 또는 적재의 방법과 제한

1) 모든 차의 운전자는 승차 인원, 적재중량 및 적재
용량에 관하여 대통령령으로 정하는 운행상의 안전
기준을 넘어서 승차시키거나 적재한 상태로 운전하
여서는 아니 된다. 다만, 출발지를 관할하는 경찰서
장의 허가를 받은 경우에는 그러하지 아니하다.

2) 경찰서장이 허가할 수 있는 경우

① 전신·전화·전기공사, 수도공사, 제설작업 그
밖에 공익을 위한 공사 또는 작업을 위하여 부
득이 화물자동차의 승차정원을 넘어서 운행하
고자 하는 경우

② 분할할 수 없어 화물자동차의 적재중량 및 적
재용량에 따른 기준을 적용할 수 없는 화물을
수송하는 경우

3) 안전기준을 넘는 화물의 적재허가를 받은 사람은 그
길이 또는 폭의 양끝에 **너비 30센티미터, 길이
50센티미터 이상의 빨간 헝겊**으로 된 표지를 달
아야 한다. 다만, **밤에 운행하는 경우에는 반사
체로 된 표지**를 달아야 한다. ★

❷ 자동차 등의 속도

(1) 도로별 차로 등에 따른 속도 ★★

도로 구분		최고속도	최저속도
일반도로	주거·상업·공업 지역	매시 50km 이내	제한 없음
일반도로	지정한 노선 또는 구간의 일반도로	매시 60km 이내	제한 없음
일반도로	편도 1차로 (주·상·공 외 지역)	매시 60km 이내	제한 없음
일반도로	편도 2차로 이상	매시 80km 이내	제한 없음
고속도로	편도 2차로 이상 — 고속도로	• 매시 100km 이내 • 매시 80km(적재중량 1.5톤을 초과하는 화물자동차, 특수자동차, 위험물운반자동차, 건설기계)	매시 50km
고속도로	편도 2차로 이상 — 지정·고시한 노선 또는 구간의 고속도로	• 매시 120km 이내 • 매시 90km 이내 (적재중량 1.5톤을 초과하는 화물자동차, 특수자동차, 위험물운반자동차, 건설기계)	매시 50km
고속도로	편도 1차로	매시 80km	매시 50km
자동차전용도로		매시 90km	매시 30km

(2) 이상 기후 시의 운행 속도 ★★★

이상기후 상태	운행 속도
• 비로 노면이 젖어 있는 경우 • 눈이 20mm 미만 쌓인 경우	최고속도의 20/100을 줄인 속도
• 폭우·폭설·안개 등으로 **가시거리가 100m 이내**인 경우 • 노면이 **얼어붙은** 경우 • 눈이 20mm 이상 쌓인 경우	최고속도의 50/100을 줄인 속도

✿ 정상 날씨의 제한속도가 60km/h인 경우에 눈이 20mm 미만 쌓인
경우에는 100분의 20을 감속하여야 하므로 48km(60 × 0.8)로 운행해
야 합니다. 그리고 정상날씨의 제한속도가 80km/h인 경우에 노
면이 얼어붙은 경우에는 40km(80 × 0.5)로 운행해야 합니다.
→ 계산문제가 나올 수 있습니다.

03 자동차 통행의 기준

❶ 서행 및 일시정지 등 ★★

(1) 서 행

1) 개념 : 차가 즉시 정지할 수 있는 느린 속도로 진
행하는 것을 의미한다.

2) 서행하여야 하는 경우 ★

① **교차로에서 좌·우회전할 때** : 각각 서행한다.

② **교통정리를 하고 있지 아니하는 교차로에 들
어가려고 하는 차의 운전자** : 그 차가 통행하고
있는 도로의 폭보다 교차하는 도로의 폭이 넓은
경우에는 서행한다.

③ **모든 차의 운전자** : 도로에 설치된 **안전지대**에
보행자가 있는 경우와 차로가 설치되지 아니한

좁은 도로에서 보행자의 옆을 지나는 경우에는 안전거리를 두고 서행한다.

3) 서행하여야 하는 장소 ★

① 교통정리를 하고 있지 아니하는 **교**차로

② 도로가 **구**부러진 부근

③ 비탈길의 **고**갯마루 부근

④ 가파른 **비**탈길의 내리막

⑤ 시·도경찰청장이 안전표지로 **지**정한 곳

✿ **두문자** : **교구고비지**(고기에 비지가 많다!)

(2) 정지

1) 개념 : 멈추는 당시의 속도가 0km인 상태로서 완전히 정지 상태로의 이행을 말한다.

2) 이행해야 할 장소

① 차량신호등이 황색의 등화인 경우 차마는 정지선이 있거나 횡단보도가 있을 때에는 그 직전이나 교차로의 직전에 정지한다.

② 적색의 등화인 경우 차마는 정지선, 횡단보도 및 교차로의 직전에서 정지한다.

(3) 일시정지

1) 개념 : 반드시 차가 멈추어야 하되, **얼마간의 시간 동안 정지상태를 유지해야** 하는 교통상황을 의미한다(정지상황의 일시적 전개).

2) 일지정지를 이행하여야 하는 장소 ★

① 차마의 운전자는 **보도와 차도가 구분된** 도로에서 도로 외의 곳을 출입할 때

② 모든 차의 운전자는 신호기 등이 표시하는 **신호가 없는 철길 건널목 앞**

③ 모든 차의 운전자는 보행자(자전거에서 내려서 자전거를 끌고 통행하는 자전거 운전자를 포함)가 **횡단보도를 통행하고 있을 때**에는 보행자의 횡단을 방해하거나 위험을 주지 아니하도록 그 횡단보도 앞(정지선이 설치되어 있는 곳에서는 그 정지선)에서 일시정지

④ **보행자전용도로의 통행이 허용된 차마의 운전자**는 보행자를 위험하게 하거나 보행자의 통행을 방해하지 아니하도록 차마를 보행자의 걸음 속도로 운행하거나 일시정지

⑤ 모든 차의 운전자는 교차로나 그 부근에서 **긴급자동차가 접근하는 경우**에는 교차로를 피하여 일시정지

⑥ 모든 차의 운전자는 교통정리를 하고 있지 아니하고 **좌우를 확인할 수 없거나 교통이 빈번한 교차로**에서는 일시정지

⑦ 시·도경찰청장이 안전표지로 지정한 곳

⑧ i) 어린이가 보호자 없이 도로를 횡단할 때, 도로에서 앉아 있거나 서 있을 때 또는 도로에서 놀이를 할 때 등 **어린이에 대한 교통사고의 위험**이 있는 것을 발견한 경우, ii) **앞을 보지 못하는 사람**이 흰색 지팡이를 가지거나 장애인보조견을 동반하는 등의 조치를 하고 횡단하고 있는 경우, iii) 지하도나 육교 등 도로횡단시설을 이용할 수 없는 **지체장애인이나 노인 등이 도로를 횡단**하고 있는 경우에는 일시정지

❷ 교차로 통행방법

(1) 교차로 통행방법 ★★★

1) 좌·우회전 방법

① **좌회전** : 미리 도로의 중앙선을 따라 서행하면서 **교차로의 중심 안쪽**을 이용하여 좌회전하여야 한다.

② **우회전** : 미리 **도로의 우측 가장자리를 서행**하면서 **우회전**하여야 한다. 이 경우 우회전하는 차의 운전자는 신호에 따라 정지하거나 진행하는 보행자 또는 자전거 등에 주의하여야 한다.

2) 모든 차의 운전자는 신호기로 교통정리를 하고 있는 교차로에 들어가려는 경우 : 진행하려는 진로의 앞쪽에 있는 차의 상황에 따라 교차로(정지선이 설치되어 있는 경우에는 그 정지선을 넘은 부분)에 정지하게 되어 다른 차의 통행에 방해가 될 우려가 있는 경우에는 그 교차로에 들어가서는 아니 된다.

3) 모든 차의 운전자는 교통정리를 하고 있지 아니하고 일시정지나 양보를 표시하는 안전표지가 설치되어 있는 교차로에 들어가려고 할 때 : 다른 차의 진행을 방해하지 아니하도록 일시정지하거나 양보하여야 한다.

(2) 교통정리가 없는 교차로에서의 양보운전

1) 교통정리를 하고 있지 아니하는 교차로에 들어가려고 하는 차의 운전자 : 이미 교차로에 들어가 있는 다른 차가 있을 때에는 그 차에 진로를 양보하여야 한다.

2) **동시에 교차로에 진입할 때의 양보운전** ★

① **운전자는 그 차가 통행하고 있는 도로의 폭보다 교차하는 도로의 폭이 넓은 경우** : 서행하여야 하며, 폭이 넓은 도로로부터 진입하는 차에 진로를 양보해야 한다.

② **동시에 진입하려고 하는 경우** : 우측도로에서 진입하는 차에 진로를 양보해야 한다.

③ **좌회전하려고 하는 경우** : 직진하거나 우회전하려는 차에 진로를 양보해야 한다.

04 면허 등과 자동차 정비 · 점검

❶ 운전면허 종류별 운전할 수 있는 차

(1) 제1종 보통면허 ★

1) 승용자동차

2) 승차정원 1**5**인 이하의 **승**합자동차

3) 적재중량 1**2**톤 미만의 **화**물자동차

4) 건설기계(도로를 운행하는 **3**톤 미만의 **지**게차에 한정)

5) 총중량 1**0**톤 미만의 **특**수자동차(구난차 등은 제외)

✿ **두문자 : 오승이화삼지영특**(오승이와 이학가 삼지료 약속하고 영특한 아들을 낳았다.), → 대형면허를 획득하면 톤수의 제한없이 운행할 수 있다.

(2) 제2종 보통면허 ★

1) 승용자동차

2) 승차정원 10인 이하의 승합자동차

3) 적재중량 4톤 미만의 화물자동차

4) 총중량 3.5톤 이하의 특수자동차(구난차 등은 제외)

5) 원동기장치자전거

❖ 위험물 등을 운반하는 적재중량 3톤 이하 또는 적재중량 3천리터 이하의 화물자동차는 제1종 보통면허가 있어야 운전을 할 수 있다.

❷ 운전면허취득 응시기간의 제한 ★

(1) 운전면허가 취소된 날부터 5년

1) 음주운전 금지, 과로·질병·약물의 영향과 그 밖의 사유로 정상적으로 운전하지 못할 우려가 있는 상태에서 운전금지, 공동위험행위의 금지 규정을 위반하여 **사람을 사상한 후 구호조치 및 사고발생에 따른 신고를 하지 아니한 경우 또는 위의 금지된 행위로 사람을 사망에 이르게 한 경우**

2) 술에 취한 상태에 있다고 인정할 만한 상당한 이유가 있는 사람이 자동차등을 운전하다가 사람을 사상한 후 사고발생 시의 **필요한 조치 및 신고를 하지 아니하고 음주측정방해행위**를 한 경우

3) 술에 취한 상태에 있다고 인정할 만한 상당한 이유가 있는 사람이 자동차등을 운전하다가 **사람을 사망에 이르게 하고 음주측정방해행위**를 한 경우

(2) 그 위반한 날부터 5년

무면허운전금지를 위반하여 1)의 금지행위를 한 경우

(3) 운전면허가 취소된 날부터 4년

무면허운전 금지 등, 음주운전 금지, 과로한 때의 운전금지, 공동위험행위의 금지 규정에 따른 **사유가 아닌 다른 사유**로 사람을 사상한 후 사상자 구호조치 및 경찰공무원 또는 국가경찰관서에 사고 신고의무를 위반한 경우

(4) 운전면허가 취소된 날부터 3년

음주운전 금지규정 또는 경찰공무원의 음주측정을 위반하여 운전을 하다가 **2회 이상 교통사고**를 일으킨 경우

(5) 그 위반한 날부터 3년

자동차 및 원동기장치자전거를 **이용하여 범죄행위를** 하거나 다른 사람의 자동차 및 원동기장치자전거를 훔치거나 빼앗은 사람이 무면허운전 금지 규정을 위반 하여 그 자동차 및 원동기장치자전거를 운전한 경우

(6) 운전면허가 취소된 날부터 2년

1) 음주운전 또는 경찰공무원의 **음주측정을 2회 이상 위반**(무면허운전금지 등을 위반한 경우 포함)한 경우

2) 음주운전 또는 경찰공무원의 **음주측정을 위반**(무면 허운전금지 등을 위반 포함)하여 **교통사고를 일으킨** 경우

3) 운전면허를 받을 자격이 없는 사람이 운전면허를 받거나, 거짓이나 그 밖의 **부정한 수단으로 운전면허**를 받은 경우 또는 운전면허효력의 정지 기간 중 운전면허증 또는 운전면허증을 갈음하는 증명서를 발급받은 사실이 드러난 경우

4) **공동위험행위**의 금지를 2회 이상 위반한 경우

5) 술에 취한 상태에 있다고 인정할 만한 상당한 이유가 있는 사람이 자동차등을 운전하여 교통사고를 일으키고 음주측정방해행위를 한 경우

6) 다른 사람의 자동차 등을 **훔치거나 빼앗은 경우**

7) 다른 사람이 부정하게 운전면허를 받도록 하기 위하여 운전면허시험에 **대신 응시한 경우**

(7) 그 위반한 날부터 2년

공동위험행위나 무면허운전 금지규정을 **3회 이상 위반**하여 자동차 및 원동기장치자전거를 운전한 경우

(8) 운전면허가 취소된 날부터 1년

1) (1)에서 (6)의 규정이 아닌 사유로 운전면허가 취소된 경우 운전면허가 취소된 날부터 1년

2) **공동위험행위의 금지규정 위반**으로 운전면허가 취소된 경우

✤ 적성검사를 받지 아니하여 운전면허가 취소된 사람 또는 제1종 운전면허를 받은 사람이 적성검사에 불합격되어 다시 제2종 운전면허를 받으려는 경우에는 제한기간이 적용되지 않는다.

✤ 운전면허효력 정지처분을 받고 있는 경우에는 그 정지기간

❸ 취소처분 개별기준 ★

(1) 교통사고를 일으키고 구호조치를 하지 아니한 때

교통사고로 사람을 죽게 하거나 다치게 하고, 구호 조치를 하지 아니한 때

(2) 술에 취한 상태에서 운전한 때

1) **술에 취한 상태의 기준**(혈중알코올농도 <u>0.03% 이상</u>)을 넘어서 운전을 하다가 교통사고로 사람을 죽게 하거나 다치게 한 때

2) **술에 만취한 상태**(혈중알코올농도 <u>0.08% 이상</u>)에서 운전한 때

3) 술에 취한 상태의 기준을 넘어 운전하거나 술에 취한 상태의 측정에 불응한 사람 또는 음주측정방 해행위를 한 사람이 **다시 술에 취한 상태**(혈중알코 올농도 0.03% 이상)에서 운전한 때

4) 술에 취한 상태의 측정에 불응한 때

5) 음주운전의 상당한 이유가 있는 사람이 자동차 등을 운전한 후 음주측정방해행위를 한 경우

6) 다른 사람에게 운전면허증 대여하여 운전하게 하거나, 대여받거나 그밖의 부정한 방법으로 입수하여 운전한 때(도난, 분실 제외)

(3) 결격사유에 해당

1) 교통상의 위험과 장해를 일으킬 수 있는 **정신질환자 또는 뇌전증환자**로서 영 제42조 제1항에 해당하는 사람

2) **앞을 보지 못하는 사람**(한쪽 눈만 보지 못하는 사람의 경우에는 제1종 운전면허 중 대형면허·특수면허로 한정)

3) **듣지 못하는 사람**(제1종 운전면허 중 대형·특수 면허로 한정)

4) 양팔의 팔꿈치 관절 이상을 잃은 사람, 또는 양팔을 전혀 쓸 수 없는 사람(다만, 본인의 신체장애 정도에 적합하게 제작된 자동차를 이용하여 정상적으로 운전할 수 있는 경우에는 그렇지 않음)

6) 다리, 머리, 척추 그 밖의 신체장애로 인하여 **앉아 있을 수 없는 사람**

(4) 속도위반

동법 제17조제3항을 위반하여 **최고속도보다 100km/h를 초과**한 속도로 3회 이상 운전한 때

(5) 약물을 사용한 상태에서 자동차 등을 운전한 때

약물(마약·대마·향정신성 의약품 및 「유해화학물질 관리법 시행령」에 따른 환각물질)의 투약·흡연·섭취·주사 등으로 정상적인 운전을 하지 못할 염려가 있는 상태에서 자동차 등을 운전한 때

(6) 공동위험행위

동법 제46조 제1항을 위반하여 공동위험행위로 **구속된 때**

(7) 난폭운전 : 난폭운전으로 **구속된 때**

(8) 정기적성검사 불합격하거나 또는 정기적성검사기간 만료일부터 1년 초과

(9) 수시적성검사 불합격 또는 수시적성검사 기간 초과

(10) 운전면허 행정처분기간 중 운전행위

(11) 허위 또는 부정한 수단으로 면허를 받은 경우

(12) 등록 또는 임시운행허가를 받지 않은 자동차 운전

(13) 자동차 등을 이용하여 형법상 특수상해 등을 행한 때

자동차 등을 이용하여 형법상 특수상해, 측수폭행, 특수협박, 특수손괴를 행하여 **구속된 때**(보복운전)

(14) 다른 사람을 합격시키기 위하여 운전면허시험에 응시

(15) 운전자가 단속 경찰공무원 등에 대한 폭행을 한 때

경찰공무원 등 및 시·군·구 공무원을 폭행하여 형사입건된 때

(16) 연습면허 취소사유가 있었던 경우

제1종 보통 및 제2종 보통면허를 받기 이전에 연습면허의 취소사유가 있었던 때(연습면허에 대한 취소절차 진행 중 제1종 보통 및 제2종 보통면허를 받은 경우 포함)

(17) 음주운전 방지장치 부착 조건부 운전면허를 받은 운전자등이 준수사항을 위반한 경우

❹ 정지처분 개별기준 ★

(1) 도로교통법이나 도로교통법의 명령을 위반한 때

위반사항	벌점
• 속도위반(100km 초과)	100
• **술에 취한 상태의 기준을 넘어서 운전한 때** (혈중알코올농도 **0.03**퍼센트 이상 **0.08**퍼센트 미만) • **자동차 등을 이용**하여 형법상 특수상해 등(보복운전)을 하여 입건된 때	100
• 속도위반(80km/h 초과 100km/h 이하)	80
• 속도위반(60km/h 초과 80km/h 이하)	60
• **정차·주차위반에 대한 조치**불응(단체에 소속되거나 다수인에 포함되어 경찰공무원의 3회 이상의 이동명령에 따르지 아니하고 교통을 방해한 경우에 한함) • **공동위험행위로 형사입건**된 때 • **안전운전의무위반**(단체에 소속되거나 다수인에 포함되어 경찰공무원의 3회 이상의 안전운전 지시에 따르지 아니하고 타인에게 위험과 장해를 주는 속도나 방법으로 운전한 경우에 한함) • 승객의 차내 소란행위 방치운전 • **난폭운전으로 형사입건**된 때 • 출석기간 또는 범칙금 납부기간 만료일부터 60일이 경과될 때까지 즉결심판을 받지 아니한 때 ✿ 두문자 : 불공안/소란즉40 [불공안에서 소란(난)을 피워 즉결심판으로 40점의 벌점을 부과하였다]	40
• 회전교차로 통과방법위반(통행방법 위반에 한정) • 속도위반(40km/h 초과 60km/h 이하) • 어린이 통학버스 특별보호 위반 • 어린이 통학버스 운전자의 의무위반(좌석안전띠를 매도록 하지 아니한 운전자는 제외) • 고속도로 버스전용차로·다인승전용차로 통행위반 • 통행구분 위반(중앙선 침범에 한함) • 운전면허증 등의 제시의무위반 또는 운전자 신원확인을 위한 경찰공무원의 질문에 불응 • 철길건널목 통과방법위반 • 고속도로·자동차전용도로 갓길통행 ✿ 두문자 : 회사어어/전통불/철길갓길30 [회사 어어가 전통불을 들고 철길갓길을 걸어 벌점 30점을 부과하였다]	30
• 신호·지시위반 • 속도위반(20km/h 초과 40km/h 이하) • 속도위반(어린이 보호구역 안에서 오전 8시부터 오	15

후 8시까지 사이에 제한속도를 20km/h 이내에서 초과한 경우에 한정)

- **앞지르기** 금지시기·장소위반
- 적재 제한 위반 또는 **적재물** 추락 방지 위반
- 운전 중 **휴대용 전화** 사용
- 운전 중 운전자가 볼 수 있는 위치에 **영상 표시**
- 운전 중 영상표시장치 조작
- **운행기록계 미설치** 자동차 운전금지 등의 위반
- 통행구분 위반(보도침범, 보도 횡단방법 위반)
- 지정차로 통행위반(진로변경 금지장소에서의 진로변경 포함)
- 일반도로 전용차로 통행위반
- 안전거리 미확보(진로변경 방법위반 포함)
- 앞지르기 방법위반
- 보행자 보호 불이행(정지선위반 포함)

（우측 벌점: 10）

✿ 모든 것을 다 암기해서 시험장에 들어가면 좋지만, 몇가지만 확실하게 암기하는 것만으로도 답을 고르기가 쉬워집니다.

(2) 자동차 등의 운전 중 교통사고를 일으킨 때

1) 인적피해 교통사고

① **사망 1명마다**(벌점 90점) : 사고발생 시부터 72시간 이내에 사망한 때

② **중상 1명마다**(벌점 15점) : 3주 이상의 치료를 요하는 의사의 진단이 있는 사고

③ **경상 1명마다**(벌점 5점) : 3주 미만 5일 이상의 치료를 요하는 의사의 진단이 있는 사고

④ **부상신고 1명마다**(벌점 2점) : 5일 미만의 치료를 요하는 의사의 진단이 있는 사고

2) 교통사고 야기 시 조치 불이행

① **벌점 15점** : 물적 피해가 발생한 교통사고를 일으킨 후 도주한 때

② **벌점 15점** : 교통사고를 일으킨 즉시 사상자를 구호하는 등 조치를 하지 아니하였으나 그 후 자진신고한 때

㉠ **벌점 30점** : 고속도로, 특별시·광역시 및 시의 관할구역과 군(광역시의 군을 제외)의 관할구역 중 경찰관서가 위치하는 리 또는 동 지역에서 3시간(그 밖의 지역에서는 12시간) 이내에 자진신고를 한 때

㉡ **벌점 60점** : 위에 따른 시간 후 48시간 이내에 자진신고를 한 때

(3) 벌점 등 초과로 인한 운전면허의 취소·정지

1) 벌점·누산점수 초과로 면허취소 : 1회의 위반·사고로 인한 벌점 또는 연간 누산점수가 다음 표의 벌점 또는 누산점수에 도달한 때에는 그 운전면허를 취소한다.

기 간	벌점 또는 누산점수
1년간	121점 이상
2년간	201점 이상
3년간	271점 이상

2) 벌점·처분벌점 초과로 인한 면허정지 : 운전면허 정지처분은 1회의 위반·사고로 인한 벌점 또는 처분벌점이 40점 이상이 된 때부터 결정하여 집행하되, 원칙적으로 1점을 1일로 계산하여 집행한다.

❺ 승합자동차등의 범칙행위 및 범칙금액 ★

❖ 승합자동차등(승합자동차, 4톤 초과 화물자동차 등)
　→ 괄호는 승용자동차 등

위반사항	범칙금
• 속도위반(60km/h 초과) • 어린이통학버스 운전자의 의무위반(좌석안전띠를 매지 않는 경우 제외)	13만원 (12만원)
• 속도위반(40km/h 초과 60km/h 이하) • 어린이통학버스 특별보호 위반 • 승객의 차내 소란행위 방치 운전	10만원 (9만원)
안전표지가 설치된 곳에서의 정차·주차 금지 위반	9만원 (8만원)
• **철길**건널목 통과방법 위반 • 고속도로·자동차전용도로 **갓길** 통행 • 운행기록계 **미**설치 자동차운전금지 등의 위반 • **신**호·지시 위반 • 횡단보도 **보**행자 횡단방해(어린이 보호구역에서의 일시정지 위반을 포함) • **보**행자전용도로 통행 및 통행방법 위반	7만원 (6만원)

위반 내용	범칙금액
• 운전 중 운전자가 볼 수 있는 위치에 영상 표시 • 운전 중 영상표시장치 조작 • 앞지르기 방법 위반 • 앞지르기 금지시기 · 장소 위반 • 긴급자동차에 대한 양보 · 일시정지 위반 • 긴급한 용도나 그 밖에 허용된 사항 외에 경광등이나 사이렌 사용 • 어린이 · 앞을 보지 못하는 사람(맹인) 등의 보호위반 • 승차인원 초과 · 승객 또는 승하차자 추락방지조치위반 • 회전교차로 통행방법 위반 • 고속도로버스전용차로 · 다인승전용차로 통행 위반 • 중앙선 침범 · 통행구분 위반 • 속도위반(20km/h 초과 40km/h 이하) • 운전 중 휴대용전화 사용 • 횡단 · 유턴 · 후진 위반 ✿ 두문자 : 철길갓길/미신/보영앞긴/맹추/회전중사/휴유 [철길갓길 미신(美神) 보영앞 2배로 긴장한 맹추 회전중사는 한숨을 휴유하고 쉰 후 7만원을 납부하였다.!!]	7만원 (6만원)
• 돌, 유리병, 쇳조각, 그 밖에 도로에 있는 사람이나 차마를 손상시킬 우려가 있는 물건을 던지거나 발사하는 행위 • 도로를 통행하고 있는 차마에서 밖으로 물건을 던지는 행위	모든 차마 5만원
• 통행금지 · 제한 위반 • 일반도로 전용차로 통행 위반 • 고속도로 · 자동차전용도로 안전거리 미확보 • **앞지르기의 방해금지 위반** • **교차로** 통행방법 위반 • **교차로**에서의 양보운전 위반 • **회전교차로** 진입 · 진행방법 위반 • 보행자 통행방해 또는 보호 불이행 • **정차 · 주차금지** 위반(안전표지가 설치된 곳에서의 정차 · 주차금지 위반은 제외) • **주차금지** 위반 • **정차 · 주차방법** 위반(경사진 곳에서의 정차 · 주차방법 위반도 포함)	5만원 (4만원)
• **정차 · 주차위반**에 대한 조치 불응 • 적재제한위반 · 적재물 추락방지위반 또는 영유아나 동물을 안고 운전하는 행위 • 안전운전의무 위반 • 도로에서의 시비 · 다툼 등으로 인한 차마의 통행방해행위 • 급발진, 급가속, 엔진 공회전 또는 반복적 · 연속적인 경음기 울림으로 인한 소음 발생 행위 • 화물적재함에의 승객 탑승운행 행위 • 고속도로 지정차로 통행 위반 • 고속도로 · 자동차전용도로에서 **정차 · 주차 금지 위반** 혹은 고장 등의 조치 불이행 • 고속도로 · 자동차전용도로 횡단 · 유턴 · 후진 위반 • 고속도로 진입 위반 ✿ **범칙금액 Tip** : 교차로 위반(단, 회전교차로통행방법 위반은 7만원)이나 주 · 정차위반은 4만원이 대부분이라는 것을 참고하시면 좋겠습니다. 앞지르기 위반은 대부분 7만원이고, 앞지르기 방해금지 위반만 4만원입니다.	5만원 (4만원)
• 혼잡 완화조치 위반 • 지정차로 통행위반 · 차로너비보다 넓은 차 통행금지 위반(진로변경금지 장소에서의 진로변경을 포함) • **속도위반(20km/h 이하)** • 진로변경방법 위반　　급제동금지 위반 • 끼어들기금지 위반　　서행의무 위반 • 일시정지 위반　　좌석안전띠 미착용 • 방향전환 · 진로변경 및 회전교차로 진입 · 진출 시 신호 불이행 • 운전석 이탈 시 안전 확보 불이행 • 동승자 등의 안전을 위한 조치 위반 • 시 · 도경찰청 지정 · 공고사항 위반 • 등화점등 불이행 · 발광장치 미착용 • 어린이통학버스와 비슷한 도색 · 표지 금지 위반	3만원 (3만원)
택시의 합승(장기주차 · 정차하여 승객을 유치하는 경우로 한정) · **승차거부 · 부당요금징수행위, 최저속도 위반, 일반도로 안전거리 미**	2만원

확보, 등화점등·조작불이행(안개가 끼거나 비 또는 눈이 올 때는 제외), **불법부착장치 차 운전**(교통단속용 장비의 기능을 방해하는 차의 운전은 제외), **사업용 승합자동차의 승차거부**

(6) 승합자동차등의 어린이보호구역 및 노인장애인보호구역의 과태료·범칙금 부과기준 ★★

위반행위	과태료 금액	범칙 금액
1. 신호·지시 위반	14만원	**13만원** 7만(일반구역)
2. 횡단보도 보행자 횡단 방해	×	**13만원** 7만(일반구역)
3. 속도위반		
·60km/h 초과	17만원	**16만원** 13만(일반구역)
·40km/h 초과 60km/h 이하	14만원	**13만원** 10만(일반구역)
·20km/h 초과 40km/h 이하	11만원	**10만원** 7만(일반구역)
·20km/h 이하	7만원	**6만원** 3만(일반구역)
4. 통행금지·제한 위반		**9만원**
5. 보행자 통행방해 또는 보호 불이행		7만(일반구역)
6. 정차·주차 금지	아래의 규정을 위반한 자의 고용주 등	5만(일반구역)
· 어린이보호구역의 위반	13만원	**13만원**
· 노인·장애인보호구역 위반	9만원	**9만원**
7. 주차 금지 위반		5만(일반구역)
· 어린이보호구역		**13만원**
· 노인·장애인보호구역		**9만원**
8. 정차·주차 방법 위반		5만(일반구역)
· 어린이보호구역		**13만원**
· 노인·장애인보호구역		**9만원**
9. 정차·주차위반에 대한 조치 불응		5만(일반구역)
· 어린이보호구역		**13만원**
· 노인·장애인보호구역		**9만원**

✿ **속도위반 암기법** : 어린이보호구역의 승합차의 범칙금 **16만원**을 기준으로 속도가 낮아짐에 따라 3만원씩 차감(20km 이하만 4만원 차감)하면 됩니다. 범칙금의 기준금액만 확실하게 암기하시길 바랍니다. 그리고 범칙금 금액에서 1만원을 더하면 과태료의 금액이 되고, 3를 차감하면 일반 범칙금액이 됩니다.

✿ **과태료와 범칙금의 개념** : 과태료는 운전자가 아닌 '차량의 소유주(혹은 고용주)'에게 부과되는 금액으로 기한 내에 납부하지 않으면 가산금이 부과됩니다. 그래도 계속 납부하지 않으면 압류처분을 합니다. 하지만, 과태료를 내면 다른 처벌이나 불이익이 없으므로 벌점이 따로 부과되지 않습니다(과속 카메라 등 기계적 단속장비로 적발). 범칙금은 '운전자'에게 부과되는 벌금으로 벌점도 함께 부과됩니다(보통 단속 경찰관이 직접 적발).

✚ STUDY 자동차의 정비 및 점검

❶ 자동차의 정비

(1) 정비불량차의 운전금지

(2) 특정운전자의 준수사항 : 운송사업용 자동차 또는 화물자동차 등으로서 행정안전부령이 정하는 자동차의 운전자는 그 자동차를 운전할 때에는 다음의 어느 하나에 해당하는 행위를 하여서는 아니 된다(제50조).

1) 운행기록계가 설치되어 있지 아니하거나 고장 등으로 사용할 수 없는 운행기록계가 설치된 자동차를 운진하는 행위

2) 운행기록계를 원래의 목적대로 사용하지 아니하고 자동차를 운전하는 행위

3) **승차를 거부**하는 행위

❷ 자동차의 점검(제41조)

(1) 경찰공무원은 정비불량차에 해당한다고 인정하는 경우 운전자에게 그 차의 자동차등록증 또는 자동차운전면허증을 제시하도록 요구하고 그 차의 장치를 점검할 수 있다.

(2) **(1)에 따라 점검한 결과 정비불량 사항이 발견된 경우** : 정비불량 상태의 정도에 따라 그 차의 운전자로 하여금 응급조치를 하게 한 후에 운전을 하게 하거나 도로 또는 교통상황을 고려하여 통행구간, 통행로와 위험방지를 위한 필요한 조건을 정한 후 그에 따라 운전을 계속하게 할 수 있다.

(3) **시·도경찰청장은 1)에 따라 정비상태가 매우 불량하여 위험발생의 우려가 있는 경우** : 운전의 일시정지를 명하거나 필요 시 **10일**의 **범위**에서 그 차의 사용을 정지시킬 수 있다. 국가경찰공무원이 운전의 일시정지를 명하는 경우에는 **정비불량표지를 자동차등의 앞면 창유리에 붙이고, 정비명령서를 교부**하여야 한다.

CHAPTER 2 교통사고처리특례법

01 처벌의 특례

❶ 교통사고처리특례법(이하 법명 생략)의 적용

차의 교통으로 형법상 업무상과실치상죄 또는 중과실치상죄와 다른 사람의 건조물이나 그 밖의 재물을 손괴한 죄를 범한 운전자에 대하여는 **피해자의 명시적인 의사에 반하여 공소를 제기할 수 없다**고 규정하고 있다(제3조 제2항).

❷ 특례의 적용을 배제하고 처벌하는 경우 ★★

(1) 차의 운전자가 업무상과실치상죄 또는 중과실치상죄를 범하고도 **피해자를 구호하는 등의 조치를 하지 아니하고 도주**하거나 피해자를 사고 장소로부터 옮겨 유기하고 도주한 경우

(2) 음주운전을 하고 **음주측정 요구에 따르지 아니하거나**(운전자가 채혈 측정을 요청하거나 동의한 경우는 제외) **음주측정방해행위**를 한 경우와 아래의 어느 하나에 해당하는 죄를 범한 경우 특례적용을 배제

(3) **중앙선침범 사고**, 고속도로나 자동차전용도로에서의 횡단, 유턴 또는 후진 위반 사고

(4) **신호 · 지시 위반** 사고

(5) **속도위반 과속**(20km/h 초과) 사고

(6) **앞지르기**의 방법 · 금지시기 · 금지장소 또는 끼어들기의 금지 위반 사고

(7) **철길건널목 통과방법 위반** 사고

(8) **보행자 보호의무 위반** 사고

(9) **무면허운전 중** 사고

(10) **주취운전 · 약물복용운전** 사고

(11) **보도침범, 보도횡단방법 위반** 사고

(12) **승객추락방지의무 위반** 사고

(13) 어린이 보호구역 내 **어린이 보호의무 위반**으로 어린이의 신체를 상해에 이르게 한 사고

(14) **자동차의 화물이 떨어지지 아니하도록 필요한 조치**를 하지 아니하고 운전한 경우

02 처벌의 가중

❶ 사망사고

(1) 교통사고에 의한 사망은 교통사고가 주된 원인이 되어 **교통사고 발생 시부터 30일 이내에 사람이 사망한 사고**를 말한다.

(2) 도로교통법령상 교통사고 발생 후 **72시간 내 사망**하면 벌점 90점의 부과된다.

(3) **사망사고**는 그 피해의 중대성과 심각성으로 사고차량이 **보험이나 공제에 가입되어 있더라도** 형법 제268조에 따라 처벌된다.

❷ 도주(뺑소니) 사고

(1) **특가법으로 가중처벌** : 도주사고는 피해자의 생명, 신체에 중대한 위험을 초래하고 손해배상의 현저한 곤란을 초래한다는 점에서 이에 대한 가중처벌과 예방적 효과를 위하여 특정범죄가중처벌 등에 관한 법률 제5조의3에의 규정을 적용하여 처벌을 가중한다.

(2) **특정범죄 가중처벌 등에 관한 법률 제5조의3**

1) 형법 제268조의 죄를 범한 해당 차량의 사고운전자가 피해자를 구호하는 등 도로교통법에 따른 조치를 하지 아니하고 도주한 경우

① **피해자를 사망에 이르게 하고 도주하거나, 도주 후에 피해자가 사망한 경우** : 무기 또는 5년 이상의 징역에 처한다.

② **피해자를 상해에 이르게 한 경우** : 1년 이상의 유기징역 또는 500만원 이상 3천만원 이하의 벌금에 처한다.

2) 사고운전자가 피해자를 사고 장소로부터 옮겨 유기하고 도주한 경우

① **피해자를 사망에 이르게 하고 도주하거나, 도주 후에 피해자가 사망한 경우** : 사형, 무기 또는 5년 이상의 징역에 처한다.

② **피해자를 상해에 이르게 한 경우** : 3년 이상의 유기징역에 처한다.

(3) 도주(뺑소니)의 성립 여부 ★

1) 성립하는 경우

① **사상 사실을 인식**하고도 가버린 경우

② **피해자를 방치**하고 사고현장을 이탈 도주한 경우

③ 사고현장에 있었어도 사고사실을 은폐하기 위해 **거짓진술·신고**한 경우

④ 부상피해자에 대한 **적극적인 구호조치 없이 가버린 경우**

⑤ 피해자가 이미 사망했다고 하더라도 **사체 안치 후송 등 조치 없이** 가버린 경우

⑥ 피해자를 병원까지만 **후송하고 계속 치료받을 수 있는 조치 없이** 도주한 경우

⑦ 운전자를 **바꿔치기 하여** 신고한 경우

2) 도주(뺑소니)가 아닌 경우

① 가해자 및 피해자 일행 또는 경찰관이 환자를 **후송 조치하는 것을 보고 연락처 주고** 가버린 경우

② 피해자가 부상 사실이 없거나 **극히 경미**하여 구호조치가 필요치 않는 경우

③ 교통사고 **가해운전자가 심한 부상**을 입어 타인에게 의뢰하여 피해자를 후송 조치한 경우

④ 교통사고 **장소가 혼잡하여 도저히 정지할 수 없어** 일부 진행한 후 정지하고 되돌아와 조치한 경우

---

❶ 신호·지시 위반 사고

(1) 의의

1) 개념 : 통행의 금지 또는 일시정지를 내용으로 하는 **경찰공무원의 신호**나 통행의 금지 또는 일시정지를 내용으로 하는 **안전표지가 표시**하는 지시에 위반하여 교통사고가 발생한 것을 말한다.

2) 신호위반의 종류 : i) 사전출발 신호위반, ii) 주의(황색)신호에 무리한 진입, iii) 신호무시하고 진행한 경우

✚ STUDY　**신호·지시위반의 성립요건**

❶ 장소적 요건

(1) 성립 지역

1) 신호기가 설치되어 있는 교차로나 횡단보도

2) 경찰공무원 등의 수신호 지역

3) 지시표지판(규제표지 중 통행금지·진입금지·일시정지표지)이 설치된 구역 내

통행금지　　　진입금지　　　일시정지

(2) 예외 지역

1) 진행방향에 신호기가 설치되지 않은 경우

2) 신호기의 고장이나 황색 점멸신호등의 경우

3) 기타 지시표지판(규제표지 중 통행금지·진입금지·일시정지표지 제외)의 표지판이 설치된 구역

❷ 피해자적 요건

(1) 성립 : 신호·지시위반 차량에 충돌되어 인적피해를 입은 경우

(2) 예외 : 대물피해만 입히는 경우 공소권 없음 처리

❸ 운전자의 과실

(1) 성립 : 고의적 과실, 부주의에 의한 과실

(2) 예외 : 불가항력적 과실, 만부득이한 과실, 교통상 적절한 행위는 예외

❹ 시설물의 설치요건

❷ 중앙선침범, 횡단·유턴 등 위반 사고

(1) 중앙선침범의 한계

사고의 참혹성과 예방목적으로 차체의 일부라도 걸치면 중앙선침범이 적용된다.

(2) 중앙선침범이 적용되는 경우 ★

1) 고의 또는 의도적인 중앙선침범 사고 : 고의적이나 의도적으로 U턴이나 회전 중 중앙선침범 사고

> **예** i) 좌측도로나 건물 등으로 가기 위하여 회전하며 중앙선을 침범한 경우, ii) 오던 길로 되돌아가기 위해 U턴하며 중앙선을 침범한 경우, iii) 앞지르기를 위해 중앙선을 넘어 진행하다(후진으로 중앙선을 넘었다가) 다시 진행차로로 돌아오는 경우, iv) 후진으로 중앙선을 넘었다가 다시 진행차로로 돌아오는 경우, v) 황색점선으로 된 중앙선을 넘어서 회전 중 발생한 사고 또는 추월 중 발생한 사고

2) 현저한 부주의로 인한 중앙선침범 이전에 선행된 중대한 과실사고

① 커브길 과속으로 중앙선침범

② 빗길 과속으로 운행하다가 미끄러져 중앙선침범 : 단, 제한속력 내 운행 중 미끄러지며 중앙선을 침범한 사고는 적용 불가

③ 기타 현저한 부주의로 중앙선을 침범한 사고

  ㉠ 졸다가 뒤늦게 급제동으로 중앙선침범

  ㉡ 차내 잡담 등 부주의로 인한 중앙선침범

  ㉢ 전방주시 태만으로 인한 중앙선침범

3) 고속도로, 자동차전용도로에서 횡단, U턴 또는 후진 중 사고 발생 시 중앙선침범 적용(긴급자동차, 도로보수 등의 작업차는 중앙선침범 ×)

(3) 중앙선침범이 적용되지 않은 경우 ★

1) 불가항력적 중앙선침범 사고[뒤차의 추돌로 중앙선침범, 횡단보도 추돌사고(보행자보호의무 위반 적용), 내리막길 정비불량으로 중앙선 침범]

2) 만부득이한 중앙선침범 사고(안전운전불이행 적용)

① 앞차의 정지로 추돌을 피하려다 중앙선 침범

② 보행자를 피하려다 중앙선침범

③ 빙판길에 미끄러지면서 중앙선침범

3) 기타 중앙선침범이 성립하지 않는 사고

① 중앙선이 없는 도로나 교차로의 중앙부분을 넘어서 난 사고

② 운전부주의로 핸들을 과대 조작하여 반대편 도로의 갓길을 충돌한 자피사고

③ 중앙선이 마모되거나 흙더미 등으로 중앙선이 보이지 않은 경우 중앙선 침범사고

④ 중앙선침범 동일방향 앞차를 따르다 그 차를 추돌한 사고

⑤ 공사장 등 차선규제봉 등 설치물을 넘은 사고

⑥ 중앙선이 없는 굽은 도로의 중앙부분을 진행 중 사고가 발생

❶ 장소적 요건

(1) **성립** : i) 황색실선이나 점선의 중앙선이 설치되어 있는 도로, ii) 자동차전용도로나 고속도로에서의 횡단·유턴·후진

(2) **예외** : i) 중앙선이 설치되어 있지 않은 경우, ii) 아파트나 군부대 내의 사설 중앙선, iii) 일반도로에서의 횡단·유턴·후진

❷ 피해자 요건

(1) **성립**

1) 중앙선침범 차량에 충돌되어 인적피해

2) 자동차전용도로나 고속도로에서의 횡단·유턴·후진 차량에 충돌되어 인적피해

(2) **예외** : 대물피해만 입는 경우

❸ 운전자 과실

(1) **성립** : 고의적 과실, 현저한 부주의에 의한 과실

(2) **예외** : 불가항력적 과실, 만부득이한 과실

❹ 시설물 요건

(1) **성립** : 도로교통법 제13조에 의거 시·도경찰청장이 설치한 중앙선

(2) **예외** : 아파트단지 내 또는 군부대 등 특정구역 내부의 소통과 안전을 목적으로 자체적으로 설치된 경우

❸ 속도위반(20km/h 초과) 과속사고

(1) 교특법상 과속의 개념 ★

법정속도(도로교통법에 의한 도로별 최고·최저속도)와 지정속도(시·도경찰청에 의한 지정속도)를 20km/h 초과된 경우이다.

❶ 장소적 요건

(1) **성립** : 도로나 불특정 다수의 사람 또는 차마의 통행을 위하여 공개된 장소

(2) **예외** : 위의 장소가 아닌 곳에서의 사고

❷ 피해자 요건

(1) **성립** : **과속차량**(20㎞/h 초과)에 충돌되어 **인적 피해**

(2) **예외**

1) 제한속도 20km/h 이하 차량에 충돌되어 인적피해

2) 제한속도 20km/h 초과 차량에 충돌되어 대물피해

❸ 운전자 과실

(1) **성립** : 제한속도 20㎞/h **초과하여 과속운행** 중 사고를 야기한 경우

(2) **예외** : 제한속도 20km/h 이하로 운행 중 사고 야기한 경우이거나, 제한속도 20km/h 초과하여 과속운행 중 대물피해만 입은 경우

❹ 시설물 요건 ★

(1) **성립** : 도로교통법에 의거 시·도경찰청장이 설치한 안전표지 중에서 i) **규제표지**(최고속도 제한표지), ii) **노면표시**(속도제한표시)

규제표지 중
최고속도제한

노면표시 중
속도제한

노면표시 중
어린이보호구역 안
속도제한

(2) **예외** : 안전표지 중 규제표지(서행표지), 보조표지(안전속도표지), 노면표시(서행표시)에서의 과속사고

규제표지 중
서행표지

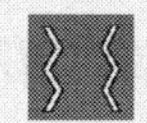
보조표지 중
안전속도표지

노면표시 중
서행표시

❹ 앞지르기의 방법·금지시기·금지장소 또는 끼어들기 금지 위반 사고

(1) 앞지르기 방법, 금지 위반 사고의 성립요건

1) 장소적 요건

① **성립** : 앞지르기 금지장소인 교차로, 터널 안, 다리 위, 도로의 구부러진 곳, 비탈길의 고개마루 부근 또는 가파른 비탈길의 내리막 등 시·도경찰청장이 안전표지에 의하여 지정한 곳 ★

② **예외** : 앞지르기 금지장소 이외의 지역

2) 피해자적 요건

① **성립** : 앞지르기 방법·금지 위반 차량에 충돌되어 인적피해를 입은 경우

② **예외**

㉠ 앞지르기방법·금지 위반 차량에 충돌되어 **대물피해**만 입은 경우

㉡ **불가항력적, 만부득이한 경우 앞지르기**하던 차량에 충돌되어 인적피해를 입은 경우

3) 운전자의 과실 ★

① **성립**

㉠ **앞지르기 금지 위반행위**

• 병진(竝進) 시 앞지르기

• 앞차의 좌회전 시 앞지르기

• 위험방지를 위한 정지·서행 시 앞지르기

• 앞지르기 금지장소에서 앞지르기

• 실선의 중앙선침범 앞지르기

㉡ **앞지르기 방법 위반행위** : 앞차의 우측 앞지르기, 2개 차로 사이로 앞지르기

② **예외** : 불가항력, 만부득이한 경우 앞지르기 하던 중에 사고

❺ 철길건널목 통과방법 위반 사고

(1) 철길건널목의 종류

1) 1종 건널목 : 차단기, 경보기 및 교통안전표지가 설치되어 있는 경우

2) 2종 건널목 : 경보기 및 건널목 교통안전표지만 설치하는 건널목

3) 3종 건널목 : 건널목 교통안전표지만 설치하는 건널목

❶ 장소적 요건

(1) **성립** : 철길건널목(1, 2, 3종 불문)

(2) **예외** : 역구내 철길건널목의 경우

❷ 피해자 요건

(1) **성립** : 철길건널목 통과방법 위반사고로 인적 피해를 입은 경우

(2) **예외** : 철길건널목 통과방법 위반사고로 대물피해만을 입은 경우

❸ 운전자 과실

(1) **성립** : 철길건널목 통과방법 위반한 과실

1) 철길건널목 직전 일시정지 불이행

2) 안전미확인 통행 중 사고

3) 고장 시 승객대피, 차량이동 조치 불이행

(2) **예외** : 철길건널목 신호기, 경보기 등의 고장으로 일어난 사고

❖ 신호기 등이 표시하는 신호에 따르는 때에는 일시정지하지 아니하고 통과할 수 있다.

❻ 보행자 보호의무 위반 사고 ★★

모든 차의 운전자는 보행자가 횡단보도를 통행하고 있는 때에는 그 횡단보도 앞(정지선이 설치되어 있는 곳에서는 그 정지선을 말함)에서 일시정지하여 보행자의 횡단을 방해하거나 위험을 주어서는 아니 된다.

✿ 여기저기 산재되어 있는 보행자 여부를 확인하고 숙지하셔야 합니다.

(1) **보행자의 여부**

1) 횡단보도 보행자인 경우 → 보행자 보호의무 위반으로 처리

① 횡단보도를 걸어가는 사람

② 횡단보도에서 이륜차를 끌고 가는 사람

③ 횡단보도에서 이륜차를 타고 가다 **멈추고 한발은 페달에 다른 한발은 노면에 서 있는 중**의 사고

2) 횡단보도 보행자가 아닌 경우 → 안전운전불이행으로 처리

① 횡단보도에서 **이륜차를 타고 가는 사람**

② 횡단보도 내에서 **화물 하역작업을 하고 있는 사람**

❶ 장소적 요건

(1) **성립** : 횡단보도 내

(2) **예외** : 보행자신호가 정지신호(적색등화) 때의 횡단보도

❷ 피해자적 요건

(1) **성립** : 횡단보도를 건너던 보행자가 자동차에 충돌되어 인적피해를 입은 경우

(2) **예외**

1) 횡단보도를 건너는 것이 아니고 **드러누워 있거나, 교통정리, 싸우던 중, 택시를 잡던 중 등 보행의 경우가 아닌 때 충돌**한 때

2) **보행자 정지신호 때 횡단보도 건너던 중 사고**

❸ 운전자의 과실

(1) **성립**

1) **보행신호**(녹색등화)**에 횡단보도 진입, 건너던 중 주의신호**(녹색등화의 점멸) **또는 정지신호**(적색등화)**가 되어 마저 건너고 있는 보행자를 충돌한 경우

2) 횡단보도를 건너는 보행자를 충돌한 경우

3) 횡단보도 전에 정지한 차량을 추돌하여, 앞차가 밀려나가 보행자를 충돌한 경우

(2) **예외**

1) 보행자가 횡단보도를 정지신호(적색등화)에 건너던 중 사고

2) 보행자가 횡단보도를 건너던 중 **신호가 변경되어 중앙선에 서 있던 중** 사고

3) 보행자가 **주의신호**(녹색등화의 점멸)에 **뒤늦게 횡단보도에 진입하여 건너던 중 정지신호**(적색등화)로 변경된 후 사고

❹ 시설물 설치요건

(1) 성립

1) 시 · 도경찰청장이 설치한 횡단보도

2) 횡단보도를 진입하는 차량에 의해 보행자가 놀라거나 충돌을 회피하기 위해 도망가다 넘어져 그 보행자를 다치게 한 경우(비접촉사고)

(2) 예외 : 아파트 단지나 학교, 군부대 등 특정 구역 내부의 소통과 안전을 목적으로 자체 설치된 경우는 제외

❼ 무면허 운전사고

(1) 무면허 운전의 의의

도로에서 운전면허를 받지 아니하거나 국제운전면허증을 소지하지 아니하고 운전 중 사고가 발생한 경우

(2) 무면허 운전의 유형 ★

1) 운전면허를 취득하지 않고 운전하는 행위

2) 유효기간이 지난 면허증으로 운전하는 행위

3) 운전면허 취소처분을 받은 자가 운전하는 행위

4) 운전면허 정지기간 중에 운전하는 행위

5) 시험합격 후 면허증 교부 전에 운전하는 경우

6) 면허종별 외의 차량을 운전하는 경우

7) 위험물을 운반하는 화물자동차가 적재중량 3톤을 초과함에도 제1종 보통 운전면허로 운전한 경우

8) 건설기계(덤프트럭, 아스팔트살포기, 노상안정기, 콘크리트믹서트럭, 콘크리트펌프, 트럭적재식 천공기)를 제1종 보통운전면허로 운전한 경우

9) **면허 있는 자가 도로에서 무면허자에게 운전연습을 시키던 중 사고를 야기한 경우**

10) 군인(군속인 자)이 군면허만 취득 소지하고 일반차량을 운전한 경우

11) 임시운전증명서 유효기간 지나 운전 중 사고 야기

12) 외국인으로 국제운전면허를 받지 않고 운전하거나 입국 1년이 지난 국제운전면허증을 소지하고 운전하는 경우 등

❶ 장소적 요건

(1) 성립 : 도로나 그 밖에 현실적으로 불특정 다수의 사람 또는 차마의 통행을 위하여 공개된 장소로서 안전하고 원활한 교통을 확보할 필요가 있는 장소(교통경찰권이 미치는 장소)

(2) 예외 : 현실적으로 불특정 다수의 사람 또는 차마의 통행을 위하여 공개된 장소가 아닌 곳에서의 운전(특정인만 출입하는 장소로 교통경찰권이 미치지 않는 장소)

❷ 피해자적 요건

(1) 성립

1) 무면허운전 자동차에 충돌되어 인적사고를 입는 경우

2) 대물피해만 입은 경우에도 보험면책으로 합의되지 않은 경우는 공소권 있음

(2) 예외 : 대물피해 시 보험면책으로 합의된 경우

❸ 운전자의 과실

(1) 성립 : 무면허상태에서 운전하는 경우

(2) 예외 : 취소사유 상태이나 취소처분(통지) 전 운전

❽ 음주운전 · 약물복용 운전사고

(1) 음주운전에 해당하는 경우 ★

1) 불특정 다수인이 이용하는 도로 및 **공개되지 않는 통행로에서의 음주운전 행위도 처벌대상**이 된다.

2) **구체적인 장소** : i) 도로, ii) 불특정 다수의 사람 또는 차마의 통행을 위하여 공개된 장소가 있다.

3) 술을 마시고 주차장(주차선 안 포함)에서 음주운전도 처벌 대상이다.

(2) 음주운전에 해당하지 않는 경우

혈중알코올농도 0.03% 이상에 해당하지 않으면 음주운전이 아니다.

(3) 주취 · 약물복용 운전 중 사고의 성립요건

1) 장소적 요건

① **성립** ★

㉠ **공개된 장소** : 도로나 그 밖에 현실적으로 불특정 다수의 사람 또는 차마의 통행을 위하여

공개된 장소로서 안전하고 원활한 교통을 확보할 필요가 있는 장소

ⓛ **비공개 통행로** : 공장, 관공서, 학교, 사기업 등의 정문 안쪽 통행로와 같이 공개되지 않은 통행로로 문, 차단기에 의해 도로와 차단되고 별도로 관리되는 장소

ⓒ 주차장 또는 주차선 안에서 운전도 처벌대상

② **도로가 아닌 곳에서의 음주운전은 형사처벌의** 대상이나, 운전면허에 대한 행정처분의 대상은 아니다.

2) 피해자 요건

① **성립** : 음주운전 자동차에 충돌되어 인적피해를 입는 경우

② **예외** : 대물피해만 입은 경우(보험에 가입되어 있다면 공소권 없음으로 처리)

3) 운전자 과실

① **성립**

ⓠ 음주한 상태로 자동차를 운전하여 일정거리 운행한 때

ⓒ 혈중알코올농도가 0.03% 이상일 때 음주측정에 불응한 경우

② **예외** : 음주 한계 수치 0.03% 미만일 때 음주측정에 불응한 경우

+ STUDY 보도침범 및 추락방지의무위반

❶ 보도침범 · 보도횡단방법 위반 사고

도로교통법을 위반하여 보도가 설치된 도로를 차체의 일부분만이라도 보도에 침범하거나 보도통행방법에 위반하여 운전한 경우 성립한다.

(1) 장소적 요건

1) **성립** : 보도 · 차도가 구분된 도로에서 보도 내의 사고 (보도침범사고, 통행방법위반)

2) **예외** : 보도 · 차도 구분이 없는 도로는 제외

(2) 피해자 요건

1) **성립** : 보도상에서 보행 중 제차에 충돌되어 인적피해를 입은 경우

2) **예외** : 피해자가 자전거나 오토바이를 타고 가던 중 보도침범 통행 차량에 충돌된 경우

(3) 운전자의 과실

1) **성립** : 고의적 과실이나 현저한 부주의에 의한 과실

2) **예외** : 불가항력적 과실, 만부득이한 과실, 단순 부주의에 의한 과실

(4) 시설물의 설치 요건

1) **성립** : 보도설치 권한이 있는 행정관서에서 설치 관리하는 보도

2) **예외** : 학교, 아파트단지 등 특정구역 내부의 소통과 안전을 목적으로 설치된 보도

❷ 승객추락 방지의무 위반 사고(개문발차 사고)

(1) 정의

'모든 차의 운전자는 운전 중 타고 있는 사람 또는 내리는 사람이 떨어지지 아니하도록 하기 위하여 문을 정확히 여닫는 등 필요한 조치를 하여야 한다'는 도로교통법 제39조 제3항에 의한 승객의 추락방지 의무를 위반하여 인사사고를 일으킨 경우를 말한다.

(2) 개문발차 사고의 성립요건

1) **자동차적 요건**

① 승용, 승합, 화물, 건설기계 등 자동차에만 적용

② 이륜, 자전거 등은 제외

2) **피해자적 요건**

① 탑승객이 승하차 중 개문된 상태로 발차하여 승객이 추락함으로서 인적피해를 입은 경우

② 적재되었던 화물이 추락하여 발생한 경우

3) **운전자의 과실**

① 차의 문이 열려있는 상태로 발차한 행위

② 차량정차 중 피해자의 과실사고와 차량 뒤 적재함에서의 추락사고의 경우

(3) 승객추락 방지의무 위반 사고 사례

1) 운전자가 출발하기 전 그 차의 문을 제대로 닫지 않고 출발함으로써 탑승객이 추락, 부상을 당하였을 경우

2) 개문발차로 인한 승객의 낙상사고의 경우

(4) 적용 배제 사례

개문 당시 승객의 손이나 발이 끼어 사고 난 경우

CHAPTER 3 — 화물자동차 운수사업법령

01 화물사업일반과 화물자격시험 등

❶ 화물자동차 일반

(1) 목적[화물자동차운수사업법(이하 법명 생략) 제1조] ★

화물자동차운수사업을 **효율적으로 관리하고, 건전하게 육성**하여 **화물의 원활한 운송**을 도모함으로써 공공복리의 증진에 기여함을 목적으로 한다.

✿ ⅰ) 화물운송시장 : 운수사업의 효율적 관리와 건전한 육성, ⅱ) 사업자와 운수종사자 : 화물의 원활한 운송도모, ⅲ) 궁극목적 : 공공복리의 증진에 기여

(2) 정의(제2조)

화물자동차란 자동차관리법에 따른 **화물자동차 및 특수자동차**로서 국토교통부령으로 정하는 자동차를 말한다.

(3) 화물자동차의 구분

1) 규모별 종류 및 세부기준 ★

① **경형**

㉠ **초소형** : 배기량이 250cc(전기자동차의 경우 최고정격출력이 15킬로와트) 이하이고, 길이 3.6미터·너비 1.5미터·높이 2.0미터 이하인 것

→ 초소형 특수자동차도 동일

㉡ **일반형** : 배기량이 1,000cc 미만으로서 길이 3.6미터, 너비 1.6미터, 높이 2.0미터 이하인 것

→ 일반형 특수자동차도 동일

② **소형** : **최대적재량이** 1톤 이하인 것으로서 **총중량이 3.5톤 이하**인 것

③ **중형** : **최대적재량이** 1톤 초과 5톤 미만이거나, **총중량이 3.5톤 초과 10톤 미만**인 것

④ **대형** : 최대적재량이 5톤 **이상**이거나, 총중량이 10톤 이상인 것 → ②, ③, ④ 밑줄은 특수자동차도 동일

✿ 암기법 : 중형화물차를 확실하게 암기하시고, 그 최대와 최소로 소형화물차와 대형화물차의 톤수를 암기하시면 됩니다.

2) 유형별 세부기준

① **화물자동차** ★

㉠ **일반형** : 보통의 화물운송용인 것

㉡ **덤프형** : 적재함을 원동기의 힘으로 기울여 적재물을 중력에 의하여 쉽게 미끄러뜨리는 구조의 화물운송용인 것

㉢ **밴형** : 지붕구조의 덮개가 있는 화물운송용인 것

㉣ **특수용도형** : 특정한 용도를 위하여 특수한 구조로 하거나, 기구를 장치한 것으로서 위 어느 형에도 속하지 아니하는 화물운송용인 것

+ STUDY   밴형화물자동차가 모두 충족해야 하는 요건

❶ 물품적재장치의 바닥면적이 승차장치의 바닥면적보다 넓을 것

❷ 승차정원이 **3명 이하일 것** 다만, 다음의 어느 하나에 해당하는 경우는 예외로 한다

(1) 「경비업법」의 호송경비 업무허가를 받은 경비업자의 호송용 차량

(2) 2001년 11월 30일 전에 화물자동차 운송사업 등록을 한 6인승 밴형 화물자동차

---

② **특수자동차**

㉠ **견인형** : 피견인차의 견인을 전용으로 하는 구조인 것

㉡ **구난형** : 고장·사고 등으로 운행이 곤란한 자동차를 구난·견인할 수 있는 구조인 것

㉢ **특수작업형** : 위 어느 형에도 속하지 아니하는 특수작업용인 것

+ STUDY   용어의 정리

✿ 용어에 대한 개념정리를 정확하게 이해하셔야 합니다. 그래야 그 세부내용에 대한 이해도가 높아집니다. 시간을 걸리더라도 이해가 되도록 반복해서 학습한 후에 다음 단계로 넘어가는 것이 좋습니다.

❶ 화물자동차 운수사업

화물자동차 **운송사업**, 화물자동차 운송주선사업 및 화물자동차 **운송가맹사업**을 말한다.

❷ 화물자동차 운송사업

다른 사람의 요구에 응하여 화물자동차를 사용하여 **화물을 유상으로 운송**하는 사업을 말한다.

❸ 화물자동차 운송주선사업

(1) 다른 사람의 요구에 응하여 유상으로 **화물운송계약을 중개·대리**하거나

(2) 화물자동차 운송사업 또는 화물자동차 운송가맹사업을 경영하는 자의 **화물 운송수단을 이용하여 자기의 명의와 계산으로 화물을 운송**하는 사업(화물이 이사화물인 경우에는 포장 및 보관 등 부대서비스를 함께 제공하는 사업을 포함)을 말한다.

❹ 화물자동차 운송가맹사업

(1) 다른 사람의 요구에 응하여 **자기 화물자동차를 사용**하여 유상으로 화물을 운송하거나,

(2) **화물정보망**(인터넷 홈페이지 및 이동통신단말장치에 사용한 응용프로그램을 포함)을 통하여 **소속 화물자동차운송가맹점**(운송사업자 및 화물자동차 운송사업의 경영의 일부를 위탁받은 사람인 운송가맹점)**에 의뢰**하여 화물을 운송하게 하는 사업을 말한다.

❺ 화물자동차 운송가맹사업자

국토교통부장관으로부터 화물자동차 운송가맹사업의 허가받은 사람이다.

❻ 화물자동차 운송가맹점

화물자동차 운송가맹사업자의 운송가맹점으로 가입한 자로서 아래의 해당하는 자를 말한다.

(1) 운송가맹사업자의 화물정보망을 이용하여 **운송화물을 배정받아 화물을 운송하는 운송사업자**이다.

(2) 운송가맹사업자의 화물운송계약을 **중개·대리하는 운송주선사업자**이다.

(3) 운송가맹사업자의 화물정보망을 이용하여 운송 화물을 배정받아 화물을 운송하는 자로서 **화물자동차 운송사업의 경영의 일부를 위탁받은 사람**이다. → 다만, 경영의 일부를 위탁한 운송사업자가 화물자동차 운송가맹점으로 가입한 경우는 제외한다.

❼ 운수종사자

화물자동차의 **운전자**, 화물의 운송 또는 운송주선에 관한 사무를 취급하는 사무원 및 이를 보조하는 **보조원**,

그 밖에 화물자동차 운수사업에 **종사하는** 자를 말한다.

❽ 영업소

주사무소 외의 장소에서 화물자동차운송사업자, 운송가맹사업자가 그 지역의 화물을 운송하거나 화물자동차운송주선사업자가 화물운송을 주선하는 사업이 영위되는 곳을 말한다.

❾ 화물차주

화물을 직접 운송하는 자로서 사업자(개인화물자동차 운송사업의 허가를 받은 자)와 위·수탁차주(운송사업자로부터 경영의 일부를 위탁받은 사람)로 나뉜다.

❿ 관할관청

(1) 화물자동차운수사업은 **주사무소 소재지를 관할하는 시·도지사가 관장**한다.

(2) 화물자동차운수사업의 영업소 및 화물취급소와 영업소에 배치된 화물자동차는 ①에도 불구하고 그 **소재지를 관할하는 시·도지사가 관장**한다.

⓫ 화물자동차 안전운송원가

(1) 화물지동차 **안전운임위원회**의 심의·의결을 거쳐 **매년 10월 31일까지 국토교통부장관이 공표한 원가**를 말한다.

(2) 안전운송원가의 심의기준

1) 인건비, 감가상각비 등 고정비용

2) 유류비, 부품비 등 변동비용

3) 그 밖에 상·하차대기료, 운송사업자의 운송서비스 수준 등 평균적인 영업조건을 감안하여 대통령령으로 정하는 사항

(3) 화물자동차 안전운임

위원회는 안전운송원가에 적정 이윤을 더하여 화물자동차의 안전운임을 심의·의결을 거쳐 국토교통부장관이 공표한 운임으로 화물자동차 안전운송운임과 화물자동차 안전위탁운임으로 나뉘고, 화주는 화물차주에게 화물자동차 각각의 운임 이상의 운임을 지급하여야 한다.

---

(4) 운송사업자의 책임(제7조)

1) 화물의 멸실·훼손 또는 인도(引渡)의 지연(이하 '적재물사고')으로 발생한 운송사업자의 손해배상책임에 관하여는 「상법」 제135조를 준용한다.

2) 1)의 규정을 적용할 때 화물이 인도기한이 지난 후 **3개월 이내**에 인도되지 아니하면 그 화물은 멸실된 것으로 본다. ★

3) 국토교통부장관은 1)에 따른 **손해배상에 관하여 화주가 요청하면** 국토교통부령으로 정하는 바에 따라 이에 관한 **분쟁을 조정**(調停)할 수 있다.

4) 국토교통부장관은 화주가 3)에 따라 분쟁조정을 요청하면 **지체 없이** 그 사실을 확인하고 손해내용을 조사한 후 조정안을 작성하여야 한다.

5) 당사자 쌍방이 4)에 따른 조정안을 수락하면 당사자 간에 조정안과 동일한 합의가 성립된 것으로 본다.

6) 국토교통부장관은 3) 및 4)에 따른 분쟁조정 업무를 한국소비자원 또는 등록한 소비자단체에 위탁할 수 있다.

(5) 화물자동차 운수사업의 운전업무 종사자격 ★

1) 화물자동차 운수사업의 운전업무 종사자의 요건 : 화물자동차 운수사업의 운전업무에 종사하려는 자는 아래의 ① 및 ②의 요건을 갖춘 후 ③ 또는 ④의 요건을 갖추어야 한다.

① 연령·운전경력 등 운전업무에 필요한 요건을 갖출 것(모두 충족해야 함)

㉠ 화물자동차를 운전하기에 적합한 도로교통법 **제80조에 따른 운전면허를 가지고 있을 것**

㉡ **20세 이상일 것**

㉢ **운전경력이 2년 이상일 것**. → 다만, 여객자동차 운수사업용 자동차 또는 화물자동차 운수사업용 자동차를 운전한 경력이 있는 경우에는 그 운전경력이 1년 이상일 것

② 운전적성에 대한 **정밀검사기준에 맞을 것** → 다만, 자격시험 실시일 또는 교통안전체험교육 시작일을 기준으로 최근 3년 이내에 신규검사의 적합 판정을 받은 사람은 제외

③ 화물자동차 운수사업법령, 화물취급요령 등에 관하여 국토교통부장관이 시행하는 **시험에 합격하고 정하여진 교육**을 받을 것

④ 「교통안전법」 제56조에 따른 교통안전체험에 관한 연구·교육시설에서 교통안전체험, 화물취급요령 및 화물자동차 운수사업법령 등에 관하여 **국토교통부장관이 실시하는 이론 및 실기교육을 이수할 것**

2) 자격증 교부 : 국토교통부장관은 1)에 따른 요건을 갖춘 자에게 화물자동차 운수사업의 운전업무에 종사할 수 있음을 표시하는 자격증(화물운송종사자격증)을 내주어야 한다.

3) 시험·교육·자격증의 교부 등에 필요한 사항 : 국토교통부령으로 정한다. → 1)과 2)는 교통안전공단에 위탁

(6) 화물자동차 운수사업의 운전업무 종사자격 결격사유

(법 제9조) ★★ (하나라도 해당하면 결격) → 이 경우는 운수사업의 운전업무 결격사유입니다. 다음에 설명할 화물운송사업의 결격사유와 구별하시길 바랍니다.

1) 피성년후견인 또는 피한정후견인

2) 화물자동차 운수사업법을 위반하여 징역 이상의 실형을 선고받고 **그 집행이 끝나거나**(집행이 끝난 것으로 보는 경우를 포함) 집행이 면제된 날부터 2년이 지나지 아니한 자

3) 화물자동차 운수사업법을 위반하여 **징역 이상의 형의 집행유예**를 선고받고 그 유예기간 중에 있는 자

4) 화물운송 종사자격이 **취소된 날부터 2년**이 지나지 아니한 자

5) 화물자격 시험일 전 또는 교통안전체험 등 교육일 전 5년간 다음의 어느 하나에 해당하는 사람

① 음주운전, 음주운전 측정불응, 약물운전에 해당하여 운전면허가 취소된 사람

② 무면허운전금지를 위반하여 운전면허를 받지 아니하거나, 운전면허의 효력이 정지된 상태로 같은 자동차 등을 운전하여 벌금형 이상의 형을 선고받거나 도로교통법의 명령 또는 처분을 위반하여 운전면허가 취소된 사람

③ 운전 중 고의 또는 과실로 3명 이상이 사망(사고 발생일부터 30일 이내에 사망한 경우를 포함)하거나 **20명 이상의 사상자가 발생**한 교통사고를 일으켜 운전면허가 취소된 사람

6) 화물운전자격 시험일 전 또는 교통안전체험 교육일 전 **3년간** 도로교통법상 공동위험행위나 난폭행위금지를 위반하여 운전면허가 취소된 사람

(7) 화물자동차 운수사업의 운전업무종사의 제한

1) **화물운송 종사자격의 취득 후에도 택배서비스사업의 운전업무**(화물의 집화·분류·배송하는 형태의 운전업무)**에 종사할 수 없는 경우**(법 제9조의2)

① 다음의 어느 하나에 해당하는 죄를 범하여 금고(禁錮) 이상의 실형을 선고받고 그 집행이 끝나거나(집행이 끝난 것으로 보는 경우를 포함) 면제된 날부터 **최대 20년의 범위**에서 범죄의 종류, 죄질, 형기의 장단 및 재범위험성 등을 고려하여 대통령령으로 정하는 기간이 지나지 아니한 사람

ㄱ 「특정강력범죄의 처벌에 관한 특례법」 제2조제1항 각호에 따른 죄(살인, 약취·유인, 강간과 추행, 강도, 범죄단체구성 등의 죄) → 20년 제한

ㄴ 「특정범죄 가중처벌 등에 관한 법률」 제5조의2, 제5조의4, 제5조의5, 제5조의9 및 제11조에 따른 죄(약취·유인의 죄, 상습강도·절도죄, 강도상해죄, 보복·마약범죄 등의 죄) → 20년 제한

ㄷ 「성폭력범죄의 처벌 등에 관한 특례법」[제2조제1항제2호부터 제4호까지, 제3조부터 제9조까지 및 제15조(제14조의 미수범은 제외)에 따른 죄] → 20년 제한

ㄹ 「마약류 관리에 관한 법률」에 따른 죄
→ 범죄에 따라 2년, 4년, 6년, 9년, 15년

ㅁ 「아동·청소년의 성보호에 관한 법률」 제2조제2호에 따른 죄 → 20년 제한

② ①에 따른 죄를 범하여 **금고 이상의 형의 집행유예를 선고받고 그 유예기간 중에 있는 사람**

2) **범죄경력자료 조회** : 국토교통부장관 또는 시·도지사는 필요한 정보에 한정하여 경찰청장에게 범죄경력자료의 조회를 요청할 수 있다.

(8) **화물운송 종사자격의 취소**(제23조) ★★

자격취소 혹은 6개월 이내의 기간을 정하여 그 자격의 효력을 정지시킬 수 있다.

1) **화물운수사업법 결격사유[위 (6)]의 어느 하나에 해당하게 된 경우** : 필요적 취소(반드시 취소하여야 하는 경우)

2) **거짓이나 그 밖의 부정한 방법으로 화물운송 종사자격을 취득한 경우** : 필요적 취소

3) **업무개시명령 거부**(제14조제4항)**를 위반한 경우** : 1차 자격정지 30일, 2차 자격취소

4) **화물운송 중에 고의나 과실로 교통사고를 일으켜 사람을 사망하게 하거나 다치게 한 경우** : i) 고의의 교통사고로 사람을 사망에 이르게 한 경우와 과실로 2명 이상이 사망한 경우에 자격취소, ii) 과실로 사망자 1명 **및** 중상자 3명 이상(자격정지 90일), iii) 과실로 사망자 1명 **또는** 중상자 6명 이상(자격정지 60일)

5) **화물운송 종사자격증을 다른 사람에게 빌려준 경우** : 필요적 취소

6) **화물운송 종사자격 정지기간 중에 화물자동차 운수사업의 운전업무에 종사** : 필요적 취소

7) **난폭운전금지**(도로교통법 제46조3)**의 규정을 위반하여 운전면허가 정지된 경우**

8) **운수종사자가 준수사항 중 부당한 운임 또는 요금을 요구하거나 받거나, 택시유사표시행위, 전기·전자장치를 무단으로 해체하거나 조작하는 행위를 위반한 경우** : 1차는 자격정지 60일, 2차는 자격취소

9) **화물자동차를 운전할 수 있는 도로교통법에 따른 운전면허가 취소된 경우** : 필요적 취소

10) **화물자동차 교통사고와 관련하여 거짓이나 그 밖의 부정한 방법으로 보험금을 청구하여 금고 이상의 형을 선고받고 그 형이 확정된 경우** : 필요적 취소

11) **(7) 1) ①을 위반하여 화물자동차 운수사업의 운전업무 종사** : 필요적 취소

✿ 필요적 취소사유를 암기내지 숙지하셔야 합니다. 결격사유, 부정한 방법 사용 혹은 범죄로 인한 제한기간 중 운행한 경우를 필요적 취소사유로 생각하시면 됩니다.

(9) **화물운송 종사자격 취소의 절차**(규칙 제33조의2)

1) **감경·가중** : 관할관청은 화물운송 종사자격의 효력정지 처분을 하는 경우에는 위반행위의 동기·횟수 등을 고려하여 처분기준 일수의 2분의 1의 범위에서 줄이거나 늘릴 수 있다. → 다만, 늘리는 경우에는 위반행위를 한 날을 기준으로 최근 1년 이내에 같은 위반행위를 2회 이상 한 경우만 해당.

2) **통지** : 관할관청은 화물운송 종사자격의 취소 또는 효력정지 처분을 하였을 때에는 그 사실을 **처분대상자, 한국교통안전공단 및 협회**에 각각 통지하고 처분대상자에게 **화물운송종사자격증을 반납**하게 하여야 한다.

3) **자격증의 반환** : 관할관청은 화물운송종사자격의 효력정지기간이 끝났을 때에는 반납받은 화물운송종사자격증을 해당 화물자동차 운전자에게 반환하여야 한다.

4) **등록말소와 등록대장 기재** : 한국교통안전공단은 화물운송종사자격 취소처분사실을 통보받았을 때에는 화물운송종사자격 등록을 말소하고 화물운송종사자격 등록대장에 그 말소 사실을 적어야 한다.

❷ 화물운송 종사자격시험 · 교육

(1) 운전적성정밀검사의 기준 ★★★

1) **운전적성 정밀검사기준에 맞는지에 관한 검사** : 기기형과 필기형 검사로 구분한다.

2) **운전적성정밀검사의 대상**

① **신규검사** : 화물운송 종사자격증을 취득하려는 **사람이 대상**이다. → 다만, 자격시험 실시일이나 교통안전체험교육의 시작일을 기준으로 최근 3년 이내에 신규검사의 적합 판정을 받은 사람은 제외

② **자격유지검사의 대상**

㉠ 화물자동차 운송사업용 자동차의 운전업무에 종사하다가 퇴직한 사람으로서 **신규검사 또는 자격유지검사를 받은 날부터 3년이 지난 후 재취업하려는 사람**이 대상이다. → 다만, 재취업일까지 무사고로 운전한 사람은 제외.

㉡ 신규검사 또는 자격유지검사의 적합판정을 받은 사람으로서 **해당 검사를 받은 날부터 3년 이내에 취업하지 아니한 사람**이 대상이다.
→ 다만, 해당검사를 받은 날부터 취업일까지 무사고로 운전한 사람은 제외

㉢ **65세 이상 70세 미만인 사람이 대상**이다. → 다만, 자격유지검사의 적합판정을 받고 3년이 지나지 않은 사람은 제외

㉣ **70세 이상인 사람이 대상**이다. → 다만, 자격유지검사의 적합판정을 받고 1년이 지나지 않은 사람은 제외

③ **특별검사**

㉠ 교통사고를 일으켜 **사람을 사망**하게 하거나 **5주 이상의 치료가 필요한 상해를 입힌 사람**

㉡ 과거 1년간 운전면허행정처분기준에 따라 산출된 **누산점수가 81점 이상**인 사람

(2) 자격시험, 교통안전체험교육 실시계획 공고 등

1) 한국교통안전공단은 **월 1회 이상** 자격시험 및 교통안전체험교육을 실시하되, 해당 연도의 자격시험 및 교통안전체험교육 **실시계획을 최초의 자격시험 90일 전까지 공고**하여야 한다.

2) 자격시험의 응시 수요 및 교통안전체험교육의 신청 수요를 고려하여 자격시험 및 교통안전체험교육의 실시 횟수를 월 1회 미만으로 줄이거나 실시 횟수를 **변경하려면 미리 국토교통부장관의 승인을 받아야** 한다.

(3) 자격시험의 과목 및 교통안전체험교육의 과정

1) **자격시험의 필기과목**

① 교통 및 화물자동차 운수사업 관련 법규

② 안전운행에 관한 사항

③ 화물 취급 요령

④ 운송서비스에 관한 사항

2) **교통안전체험교육**

① **교육시간** : 총 16시간의 과정을 마치고, 종합평가에서 총점의 6할 이상을 얻은 사람을 이수자로 본다.

② **교육과정** : 이론교육(소양교육)과 실기교육[i) 차량점검 및 운전자세, ii) 긴급제동, iii) 특수로 주행, iv) 위험 예측 및 회피, v) 미끄럼 주행, vi) 화물취급 실습, 탑재장비실습, viii) 종합평가]

(4) 자격시험의 합격 결정 및 교통안전체험교육의 이수기준 등

1) **자격시험** : 필기시험 총점의 6할 이상을 얻은 사람을 합격자로 한다.

2) **교통안전체험교육** : 총 16시간의 과정과, 종합평가에서 총점의 6할 이상을 얻은 사람을 이수자로 한다.

(5) 교육과목

1) 자격시험에 합격 후 8시간 교육 이수

① 화물자동차 운수사업법령 및 도로관계법령

② 교통안전에 관한 사항

③ 화물취급요령에 관한 사항

④ 자동차 응급처치방법

⑤ 운송서비스에 관한 사항

2) 자격시험에 합격한 사람이 교통안전체험 연구·교육시설의 교육과정 중 기본교육과정(8시간)을 이수한 경우에는 교육을 받은 것으로 본다.

(6) 화물운송 종사자격증의 발급 등

교통안전체험교육 또는 자격시험에 합격하고 교육을 이수한 사람이 화물운송 종사자격증의 발급을 신청할 때에는 화물운송 종사자격증 발급신청서에 사진 1장을 첨부하여 한국교통안전공단에 제출하여야 하고 **한국교통안전공단은 화물운송 종사자격증을 <u>발급해야</u>** 한다.

→ 한국교통안전공단은 <u>자격증</u>, 협회는 <u>자격증명</u>을 발급해야 한다.

(7) 화물운송 종사자격증 등의 재발급

1) 재발급 대상

① 화물운송 종사자격증 또는 화물운송종사자격증명의 기재사항에 착오나 변경이 있어 이의 정정을 받으려는 자

② 화물운송 종사자격증 등을 잃어버리거나 헐어 못 쓰게 되어 재발급을 받으려는 자

2) 화물운송 종사자격증(명) 재발급 신청서 : 일정서류를 첨부하여 **한국교통안전공단 또는 협회**에 제출

(8) 운송사업자의 운전자 채용 시 운전경력증명서의 발급을 위한 필요한 사항을 기록·관리해야 한다.

(9) 화물자동차 운전자의 관리(시행규칙 제19조)

1) 운송사업자는 화물자동차 운전자를 채용하거나 채용된 화물자동차 운전자가 퇴직하였을 때 : 그 명단(개인화물자동차 운송사업자가 화물자동차를 직접 운전하는 경우에는 운송사업자 본인의 명단)을 채용 또는 퇴직한 날이 속하는 달의 **다음 달 10일까지 협회에 제출**해야 하며, 협회는 이를 종합해서 제출받은 달의 말일까지 연합회에 보고해야 한다.

✿ 운송사업자는 위의 경우와 더불어 ⅰ) 운전자가 퇴직하거나 ⅱ) 운송사업을 휴업 또는 폐업신고를 하는 경우 "협회"에 화물운송 종사자격증명도 반납해야 합니다. 구별해야 할 사항으로 운송사업자가 ⅰ) 사업의 양도신고를 하거나, ⅱ) 운전자의 화물운송종사자격이 취소되거나 정지된 경우 "관할관청"에 운송종사자격증명을 반납하고 협회에 이 사실을 통지해야 합니다. 이 두가지 경우를 구별하여 암기하시기 바랍니다.

2) **1)에 따른 운전자 명단의 내용** : 운전자의 성명·생년월일과 운전면허의 종류·취득일 및 화물운송 종사자격의 취득일을 분명히 밝혀야 한다.

3) **운송사업자는 폐업을 하게 되었을 때** : 화물자동차 운전자의 경력에 관한 기록 등 **관련 서류를 협회에 이관**하여야 한다.

4) **개인화물자동차의 경력증명서** : 협회는 개인화물자동차 운송사업자의 화물자동차를 운전하는 사람에 대한 경력증명서 발급에 필요한 사항의 기록·관리하고, 운송사업자로부터 경력증명서 발급을 요청받은 경우 경력증명서를 발급해야 한다.

5) **운송사업자의 취업현황 통지** : 매 분기말 현재 화물자동차 운전자의 취업 현황을 별지 제14호 서식에 따라 **다음 분기 첫 달 5일까지 협회에 통지**하여야 하며, 협회는 이를 종합하여 그 다음 달 말일까지 시·도지사 및 연합회에 보고하여야 한다.

6) **전산정보처리조직의 운영** : 연합회는 <u>1) 및 5)</u>에 **따른 기록**의 유지·관리를 위하여 **전산정보처리조직을 운영**하여야 한다.

⑽ 화물운송 종사자격증명의 게시 등 ★

1) 운송사업자는 운전자에게 화물운송종사자격증명을 화물자동차 밖에서 쉽게 볼 수 있도록 **운전석 앞창의 오른쪽 위에 항상 게시**하고 운행해야 한다.

2) 운송사업자는 **퇴직한 화물자동차 운전자의 명단**을 제출하거나 화물자동차 운송사업의 휴업 또는 **폐업신고**를 하는 경우에는 **협회에 화물운송 종사자격증명을 반납**하여야 한다.

3) 운송사업자는 **사업의 양도신고를** 하거나 화물자동차 운전자의 화물운송 종사자격이 **취소되거나 효력이 정지된** 경우 **관할관청**에 화물운송 종사자격증명을 **반납**하여야 한다.

4) 관할관청이 화물운송 종사자격증명을 반납 받았을 때에는 그 사실을 협회에 통지하여야 한다.

(11) 안전운임위원회의 심의·의결 사항

다음의 사항을 심의·의결하기 위하여 국토교통부장관 소속으로 화물자동차 안전운임위원회를 둔다.

1) 화물자동차 안전운송원가 및 화물자동차 안전운임의 결정 및 조정에 관한 사항

2) 화물자동차 안전운송원가 및 화물자동차 안전운임이 적용되는 운송품목 및 차량의 종류등에 관한 사항

3) 화물자동차 안전운임제도의 발전을 위한 연구 및 선의에 관한 사항

4) 그 밖에 화물자동차 안전운임에 관한 중요 사항으로서 국토교통부장관이 회의에 부치는 사항

02 화물자동차 운송사업

❶ 화물자동차 운송사업의 허가

(1) 화물자동차 운송사업의 종류(영 제3조)

운송사업을 경영하려는 자는 아래의 구분에 따라 국토교통부장관의 허가를 받아야 한다.

1) **일반화물자동차 운송사업** : 20대 이상의 범위에서 20대 **이상**(대통령령으로 정하는 대수)의 화물자동차를 사용하여 화물을 운송하는 사업이다.

2) **개인화물자동차 운송사업** : 화물자동차 1대를 사용하여 화물을 운송하는 사업이다.

(2) 화물자동차 운송사업의 허가(법 제3조)

1) **화물자동차 운송가맹사업의 허가를 받은 자** : "❶ (1)"에 따른 허가를 받지 아니한다.

2) **운송사업자가 허가사항을 변경하는 경우** : 국토교통부령으로 정하는 바에 따라 **국토교통부장관의 변**

경허가를 받아야 한다. → 다만, 대통령령으로 정하는 경미한 사항을 변경하려면 국토교통부령으로 정하는 바에 따라 국토교통부장관에게 신고하여야 한다.

화물자동차 운수사업의 허가를 받은 자가 허가사항을 변경하려는 경우 신고로 족한 경미한 사항
1. 상호의 변경
2. 대표자의 변경(법인인 경우만 해당)
3. 화물취급소의 설치 또는 폐지
4. 화물자동차의 대폐차
5. 주사무소·영업소 및 화물취급소의 이전(다만, 주사무소 이전의 경우에는 관할관청의 행정구역 내에서의 이전만 해당)

❖ 운송사업자는 운송사업의 허가받은 날부터 5년마다 허가기준에 관한 사항을 국토교통부장관에게 신고하여야 한다.

(3) 결격사유(제4조) ★

다음의 어느 하나에 해당하는 자는 국토교통부장관으로부터 화물자동차 운송사업의 허가를 받을 수 없다. → 법인의 경우 그 임원 중 다음의 어느 하나에 해당하는 자가 있는 경우에도 또한 같다.

1) **피성년후견인 또는 피한정후견인**

2) **파산선고를** 받고 복권되지 아니한 자

3) 화물자동차 운수사업법을 위반하여 징역 이상의 실형을 선고받고 **그 집행**이 끝나거나(집행이 끝난 것으로 보는 경우를 포함) 집행이 면제된 날부터 2**년**이 지나지 아니한 자

4) 화물자동차 운수사업법을 위반하여 징역 이상의 **형의 집행유예를** 선고받고 그 유예기간 중에 있는 자

5) 제19조제1항(허가를 받은 후 6개월간의 운송실적이 국토교통부령으로 정하는 기준에 미달한 경우, 허가기준을 충족하지 못하게 된 경우, 5년마다 허가기준에 관한 사항을 신고하지 아니하였거나 거짓으로 신고한 경우 등)에 따라 **허가가 취소**[위 (3) 1), 2)에 해당하여 허가가 취소된 경우는 제외]**된** 후 2년이 지나지 아니한 자

6) **부정한 방법**으로 허가 혹은 변경허가를 받거나, 허가를 받지 않고 허가사항을 변경한 경우에 해당하여 허가가 취소된 후 **5년이 지나지 아니한 자**

❷ 운임 · 요금 및 약관

(1) 운임 및 요금 등(제5조, 영 제4조, 규칙 제15조)

1) 운송사업자는 운임 및 요금을 정하거나 변경하려는 경우 미리 **국토교통부장관에게 신고하여야** 한다. 이를 변경하려는 때에도 같다.

2) **운임과 요금의 신고의무 있는 운송사업자의 범위** ★

① **구난형 특수자동차를 사용**하여 고장차량·사고차량 등을 운송하는 운송사업자 또는 운송가맹사업자(화물자동차를 직접 소유한 운송가맹사업자만 해당)

② **밴형 화물자동차를 사용**하여 화주와 화물을 함께 운송하는 운송사업자 또는 운송가맹사업자

(2) **운송약관**(법 제6조)

1) 운송사업자는 운송약관을 정하거나 변경하려는 때에는 **국토교통부장관에게 신고하여야** 한다.

2) 운송사업자가 화물자동차 운송사업의 허가(변경허가를 포함)를 받는 때에 **표준약관의 사용에 동의하면** 운송약관을 신고한 것으로 본다.

(3) **운송사업자의 책임**(법 제7조) ★

1) **화물의 멸실·훼손 또는 인도의 지연**(적재물사고)**으로 발생한 운송사업자의 손해배상 책임 :「상법」제135조** (운송인은 자기 또는 운송주선인이나 사용인, 그 밖에 운송을 위하여 사용한 자가 운송물의 수령, 인도, 보관 및 운송에 관하여 주의를 게을리하지 아니하였음을 증명하지 아니하면 운송물의 멸실, 훼손 또는 연착으로 인한 손해를 배상할 책임이 있다)**를 준용**한다.

2) **1)의 규정을 적용할 때 화물이 인도기한이 지난 후 3개월 이내에 인도되지 아니한 경우** : 그 화물은 멸실된 것으로 본다.

3) **국토교통부장관**은 1)에 따른 손해배상에 관하여 화주가 요청하면 이에 관한 분쟁을 조정할 수 있다.

4) 국토교통부장관은 화주가 3)에 따라 분쟁조정을 **요청하면 지체없이** 그 사실을 확인하고 손해내용을 조사한 후 조정안을 작성하여야 한다.

5) **당사자 쌍방이 4)에 따른 조정안을 수락한 경우** : 당사자 간에 조정안과 동일한 합의가 성립된 것으로 본다.

❸ 보험가입 및 운송사업자의 준수사항

(1) **적재물배상보험등의 의무 가입**

1) **적재물배상보험등의 의무가입** ★

① **손해배상 책임을 이행하기 위하여 적재물배상 책임보험 또는 공제**(적재물배상보험등)**에 가입하여야 하는 자**

㉠ **최대적재량이 5톤 이상이거나 총중량이 10톤 이상인 화물자동차 중 일반형·밴형 및 특수용도형 화물자동차와 견인형 특수자동차를 소유하고 있는 운송사업자**가 가입하여야 한다. 다만, 다음의 어느 하나에 해당하는 화물자동차는 제외된다(운송사업자는 각 화물자동차별로 가입).

- 건축폐기물·쓰레기 등 경제적 가치가 없는 화물을 운송하는 차량으로서 국토교통부장관이 정하여 고시하는 화물자동차
- 「대기환경보전법」에 따른 배출가스저감장치를 차체에 부착함에 따라 총중량이 10톤 이상이 된 화물자동차 중 최대적재량이 5톤 미만인 화물자동차
- 특수용도형 화물자동차 중 「자동차관리법」 제2조제1호에 따른 피견인자동차

㉡ **이사화물 운송주선사업자**(각 사업자별로 가입)

㉢ **운송가맹사업자** : 최대적재량이 5톤 이상이거나 총중량이 10톤 이상인 화물자동차 중 일반형·밴형 및 특수용도형 화물자동차와 견인형 특수자동차를 직접 소유한 자는 **각 화물자동차별 및 각 사업자별로**, 그 외의 자는 각 사업자별로 가입한다.

② **적재물배상 책임보험 또는 공제에 가입금액 : 사고 건당 2천만원**(이사화물운송주선사업자는 500만원) 이상의 금액을 지급할 책임을 지는 적재물배상보험 등에 가입하여야 한다.

2) **적재물배상책임보험 또는 공제계약의 체결의무**

① **보험회사의 계약체결의무** : 보험업법에 따른 보험회사(적재물배상책임 공제사업을 하는 자를 포함)는 대통령령으로 정하는 사유가 있는 경우 외에는 적재물배상보험 등의 계약의 체결을 거부할 수 없다.

② **공동책임보험계약** : 보험 등 의무가입자가 적재물사고를 일으킬 개연성이 높은 경우 등에는 다수의 보험회사 등이 공동으로 책임보험계약 등을 체결할 수 있다.

❹ 운송사업자의 준수사항 ★

⑴ 허가받은 사항의 범위에서 사업을 성실하게 수행하여야 하며, **부당한 운송조건을 제시하거나** 정당한 사유 없이 **운송계약의 인수**를 거부하거나 그 밖에 **화물운송 질서**를 현저하게 해치는 행위를 하여서는 아니 된다.

⑵ 화물자동차 운전자의 과로를 방지하고 안전운행을 확보하기 위하여 **운전자를 과도하게 승차근무**하게 하여서는 아니 된다.

⑶ 법 제2조제3호 후단(화주가 함께 탈 때)에 따른 **화물의 기준에 맞지 아니하는 화물**을 운송하여서는 아니 된다.

화주(貨主)가 화물자동차에 함께 탈 때의 화물은 중량, 용적, 형상 등이 여객자동차 운송사업용 자동차에 싣기 부적합한 것으로서 그 기준 및 대상차량 등은 국토교통부령으로 정한다.

❷ **화물의 기준**(규칙 제3조의2) ★

⑴ **화주**(貨主) **1명당 화물의 중량이 20kg 이상일 것**

⑵ **화주 1명당 화물의 용적이 4만㎥ 이상일 것**

⑶ **화물이 다음의 어느 하나에 해당하는 물품일 것**

1) 불결하거나 악취가 나는 농·수·축산물

2) 혐오감을 주는 동물 또는 식물

3) 기계·기구류 등 공산품

4) 합판·각목 등 건축기자재

5) 폭발성·인화성 또는 부식성 물품

❸ **법 제2조제3호 후단에 따른 대상차량**

밴형 화물자동차로 한다.

⑷ 고장 및 사고차량 등 화물의 운송과 관련하여 「자동차관리법」에 따른 **자동차관리사업자와 부정한 금품**을 주고받아서는 아니 된다.

⑸ 해당 운송사업에 종사하는 운수종사자가 준수사항을 성실히 이행하도록 **지도·감독**하여야 한다.

⑹ 화물운송의 대가로 받은 운임 및 요금의 전부 또는 일부에 해당되는 금액을 **부당하게** 화주, 다른 운송사업자 또는 화물자동차 운송주선사업을 경영하는 자에게 되돌려주는 행위를 하여서는 아니 된다.

⑺ 택시요금미터기의 장착 등 국토교통부령으로 정하는 **택시 유사표시행위**를 하여서는 아니 된다.

⑻ **운임 및 요금과 운송약관**을 영업소 또는 화물자동차에 갖추어 두고 이용자가 요구하면 이를 내보여야 한다.

⑼ 위·수탁차주나 개인운송사업자에게 화물운송을 위탁한 운송사업자는 **해당 위·수탁차주나 개인운송사업자가 요구**하면 화물적재요청자와 화물의 종류·중량 및 운임 등 국토교통부령으로 정하는 사항을 적은 **화물위탁증을 내주어야** 한다.

⑽ 운송사업자는 화물자동차 운송사업을 양도·양수하는 경우에는 **양도·양수에 소요되는 비용**을 위·수탁차주에게 부담시켜서는 아니 된다.

⑪ 운송사업자는 위·수탁차주가 현물출자한 차량을 위·수탁차주의 동의 없이 타인에게 매도하거나 저당권을 설정하여서는 아니 된다.

⑫ 운송사업자는 위·수탁계약으로 차량을 현물출자 받은 경우에는 위·수탁차주를 자동차등록원부에 현물출자자로 기재하여야 한다.

⑬ 운송사업자는 위·수탁차주가 다른 운송사업자와 동시에 1년 이상의 운송계약을 체결하는 것을 제한하거나 이를 이유로 불이익을 주어서는 아니 된다.

⑭ 운송사업자는 운송가맹사업자의 화물정보망이나 「물류정책기본법」 제38조에 따라 인증받은 화물정보망을 통하여 위탁받은 물량을 재위탁하는 등 화물운송질서를 문란하게 하는 행위를 하여서는 아니 된다.

⑮ 운송사업자는 적재된 화물이 떨어지지 아니하도록 국토교통부령으로 정하는 기준 및 방법에 따라 덮개·포장·고정장치 등 필요한 조치를 하여야 한다.

❶ 차량의 주행(급정지, 급출발, 회전 등)과 외부충격 등에 의해 실은 화물이 떨어지거나 날리지 않도록 덮개·포장을 해야 한다. **다만, 다음에 해당하는 화물로서 덮개·포장을 하는 것이 곤란한 경우에는** 덮개 또는 포장을 하지 않을 수 있다.

(1) 「건설기계관리법」에 따른 **건설기계**

(2) 「자동차관리법」에 따른 **자동차**(이륜자동차는 제외)

(3) **코일**

(4) **대형 식재용 나무**

(5) 유리판, 콘크리트 벽 등 대형 **평면화물**

(6) 그 밖에 (1)부터 (5)까지와 유사한 화물로서 덮개 또는 포장을 하는 것이 곤란한 화물

❷ 차량의 주행(급정지, 급출발, 회전 등)과 외부충격 등에 의해 실은 **화물이 떨어지지 않도록 고임목, 체인, 벨트, 로프 등으로 충분히 고정**해야 한다. → 다만, (1)의 단서에 따라 덮개·포장을 하지 않을 수 있는 화물의 경우에는 다음의 사항을 고려해 충분히 고정해야 한다.

(1) 「건설기계관리법」에 따른 건설기계 : **최소 4개의 고정점**을 사용하고 하중 분배를 고려해 기계를 배치해야 한다.

(2) 「자동차관리법」 제3조 제1항에 따른 자동차(이륜자동차는 제외) : 운송 중에 화물이 이탈하지 않도록 적재부에 고정해야 한다.

(3) 코일 : 코일의 미끄럼 등을 방지하기 위해 **강철 구조물 또는 쐐기 등을 사용**해 고정해야 한다.

(4) 대형 식재용 나무 : 화물을 **차량의 길이방향으로 적재**하고 적재된 화물은 차량의 너비를 초과하지 않아야 하며, 화물의 하중을 고려해 한쪽으로 쏠리지 않게 적재해야 한다.

(5) 유리판, 콘크리트 벽 등 대형 평면화물 : 화물은 고정틀(마주보는 면 사이의 간격이 위쪽은 좁고 아래쪽은 넓은 형태)을 활용해 적재하고, 차량의 움직임에 의해 평면화물이 흔들리거나 파손되지 않도록 벨트 또는 로프 등으로 고정해야 한다.

(6) 그 밖에 (1)부터 (5)까지와 유사한 경우로서 덮개·포장을 하는 것이 곤란한 경우 : (1)부터 (5)까지의 고정방법과 유사한 방법으로 고정하되, 화물의 특성 등을 고려해 고정한다.

⑯ 허가 또는 변경허가를 받은 운송사업자는 **허가 또는 변경허가의 조건을 위반**하여 다른 사람에게 차량이나 그 경영을 위탁하여서는 아니 된다.

⑰ 운송사업자는 화물자동차의 운전업무에 종사하는 **운수종사자가 교육을 받는 데에 필요한 조치**를 하여야 하며, 그 교육을 받지 아니한 화물자동차의 운전업무에 종사하는 운수종사자를 화물자동차 운수사업에 종사하게 하여서는 아니 된다.

⑱ 운송사업자는 「자동차관리법」 제35조를 위반하여 **전기·전자장치**(최고속도제한장치에 한정)를 무단으로 해체하거나 조작해서는 아니 된다.

2. 개인화물자동차 운송사업자의 경우 주사무소가 있는 특별시·광역시·특별자치시 또는 도와 이와 맞닿은 특별시·광역시·특별자치시 또는 도 외의 지역에 상주하여 화물자동차 운송사업을 경영하지 아니할 것

3. 밤샘주차(0시부터 4시까지 사이에 하는 1시간 이상의 주차를 말한다)하는 경우에는 다음의 어느 하나에 해당하는 시설 및 장소에서만 할 것

(1) 해당 운송사업자의 차고지

(2) 다른 운송사업자의 차고지　　(3) 공영차고지

(4) 화물자동차 휴게소　　(5) 화물터미널

(6) 그 밖에 지방자치단체의 조례로 정하는 시설 또는 장소

4. 최대적재량 1.5톤 이하의 화물자동차의 경우에는 주차장, 차고지 또는 지방자치단체의 조례로 정하는 시설 및 장소에서만 밤샘주차할 것

8. **사업용 화물자동차의 바깥쪽에 다음의 구분에 따라 일반인이 알아보기 쉽도록 사업용 화물자동차임을 표시할 것.** 다만, 국토교통부장관이 화물의 원활한 운송을 위하여 필요하다고 인정하여 공고하는 경우에는 일시적으로 이를 표시하지 않을 수 있다.

(1) **일반화물자동차 운송사업자의 경우** : 해당 운송사업자의 명칭을 표시할 것

(2) **개인화물자동차 운송사업자의 경우** : "개인화물"을 표시할 것

(3) **「자동차관리법 시행규칙」 별표 1에 따른 밴형 화물자동차를 사용해서 화주와 화물을 함께 운송하는 운송사업자의 경우** : (1) 또는 (2)에 따라 사업용 화물자동차임을 표시하고 추가로 "화물"을 한국어, 영어, 중국어 및 일본어로 표시할 것

14. 화물자동차 운전자에게 차 안에 화물운송 종사자격증명을 게시하고 운행하도록 할 것

22. 「자동차관리법 시행규칙」 별표 1에 따른 밴형 화물자동차를 사용하여 화주와 화물을 함께 운송하는 운송사업자는 운송을 시작하기 전에 화주에게 구두 또는 서면으로 총 운임·요금을 통지하거나 소속 운수종사자로 하여금 통지하도록 지시할 것

23. 휴게시간 없이 **4시간 연속운전한 운수종사자에게 30분 이상의 휴게시간을 보장**할 것. 다만, 다음 각 목의 어느 하나에 해당하는 경우에는 1시간까지 연장운행을 하게 할 수 있으며 운행 후 45분 이상의 휴게시간을 보장하여야 한다.

(1) 운송사업자 소유의 다른 화물자동차가 교통사고, 차량 고장 등의 사유로 운행이 불가능하여 이를 일시적으로 대체하기 위하여 수송력 공급이 긴급히 필요한 경우

(2) 천재지변이나 이에 준하는 비상사태로 인하여 수송력 공급을 긴급히 증가할 필요가 있는 경우

31. 화물자동차 운전자(법 제11조의2에 따라 화물운송을 위탁받은 사람은 제외)에게 기준을 위반하는 화물의 운송을 요구하지 않을 것

❺ 운수종사자의 준수사항 ★★

화물자동차 운송사업에 종사하는 운수종사자가 하면 안되는 금지행위는 다음과 같다.

(1) 정당한 사유 없이 **화물을 중도에서 내리게** 하는 행위

(2) 정당한 사유 없이 **화물의 운송을 거부**하는 행위

(3) **부당한 운임 또는 요금**을 요구하거나 받는 행위

(4) 고장 및 사고차량 등 화물의 운송과 관련하여 **자동차관리사업자와 부정한 금품**을 주고받는 행위

(5) 일정한 장소에 오랜 시간 정차하여 **화주를 호객**(呼客)하는 행위

(6) 문을 완전히 닫지 아니한 상태에서 자동차를 출발시키거나 운행하는 행위

(7) 택시 요금미터기의 장착 등 국토교통부령으로 정하는 택시 유사표시행위

(8) 운송사업자가 **덮개·포장·고정장치 등 필요한 조치**를 하지 않고 운행하는 행위

(9) 자동차의 무단해체·조작금지를 위반하여 전기·전자장치(최고속도제한장치에 한정)를 **무단으로 해체하거나 조작하는** 행위

❻ 운송사업자에 대한 개선명령

국토교통부장관은 안전운행을 확보하고, 운송질서를 확립하며, 화주의 편의를 도모하기 위하여 필요하다고 인정되는 경우에 운송사업자에게 다음의 사항을 명할 수 있다.

(1) 운송약관의 변경

(2) 운송사업자가 의무적으로 가입하여야 하는 보험·공제에 가입

(3) 위·수탁계약에 따라 운송사업자 명의로 등록된 차량의 자동차등록번호판이 훼손 또는 분실된 경우 위·수탁차주의 요청을 받은 즉시 등록번호판의 부착 및 봉인을 신청하는 등 운행이 가능하도록 조치

(4) 화물자동차의 구조변경 및 운송시설의 개선

(5) 화물의 안전운송을 위한 조치

(6) 위·수탁계약에 따라 운송사업자 명의로 등록된 차량의 노후, 교통사고 등으로 대폐차가 필요한 경우 위·수탁차주의 요청을 받은 즉시 운송사업자가 대폐차신고 등 절차를 진행하도록 조치

(7) 위수탁계약에 따라 운송사업자 명의로 등록된 차량의 사용본거지를 다른 시·도로 변경하는 경우 즉시 자동차등록번호판의 교체를 신청하는 등 운행이 가능하도록 조치

(8) 그 밖에 화물자동차 운송사업의 개선을 위하여 필요한 사항으로 대통령령으로 정하는 사항

❼ 업무개시 명령

(1) 국토교통부장관은 **운송사업자나 운수종사자가** 정당한 사유 없이 집단으로 화물운송을 거부하여 화물운송에 커다란 지장을 주어 **국가경제에 매우 심각한 위기를 초래하거나 초래할 우려**가 있다고 인정할 만한 상당한 이유가 있으면 그 운송사업자 또는 운수종사자에게 업무개시를 명할 수 있다. → 국무회의 심의를 거쳐야 함

(2) 운송사업자 또는 운수종사자는 **정당한 사유 없이 업무개시명령을 거부할 수 없다.**

❽ 과징금의 부과

국토교통부장관은 운송사업자에게 사업정지처분을 하여야 하는 경우로서 그 사업정지처분이 해당 화물자동차 운송사업의 이용자에게 심한 불편을 주거나 그 밖에 공익을 해칠 우려가 있으면 대통령령으로 정하는 바에 따라 **사업정지처분을 갈음하여 2천만원 이하의 과징금을 부과·징수할 수 있다**(부과·징수는 시·도지사에 위임).

❾ 화물자동차 운송사업의 허가취소 등 ★

국토교통부장관은 운송사업자가 다음의 어느 하나에 해당하면 그 허가를 취소하거나 6개월 이내의 기간을 정하여 그 사업의 전부 또는 일부의 정지를 명령하거나 감차 조치를 명할 수 있다. 다만, "(1)"과 "(8)" 또는 "(21)"의 경우에는 그 허가를 취소하여야 한다.

(1) **부정한 방법으로 화물자동차 운송사업 허가를 받은 경우**(필요적 취소)

(2) 허가를 받은 후 6개월간의 운송실적이 국토교통부령으로 정하는 기준에 미달한 경우

(3) 부정한 방법으로 화물자동차 운송사업의 변경허가를 받거나, 변경허가를 받지 아니하고 허가사항을 변경한 경우

(4) 화물자동차 운송사업의 허가 또는 증차를 수반하는 변경허가에 따른 기준을 충족하지 못하게 된 경우

(5) 제3조(화물자동차 운송사업의 허가 등) 제9항에 따른 신고를 하지 아니하였거나 거짓으로 신고한 경우

(6) **화물자동차 소유 대수가 2대 이상인 운송사업자가** 영업소 설치 허가를 받지 아니하고 주사무소 외의 장소에서 상주하여 영업한 경우

(7) 화물자동차 운송사업의 허가에 따른 조건 또는 기한을 위반한 경우

(8) **제4조**(결격사유)**의 어느 하나에 해당하게 된 경우**(필요적 취소). 다만, 법인의 임원 중 제4조 각호의 어느 하나에 해당하는 자가 있는 경우 3개월 이내에 그 임원을 개임(改任)하면 허가를 취소하지 아니한다.

(9) 운송종사자격이 없는 자에게 화물을 운송하게 한 경우

⑽ 제11조(운송사업자의 준수사항)를 위반한 경우

⑾ 제11조의2(운송사업자의 직접운송 의무 등)에 따른 직접운송 의무 등을 위반한 경우

⑿ 1대의 화물자동차를 본인이 직접 운전하는 운송사업자, 운송사업자가 채용한 운수종사자 또는 위·수탁차주가 일정한 장소에 오랜 시간 정차하여 화주를 **호객하는 행위로 과태료 처분을 1년 동안 3회 이상** 받은 경우

⒀ 정당한 사유 없이 제13조(개선명령)에 따른 개선명령을 이행하지 아니한 경우

⒁ 정당한 사유 없이 제14조(업무개시 명령)에 따른 업무개시 명령을 이행하지 아니한 경우

⒂ 제16조제9항(사업양도가 금지된 운송사업자)을 위반하여 사업을 양도한 경우

⒃ 이 조에 따른 사업정지처분 또는 감차 조치 명령을 위반한 경우

⒄ 중대한 교통사고 또는 빈번한 교통사고로 **1명 이상의 사상자를 발생하게 한 경우**

+ STUDY 중대한 교통사고 등의 범위

❶ **중대한 교통사고**(제19조 제2항)는 다음의 어느 하나에 해당하는 사유로 사상자가 발생한 경우로 한다.

(1) **교통사고처리특례법이 배제되는 경우** : 교통사고처리특례법 제3조제2항 단서의 규정에 해당하는 사유

(2) 화물자동차의 **정비불량**

(3) 화물자동차의 전복(顚覆) 또는 추락. 다만, **운수종사자에게 귀책사유가 있는 경우만** 해당

❷ 제19조제2항에 따른 **빈번한 교통사고**는 사상자가 발생한 교통사고가 별표1 제2호 러목 2)에 따른 교통사고지수 또는 교통사고 건수에 이르게된 경우로 한다.

(1) **5대 이상의 차량을 소유한 운송사업자** : 해당 연도의 **교통사고지수가 3 이상인 경우**[교통사고지수 = (교통사고지수 / 화물자동차대수) × 100]

(2) **5대 미만의 차량을 소유한 운송사업자** : 해당 사고 이전 최근 1년 동안에 발생한 **교통사고가 2건 이상인 경우**

⒅ 제44조제1항에 따라 보조금의 지급이 정지된 자가 그 날부터 5년 이내에 다시 같은 항 각호의

어느 하나(보조금지급 정지 사유)에 해당하게 된 경우

⒆ "운송사업자(개인운송사업자는 제외), 운송주선사업자 및 운송가맹사업자는 국토교통부령으로 정하는 바에 따라 운송 또는 주선 실적을 관리하고 이를 국토교통부장관에서 신고하여야 한다"에 따른 신고를 하지 아니하였거나 거짓으로 신고한 경우

⒇ "제11조의2제1항에 따른 직접운송 의무가 있는 운송사업자는 국토교통부령으로 정하는 기준 이상으로 화물을 운송하여야 한다. 이 경우 기준 내역에 관하여는 국토교통부령으로 정한다"에 따른 기준을 충족하지 못하게 된 경우

(21) **화물자동차 교통사고와 관련하여 거짓이나 그 밖의 부정한 방법으로 보험금을 청구하여 금고 이상의 형을 선고받고 그 형이 확정된 경우**(필요적 취소)

03 화물자동차 운송주선사업

❶ 화물자동차 운송주선사업의 허가 등

(1) 화물자동차 운송주선사업을 경영하려는 자는 국토교통부령이 정하는 바에 따라 **국토교통부장관의 허가**를 받아야 한다. → 화물자동차 운송가맹사업의 허가를 받은 자는 허가를 받지 아니함

(2) 운송사업자는 주사무소 이외의 장소에서 상주하여 영업하려면 **국토교통부장관의 허가를 받아 영업소를 설치**하여야 한다.

(3) '(1)' 본문에 따라 화물자동차 운송주선사업의 허가를 받은 자(운송주선사업자)가 **허가사항을 변경**하려면 국토교통부령으로 정하는 바에 따라 **국토교통부장관에게 신고하여야 한다**(협회에 위탁).

(5) **화물자동차 운송주선사업의 허가기준**

1) 국토교통부장관이 화물의 운송주선 수요를 감안하여 고시하는 공급기준에 맞을 것

2) 사무실은 영업에 필요한 면적 → 다만, 관리사무소 등 부대시설이 설치된 민영 노외주차장을 소유하거나 그 사용계약을 체결한 경우에는 사무실을 확보한 것으로 봄

❷ **운송주선사업자의 준수사항**(법 제26조) ★

(1) 자기의 명의로 운송계약을 체결한 화물에 대하여 **그 계약금액 중 일부를 제외한 나머지 금액으로 다른 운송주선사업자와 재계약하여 이를 운송하도록 하여서는 아니 된다.** → 다만, 운송의 효율성을 위해서 위·수탁차주나 1대 사업자에게 화물운송을 직접 위탁하기 위하여 다른 운송주선사업자에게 중개 또는 대리를 의뢰하는 때에는 그러하지 아니함

(2) 화주로부터 중개 또는 대리를 의뢰받은 화물에 대하여 **다른 운송주선사업자에게 수수료나 그 밖의 대가를 받고 중개 또는 대리를 의뢰하여서는 아니 된다.**

(3) 운송주선사업자는 제28조(준용규정)에 따라 준용하여 신고하는 운송주선약관에 중개·대리서비스의 수수료 부과 기준 등 국토교통부령으로 정하는 사항을 포함하여야 한다.

(4) 운송주선사업자는 운송사업자에게 화물의 종류·무게 및 부피 등을 거짓으로 통보하거나 기준을 위반하는 화물의 운송을 주선하여서는 아니 된다.

(5) 운송주선사업자가 **운송가맹사업자에게 화물의 운송을 주선하는 행위**는 (1), (2)에 따른 재계약·중개 또는 대리로 보지 아니한다.

(6) (1)부터 (4)까지에서 규정한 사항 외에 화물운송질서의 확립 및 화주의 편의를 위하여 운송주선사업자가 지켜야 할 사항은 국토교통부령으로 정한다.

✚ STUDY 국토교통부령의 운수주선사업자 준수사항 발췌

3. **자가용 화물자동차의 소유자 또는 사용자에게** 화물운송을 주선하지 아니할 것

4. **허가증에 기재된 상호만 사용할 것**

5. 운송주선사업자가 이사화물운송을 주선하는 경우 화물운송을 시작하기 전에 일정사항이 포함된 **견적서 또는 계약서**(전자문서를 포함)**를 화주에게 발급할 것.**

6. 운송주선사업자가 화물의 멸실, 훼손 또는 연착에 대하여 고의 또는 과실이 없음을 증명하지 못한 경우 **사고확인서를 발급할 것**

---

04 화물자동차 운송가맹사업

---

❶ **화물자동차 운송가맹사업의 허가 등**(제29조)

(1) 화물자동차 운송가맹사업을 경영하려는 자는 **국토교통부장관에게 허가를 받아야 한다.**

(2) (1)에 따라 허가를 받은 운송가맹사업자는 **허가사항을 변경**하려면 국토교통부령으로 정하는 바에 따라 국토교통부장관의 변경허가를 받아야 한다. → 다만, 경미한 사항을 변경하려면 국토교통부령으로 정하는 바에 따라 국토교통부장관에게 신고하여야 한다.

✿ 운송주선사업자는 변경신고하는 것으로 족합니다.

(3) **화물자동차 운송가맹사업의 허가 또는 증차를 수반하는 변경허가의 기준**

1) 국토교통부장관이 화물의 운송수요를 고려하여 고시하는 공급기준에 맞을 것

2) **화물자동차의 대수 운송시설, 그 밖에 국토교통부령이 정하는 기준에 맞을 것** ★

① **허가기준 대수** : 500대 이상(운송가맹점이 소유하는 화물자동차 대수를 포함하되, 8개 이상의 시·도에 각각 5대 이상 분포되어야 한다)

② **화물운송전산망을 갖출 것**

③ **사무실 및 영업소** : 영업에 필요한 면적

④ **최저보유차고면적** : 화물자동차 1대당 그 길이와 너비를 곱한 면적(화물자동차를 직접 소유하는 경우만 해당)

⑤ **화물자동차의 종류** : 37page ❶, (3), 2) 유형별 세부기준의 화물자동차 → 직접 소유하는 경우만 해당

3) **주사무소 외의 장소에서 상주하여 운송가맹사업을 영업**하려면 **국토교통부장관의 허가를 받아 영업소를** 설치하여야 한다.

❖ 운송사업자가 운송가맹사업의 허가를 신청하는 경우 운송사업자의 지위에서 보유하는 화물자동차는 허가기준 대수로 겸용할 수 없다.

❷ **운송가맹사업자 및 운송가맹점의 역할**

(1) **운송가맹사업자가 이행할 사항**(법 제30조)

1) 운송가맹사업자의 직접운송물량과 운송가맹점의 운송물량의 공정한 배정

2) 효율적인 운송기법의 개발과 보급

3) 화물의 원활한 운송을 위한 화물정보망의 설치 · 운영

(2) 운송가맹점이 성실하게 이행할 사항

1) 운송가맹사업자가 정한 기준에 맞는 **운송서비스의 제공** → 운송사업자 및 위 · 수탁차주인 운송가맹점만 해당

2) 화물의 원활한 운송을 위한 **차량 위치의 통지** → 운송주선사업자인 운송가맹점만 해당

3) 운송가맹사업자에 대한 **운송화물의 확보 · 공급** → 운송주선사업자인 운송가맹점만 해당

05 사업자단체 I 자가용화물 등

❶ 사업자단체

(1) 협회의 설립(제48조)

1) **의의** : 운수사업자는 **국토교통부장관의 인가**를 받아 화물자동차 운수사업의 종류별 또는 시 · 도별로 협회를 설립할 수 있다. → 허가가 아님

2) 협회의 사업(제49조)

① 화물자동차 운수사업의 건전한 발전과 운수사업자의 공동이익을 도모하는 사업

② 화물자동차 운수사업의 진흥 및 발전에 필요한 **통계의 작성 및 관리, 외국자료의 수집 · 조사 및 연구**

③ **경영자와 운수종사자의 교육훈련**

④ 화물자동차 **운수사업의 경영개선**을 위한 지도

⑤ 법에서 협회의 업무로 정한 사항

⑥ 국가나 지방자치단체로부터 위탁받은 업무

⑦ ①부터 ⑤까지의 사업에 따르는 업무

3) 연합회(제50조)

❖ 연합회의 설립 및 사업은 협회의 설립과 사업을 준용

① 운송사업자로 구성된 협회와 운송주선사업자로 구성된 협회 및 운송가맹사업자로 구성된 협회는 각각 연합회를 설립할 수 있다.

② 운송사업자로 구성된 협회와 운송주선사업자로 구성된 협회 및 운송가맹사업자로 구성된 협회는 각각 그 연합회의 회원이 된다.

(2) 공제사업(제51조)

1) **운수사업자가 설립한 협회의 연합회**는 국토교통부장관의 허가를 받아 운수사업자의 자동차 사고로 인한 손해배상책임의 보장사업 및 적재물배상 공제사업 등을 할 수 있다.

2) 공제조합의 설립(제51조의2)

① 운수사업자는 협동조직을 통하여 조합원이 자주적인 경제활동을 영위할 수 있도록 지원한다.

② 조합원의 자동차 사고로 인한 손해배상책임의 보장사업 및 적재물배상 공제사업을 하기 위하여 **국토교통부장관의 인가**를 받아 **업종별**로 공제조합을 설립할 수 있다.

❷ 자가용 화물자동차의 사용

(1) 자가용 화물자동차 사용신고(제55조)

1) 화물자동차 운송사업과 화물자동차 운송가맹사업에 이용되지 아니하고 자가용으로 사용되는 화물자동차로서 아래의 화물자동차를 사용하려는 자는 **시 · 도지사에게 신고하여야** 한다. 신고한 사항을 변경하고자 하는 때에도 또한 같다.

2) 사용신고대상 화물자동차(영 제12조) ★

① **특수자동차**(자동차관리법 시행규칙 별표1)

② 특수자동차를 제외한 화물자동차로서 **최대적재량이 2.5톤 이상인 화물자동차**

❖ 자가용 화물자동차의 소유자는 신고확인증을 갖추고 운행해야 한다.

(2) 자가용 화물자동차의 유상운송 금지(제56조)

1) 자가용 화물자동차의 소유자 또는 사용자는 자가용 화물자동차를 **유상**(그 자동차의 운행에 필요한 경비를 포함)**으로 화물운송용에 제공하거나 임대하여서는 안 된다.**

2) 국토교통부령으로 정하는 사유에 해당되는 경우로서 **시 · 도지사의 허가**를 받으면 화물운송용으로 제공하거나 임대할 수 있다.

3) 유상운송의 허가사유(규칙 제49조)

① 천재지변이나 이에 준하는 **비상사태**로 인하여 수송력 공급을 긴급히 증가시킬 필요가 있는 경우

② 사업용 화물자동차·철도 등 화물운송수단의 운행이 불가능하여 **이를 일시적으로 대체**하기 위한 수송력 공급이 긴급히 필요한 경우

③ **영농조합법인**이 그 사업을 위하여 화물자동차를 직접 소유·운영하는 경우

(3) 자가용 화물자동차 사용의 제한 또는 금지

시·도지사는 자가용 화물자동차의 소유자 또는 사용자가 다음에 해당하면 6개월 이내의 기간을 정하여 그 자동차의 사용을 제한하거나 금지할 수 있다.

1) 자가용 화물자동차를 사용하여 화물자동차 운송사업을 경영한 경우

2) 자가용 화물자동차 유상운송 허가사유에 해당되는 경우이지만 허가를 받지 아니하고 자가용 화물자동차를 유상으로 운송에 제공하거나 임대한 경우

❸ 보칙 및 벌칙 등

(1) 운수종사자의 교육(제59조, 규칙 제53조)

1) 화물자동차의 운전업무에 종사하는 운수종사자는 국토교통부령에 정하는 바에 따라 **시·도지사가 실시하는 아래의 교육을 매년 1회 이상** 받아야 한다.

2) 운수종사자 교육

① 화물자동차 운수사업 **관계 법령** 및 도로교통 관계 법령

② **교통안전**에 관한 사항

③ **화물운수와 관련한 업무수행**에 필요한 사항

④ 그 밖에 **화물운수 서비스 증진** 등을 위하여 필요한 사항

3) 교육통지와 교육대상 ★

① 교육을 실시하는 때에는 운수종사자 교육계획을 수립하여 운수사업자에게 교육을 시작하기 **1개월 전까지 통지**하여야 한다.

② 교육을 실시하는 해의 전년도 10월 31일을 기준으로 「도로교통법」에 따른 **무사고·무벌점 기간이 10년 미만인 운수종사자를 대상**으로 한다.

4) 운수종사자 교육 ★

① **교육시간** : 4시간으로 한다.

② 다만, 운수종사자 준수사항을 위반하여 벌칙 또는 과태료 부과처분을 받은 자 및 운전정밀 특별검사 대상자에 대한 교육시간은 **8시간**으로 한다.

(2) 보고와 검사(제61조)

1) **국토교통부장관 또는 시·도지사**는 아래의 어느 하나에 해당하는 경우에는 운수사업자나 화물자동차의 소유자 또는 사용자에 대하여 그 사업이나 그 화물자동차의 소유 또는 사용에 관하여 보고하게 하거나 서류를 제출하게 할 수 있다(필요하면 소속 공무원에게 운수사업자의 사업장에 출입하여 장부·서류, 그 밖의 물건을 검사하거나 관계인에게 질문을 하게 할 수 있다.)

① 허가기준에 맞는지 확인하기 위해 필요한 경우

② 운수사업자의 위법행위 확인 및 운수사업자에 대한 행정처분을 위하여 필요한 경우

③ 화물운송질서 등의 문란행위를 파악하기 위하여 필요한 경우

2) 위에 따라 출입·검사하는 공무원은 그 권한을 나타내는 증표를 지니고 이를 관계인에게 내보여야 하며, 자신의 성명, 소속 기관, 출입의 목적 및 일시 등을 적은 서류를 상대방에게 내주거나 관계 장부에 적어야 한다.

(3) 화물자동차 운수사업의 지도·감독(제60조)

국토교통부장관은 화물자동차 운수사업의 합리적인 발전을 도모하기 위하여 화물자동차 운수사업법에서 **시·도지사의 권한으로 정한 사무를 지도·감독**한다.

(4) 벌금 및 과태료

1) 벌칙 ★

① **5년 이하의 징역 또는 2천만원 이하의 벌금**

㉠ 제11조제20항(화물낙하방지조치, 제33조에서 준용

포함)에 따른 필요한 조치를 하지 아니하여 사람을 상해 또는 사망에 이르게 한 운송사업자

ⓛ 화물낙하방지조치를 않고 운행[제12조제1항제8호를 위반하여 제11조제20항(화물낙하방지조치)에 따른 조치를 하지 아니하고 화물자동차를 운행]하지 않아 사람을 상해 또는 사망에 이르게 한 운수종사자

② 3년 이하의 징역 또는 3천만원 이하의 벌금

㉠ 제14조제4항(업무개시명령 거부, 제33조에서 준용 포함)을 위반한 자

㉡ 거짓이나 부정한 방법으로 제43조제2항 또는 제3항에 따른 보조금을 교부받은 자

㉢ 제44조의2제1항제1호부터 제5호(보조금의 지급정지 등)까지의 어느 하나에 해당하는 행위에 가담하였거나 이를 공모한 주유업자등

③ 1년 이하의 징역 또는 1천만원 이하의 벌금

㉠ 제8조제3항을 위반하여 다른 사람에게 자신의 화물운송 종사자격증을 빌려준 사람

㉡ 제8조제4항을 위반하여 다른 사람의 화물운송 종사자격증을 빌린 사람 → 대차(貸借)

㉢ 제8조제5항을 위반하여 같은 조 제3항 또는 제4항에서 금지하는 행위를 알선한 사람 → 대차알선

✿ 두문자 : 5상상3개보1대대(독특한 정우 징역과 선택형인 벌금이 비례하지 않고 5년이하의 징역의 선택형인 벌금이 2천만원이라는 것을 주의)

2) 과태료

① 1,000만원 이하의 과태료(제70조) : 제51조의8(제51조제2항에서 준용하는 경우를 포함)에 따른 개선명령을 따르지 아니한 자

② 500만원 이하의 과태료(제70조)

㉠ 제3조제3항 단서에 따른 허가사항 변경신고를 하지 아니한 자

㉡ 제5조제1항(제33조에서 준용하는 경우를 포함)에 따른 운임 및 요금에 관한 신고를 하지 아니한 자

㉢ 제6조(제28조 및 제33조에서 준용하는 경우를 포함)에 따른 약관의 신고를 하지 아니한 자

ⓔ 화물운송 종사자격증을 받지 아니하고 화물자동차 운수사업의 운전업무에 종사한 자

ⓜ 거짓이나 그 밖의 부정한 방법으로 화물운송 종사자격을 취득한 자

ⓗ 제10조(화물자동차 운전자 채용기록관리)를 위반한 자

ⓢ 제10조의2제4항을 위반하여 자료를 제공하지 아니하거나 거짓으로 제공한 자

ⓞ 제11조[운송사업자의 준수사항(같은 조 제3항 및 제4항은 제외하며, 제28조 및 제33조에서 준용하는 경우를 포함)]에 따른 준수사항을 위반한 운송사업자(제66조제1호에 따라 형벌을 받은 자는 제외)

ⓩ 제12조[운수종사자의 준수사항(같은 조 제1항제4호는 제외하며, 제28조 및 제33조에서 준용하는 경우를 포함)]에 따른 준수사항을 위반한 운수종사자(제66조제2호에 따라 형벌을 받은 자는 제외)

ⓩ 제12조의2제2항을 위반하여 조사를 거부·방해 또는 기피한 자

ㅋ 제13조에 따른 개선명령(같은 조 제5호 및 제7호에 따른 개선명령은 제외)을 이행하지 아니한 자

ㅌ 제16조제1항·제2항 또는 제17조제1항(제28조 및 제33조에서 준용하는 경우를 포함)에 따른 양도·양수, 합병 또는 상속의 신고를 하지 아니한 자

ㅍ 제18조제1항(제28조 및 제33조에서 준용하는 경우를 포함)에 따른 휴업·폐업신고를 하지 아니한 자

(5) 과징금

1) 과징금 부과기준

위반 내용	처분 내용(단위 : 만원)			
	화물자동차 운송사업		화물운송 주선사업	화물운송 가맹사업
	일반	개인		
1. 차고지와 지방자치단체의 조례로 정하는 시설 및 장소가 아닌 곳에서 밤샘주차한 경우	20	10	-	20
	최대적재량 1.5톤 초과의 화물자동차			
	20	5	-	20
	최대적재량 1.5톤 이하의 화물자동차			
3. 신고한 운임 및 요금 또는	40	20	-	40

위반 행위				
화주와 합의된 운임 및 요금이 아닌 부당한 운임 및 요금을 받은 경우				
4. 화주로부터 부당한 운임 및 요금의 **환**급을 요구받고 환급하지 않은 경우	60	30	–	60
5. 신고한 운송약**관** 또는 운송가맹약관을 준수하지 않은 경우	60	30	–	60
6. 사업용 화물자동차의 바깥쪽에 일반인이 알아보기 쉽도록 해당 운송사업자의 명칭을 표시하지 않은 경우	10	5	–	10
7. 화물자동차 운전자의 취업 **현**황 및 퇴직 현황을 보고하지 않거나 거짓으로 보고한 경우	20	10	–	10
8. 화물자동차 운전자에게 차 안에 화물운송종사자격증명을 게시하지 않고 운행하게 한 경우	10	5	–	10
9. 화물자동차 운전자에게 운행**기**록계가 설치된 운송사업용 화물자동차를 해당 장치 또는 기기가 정상적으로 작동되지 않는 상태에서 운행하도록 한 경우	20	10	–	20
10. 개인화물자동차 운송사업자가 자기 명의로 운송계약을 체결한 화물에 대하여 다른 운송사업자에게 수수료나 그 밖의 대가를 받고 그 운송을 위탁하거나 대행하게 하는 등 화물운송 질서를 문란하게 하는 행위를 한 경우	180	90	–	–
11. 운수종사자에게 휴게시간을 보장하지 않은 경우	180	60	–	180
12. 밴형 화물자동차를 사용해 화주와 화물을 함께 운송하는 운송사업자가 법 제12조제1항제5호(일정한 장소에 오랜 시간 화주를 **호**객하는 행위)의 행위를 하거나 소속 운수종사자로 하여금 같은 호의 행위를 지시한 경우	60	30	–	60
13. 신고한 운송주선약관을 준수하지 않은 경우				
14. 허가증에 기재되지 않은 상호를 사용한 경우				
15. 화주에게 제38조의3제5호에 따른 견적서 또는 계약서를 발급하지 않은 경우(화주가 견적서 또는 계약서의 발급을 원하지 않는 경우는 제외)	–	–	20	–
16. 화주에게 제38조의3제6호에 따른 사고확인서를 발급하지 않은 경우(화물의 멸실, 훼손 또는 연착에 대하여 사업자가 고의 또는 과실이 없음을 증명하지 못한 경우로 한정)				

✿ 두문자 : **호관환60**만, **밤현기20**만 과징금은 일반화물자동차운송사업 60만원과 20만원만 암기하시기 바랍니다. 10만원은 게시와 표시의무를 위반한 경우입니다.

➕ STUDY 화물운송업 관련 업무 처리

❶ 시·도에서 처리하는 업무(일부 업무는 시·군·구에서 처리될 수 있음) → 이하 사업명에서 "화물자동차" 생략

(1) 운송사업의 허가

(2) **운송사업의 허가사항 변경허가**

(3) **운송사업의 허가기준 사항의 신고**

(4) 운송사업의 임시허가 및 영업소 허가

(5) 운송사업에 따른 운송약관의 신고 및 변경신고

(6) **운송사업자에 대한 개선명령**

(7) 운송사업에 대한 양도·양수 또는 합병의 신고

(8) 운송사업에 대한 상속의 신고

(9) 운송사업에 대한 사업의 휴업 및 폐업 신고

(10) 운송사업의 허가취소, 사업정지처분 및 감차 조치 명령

(11) 화물자동차 사용 정지에 따른 화물자동차의 자동차등록증과 자동차등록번호판의 반납 및 반환

(12) 운송사업자에 대한 과징금의 부과·징수 및 과징금 운용계획의 수립·시행

(13) 운송사업의 허가취소 등에 따른 청문

(14) 화물운송 종사자격의 취소 및 효력의 정지

(15) 화물운송 종사자격의 취소 및 효력의 정지에 따른 청문

(16) 운송주선사업의 허가

(17) 운송주선사업의 허가취소 및 사업정지처분

(18) 운송가맹사업의 허가

(19) 운송가맹사업의 변경허가 및 변경신고

(20) 개선명령

(21) 적재물배상 책임보험 또는 공제계약이 끝난 후 새로운 계약이 체결되지 아니하였다는 통지의 수령

(22) 운송가맹사업의 허가취소, 사업정지처분 및 감차 조치 명령

(23) 운수사업의 종류별 또는 시·도별 협회의 설립인가

(24) 협회사업에 대한 지도·감독

⒆ 자료제공 요청(화물운송 종사자격의 취소나 효력의 정지에 필요한 자료만 해당)

⒇ 운송사업자 및 운수종사자에 대한 과태료의 부과·징수

⒇ 자가용 화물자동차의 사용신고 및 유상운송 허가

❷ 협회에서 처리하는 업무

(1) 운송사업 허가사항에 대한 **경미한 사항 변경신고**

(2) 소유 대수가 1대인 운송사업자의 <u>화물자동차를 운전하는 사람에 대한 경력증명서 발급</u>에 필요한 사항 기록·관리

(3) **운송주선사업** <u>허가사항에 대한 변경신고</u>

❸ 연합회에서 처리하는 업무

(1) 사업자 준수사항에 대한 **계도활동**

(2) 과적(過積) 운행, 과로운전, 과속운전의 예방 등 **안전한 수송을 위한 지도·계몽**

(3) 법령 위반사항에 대한 **처분의 건의**

❹ 한국교통안전공단에서 처리하는 업무

(1) 운전적성에 대한 **정밀검사**의 시행

(2) **화물운송 종사자격시험**의 실시·관리 및 교육

(3) **교통안전체험교육**의 이론 및 실기교육

(4) **화물운송 종사자격증의 발급**

(4)-1 **범죄경력자료의 조회 요청**

(5) 화물자동차 운전자의 교통사고 및 교통법규 위반사항과 범죄경력의 제공요청 및 기록·관리

(6) 화물자동차 운전자의 인명사상사고 및 교통법규 위반사항과 범죄경력의 제공

(7) 화물자동차 운전자채용 기록·관리 자료의 요청

(8) 화물자동차 **안전운임신고센터**의 설치·운영

✿ 암기법 : 시·도의 업무는 허가나 명령 관련 업무가 많으므로, 협회에서 처리하는 밀종의 업무를 숙지하시면 됩니다.

✚ STUDY　화물자동차 유가보조금

❶ 유가보조금 개념(법 제43조제2항 및 제3항, 국토교통부 고시)

유류세 인상분의 일부 또는 전부를 보조해 주는 보조금이거나(유류세 연동보조금), **경유 가격의 일부**를 보조해 주는 보조금이다(유가연동 보조금). 그밖에 **수소를 구매**하는 경우 그 비용의 일부 또는 전부를 보조해주는 보조금(수소연료 보조금)이 있다.

❷ 유가보조금 지급(법 제43조제2항 및 제3항)

⑴ 유가보조금 지급대상

1) **대상** : 법 제2조제1호에 따른 화물자동차 중 **경유, LPG, 수소**를 연료로 사용하는 차량이다.

2) **보조금 수령권** : 유가보조금은 화물차주의 청구에 따라 해당 차량의 화물차주에게 지급하며 운송사업의 경우 직영차량은 운송사업자가, 위·수탁차량은 위·수탁차주가 지급 청구·수령권을 보유한다.

⑵ 유가보조금 지급범위

적법한 절차에 따라 **화물자동차 운송사업 및 화물자동차 운송가맹사업**을 허가받거나 화물자동차 운송사업을 위탁받은 자가 구매한 유류 → "화물자동차 유가 연동 보조금"은 경유를 연료로 사용하는 사업용 화물자동차만 적용

⑶ 유가보조금 지급액

1) 유가보조금은 주유업자가 통보한 주유량에 지급단가를 곱하여 산정하는 것을 원칙으로 하며, 지급한 도량의 범위 내에서 지급한다. 유류세 연동보조금의 지급단가는 유류 구매일 현재 유류세액에서 2001년 6월 당시 유류세액(경유 리터당 183.21원, LPG 리터당 23.89원)을 뺀 나머지 금액으로 산정한다.

2) **"화물자동차 유가 연동 보조금"의 지급단가의 산출**은 경유가격(원/L)에서 기준가격(1,700원/L)의 50%를 차감하여 산출하되 183.21원/L를 초과하지 못한다.

3) 지급단가를 산정할 때 경유가격은 한국석유공사가 제공하는 유가정보서비스(www.opinet.co.kr)를 통하여 발표하는 자료에 의하되, 차량의 등록지에 속하는 "지역별 주유소 평균가격"에서 주유받은 직전 주의 평균가격을 적용한다. → 다만, 지역을 알기 어려운 경우에는 전국 평균 판매가격을 적용할 수 있음

❸ 화물차주의 행위금지 사항

(1) 지급 대상이 아닌 유종을 구매하거나 운송실적 또는 유류사용량을 부풀려 유가보조금을 지급받거나 이에 공모·가담하는 행위

(2) 운수사업이 아닌 다른 목적에 사용한 유류분에 대하여 유가보조금을 지급받거나 이에 공모·가담하는 행위

(3) 유류구매카드에 표기된 자동차등록번호 이외의 차량에 유류구매카드를 사용하거나 공모·가담하는 행위

(4) 화물차주가 주유시마다 결제하지 않거나 거래내역을 남기지 않고 나중에 일괄 결제하여 유가보조금을 지급받은 행위 → 외상거래카드로 거래 후 체크카드로 일괄 결제하는 경우 등은 제외

CHAPTER **4** 자동차관리법령

01 자동차의 등록

❶ 총 칙

(1) 목적(제1조)

자동차의 등록, 안전기준, 자기인증, 제작결함 시정, 점검, 정비, 검사 및 자동차관리사업 등에 관한 사항을 정하여 **자동차를 효율적으로 관리**하고 **자동차의 성능 및 안전을 확보**함으로써 **공공의 복리를 증진**하는 것이다.

(2) 정의(제2조)

1) 자동차 : 원동기에 의하여 육상에서 이동할 목적으로 제작한 용구 또는 이에 견인되어 육상을 이동할 목적으로 제작한 용구(피견인자동차)를 말한다. 다만, 대통령령이 정하는 것은 제외된다.

+ STUDY   적용이 제외되는 자동차 ★

「건설기계관리법」에 따른 **건설기계**, 「농업기계화촉진법」에 따른 **농업기계**, 「군수품관리법」에 따른 **차량**, **궤도 또는 공중선에 의하여 운행되는 차량**, 「의료기기법」에 따른 **의료기기**

---

2) 운행 : 자동차를 그 용법(用法)에 따라 사용하는 것을 말한다.

3) 자동차사용자 : 자동차 소유자 또는 자동차 소유자로부터 자동차의 운행 등에 관한 사항을 위탁받은 자를 말한다.

4) 자동차의 차령기산일(영 제3조) ★

① **제작연도에 등록된 자동차** : 최초의 신규 등록일

② **제작연도에 등록되지 아니한 자동차** : 제작연도의 말일

(3) 자동차의 종류(제3조, 규칙 별표 1)

자동차는 승용자동차, 승합자동차, 화물자동차, 특수자동차 및 이륜자동차로 구분한다.

1) 승용자동차 : **10인 이하를 운송**하기에 적합하게 제작

2) 승합자동차 : **11인 이상을 운송**하기에 **적합**하게 제작된 자동차 → 다만, 다음은 승차인원에 관계없이 승합자동차로 봄

① 내부의 특수한 설비로 인하여 승차인원이 10인 이하로 된 자동차

② 경형자동차로서 승차정원이 10인 이하인 전방조종자동차

3) 화물자동차 ★

① 화물을 운송하기에 적합한 화물적재공간을 갖추고, **화물적재공간의 총적재화물의 무게가 운전자를 제외한 승객이 승차공간에 모두 탑승했**을 때의 승객의 무게보다 많은 자동차

② 화물을 운송하기 적합하게 **바닥면적이 최소 2m²** 이상(소형·경형화물자동차로서 이동용 음식판매 용도인 경우에는 0.5m² 이상, 특수용도형의 경형화물자동차는 1m² 이상)인 화물적재공간을 갖춘 자동차로서 다음에 해당하는 자동차를 말한다.

㉠ **승차공간과 화물적재공간이 분리되어 있는 자동차 화물적재공간의 윗부분이 개방된 구조** : 자동차, 유류·가스 등을 운반하기 위한 적재함을 설치한 자동차 및 화물을 싣고 내리는 문을 갖춘 적재함이 설치된 자동차

㉡ 승차공간과 화물적재공간이 동일 차실 내에 있으면서 **화물의 이동을 방지하기 위해 격벽을 설치한 자동차**로서 화물적재공간의 바닥면적이 승차공간의 바닥면적(운전석이 있는 열의 바닥면적을 포함)보다 넓은 자동차

㉢ 화물을 운송하는 기능을 갖추고 자체적하 기타 작업을 수행하는 설비를 함께 갖춘 자동차

4) 특수자동차 : 다른 자동차를 견인하거나 구난작업 또는 특수한 작업을 수행하기에 적합하게 제작된 자동차로서 **승용자동차 · 승합자동차 또는 화물자동차가 아닌 자동차**

❷ 자동차의 등록

(1) 등록(제5조)

자동차(이륜자동차는 제외)는 **자동차등록원부에 등록한 후가 아니면** 이를 운행할 수 없다. → 다만, 임시운행허가를 받아 허가 기간 내에 운행하는 경우에는 그러하지 아니하다.

(2) 자동차등록번호판(제10조)

1) **시 · 도지사**는 국토교통부령으로 정하는 바에 따라 자동차등록번호판을 붙여야 한다.

2) 1)에 따라 붙인 등록번호판은 시 · 도지사의 허가를 받은 경우와 다른 법률에 특별한 규정이 있는 경우를 제외하고는 떼지 못한다.

3) **자동차 소유자는 등록번호판이 떨어지거나 알아보기 어렵게 된 경우** : 시 · 도지사에게 '1)'에 따른 등록번호판의 부착을 다시 신청하여야 한다.

4) **누구든지 등록번호판을 가리거나 알아보기 곤란하게 하여서는 아니 되며, 그러한 자동차를 운행하여서는 아니 된다.** ★ → 아래의 ①과 동일한 과태료

① **자동차등록번호판을 가리거나 알아보기 곤란하게 하거나, 그러한 자동차를 운행한 경우** : 과태료 1차 50만원, 2차 150만원, 3차 250만원

② **고의로 자동차등록번호판을 가리거나 알아보기 곤란하게 한 자** : 1년 이하의 징역 또는 1,000만원 이하의 벌금(제81조)

5) 누구든지 등록번호판을 가리거나 알아보기 곤란하게 하기 위한 장치를 제조 · 수입하거나 판매 · 공여하여서는 아니 된다.

6) 자동차 소유자는 자전거 운반용 부착장치 등 국토교통부령으로 정하는 외부장치를 자동차에 붙여 등록번호판이 가려지게 되는 경우에는 시 · 도지사에게 외부장치용 등록번호판의 부착을 신청하여야 한다.

7) 시 · 도지사는 등록번호판을 회수한 경우에는 **다시 사용할 수 없는 상태로 폐기하여야** 한다.

8) 누구든지 등록번호판 영치업무를 방해할 목적으로 1)에 따른 등록번호판의 부착 이외의 방법으로 등록번호판을 붙여서는 아니 되며, 그러한 자동차를 운행하여서도 아니 된다.

✿ 봉인(封印)제도는 폐지되었습니다. 화물자동차관련법규는 아직, 봉인이라는 용어가 보이나 이는 곧 삭제될 것으로 생각됩니다.

(3) 변경등록(제11조)

1) 자동차 소유자는 등록원부의 기재사항이 변경(이전등록 및 말소등록에 해당되는 경우는 제외)**된 경우** : 시 · 도지사에게 변경등록을 신청하여야 한다.

2) 과태료 : 신청기간만료일부터 90일 이내(과태료 2만원), 90일 초과 ~ 174일 이내(2만원에 91일때부터 3일 초과 시마다 과태료 1만원을 더한 금액), 175일 이상인 경우(30만원)

(4) 이전등록(제12조)

1) 등록된 자동차를 양수받는 자는 **시 · 도지사**에게 자동차 소유권의 이전등록을 신청하여야 한다.

2) 자동차를 양수한 자가 다시 제3자에게 양도하려는 경우에는 양도 전에 자기 명의로 1)에 따른 이전등록을 하여야 한다.

3) 자동차를 양수한 자가 1)에 따른 이전등록을 신청하지 아니한 경우에는 그 양수인을 갈음하여 양도자(이전등록을 신청할 당시 자동차등록원부에 적힌 소유자를 말함)가 신청할 수 있다.

4) 3)에 따라 이전등록 신청을 받은 시 · 도지사는 등록을 수리(受理)하여야 한다.

(5) 말소등록(제13조)

1) 자동차 소유자(재산관리인 및 상속인을 포함)**의 시 · 도지사에게 말소등록 신청**(자동차등록증, 자동차등록번호판 및 봉인을 반납)

① **말소등록을 신청해야 하는 경우**(필요적) ★

㉠ 자동차해체재활용업을 등록한 자에게 폐차를 요청한 경우

㉡ 자동차제작 · 판매자 등에게 반품한 경우

ⓒ 여객자동차 운수사업법에 따른 차령이 초과된 경우

ⓔ 여객자동차 운수사업법 및 화물자동차 운수사업법에 따라 면허·등록·인가 또는 신고가 실효(失效)되거나 취소된 경우

ⓜ 천재지변·교통사고 또는 화재로 자동차 본래의 기능을 회복할 수 없게 되거나 멸실된 경우

- **과태료** : 신청 지연기간이 10일 이내(과태료 5만원), 10일 초과 ~ 54일 이내(5만원에 11일때부터 1일마다 과태료 1만원을 더한 금액), 55일 이상인 경우 (50만원)

ⓗ 자동차를 수출하는 경우

② **말소등록을 신청할 수 있는 경우**(임의적)

ㄱ 압류등록을 한 후에도 환가(換價)절차 등 후속 강제집행 절차가 진행되고 있지 아니하는 차량 중 차령 등 환가가치가 남아 있지 아니하다고 인정되는 경우

ㄴ 자동차를 교육·연구의 목적으로 사용하는 경우

2) 시·도지사가 직권으로 말소등록을 할 수 있는 경우 ★

① 말소등록을 신청하지 아니한 경우

② 자동차의 차대가 등록원부상의 차대(차대가 없는 자동차의 경우에는 차체를 말함)와 다른 경우

③ 자동차운행정지 명령에도 불구하고 해당 자동차를 계속 운행하는 경우

④ 자동차를 폐차한 경우

⑤ 속임수나 그 밖의 부정한 방법으로 등록된 경우

(6) 자동차등록증의 재발급 신청 등(제18조)

자동차 소유자는 자동차등록증이 없어지거나 알아보기 곤란하게 된 경우에는 재발급 신청을 하여야 한다.

(7) 임시운행

자동차를 등록하지 아니하고 임시운행을 하려는 자는 **국토교통부장관 또는 시·도지사**의 임시운행허가를 받아야 한다.

1) 임시운행허가기간(영 제7조제2항)

① **10일 이내**

ㄱ 신규등록신청을 위하여 자동차를 운행하려는 경우

ㄴ 자동차의 차대번호 또는 원동기형식의 표기를 지우거나 그 표기를 받기 위하여 자동차를 운행하려는 경우

ㄷ 신규검사 또는 임시검사를 받기 위하여 자동차를 운행하려는 경우

ㄹ 자동차를 제작·조립·수입 또는 판매하는 자가 판매사업장·하치장 또는 전시장에 보관·전시 또는 판매한 자동차를 환수하기 위하여 운행하려는 경우

ㅁ 자동차운전학원 및 자동차운전전문학원을 설립·운영하는 자가 검사를 받기 위하여 기능교육용 자동차를 운행하려는 경우

② **20일 이내 : 수출하기 위하여** 말소등록한 자동차를 점검·정비하거나 선적하기 위한 운행하려는 경우

③ **40일 이내**

ㄱ **자동차자기인증**에 필요한 시험 또는 확인을 받기 위하여 자동차를 운행하려는 경우

ㄴ 자동차를 제작·조립 또는 수입하는 자가 자동차에 **특수한 설비를 설치하기 위하여** 다른 제작 또는 조립장소로 자동차를 운행하려는 경우

④ **시험·연구의 목적으로 자동차를 운행하려는 경우** : 2년의 범위에서 해당 시험·연구에 소요되는 기간(전기자동차등 친환경·첨단미래형 자동차의 개발·보급을 위하여 필요한 경우는 5년)

2) 운행정지 중인 자동차의 임시운행(규칙 제28조) : 다음의 자동차의 사용자는 종합검사를 받으려는 경우에는 임시운행을 할 수 있다.

① 법 제37조제2항(시장·군수·구청장의 명령으로 운행정지)로 운행정지처분을 받아 운행정지 중인 자동차

② 화물자동차 운송사업의 허가 취소 등에 따른 사업정지처분을 받아 운행정지 중인 자동차

③ 자동차세의 납부의무를 이행하지 아니하여 자동차

등록증이 회수되거나 등록번호판이 영치된 자동차

④ 의무보험에 가입되지 아니하여 자동차의 등록번호판이 영치된 자동차

⑤ 압류로 인하여 운행정지 중인 자동차

⑥ 대통령령으로 정하는 질서위반행위로 부과받은 과태료를 납부하지 아니하여 등록번호판이 영치된 자동차

02 자동차 안전기준과 검사 등

❶ 자동차의 안전기준 및 자기인증

(1) 자동차의 구조 및 장치(제29조, 영 제8조)

자동차는 대통령령으로 정하는 구조 및 장치가 안전운행에 필요한 성능과 기준에 적합하지 아니하면 이를 운행하지 못한다.

1) 자동차의 구조 : ① 길이·너비 및 높이, ② 최저지상고, ③ 총중량, ④ 중량분포, ⑤ 최대안전경사각도, ⑥ 최소회전반경, ⑦ 접지부분 및 접지압력

2) 자동차의 장치 : ① 원동기(동력발생장치) 및 동력전달장치, ② 주행장치, ③ 조종장치, ④ 조향장치, ⑤ 제동장치, ⑥ 완충장치, ⑦ 연료장치 및 전기·전자장치, ⑧ 차체 및 차대, ⑨ 연결장치 및 견인장치, ⑩ 승차장치 및 물품적재장치, ⑪ 창유리, ⑫ 소음방지장치, ⑬ 배기가스발산방지장치, ⑭ 전조등·번호등·후미등·제동등·차폭등·후퇴등 기타 등화장치, ⑮ 경음기 및 경보장치, ⑯ 방향지시등 기타 지시장치, ⑰ 후사경·창닦이기 기타 시야를 확보하는 장치, ⑰-2 후방 영상장치 및 후진경고음 발생장치, ⑱ 속도계·주행거리계 기타 계기, ⑲ 소화기 및 방화장치, ⑳ 내압용기 및 그 부속장치 등, ㉑ 기타 자동차의 안전운행이 필요한 장치로서 국토교통부령이 정하는 장치

(2) 자동차의 튜닝(제34조)

1) 자동차의 구조·장치 중 시행령으로 정하는 것을 변경하려는 경우에는 그 자동차의 **소유자가** 시장·군수·구청장의 승인을 받아야 한다.

2) 시장·군수 또는 구청장은 튜닝 승인에 관한 권한을 **한국교통안전공단에 위탁**한다.

3) 자동차 튜닝이 승인되지 않는 경우 ★

① **총중량이 증가되는 튜닝**

② **승차정원 또는 최대적재량의 증가**를 가져오는 승차장치 또는 물품적재장치의 튜닝(다만, ⅰ) 승차정원 또는 최대적재량을 감소시켰던 자동치를 원상회복하는 경우, ⅱ) 동일한 형식으로 자기인증되어 제원이 통보된 차종의 승차정원 또는 최대적재량의 범위 안에서 최대적재량을 증가시키는 경우, ⅲ) 차대 또는 차체가 동일한 승용자동차·승합자동차의 승차정원 중 가장 많은 것의 범위 안에서 해당 자동차의 승차정원을 증가시키는 경우는 제외)

③ **자동차의 종류가 변경**되는 튜닝

④ 변경 전보다 **성능 또는 안전도가 저하될 우려가** 있는 경우의 변경

❷ 자동차의 점검 및 정비

(1) 점검 및 정비 명령 등(제37조)

시장·군수·구청장은 다음의 어느 하나에 해당하는 자동차 소유자에게 점검·정비·검사 또는 원상복구를 명할 수 있다.

1) 자동차안전기준에 적합하지 아니하거나 안전운행에 지장이 있다고 인정되는 자동차

2) 승인을 받지 아니하고 튜닝한 자동차 → 원상복구 및 임시검사를 명하여야 함

3) 자동차 정기검사 또는 자동차종합검사를 받지 아니한 자동차 → 정기검사 또는 종합검사를 명해야 함

4) 화물자동차 운수사업법에 따른 중대한 교통사고가 발생한 사업용 자동차 → 임시검사를 명해야 함

(2) 기간을 정하여 명령

시장·군수 또는 구청장은 1)에 따라 점검·정비·검사 또는 원상복구를 명하려는 경우 기간을 정해야 한다. 이 경우 필요하다고 인정되면 해당 자동차의 운행정지를 함께 명할 수 있다.

❸ 자동차의 검사

(1) 자동차검사(제43조) ★★

자동차 소유자는 해당 자동차에 대하여 국토교통부장관이 실시하는 검사를 받아야 한다.

1) 신규검사 : 신규등록을 하려는 경우 실시하는 검사

2) 정기검사 : 신규등록 후 일정 기간마다 정기적으로 실시하는 검사

3) 튜닝검사 : 자동차를 튜닝한 경우에 실시하는 검사

4) 임시검사 : 자동차관리법 또는 자동차관리법에 따른 명령이나 자동차 소유자의 신청을 받아 비정기적으로 실시하는 검사

❖ 자동차검사는 한국교통안전공단이 대행하고 있으며, 정기검사는 지정정비사업자도 대행할 수 있다.

(2) 자동차 정기검사 유효기간 ★★

차 종		차 령	유효기간
비사업용	경형·소형 화물자동차	4년 이하	2년
		4년 초과	1년
	중형·대형 화물자동차	5년 이하	1년
		5년 초과	6월
사업용	경형·소형 화물자동차	모든 차령	2년 (신조차로서 법 제43조제5항에 따라 신규검사를 받은 것으로 보는 자동차의 최초 검사 유효기간은 2년)
	중형 화물자동차	5년 이하	1년
		5년 초과	6월
	대형 화물자동차	2년 이하	1년
		2년 초과	6월

(3) 자동차종합검사 ★

1) 운행차 배출가스 정밀검사 시행지역에 등록한 **자동차 소유자 및 특정경유자동차 소유자**는 자동차 정기검사와 배출가스 정밀검사 또는 특정경유자동차 배출가스 검사를 통합하여 국토교통부장관과 환경부장관이 공동으로 실시하는 자동차종합검사를 받아야 한다.

2) 종합검사를 받은 경우에는 **정기검사, 정밀검사, 특정경유자동차검사를 받은 것**으로 본다.

3) 자동차종합검사의 분야

① 자동차의 동일성 확인 및 배출가스 관련 장치 등의 작동 상태 확인을 관능검사(官能檢査, 사람의 감각기관으로 자동차의 상태를 확인하는 검사) 및 기능검사로 하는 **공통 분야**

② 자동차 **안전검사 분야**

③ 자동차 **배출가스 정밀검사 분야**

4) 화물자동차 종합검사의 대상과 검사 유효기간 ★

차 종		적용 차령	유효기간
비사업용	경형·소형	4년 초과	1년
	중 형	3년 초과	차령 5년까지는 1년, 이후부터 6개월
	대 형		
사업용	경형·소형	2년 초과	1년
	중 형		차령 5년까지는 1년, 이후부터 6개월
	대 형		6개월

① **검사유효기간의 계산방법과 자동차종합검사기간 등**

㉠ **신규등록을 하는 자동차** : 신규등록일부터 계산

㉡ **종합검사기간 내에 종합검사를 신청하여 적합 판정을 받은 자동차** : 직전 검사 유효기간 마지막 날의 다음 날부터 계산

㉢ **종합검사기간 전 또는 후에 종합검사를 신청하여 적합 판정을 받은 자동차** : 종합검사를 받은 날의 다음 날부터 계산

㉣ **재검사 결과 적합 판정을 받은 자동차** : 자동차종합검사 결과표 또는 자동차기능 종합진단서를 받은 날의 다음 날부터 계산

㉤ **종합검사기간** : 검사 유효기간의 마지막 날(검사 유효기간을 연장하거나 검사를 유예한 경우에는 그 연장 또는 유예된 기간의 마지막 날을 말함) **전후 각각 31일 이내**로 한다.

② 소유권 변동 또는 사용본거지 변동 등의 사유로 종합검사의 대상이 된 자동차 중 정기검사의 기간 중에 있거나 정기검사의 기간이 지난 자동차 : 변경등록을 한 날부터 62일 이내에 종합검사를 받아야 한다.

5) 재검사 : 종합검사 실시 결과 부적합 판정을 받은 자동차의 소유자가 재검사를 받으려는 경우에는 다음에 따른 기간 내에 종합검사대행자 또는 종합검사지정정비사업자에게 자동차등록증과 자동차종합검사 결과표 또는 자동차기능 종합진단서를 제출하고 해당 자동차를 제시하여야 한다.

① 종합검사기간 내 종합검사를 신청한 경우

ㄱ 다음의 어느 하나에 해당하는 사유로 부적합 판정을 받은 경우 : 부적합 판정을 받은 날부터 10일 이내

- 최고속도제한장치의 미설치, 무단 해체·해제 및 미작동

- 자동차 배출가스 검사기준 위반

ㄴ 그 밖의 사유로 부적합 판정을 받은 경우 : 부적합 판정을 받은 날부터 종합검사기간 만료 후 10일 이내

② 종합검사기간 전 또는 후에 종합검사를 신청한 경우 : 부적합 판정을 받은 날의 다음 날부터 10일 이내

✚ STUDY 자동차종합검사기간이 지난 자에 대한 독촉

❶ 종합검사를 받지 않은 자에 대한 독촉

시·도지사는 종합검사기간이 지난 자동차의 소유자에게 그 기간이 끝난 다음 날부터 10일 이내와 20일 이내에 각각 다음의 사항을 우편 또는 휴대전화 문자메세지로 알리고 종합검사를 받을 것을 독촉하여야 한다.

(1) 종합검사기간이 지난 사실

(2) 종합검사의 유예가 가능한 사유와 그 신청 방법

(3) 종합검사를 받지 아니하는 경우에 부과되는 과태료의 금액과 근거 법규

❷ 정기검사나 종합검사를 받지 아니한 경우의 과태료 ★

(1) 검사지연기간이 30일 이내인 때 : 과태료 4만원

(2) 검사 지연기간이 30일 초과 114일 이내인 경우 : 4만원에 31일째부터 계산하여 3일 초과시마다 2만원을 더한 금액

(3) 검사 지연기간이 115일 이상인 경우 : 60만원

❖ 자동차정기검사의 기간은 검사유효기간만료일 전후 각각 31일 이내로 하며, 이 기간 내에 자동차정기검사에서 적합 판정을 받은 경우에는 검사유효기간만료일에 자동차정기검사를 받은 것으로 본다.

01 도로법령

❶ 총 칙

(1) 목적[도로법(이하 법명 생략) 제1조]

도로망의 계획수립, 도로 노선의 지정, 도로공사의 시행과 도로의 시설 기준, 도로의 관리·보전 및 비용 부담 등에 관한 사항을 규정하여 **국민이 안전하고 편리하게 이용할 수 있는 도로의 건설과 공공복리의 향상에 이바지함을 목적으로 한다.**

(2) 도로의 정의(제2조) ★

도로란 차도, 보도(步道), 자전거도로, 측도(側道), 터널, 교량, 육교 등 대통령령으로 정하는 시설로 구성된 것으로서 **도로법 제10조**(도로의 종류와 등급)**에 열거된 것**을 말하며, 도로의 부속물을 포함한다.

1) 대통령령으로 정하는 시설이나 공작물

① 차도·보도·자전거도로 및 측도

② 터널·교량·지하도 및 육교(해당 시설의 엘리베이터를 포함)

③ 옹벽·배수로·길도랑·지하통로 및 무넘기시설

④ 도선장 및 도선의 교통을 위하여 수면에 설치하는 시설

⑤ 궤도

2) 도로법 제10조의 도로 ★ : 고속국도(고속국도의 지선 포함), 일반국도(일반국도의 지선 포함), 특별시도·광역시도, 지방도, 시도, 군도, 구도

✿ 이도(里道)능 포함 ✕

3) 도로의 부속물 : 도로관리청이 도로의 편리한 이용과 안전 및 원활한 도로교통의 확보, 그 밖에 도로의 관리를 위하여 설치하는 시설 또는 공작물을 말한다.

① **도로이용 지원시설**(주차장, 버스정류시설, 휴게시설 등)

② **도로안전시설**(시선유도표지, 중앙분리대, 과속방지시설 등)

③ **도로관리시설**(통행료 징수시설, 도로관제시설, 도로관리시설 등)

④ **교통관리시설**(도로표지 및 교통량 측정시설 등)

⑤ **도로부대시설**(낙석방지·제설시설, 식수대 등 도로에서의 재해 예방 및 구조 활동, 도로환경의 개선·유지 등을 위한 시설)

⑥ 그 밖에 도로의 기능 유지 등을 위한 시설로서 대통령령으로 정하는 시설

✚ STUDY 도로의 종류와 등급

도로의 종류는 다음과 같고 그 등급은 다음에 열거한 순위에 의한다.

❶ **고속국도**(고속국도의 지선 포함) : 국토교통부장관이 도로교통망의 중요한 축을 이루며 주요 도시를 연결하는 도로로서 자동차 전용의 고속교통에 사용되는 도로 노선을 정하여 지정·고시한 도로이다.

❷ **일반국도**(일반국도의 지선 포함) : 국토교통부장관이 고속국도와 함께 국가간선도로망을 이루는 도로 노선을 정하여 지정·고시한 도로이다.

❸ **특별시도·광역시도** : 특별시, 광역시의 관할구역에 있는 주요 도로망을 형성하는 도로로서 특별시장 또는 광역시장이 지정·고시한 도로이다.

❹ **지방도** : 지방의 간선도로망을 이루는 도청 소재지에서 시청 또는 군청 소재지에 이르는 도로 등이나 지방의 개발을 위하여 특히 중요한 도로로서 관할 도지사 또는 특별자치도지사가 그 노선을 인정한 도로이다.

❺ **시도** : 특별자치시, 시 또는 행정시의 관할구역에 있는 도로로서 특별자치시장 또는 시장(행정시의 경우는 특별자치도지사)이 그 노선을 인정한 도로이다.

❻ **군도** : 군청 소재지에서 읍사무소 또는 면사무소 소재지에 이르는 도로, 읍사무소 또는 면사무소 소재지를 연결하는 도로 및 그 밖의 군의 개발을 위하여 특히 중요한 도로로서 관할 군수가 그 노선을 인정한 도로이다.

❼ **구도** : 관할구역에 있는 도로 중 특별시도와 광역시도를 제외한 자치구 안에서 동(洞) 사이를 연결하는 도로로서 관할 구청장이 그 노선을 인정한 도로이다.

❷ 도로의 보전 및 공용부담

(1) 도로에 관한 금지행위(제75조)

1) 정당한 이유 없이 다음의 행위 금지

① 도로를 파손하는 행위

② 도로에 토석(土石), 입목·죽(竹) 등 장애물을 쌓아놓는 행위

③ 그 밖에 도로의 구조나 교통에 지장을 주는 행위

2) 정당한 사유 없이 도로(고속국도는 제외)**를 파손하여 교통을 방해하거나 교통에 위험을 발생하게 한 자** : 10년 이하의 징역이나 1억원 이하의 벌금

(2) 차량의 운행제한(제77조)

1) 도로관리청의 운행제한 : 도로관리청은 도로 구조를 보전하고 도로에서의 차량 운행으로 인한 위험을 방지하기 위하여 필요하면 도로에서의 차량(자동차와 건설기계) 운행을 제한할 수 있다.

2) 도로관리청이 운행을 제한할 수 있는 차량 ★★

① **축하중이 10톤을 초과하거나 총중량이 40톤을** 초과하는 차량

② **차량의 폭이 2.5미터, 높이가 4.0미터**(도로구조의 보전과 통행의 안전에 지장이 없다고 도로 관리청이 인정하여 고시한 도로노선의 경우에는 4.2미터), **길이가 16.7미터를 초과**하는 차량

③ 도로관리청이 특히 도로구조의 보전과 통행의 안전에 지장이 있다고 인정하는 차량

3) 차량의 구조나 적재화물의 특수성으로 인하여 관리청의 허가를 받으려는 자는 신청서에 다음의 사항을 기재하여 도로관리청에 제출하여야 한다. ★

① 운행하려는 도로의 종류 및 노선명

② 운행구간 및 그 총 연장

③ 차량의 제원(諸元)   ④ 운행기간

⑤ 운행목적   ⑥ 운행방법

4) 도로관리청은 '1)'에 따른 운행제한에 대한 위반 여부를 확인하기 위하여 관계 공무원으로 하여금 차량에 승차하거나 차량의 운전자에게 관계 서류의 제출을 요구하는 등의 방법으로 차량의 적재량을 측정하게 할 수 있다.

5) 벌금 및 과태료

① **정당한 사유 없이 적재량 측정을 위한 도로관리청의 요구에 따르지 아니한 자** : 1년 이하의 징역이나 1천만원 이하의 벌금

② **운행 제한을 위반한 차량의 운전자, 운행 제한 위반의 지시·요구 금지를 위반한 자** : 500만원 이하의 과태료(제117조제1항)

(3) 적재량 측정 방해행위의 금지 등(제78조)

1) 차량의 운전자는 자동차의 장치를 조작하는 등 차량의 적재량 측정을 방해하는 행위를 하여서는 아니 된다(측정 방해나 재측정에 따르지 아니한 경우 1년 이하의 징역이나 1천만원 이하의 벌금).

2) 도로관리청은 차량의 운전자가 1)을 위반하였다고 판단하면 재측정을 요구할 수 있다.

✿ 적재량 측정을 거부하거나 방해하는 경우와 차량을 사용하지 않고 자동차전용도로를 출입하는 경우의 벌칙이 동일합니다.

(4) 자동차전용도로의 지정(제48조)

도로관리청은 차량의 능률적인 운행에 지장이 있는 도로 또는 도로의 일정한 구간에서 원활한 교통소통을 위하여 필요한 경우에는 자동차전용도로를 지정할 수 있다.

(5) 자동차전용도로의 통행방법(제49조)

1) 자동차전용도로에서는 **차량만을 사용해서 통행하거나 출입하여야 한다**(차량을 사용하지 않고 자동차전용도로를 통행하거나 출입하는 경우 1년 이하의 징역이나 1천만원이하의 벌금형에 처한다).

2) 도로관리청은 1)의 내용과 자동차전용도로의 통행을 금지하거나 제한하는 대상 등을 구체적으로 밝힌 **도로표지를 설치**하여야 한다.

02 대기환경보전법

❶ 총 칙

(1) 목적[대기환경보전법(이하 법명생략) 제1조]

대기오염으로 인한 국민건강이나 환경에 관한 위해(危害)를 예방하고 대기환경을 적정하게 지속가능하게 관리·보전하여 **모든 국민이 건강하고 쾌적한 환경에서 생활할 수 있게** 하는 것이다.

(2) 정의(제2조) ★

1) **대기오염물질** : 대기오염의 원인이 되는 가스·입자상물질로서 환경부령으로 정하는 것이다.

2) **온실가스** : 적외선 복사열을 흡수하거나 다시 방출하여 **온실효과를 유발**하는 대기 중의 가스상태 물질로서 이산화탄소, 메탄, 아산화질소, 수소불화탄소, 과불화탄소, 육불화황을 말한다.

3) **가스** : 물질이 연소·합성·분해될 때에 발생하거나 물리적 성질로 인하여 발생하는 **기체상 물질**이다.

4) **입자상물질** : 물질이 파쇄·선별·퇴적·이적(移積)될 때, 그밖에 기계적으로 처리되거나 연소·합성·분해될 때에 발생하는 **고체상 또는 액체상의 미세한 물질**이다.

5) **먼지** : 대기 중에 **떠다니거나 흩날려 내려오는 입자상물질**이다.

① **여과성 먼지** : 대기오염물질배출시설에서 고체 또는 액체 상태로 배출되는 먼지를 말한다.

② **응축성 먼지** : 대기오염물질배출시설에서 기체 상태로 배출된 이후 대기 중에서 고체 또는 액체 상태로 즉시 응축되는 먼지를 말한다.

6) **매연** : 연소할 때에 생기는 **유리탄소가 주가 되는 미세한** 입자상물질이다.

7) **검댕** : 연소할 때에 생기는 **유리탄소가 응결**하여 입자의 지름이 1미크론 이상이 되는 입자상물질이다.

8) **저공해자동차** : 대기오염물질의 배출이 없는 자동차 또는 제작차의 배출허용기준보다 오염물질을 적게 배출하는 자동차이다.

9) **배출가스 저감장치** : 자동차에서 배출되는 대기오염물질을 줄이기 위하여 자동차에 부착하는 장치로서 환경부령으로 정하는 저감효율에 적합한 장치이다.

10) **저공해엔진** : 자동차에서 배출되는 대기오염물질을 줄이기 위한 엔진(엔진 개조에 사용하는 부품을 포함)으로서 환경부령으로 정하는 배출허용기준에 맞는 엔진이다.

11) **공회전제한장치** : 자동차에서 배출되는 대기오염물질을 줄이고 연료절약을 위하여 자동차에 부착하는 장치로서 환경부령으로 정하는 기준에 적합해야 한다.

❷ 자동차배출가스의 규제

(1) 저공해자동차의 운행 등(제58조)

1) **시도지사·시장·군수의 명령, 권고** : 관할 지역의 대기질 개선 또는 기후·생태계 변화유발물질 배출감소를 위하여 필요하다고 인정하는 경우 그 자동차의 소유자에 대하여 다음의 어느 하나에 해당하는 조치를 하도록 명령하거나 조기에 폐차할 것을 권고할 수 있다. → 저공해를 위한 개조·교체명령을 이행하지 않으면 과태료 300만원 ★

① 저공해자동차로의 전환 또는 개조

② 배출가스저감장치의 부착 또는 교체 및 배출가스 관련 부품의 교체

③ 저공해엔진(혼소엔진 포함)으로의 개조 또는 교체

2) 배출가스보증기간이 경과한 자동차의 소유자 : 배출가스저감장치를 부착 또는 교체하거나 저공해엔진으로 개조 또는 교체할 수 있다.

3) 국가나 지방자치단체가 예산의 범위에서 자금의 보조나 융자를 할 수 있는 경우

① 저공해자동차를 구입하거나 저공해자동차로 개조하는 자

② 저공해자동차에 연료를 공급하기 위한 시설(천연가스, 전기, 태양광, 수소연료의 연료공급)을 설치하는 자

③ ①과 ②에 따라 자동차의 배출가스저감장치를 부착 또는 교체하거나 자동차의 엔진을 저공해엔진으로 개조 또는 교체하는 자

④ ①에 따라 자동차의 배출가스 관련 부품을 교체하는 자

⑤ ①에 따른 권고에 따라 자동차를 조기에 폐차하는 자

⑥ 그 밖에 배출가스가 매우 적게 배출되는 것으로서 환경부장관의 고시한 자동차를 구입하는 자

(2) 공회전의 제한(제59조, 규칙 제79조의10)

1) 공회전 상태의 주차나 정차 제한 : 시·도지사는 필요하다고 인정하면 터미널, 차고지, 주차장 등의 장소에서 자동차의 원동기를 가동한 상태로 주차하거나 정차하는 행위를 제한할 수 있다.

2) 시·도지사의 공회전제한장치의 부착명령 : 대중교통용 자동차 등 환경부령으로 정하는 다음의 자동차에 대하여 시·도 조례에 따라 공회전제한장치의 부착을 명령할 수 있다. ★

① 시내버스운송사업에 사용되는 자동차

② 일반택시운송사업

③ 화물자동차운송사업에 사용되는 **최대적재량이 1톤 이하인 밴형 화물자동차로서 택배용**으로 사용되는 자동차

(3) 운행차의 수시 점검(제61조)

1) 배출가스 배출상태 점검

① 환경부장관, 특별시장·광역시장·특별자치시장·특별자치도지사·시장·군수·구청장은 자동차의 배출가스 배출상태를 수시로 점검하여야 한다.

② 자동차 운행자는 운행차의 수시점검을 불응하거나 기피·방해한 자는 **200만원 이하의 과태료를 부과**된다.

2) 운행차 수시점검의 면제(규칙 제84조)

① 환경부장관이 정하는 저공해자동차

② 도로교통법에 따른 긴급자동차

③ 군용 및 경호업무용 등 국가의 특수한 공용 목적으로 사용되는 자동차

3) 자동차 운행자는 1)에 따른 점검에 협조하여야 하며 이에 응하지 아니하거나 기피 또는 방해하여서는 안 된다.

✿ 명칭 중에서 "화물자동차"와 화물운송종사자격증(명) 등의 "화물운송종사"의 용어는 생략합니다.

01 연석선, 안전표지 또는 그와 비슷한 인공구조물을 이용하여 경계를 표시하여 모든 차가 통행할 수 있도록 설치된 도로의 부분은 ( )이다.

02 ( )은 차마가 한 줄로 통행하도록 차선으로 구분한 차도의 부분이다.

03 도로교통법상 도로에는 도로법상의 도로, ( ) 도로, 농어촌도로(면도, 이도, 농도)가 있다.

04 사고운전자가 피해자를 상해에 이르게 하고 도주한 경우의 벌금형은? ( )

해설 징역은 1년 이상의 유기징역이다. 그리고 사고운전자가 피해자를 상해에 이르게 하고 **사고장소로부터 옮겨 유기**하고 도주한 경우는 3년 이상의 유기징역에 처한다.

05 운전자가 차에 내려 편의점에 상품을 공급하는 것은 ( )이다.

해설 즉시 그 차를 운행할 수 없는 상태이므로 주차이다.

06 **처분벌점이 40점 미만인 경우** 최종 위반일 또는 사고일로부터 사고 없이 ( )년의 기간이 경과하면 그 처분벌점은 소멸한다.

07 운송사업의 허가를 받은 자가 **허가사항을 변경**하고자 하는 경우에 ( )의 변경허가를 받아야 한다.

08 **적색의 등화에 차마가 우회전**하려는 경우에는 횡단보도 및 정차로에서 ( )한 후 우회전할 수 있다.

09 어린이보호구역 또는 주거지역 안에 설치하는 속도제한표시의 테두리선의 노면표시색상은 ( )색이다.

해설 i) 동일방향의 교통류 분리 및 경계표시의 노면표시는 백색이고, ii) 버스전용차로와 같은 지정방향의 교통류분리는 청색이다.

10 운송사업자가 퇴직한 자격증명을 **협회에 반납하여야 하는 사유**로는 퇴직한 운전자의 명단을 제출하는 경우와 운송사업의 ( ) 신고를 하는 경우이다.

해설 **관할관청에 반납하는 사유**는 i) 사업의 양도신고 시, ii) 운전자의 종사자격이 취소되거나 정지된 경우이다.

11 **고속도로 편도 3차로에서 화물자동차**의 통행차로는 ( )차로이다.

해설 화물자동차의 통행차로는 i) 고속도로 이외의 도로는 오른쪽차로, ii) 편도 2차로 이상의 고속도로는 2차로이다.

12 도로법상의 도로로는 고속국도, 특별시도, 광역시도, ( )도, 시도, 군도, 구도이다.

해설 이도(里道)는 도로법상의 도로가 아니다. 다만, 도로교통법상의 도로에는 이도가 포함된다.

13 운송사업자가 **적재물배상보험에 가입**하지 아니한 경우에 화물자동차 1대당 부과되는 과태료 금액의 한도는? ( )만원

해설 운송주선사업자는 100만원, 운송가맹사업자는 1대당 500만원을 초과하지 못한다.

14 **주거지역의 일반도로 편도 1차로**의 최고속도는 매시 ( )km이다.

해설 국토법상 주거·상업·공업지역이 아닌 경우에는 매시 60km 이내이고, 일반도로 편도 2차로 이상은 매시 80km 이내이다.

15 편도2차로 이상의 고속도로에서는 **적재중량 1.5톤을 초과하는 화물자동차와 특수자동차**의 최고속도는 매시 ( )km 이내이다.

해설 지정·고시한 경우에는 매시 90km 이내 이다.

---

01 차도 **02** 차로 **03** 유료 **04** 500만원 이상 3천만원 이하 **05** 주차 **06** 1 **07** 국토교통부장관 **08** 일시정지 **09** 적 **10** 휴업 또는 폐업 **11** 오른쪽 **12** 지방 **13** 50 **14** 50 **15** 80

16 고속도로의 **최저속도**는 매시 (　)km이고, **자동차전용도로**는 **최고속도**는 매시 (　)km 이내 이다.

17 **비가 내리는 경우**에 화물자동차가 편도2차로의 일반도로에서는 매시 (　)km 이하로 운행해야 한다.

해설 편도2차로 일반도로의 제한속도는 80km 이하이다. 우천시 20/100을 감속하므로 80km × 0.8(20% 감속) = 64km

18 후사경의 높이보다 높게 화물을 실은 화물의 너비는 (　)을 **확인할 수 있는 너비**여야 한다.

해설 후사경보다 낮게 실었을 경우에는 화물을 확인할 수 있는 너비여야 한다.

19 교통정리를 하고 있지 아니하는 교차로에 들어가려는 경우 **그 차가 통행하고 있는 도로의 폭보다 교차하는 도로의 폭이** (　) 경우에는 서행해야 하다.

20 교차로에 동시에 진입하려고 하는 경우에는 (　)도로의 차에서 진입하는 차에 진로를 양보해야 한다.

21 운송사업자는 화물자동차운전자를 채용하거나 운전자가 퇴직하였을 때 **채용 또는 퇴직한 날이 속하는 달의 다음 달** (　)일까지 (　)에 제출하여야 한다.

22 음주운전의 기준은 혈중알코올농도 (　)% 이상이고, 술에 만취한 상태는 혈중알코올농도 (　)% 이상이다.

23 고의로 자동차등록번호판을 가리거나 알아보기 곤란하게 하는 자에게 부과하는 처벌은?

24 규정속도 60km **초과**는 60점, 40km **초과** 60km **이하**는 (　)점의 벌점이 부과된다.

해설 운전 중 휴대용 전화 사용하거나 운전자가 볼 수 있는 위치에 영상을 조작하는 경우는 벌점 15점이다.

25 안전표지가 설치된 일반구역에서 승합자동차등의 **정차·주차금지위반**의 범칙금은 (　)만원이다.

해설 어린이보호구역의 정차·주차금지 위반의 경우 범칙금은 13만원이다. 과태료도 동일하다.

26 배출가스저감장치의 부착·교체명령이나 저공해엔진으로의 개조 또는 교체명령에 따르지 않은 경우 (　)만원 이하의 과태료에 처한다.

27 신호·지시위반의 경우에 승합자동차등의 범칙금은 (　)만원이다.

28 피해자를 병원까지 후송하고 계속 치료받을 수 있는 조치를 취하지 않은 경우 도주사고가 성립(　).

29 운전자의 취업현황 및 퇴직현황을 보고하지 않았거나 거짓으로 보고한 경우의 **일반 운송사업자의 과징금**은 (　)만원이다.

해설 개인운송사업자는 10만원의 과징금이다.

30 교통안전표지 중 주의표지가 설치된 구역에서는 신호·지시위반이 성립(　).

해설 신호·지시위반사고는 지시표지판(규제표지 중 통행금지·진입금지·일시정지표지)이 설치된 구역 내에서 성립한다.

31 교차로의 좌회전 중 중앙부분을 넘어서 난 사고는 (　)으로 처리된다.

32 중앙선을 침범한 동일방향 앞차를 따라가다 그 차를 추돌한 경우에는 중앙선침범이 (　).

33 좌측도로나 건물 등으로 가기 위해 회전하며 중앙선을 침범한 경우는 중앙선침범이 (　).

34 속도위반 과속사고는 **법정속도와 제한속도를** (　)km/h를 **초과**한 경우이다.

35 **운전적성정밀검사 특별검사**는 과거 1년간 운전면허 행정처분기준에 따라 산출된 누산점수가 (　)점 이상이면 받는다.

Part 1
관련법규

---

16 50, 90　**17** 64　**18** 뒤쪽　**19** 넓은　**20** 우측　**21** 10, 협회　**22** 0.03, 0.08　**23** 1년 이하의 징역 또는 1천만원 이하의 벌금
24 30　**25** 9　**26** 300　**27** 7　**28** 한다　**29** 20　**30** 하지 않는다　**31** 안전운전불이행　**32** 적용되지 않는다
33 적용된다　**34** 20　**35** 81

36 철길건널목 중에서 건널목 교통안전표지만 설치하는 건널목은 ( )종 철길건널목이다.

37 일반화물자동차 운송사업자가 운송사업자의 명칭을 표시하지 않은 경우의 과징금은 ( ) 만원이다.

38 자동차관리법령상 특수자동차는 견인형, 구난형, ( )으로 구분된다.

39 횡단보도에서 **자전거를 타고 가는 사람**은 보행자에 해당( ).

40 횡단보도를 건너는 것이 아니고 **교통정리를 하거나 택시를 잡던 중인 사람**은 보행자에 해당( ).

41 **녹색등화가 점멸될 때** 횡단보도에 진입하여 건너던 중 적색신호로 변경된 후의 사고는 보행자보호의무 위반으로 처벌( ).

42 적재중량 11톤의 화물자동차를 운행할 수 있는 운전면허는? ( )

43 도로관리청이 국토교통부장관인 경우 자동차전용도로를 지정하고자 하는 경우 ( )의 의견을 들어야 한다.

44 교통정리가 없는 교차로에서 좌회전하려고 하는 경우 ( )하거나 ( )하려는 차에 양보해야 한다.

45 공회전 제한장치의 부착명령은 ( )가 한다.

46 **중형** 화물자동차는 **최대적재량**이 ( )이거나, **총중량**이 ( )인 것을 말한다.

47 **화물자동차**의 유형별 세부기준으로는 **일반형, 덤프형, 밴형,** ( )이 있다.

48 자동차 **배출가스의 배출상태를 수시 점검할 수 있는 행정기관**은 ( ), 특별시장·광역시장·특별자치시장·특별자치도지사·시장·군수·구청장이다.

49 유가보조금 지급범위는 ( ) **및** ( )을 허가받거나 위탁받은 자가 구매한 유류이다. 단, **화물자동차 유가연동보조금**은 ( )를 연료로 사용하는 사업용 화물자동차만 적용한다.

50 **특수자동차**의 유형별 세부기준으로는 **견인형, 구난형,** ( )형이 있다.

51 화물자동차운수사업법을 위반하여 ( ) 이상의 실형을 선고받고 그 집행이 끝나거나 집행이 면제된 날부터 ( )년이 지나지 않은 사람도 결격사유이다.

52 **화물운송사업자**가 적재물배상보험에 가입하지 않은 기간이 **10일 이내**인 경우의 과태료 금액은 ( )원 이다.

53 정밀검사 적합판정을 받은 사람이 해당 검사를 받은 후 ( )년 이내에 취업하지 않은 사람은 자격유지검사의 대상이다.

---

36 3 **37** 10 **38** 특수용도형 **39·40** 하지 않는다 **41** 하지 않는다 **42** 제1종 대형·보통 운전면허 **43** 경찰청장
44 직진, 우회전 **45** 시·도지사 **46** 1톤 초과 5톤 미만, 3.5톤 초과 10톤 미만 **47** 특수용도형 **48** 환경부장관
49 운송사업, 운송가맹사업, 경유 **50** 특수작업 **51** 금고, 2 **52** 1만5천 **53** 3

54 화물운송종사자격이 취소된 날부터 (   )년이 지나지 않으면 운전업무 종사자격 결격사유에 해당한다.

55 운송사업자가 '**운임 및 요금**'이나 '**운송약관**'을 **정하거나 변경**하려고 하는 경우에는 (   )에게 신고하여야 한다.

56 **최대적재량이 5톤 이상이거나, 총중량이 10톤 이상인 화물자동차 중** (   ) **화물자동차와** (   ) **특수자동차를** 소유하고 있는 운송사업자는 **각 화물자동차별로** 적재물배상보험에 **의무적으로 가입**해야 한다.

57 화물의 멸실·훼손 또는 인도의 지연(적재물사고)으로 발생한 운송사업자의 손해배상책임은 **화물의 인도기한이 지난 후** (   )**개월 이내에** 인도되지 아니하면 그 화물은 멸실된 것으로 본다

58 일반화물자동차 운송사업은 (   )**대 이상의 범위에서** (   )**대 이상의 화물자동차를** 사용하여 화물을 운송하는 사업이다.

59 적재물배상 책임보험 또는 공제에 가입하려는 자는 **사고건당** (   )**만원, 이사화물운송주선사업자는** (   )**만원 이상**의 금액을 지급할 책임을 지는 적재물배상보험 등에 가입하여야 한다.

60 **건설기계, 자동차, 목재, 코일, 대형식재용 나무** 중에서 덮개·포장하는 것이 곤란한 경우에 덮개 또는 포장을 하지 않을 수 있는 물건이 아닌 것은 (   )이다.

61 운송사업자가 허가사항을 변경하는 경우 신고만으로 족한 경미한 사항으로 (   )**의 변경,** (   )**의 변경**(법인인 경우만), (   )**의 설치 또는 폐지** 등이 있다.

62 **부정한 방법**으로 운송사업허가를 받거나, 부정한 방법으로 변경허가를 받거나 변경허가를 받지 않은 경우에 해당하여 **허가가 취소된 후** (   )년이 지나지 아니한 자는 운송사업의 허가를 받을 수 없다.

63 **일반화물자동차가** 지방자치단체 조례로 정한 시설이나 장소가 아닌 곳에서 **밤샘주차한 경우 과징금은** (   )만원이다.

64 운수종사자가 **휴게시간 없이 2시간을 연속운전한 후**에는 (   )분 이상의 휴게시간을 가져야 한다.

> **해설** 참고로 1시간을 연장하여 3시간을 운행 후에는 30분 이상의 휴게시간을 가져야 한다.

65 **화주가 함께 탈 때 신기에 부적합한 것으로** 화주 1명당 화물의 중량이 (   )kg 이상이고 화물의 용적은 (   )m^3 이상일 것을 요한다.

66 화물의 낙하방지를 위하여 **최소 4개의 고정점을 사용해야 하는 화물은** (   )이고, **강철구조물 또는 쐐기 등을 사용해 고정하는 화물은** (   )이다.

67 국토교통부장관은 i) **부정한 방법으로 운송사업의 허가를 받거나,** ii) (   )인 경우, iii) **부정한 방법으로 보험금을 청구**하여 금고 이상의 형이 확정된 경우 허가를 (   )하여야 한다.

68 **자가용화물자동차의 사용신고 대상 화물자동차**는 (   )와 최대적재량 (   )톤 이상인 화물자동차이다.

69 화물자동차 운전업무 종사자는 **매년 1회 이상 시·도지사가** 실시하는 (   )시간의 교육을 받아야 한다. 다만, 운수종사자 준수사항을 위반하여 벌칙 또는 과태료부과를 받은 자와 운전정밀특별검사 대상자의 교육시간은 (   )시간이다.

---

54 2 **55** 국토교통부장관 **56** 일반형·밴형 / 특수용도형·견인형 **57** 3 **58** 20, 20 **59** 2천만, 5백 **60** 목재
61 상호, 법인대표자, 화물취급소 **62** 5 **63** 20 **64** 15 **65** 20, 4만 **66** 건설기계, 코일 **67** 허가결격사유, 취소
68 특수자동차, 2.5 **69** 4, 8

70 화물낙하방지조치를 **위반**하여 사람을 상해 또는 사망에 이르게 한 운송사업자는 ( )년 이하의 징역이나 ( )원 이하의 벌금에 처한다.

71 제작년도에 등록되지 못한 자동차의 차령 기산일은 ( )이다.

 참고로 제작연도에 등록된 자동차는 최초의 신규등록일이다.

72 자동차 소유자에게 점검ㆍ정비ㆍ검사를 명할 수 있는 행정기관은 ( )이다

73 자동차관리법상 자동차검사의 종류로는 신규검사, ( )검사, 임시검사, ( )검사가 있다.

74 자동차관리법의 적용이 되지 않는 자동차로는 ( ) 기계, ( )기계, 「군수품관리법」에 따른 차량, 궤도로 운행되는 차량, 의료기기가 있다.

75 자동차등록번호판을 가리거나 알아보기 곤란하게 하고 자동차를 운행한 경우 ( )년 이하의 징역이나 ( )만원 이하의 벌금이 부과된다.

76 정기검사나 종합검사를 받아야 할 기간이 **종료한 날로부터 30일 이내의 과태료**는 ( )만원이다.

 참고로 검사지연기간이 115일 이상인 경우의 과태료는 60만원이다.

77 총중량의 증가, 승차정원 또는 최대적재량의 ( )를 가져오는 승차정원 또는 물품적재장치의 변경, 자동차의 종류가 ( )되는 경우에는 자동차 튜닝이 승인되지 않는다.

78 차령이 2년 초과된 사업용 대형화물자동차의 자동차 **정기검사** 유효기간은 ( )이다.

79 차령이 2년 초과한 사업용 대형화물자동차의 자동차 **종합검사** 유효기간은 ( )이다.

 사업용중형화물자동차의 종합검사 경우 차령 5년까지는 1년, 이후 부터는 6개월이다.

80 ( )는 지방의 간선도로망을 이루는 시ㆍ군 간의 도로나 지방의 개발을 위하여 중요한 도로이다.

81 도로법상 도로로 고속국도, 일반국도, 특별시도ㆍ광역시도, ( ), ( ), ( ), ( )가 있다.

 이도(里道)는 도로법상의 도로가 아니다.

82 국토교통부장관이 고속국도와 함께 국가간선도로망을 이루는 도로 노선을 지정ㆍ고시한 도로는 ( )이다.

83 축하중이 10톤을 초과하거나 **총중량이 ( )톤**을 초과하는 차량은 운행을 제한할 수 있다.

84 도로관리청이 운행을 제한할 수 있는 차량의 폭은 ( )m 초과, 높이 ( )m 초과, 그리고 길이 ( )m를 초과하는 경우이다.

85 운행제한을 **위반**한 차량의 운전자, 운행제한 위반의 지시ㆍ금지를 위반한 자에게는 ( ) 만원의 과태료가 부과된다.

86 정당한 이유없이 도로관리청의 **적재량 측정요구에 따르지 않거나, 측정방해나 재측정에 따르지 않는 경우** ( )년 이하의 징역이나 ( )천만원 이하의 벌금이 부과된다.

87 대기 중에 떠다니거나 흩날려 내려오는 입자성 물질은 ( )이다.

 유리탄소가 주가 되는 미세한 입자상물질은 "매연"이다.

88 대기질 개선 및 공해유발물질 배출감소를 위해 **명령이나 권고를** 할 수 있는 행정기관은 ( )이다.

89 기후ㆍ생태계 **변화유발물질 배출감소를 위하여** 자동차의 개조ㆍ교체명령을 이행하지 않은 경우 **과태료** ( )만원을 부과한다.

---

70 5, 2천만 **71** 제작연도의 말일 **72** 시장ㆍ군수ㆍ구청장 **73** 정기, 튜닝 **74** 건설, 농업 **75** 1, 1,000 **76** 4 **77** 증가, 변경 **78** 6개월 **79** 6개월 **80** 지방도 **81** 지방도, 시도, 군도, 구도 **82** 일반국도 **83** 40 **84** 2.5, 4, 16.7 **85** 500 **86** 1, 1천 **87** 먼지 **88** 시도지사, 시장, 군수 **89** 300

PART 1 — 단원별 적중모의고사

01   제1회 적중모의고사

01 도로교통법상 '차'가 <u>아닌</u> 것은?

① 자동차   ② 건설기계

③ 우마차   ④ 유모차

[해설] 유모차와 행정안전부령으로 정하는 보행보조용 의자차는 차에서 제외한다.

02 서행 및 일시정지 등에 관한 설명으로 <u>틀린</u> 것은?

① 서행이란 차가 즉시 정지할 수 있는 속도로 진행하는 것이다.

② 황색의 등화인 경우 차마는 정지선, 횡단보도 및 교차로의 직전에서 정지한다.

③ '일시정지'는 자동차가 얼마간의 시간 동안만 정지상태를 유지하는 것이다.

④ 교통정리를 하고 있으나 교통이 빈번한 교차로에서는 일시정지한다.

[해설] ④ 교통정리를 하지 있지 아니하고 좌우를 확인할 수 없거나 교통이 빈번한 교차로에서는 일시정지한다.

03 교차로 통행방법에 대한 설명으로 <u>틀린</u> 것은?

① 앞차가 신호를 하고 진행하는 경우에 뒤차의 운전자는 앞차의 진행을 방해할 수 없다.

② 신호기가 있는 교차로에서 정지로 인해 교통에 방해가 될 우려 시 진입하지 않는다.

③ 우회전을 위해 도로의 중앙선을 따라 서행하면서 교차로의 중심 안쪽을 이용한다.

④ 일시정지를 표시하는 안전표지가 설치되어 있는 교차로에서는 일시정지하여야 한다.

[해설] ③ 우회전하기 위해서는 우측 가장자리를 서행하면서 우회전해야 한다. 지문은 좌회전 방법이다.

04 운전면허 취소처분의 기준이 <u>아닌</u> 것은?

① 교통사고로 사람을 죽게 하거나 다치게 하고 구호조치를 하지 아니한 때

② 음주운전의 기준을 넘어서 운전하다 교통사고로 사람을 죽게 하거나 다치게 한 때

③ 면허증 소지자가 다른 사람에게 면허증을 대여하여 운전하게 한 때

④ 다리, 머리, 척추 그 밖의 신체장애로 인하여 서 있을 수 없는 사람

[해설] ④ 운전면허 취득 결격사유는 취소처분의 기준이다. 그 결격사유 중 하나인 "다리, 머리, 척추 그 밖의 신체장애로 인하여 **앉아 있을 수 없는 사람**"이 운전면허 취소처분의 기준이다.

05 운송사업자의 준수사항으로 (   )에 들어갈 말로 맞는 것은?

> 휴게시간 없이 ( )시간 연속운전한 후에는 ( )분 이상의 휴게시간을 가져야 하나 일정한 경우에는 ( )시간까지 연장운행을 할 수 있으며 운행 후 ( )분 이상의 휴게시간을 가져야 한다.

① 5, 40, 1, 45   ② 4, 30, 1, 45

③ 4, 30, 2, 45   ④ 2, 15, 1, 30

[해설] 휴게시간 없이 **2시간** 연속운전한 후에는 **15분** 이상의 휴게시간을 가질 것. 다만, **1시간**까지 연장운행을 할 수 있으며 그 경우에는 **30분** 이상의 휴게시간을 가져야 한다.

01 ④   02 ④   03 ③   04 ④   05 ④

06 도로교통법상 서행하여야 할 장소가 <u>아닌</u> 것은?

① 교통정리를 하고 있는 교차로

② 도로가 구부러진 부근

③ 가파른 비탈길의 내리막

④ 비탈길의 고갯마루 부근

해설 ① 교통정리를 하고 있지 아니하는 교차로가 서행하여야 할 장소이다.

07 운전면허취득 응시기간 제한에 대한 설명으로 틀린 것은?

① 음주운전으로 사람을 사상한 후 구호 및 신고를 않은 경우는 운전면허가 취소된 날부터 5년간 운전면허를 받을 수 없다.

② 경찰공무원의 음주측정을 위반한 후 교통사고로 운전면허가 취소된 날부터 2년간 운전면허를 받을 수 없다.

③ 무면허운전 금지의 규정을 3회 이상 위반하여 자동차를 운전한 경우 그 위반한 날부터 2년간 운전면허를 받을 수 없다.

④ 운전면허시험에 대신 응시하여 운전면허가 취소된 경우에는 운전면허가 취소된 날부터 1년간 운전면허를 받을 수 없다.

해설 ④ 운전면허를 대신 응시하여 운전면허가 취소된 경우 운전면허가 **취소된 날부터 2년간** 운전면허를 받을 수 없다.

08 교통사고처리특례법이 적용되지 <u>않는</u> 중대법규 위반 교통사고가 <u>아닌</u> 것은?

① 철길건널목 통과방법 위반사고

② 보행자보호의무 위반사고

③ 무면허운전사고

④ 15km 초과 속도위반 사고

해설 법정속도나 제한속도를 **20km 초과**한 속도위반이 중대법규위반 교통사고이다.

09 자동차 정비와 점검에 대한 설명으로 **틀린** 것은?

① 고장으로 사용할 수 없는 운행기록계가 설치된 자동차를 운전하면 안 된다.

② 경찰공무원은 정비불량차의 운행에 해당하는 경우 자동차등록증과 자동차운전면허증을 요구하고 차를 점검할 수 있다.

③ 시·도경찰청은 정비상태가 매우 불량하여 사고가 우려되는 경우, 자동차운전면허증을 보관하고 운전의 일시정지를 명할 수 있다.

④ 국가경찰공무원이 운전의 일시정지를 명하는 경우에 정비불량표지를 자동차 등의 창유리에 붙이도록 할 수 있다.

해설 ③ 자동차운전면허증이 아니라 **자동차등록증을 보관**하고 운전의 일시정지를 명할 수 있다.

10 특례법이 배제되는 중앙선 침범이 적용되는 사례가 <u>아닌</u> 것은?

① 좌측도로나 건물 등으로 가기 위해 회전하며 중앙선을 침범하여 발생한 사고

② 커브길 과속운행으로 중앙선을 침범한 사고

③ 제한속력 내 운행 중 미끄러지면서 중앙선을 침범한 사고

④ 중앙선을 침범하거나 걸친 상태로 계속 진행하다가 발생한 사고

해설 ③ 만일 제한속력을 넘어 과속으로 미끄러져 중앙선을 침범한 사고는 **중앙선 침범이 적용**된다.

11 화물자동차의 유형 중 하나가 <u>아닌</u> 것은?

① 일반형   ② 덤프형

③ 밴형   ④ 특수작업형

해설 특수작업형은 특수자동차의 유형 중의 하나이다. 특수용도형이 화물자동차의 유형 중 하나이다.

06 ① **07** ④ **08** ④ **09** ③ **10** ③ **11** ④

12 중앙선 침범 시 공소권 없는 사고로 처리되는 경우가 <u>아닌</u> 것은?

① 불가항력적으로 중앙선을 침범한 경우

② 사고를 피하기 위하여 급제동한 결과 중앙선을 침범한 경우

③ 교차로 좌회전 중에 일부 중앙선을 침범한 경우

④ 졸다가 뒤늦게 급제동하여 중앙선을 침범한 사고인 경우

[해설] ④ 현저한 부주의에 의한 중앙선을 침범한 경우로 형사처벌 된다.

13 화물자동차 운송사업의 허가에 대한 설명으로 옳은 것은?

① 화물자동차 운송사업을 경영하려는 자는 시·노지사의 허가를 받아야 한나.

② 화물자동차 운송가맹사업의 허가를 받은 자도 다시 허가를 받아야 한다.

③ 운송사업자는 모든 변경사항에 대하여 변경허가를 받아야 한다.

④ 운송사업자는 운송사업의 허가받은 날부터 5년마다 허가기준의 사항을 신고하여야 한다.

[해설] ① 시·도지사의 허가가 아니라 **국토교통부장관**의 허가를 받아야 한다.

② 운송가맹사업의 허가를 받은 자는 국토교통부장관의 허가를 받지 않아도 된다.

③ 운송사업자가 허가사항을 변경하려면 국토교통부령으로 정하는 바에 따라 국토교통부장관의 변경허가를 받아야 하나 **경미한 사항을 변경**하려면 국토교통부령으로 정하는 바에 따라 국토교통부장관에게 신고하면 된다.

14 허가사항 변경 시 신고로 가능한 것이 <u>아닌</u> 것은?

① 상호의 변경

② 개인회사의 대표자의 변경

③ 화물취급소의 설치 또는 폐지

④ 관할 관청 행정구역 내에서의 주사무소 이전

[해설] ② 개인이 아니라 '**법인대표자의 변경**'이 변경 신고할 사항이다. 개인은 변경허가를 받아야 한다.

①·③·④ 이외에도 화물자동차의 **대폐차, 주사무소·영업소 및 화물취급소의 이전**(다만, 주사무소의 이전의 경우에는 관할 관청의 행정구역 내에서의 이전이 경미한 사항으로 변경신고로 족한 사항)을 들 수 있다.

15 화물자동차 운전자 채용기록의 관리에 대한 설명으로 **틀린** 것은?

① 운송사업자는 운전자를 채용할 때는 운전경력증명서의 발급을 위하여 필요 사항을 기록·관리하여야 한다.

② 운송사업자는 채용된 운전자가 퇴직하였을 때는 그 명단을 협회에 제출해야 한다.

③ 운송사업자가 폐업 시에는 운전자의 경력에 관한 기록 등 관련 서류를 협회에 이관하여야 한다.

④ 협회는 전산정보처리조직을 운영하여야 한다.

[해설] ④ **협회가 아니라 연합회**가 전산정보처리조직을 운영하여야 한다.

16 운송사업자의 준수사항에 대한 규정으로 **틀린** 것은?

① 화물자동차 운전자가 화물운송종사자격증명을 게시하고 운행하도록 할 것

② 일정한 장소에 오랜 시간 정차하여 화주를 호객하는 행위를 해서는 아니 된다.

③ 최대적재량 1.5톤 이하의 화물자동차의 경우에는 주차장, 차고지 등에서만 밤샘 주차할 것

④ 화주로부터 부당한 운임 및 요금의 환급을 요구받았을 때에는 환급할 것

[해설] ② 운수종사자의 준수사항이다.

12 ④ **13** ④ **14** ② **15** ④ **16** ②

17 운송가맹사업 허가의 설명으로 틀린 것은?

① 운송가맹점이 소유하는 화물자동차 허가기준 대수는 50대 이상이다.

② 8개 이상의 시·도에 각각 5대 이상 분포되어야 한다.

③ 화물운송전산망을 갖추어야 하나 결재시스템을 갖출 것을 요하지는 않는다.

④ 화물자동차를 직접 소유하는 경우에는 차고의 면적은 1대당 그 길이와 너비를 곱한 것이다.

해설 ③ 운임지급 등 결재시스템까지 갖추어야 한다.

18 자가용 화물자동차 신고대상 화물자동차가 아닌 것은?

① 견인형 특수자동차

② 구난형 특수자동차

③ 최대적재량이 2톤 이상인 화물자동차

④ 특수작업형 특수자동차

해설 ③ 특수자동차를 제외한 화물자동차로서 **최대적재량이 2.5톤 이상**인 화물자동차가 신고대상이다.

19 운송주선사업자의 준수사항으로 틀린 것은?

① 자기 명의로 화물의 계약을 체결한 후에 그 계약금 중 일부를 제외한 나머지 금액으로 다른 운송주선사업자와 재계약하여서는 안 된다.

② 화주로부터 중개 또는 대리를 의뢰받은 화물에 대하여 다른 운송주선사업자에게 대가를 받고 중개 또는 대리를 의뢰해서는 안 된다.

③ 운송가맹사업자에게 화물의 운송을 주선하는 행위는 재계약·중개 또는 대리로 본다.

④ 자가용 화물자동차의 소유자 또는 사용자에게 화물운송을 주선하지 않아야 한다.

해설 ③ 운송주선사업자가 운송가맹사업자에게 화물의 운송을 주선하는 행위는 ①에 따른 재계약 및 ②에 따른 중개 또는 대리로 보지 않는다.

20 공제조합사업의 내용이 아닌 것은?

① 운수종사자의 사업용 자동차의 사고로 생긴 배상책임 및 적재물배상에 대한 공제

② 운수종사자가 조합원의 사업용 자동차를 소유·사용·관리하는 동안에 발생한 사고로 입은 자기 신체의 손해에 대한 공제

③ 조합원이 사업용 자동차를 소유·사용·관리하는 동안에 발생한 사고로 그 자동차에 생긴 손해에 대한 공제

④ 화물자동차 운수사업의 경영개선을 위한 조사·연구사업

해설 ① **조합원의 사업용 자동차**의 사고로 생긴 배상책임 및 적재물배상에 대한 공제가 내용이다.

21 자동차관리법상 화물자동차의 요건이 아닌 것은?

① 화물을 운송하기에 적합한 화물적재공간을 갖출 것

② 화물적재공간의 총적재화물의 무게가 운전자를 포함한 승객이 승차공간에 모두 탑승했을 때의 무게보다 많은 자동차

③ 특수용도형의 경형화물자동차의 경우는 바닥면적이 최소 1제곱미터 이상이면 된다.

④ 바닥면적이 최소 2제곱미터 이상인 화물적재공간을 갖춘 자동차

해설 ② **운전자를 '제외한'** 승객이 승차공간에 모두 탑승했을 때의 무게보다 많은 자동차가 요건이다.

17 ③ 18 ③ 19 ③ 20 ① 21 ②

22 자동차 임시운행허가의 기간이 다른 것은?

① 신규등록신청을 위하여 자동차를 운행하려는 경우

② 신규검사 또는 임시검사를 받기 위하여 자동차를 운행하려는 경우

③ 자동차자기인증에 필요한 시험 또는 확인을 받기 위하여 자동차를 운행하려는 경우

④ 수출하기 위하여 말소등록한 자동차를 점검·정비, 선적하기 위하여 운행하려는 경우

> **해설** ④ 수출하기 위하여 말소등록한 자동차를 점검·정비하거나 선적하기 위하여 운행하려는 경우는 **20일 이내의 임시운행허가기간**이 주어진다.
> ①·②·③은 **10일 이내의 임시운행허가기간**이 주어진다.

23 자동차의 정기검사나 종합검사를 받지 아니한 경우의 과태료 등에 대한 설명으로 틀린 것은?

① 검사를 받아야 할 기간만료일부터 30일 이내인 때는 과태료 5만원이다.

② 검사를 받아야 할 기간만료일부터 30일을 초과한 경우에는 3일 초과 시마다 과태료 2만원을 더한 금액이 부과된다.

③ 검사지연기간이 115일 이상인 경우 60만원이 부과된다.

④ 자동차정기검사의 기간은 검사유효기간 만료일 전후 각각 31일 이내로 한다.

> **해설** ① 검사를 받아야 할 기간만료일부터 30일 이내인 때는 **과태료 4만원**이다.

24 도로관리청이 운행을 제한할 수 있는 차량규정으로 틀린 것은?

① 축하중이 10톤을 초과하는 경우

② 총중량이 40톤을 초과하는 차량

③ 차량의 폭이 2.5미터, 높이가 3미터, 길이가 16.7미터를 초과하는 차량

④ 도로관리청이 특히 도로구조의 보전과 통행의 안전에 지장이 있다고 인정하는 차량

> **해설** ③ 높이가 4.0미터를 초과하는 차량이 운행제한 사유이다.

25 「도로법」에 따른 도로의 종류에 포함되지 않는 것은?

① 지방도　　② 일반국도

③ 구도　　④ 면도

> **해설** 면도는 「농어촌도로정비법」에 따르는 농어촌도로에 포함된다. 「도로법」상 도로는 고속국도(고속국도의 지선 포함), 일반국도(일반국도의 지선 포함), 특별시도·광역시도, 지방도, 시도, 군도, 구도가 있다.

02 제2회 적중모의고사

01 〈보기〉의 ㄱㄴ 설명을 바르게 짝지어 놓은 것은?

> ─── 〈보 기〉 ───
> ㄱ. 차로와 차로를 구분하기 위하여 그 경계지점을 안전표지로 표시한 선
> ㄴ. 차마가 한 줄로 도로의 정하여진 부분을 통행하도록 차선으로 구분한 차도의 부분

	ㄱ	ㄴ
①	차선	차로
②	중앙선	차로
③	차선	보도
④	차도	차선

> **해설** • 중앙선 : 차마의 통행 방향을 명확하게 구분하기 위하여 도로에 황색 실선이나 황색 점선 등의 안전표지로 표시한 선 또는 중앙분리대나 울타리 등으로 설치한 시설물, 가변차로(可變車路)가 설치된 경우에는 신호기가 지시하는 진행방향의 가장 왼쪽에 있는 황색 점선이다.
> • 보도 : 연석선, 안전표지나 그와 비슷한 인공구조물로 경계를 표시하여 보행자(유모차 및 보행보조용 의자차를 포함)가 통행할 수 있도록 한 도로의 부분이다.

22 ④　23 ①　24 ③　25 ④ ∥ 01 ①

02 가구점 앞에서 트럭이 5분 이상을 가구를 싣기 위해 차를 계속 정지 상태로 두고 있는 차의 상태를 무엇이라고 하는가?

① 정차　　② 서행　　③ 주차　　④ 운전

해설 ① **정차** : 운전자가 5분을 초과하지 아니하고 차를 정지시키는 것으로서 **주차 외의 정지 상태**를 말한다.
② **서행** : 운전자가 차를 즉시 정지시킬 수 있는 정도의 느린 속도로 진행하는 것을 말한다.
④ **운전** : 도로(술에 취한 상태에서의 운전금지, 과로한 때 등의 운전금지, 사고발생시의 조치 등은 도로 외의 곳을 포함)에서 차마를 그 본래의 사용방법에 따라 사용하는 것(조종을 포함)을 말한다.

03 다음 설명 중 옳은 것은?

① 규제표지란 교통안전에 필요한 주의 · 규제 · 지시 등을 표시하는 표지판이나 기호 · 문자 또는 선 등의 노면표시를 말한다.

② 도로교통의 안전을 위하여 필요한 지시를 하는 경우에 도로이용자가 이를 따르게 알리는 표지를 지시표지라고 한다.

③ 노면표시에 사용되는 각종 선에서 점선은 제한, 실선은 허용, 복선은 의미의 강조를 나타낸다.

④ 청색은 동일방향의 교통류 분리 및 경계를 표시한다.

해설 ① 규제표지가 아니라 주의 · 규제 · 지시표지 등을 포괄하는 '**안전표지**'에 대한 설명이다. **규제표지**는 도로교통의 안전을 위하여 각종 **제한 · 금지 등의 규제**를 하는 경우에 이를 도로사용자에게 알리는 표지이다.
③ **점선은 허용, 실선은 제한**, 복선은 **의미의 강조**를 나타낸다.
④ **동일방향**의 교통류 분리 및 경계를 표시하는 것은 **백색**이다. **청색은 지정방향의 교통류 분리**를 표시하는 것이다.

04 노면표시의 기본색상에 대한 설명으로 **틀린 것은?**

① 황색은 반대방향의 교통류분리 또는 도로이용의 제한 및 지시에 사용된다.

② 주거지역 안에 설치하는 속도제한표시의 테두리선에 백색이 사용된다.

③ 청색은 지정방향의 교통류 분리 표시이다.

④ 적색은 어린이보호구역 안에 설치하는 속도제한 표시의 테두리선에 사용된다.

해설 ② 동일방향의 교통류분리 및 경계표시에 백색이 사용된다. 주거지역 안에 설치하는 **속도제한표시의 테두리선에 사용되는 색상은 적색**이다.

05 행정처분으로서의 벌점이 가장 높은 경우는?

① 인적교통사고로 3주 이상의 치료를 요하는 의사의 진단이 있는 사고 시

② 교통사고로 물적피해가 발생한 교통사고를 일으킨 후 도주한 때

③ 공동위험행위 또는 난폭운전으로 형사입건된 때

④ 60km 초과의 속도위반

해설 ① · ② 벌점 15점, ③ 벌점 40점, ④ 벌점 60점

06 운전면허 행정처분 벌점기준에 대한 설명으로 **틀린 것은?**

① 자동차등 대 자동차등 교통사고의 경우에는 사고에 기여비율을 분배하여 적용한다.

② 자동차등 대 사람의 교통사고의 경우 쌍방과실은 벌점을 2분의 1로 감경한다.

③ 교통사고로 인한 벌점산정에 있어서 처분 받을 운전자 본인의 피해에 대해서는 벌점을 산정하지 않는다.

④ 교통사고 발생 원인이 불가항력이거나 피해자의 명백한 과실인 때에는 행정처분을 하지 않는다.

해설 ① 자동차등 대 자동차등 교통사고의 경우에는 그 **사고원인 중 중한 위반행위를 한 운전자만 적용**한다.

02 ③　**03** ②　**04** ②　**05** ④　**06** ①

07 운전면허취득 응시제한 기간으로 틀린 것은?

① 무면허운전금지 규정에 위반하여 자동차를 운전한 경우에는 그 위반한 날부터 2년간

② 자동차를 이용하여 범죄행위를 한 사람이 무면허운전금지 규정을 위반한 경우 그 위반한 날부터 3년간

③ 공동위험행위의 금지를 2회 이상 위반한 경우 운전면허가 취소된 날부터 2년간

④ 음주운전의 금지를 위반하여 사람을 사망에 이르게 한 경우에는 운전면허가 취소된 날부터 5년간

해설 ① 무면허운전금지 규정에 위반하여 자동차를 운전한 경우에는 **그 위반한 날부터 1년간** 운전면허를 받을 수 없다.

08 일시정지해야 할 상황의 설명으로 틀린 것은?

① 보도와 차도가 구분된 도로에서 도로 외의 곳을 출입할 때에는 보도를 횡단 후에 일시정지 해야 한다.

② 보행자전용도로의 통행이 허용된 차마의 운전자는 보행자 걸음속도로 운행하거나 일시정지 해야 한다.

③ 모든 차의 운전자는 교통정리를 하고 있지 아니하고 좌우를 확인할 수 없거나 교통이 빈번한 교차로에서는 일시정지한다.

④ 어린이가 보호자 없이 도로를 횡단하여 교통사고의 위험이 있는 경우 일시정지한다.

해설 ① 보도와 차도가 구분된 도로에서 도로 외의 곳으로 출입할 때에는 **보도를 횡단하기 직전 일시정지해야** 한다.

09 교통사고처리특례법상 도주사고가 성립하지 않는 경우는?

① 피해자를 방치한 채 사고현장을 이탈 도주한 경우

② 교통사고 현장이 너무 혼잡하여 일부 진행하다 정지하고 다시 돌아와 조치한 경우

③ 피해자가 이미 사망하여 사체 안치 후송 등 조치 없이 가버린 경우

④ 운전자를 바꿔치기하여 신고한 경우

10 화물자동차 운송사업에 대한 설명으로 옳은 것은?

① 개인화물자동차 운송사업은 화물자동차 2대 이하를 사용하여 화물을 운송한다.

② 시장·군수 또는 구청장은 튜닝 승인에 관한 권한을 협회에 위탁한다.

③ 밴형 화물자동차는 승차정원이 3명 이하이고, 물품적재장치의 바닥면적이 승차장치의 바닥면적보다 넓어야 한다.

④ 소형 화물자동차는 최대적재량이 1톤 초과 5톤 미만이거나, 총중량이 3.5톤 초과 10톤 미만인 것이다.

해설 ① 개인화물자동차 운송사업은 화물자동차 **1대를 사용**하여 화물을 운송하는 사업이다.
② 시장·군수 또는 구청장은 튜닝 승인에 관한 권한을 **한국교통안전공단**에 위탁한다.
④ **지문은 중형 화물자동차**에 대한 설명이다. 대형 화물자동차는 최대적재량이 5톤 이상이거나, 총중량이 10톤 이상일 것을 요한다.

11 특례법이 배제되는 신호·지시위반 사고가 아닌 것은?

① 고의나 부주의에 의한 사고

② 시장이 설치한 신호기나 안전표지의 시설물이 존재하는 곳에서 신호·지시위반 사고

③ 신호·지시위반 차량에 충돌되어 인적피해를 입힌 경우

④ 아파트단지 등 특정구역 내 자체적으로 설치된 신호기에서의 신호위반 사고

07 ①　08 ①　09 ②　10 ③　11 ④

12 특수자동차의 유형이 <u>아닌</u> 것은?

① 견인형 ② 특수용도형_

③ 구난형 ④ 특수작업형

해설 특수용도형은 화물자동차의 유형 중의 하나이다.

13 다음 중 음주운전에 해당하지 <u>않는</u> 경우는?

① 차단기에 의하여 도로와 차단되고 관리되는 공개되지 않은 통행로에서의 음주운전

② 술을 마시고 주차장 또는 주차선 안에서 운전

③ 혈중알코올농도 0.029%인 경우

④ 도로가 아닌 곳에서의 음주운전도 형사처벌의 대상이다.

해설 혈중알코올농도 0.03% 이상이어야 한다.

14 화물자동차 운수사업이 <u>아닌</u> 것은?

① 화물자동차 운송사업

② 화물자동차 운송주선사업

③ 화물자동차 운송가맹사업

④ 화물자동차 운송플랫폼사업

해설 ④ 화물자동차 운송플랫폼사업은 화물자동차 운수사업에 포함되지 않는다.

15 다음의 사업이 해당하는 용어로 옳은 것은?

> ㄱ. 화물자동차 운송사업, 화물자동차 운송주선사업 및 화물자동차 운송가맹사업을 말한다.
>
> ㄴ. 다른 사람의 요구에 응하여 화물자동차를 사용하여 화물을 유상으로 운송하는 사업을 말한다.

	ㄱ(화물자동차 생략)	ㄴ(화물자동차생략)
①	운송사업	운수사업
②	운송주선사업	운송가맹점
③	운수사업	운송사업
④	운수서비스업	운송가맹사업

16 다음의 사업에 해당하는 것은?

> 다른 사람의 요구에 응하여 자기 화물자동차를 사용하여 유상으로 화물을 운송하거나 화물정보망을 이용하여 소속 화물자동차 운송가맹점에 의뢰하여 화물을 운송하게 하는 사업을 말한다.

① 화물자동차 운송사업

② 화물자동차 운송주선사업

③_화물자동차 운송가맹사업

④ 화물자동차 운수서비스업

17 다음 용어의 설명 중 옳지 <u>않은</u> 것은?

① 경영의 일부를 위탁받은 사람으로 화물정보망 운송화물을 배정받아 화물을 운송하는 운송사업자는 운송가맹점이다.

② 경영의 일부를 위탁한 운송사업자가 운송가맹점으로 가입한 경우도 운송가맹점이다.

③ 운송가맹사업자의 운송가맹점으로 화물운송계약을 중개·대리하는 운송주선사업자는 운송가맹점이다.

④ 화물자동차 운수사업은 화물자동차 운송사업, 화물자동차 운송주선사업 및 화물자동차 운송가맹사업을 말한다.

해설 ② 운송가맹사업자의 화물정보망을 이용하여 운송 화물을 배정받아 화물을 운송하는 자로서 제40조제1항에 따라 화물자동차 운송사업의 경영의 일부를 위탁받은 사람도 운송가맹점이다. 하지만, **경영의 일부를 위탁한 운송사업자가 화물자동차 운송가맹점으로 가입한 경우는 제외**한다.

12 ② 13 ③ 14 ④ 15 ③ 16 ③ 17 ②

18 운전적성정밀검사에 대한 설명으로 틀린 것은?

① 신규검사의 경우 자격시험 실시일을 기준으로 최근 3년 이내에 신규검사의 적합 판정을 받은 사람은 제외한다.

② 70세 이상인 사람은 자격유지검사 적합판정을 받고 2년이 지나지 않은 사람은 자격유지검사를 받지 않아도 된다.

③ 신규검사 또는 유지검사의 적합판정을 받은 날부터 3년 이내에 취업하지 아니한 사람은 유지검사를 받아야 한다.

④ 교통사고를 일으켜 사람을 사망하게 한 사람은 특별검사를 받아야 한다.

> **해설** ② 지문의 경우 **1년**이 지나지 않은 사람을 자격유지검사를 받지 않아도 된다. 65세 이상 70세 미만인 사람이 자격유지검사의 적합판정을 받고 **3년이 지나지 않은 사람**도 자격유지검사를 받지 않아도 된다.
> ③ 다만, 해당 검사를 받은 날부터 취업일까지 무사고로 운전한 사람은 제외한다.

19 '운수종사자'에 포함되지 <u>않는</u> 사람은?

① 화물자동차의 운전자

② 화물의 운송에 관한 사무원 및 보조원

③ 화물의 운송주선에 관한 사무를 취급하는 사무원 및 보조원

④ 화물의 운송을 위탁한 화주

20 적재물배상 책임보험 또는 공제(적재물배상보험 등)에 가입하려는 자가 적재물배상보험 등에 가입하는 경우에 사고 건당 가입금액은? (이사화물 운송주선사업자는 제외)

① 건당 2천만원 이상

② 건당 1천만원 이상

③ 건당 5백만원 이상

④ 건당 3천만원 이상

> **해설** ③은 이사화물 운송주선사업자의 가입금액이다.

21 화물의 멸실·훼손 또는 인도의 지연으로 발생한 운송사업자의 손해배상 책임에 있어서 화물의 인도기간이 지난 후 얼마간의 기간 내에 인도하지 않으면 화물이 멸실된 것으로 보는가?

① 1개월　　　　② 2개월

③ 3개월　　　　④ 1년

22 운송사업자에 대한 설명으로 틀린 것은?

① 운송사업자는 운수종사자가 그 준수사항을 준수하도록 지도·감독하여야 한다.

② 운송가맹사업의 허가를 받은 자는 화물자동차운송사업의 경영을 위한 운송사업의 허가를 받지 않아도 된다.

③ 운송사업자는 위·수탁차주가 다른 운송사업자와 동시에 1년 이상의 운송계약을 체결하는 것을 제한할 수 없다.

④ 운송주선사업자가 운송가맹사업자에게 화물의 운송을 주선하는 행위는 재계약·중개 또는 대리로 본다.

> **해설** 운송주선사업자가 운송가맹사업자에게 화물의 운송을 주선하는 행위는 재계약·중개 또는 대리로 보지 아니한다.

23 자동차등록번호판에 대한 설명 틀린 것은?

① 시·도지사는 자동차등록번호판을 붙여야 한다.

② 자동차등록번호판을 부착하지 아니한 자동차는 운행하지 못한다.

③ 시·도지사는 등록번호판을 회수한 경우에는 이를 보관한다.

④ 임시운행허가번호판을 붙인 경우에는 자동차등록번호판을 부착하지 아니하더라도 자동차를 운행할 수 있다.

> **해설** ③ 등록번호판을 **폐기**해야 한다.

---

18 ②　**19** ④　**20** ①　**21** ③　**22** ④　**23** ③

24 자동차 정기검사 유효기간에 대한 설명으로 옳은 것은?

① 경형·소형의 승합 및 화물자동차의 유효기간은 1년이다.

② 2년 이하의 사업용 대형화물자동차의 유효기간은 2년이다.

③ 2년 초과한 사업용 중형화물자동차의 유효기간은 6개월이다.

④ 자동차검사는 도로교통공단이 대행하고 있다.

해설 ② 2년 이하의 사업용 대형화물자동차의 **유효기간은 1년**이다.

③ **5년 초과**한 사업용 중형화물자동차의 유효기간은 **6월**이다. 중형화물자동차의 차령이 **5년 이하**인 경우 유효기간은 **1년**이다.

④ 자동차검사는 한국교통안전공단이 대행하고 있으며, 정기검사는 지정정비사업자도 대행할 수 있다.

25 대기환경보전법령의 용어에 대한 설명으로 **틀린** 것은?

① '먼지'는 대기 중에 떠다니거나 흩날려 내려오는 입자상 물질이다.

② '매연'은 연소할 때에 생기는 유리 탄소가 응결하여 입자의 지름이 1미크론 이상이 되는 입자상 물질이다.

③ '가스'란 물질이 연소·합성·분해될 때에 발생하는 기체상 물질이다.

④ '공회전제한장치'란 대기오염물질을 줄이고 연료를 절약하기 위하여 부착한다.

해설 ② **검댕**에 대한 **설명**이다. '매연'은 연소할 때에 생기는 유리탄소가 주가 되는 미세한 입자상물질이다.

<table><tr><td>**03**</td><td>**제3회 적중모의고사**</td></tr></table>

01 다음 중 서행하여야 하는 장소가 <u>아닌</u> 것은?

① 도로가 구부러진 부근

② 교통정리를 하는 교차로

③ 비탈길 고갯마루 부근

④ 시·도경찰청장이 안전표지로 지정한 곳

해설 모든 차 또는 노면전차의 운전자는 다음의 어느 하나에 해당하는 곳에서는 **일시정지하여야** 한다.

• 교통정리를 하고 있지 아니하고 좌우를 확인할 수 없거나 교통이 빈번한 교차로

• 시·도경찰청장이 도로에서의 위험을 방지하고 교통의 안전과 원활한 소통을 확보하기 위하여 필요하다고 인정하여 안전표지로 지정한 곳

02 다음 (   )에 들어갈 말로 올바른 숫자는?

> ㄱ. 제1종 보통면허는 적재중량 (   )의 화물자동차를 운전할 수 있다.
>
> ㄴ. 제2종 보통면허는 적재중량 (   )의 화물자동차를 운전할 수 있다.

	ㄱ	ㄴ
①	12톤 이하	6톤 미만
②	10톤 이하	4톤 미만
③	12톤 미만	4톤 미만
④	10톤 미만	6톤 이하

03 이상 기후 시 최고속도의 50/100으로 줄여야 하는 경우인 것은?

① 안개로 가시거리가 120m 이내인 경우

② 눈이 18mm가 쌓인 경우

③ 폭우로 가시거리가 110m 이내인 경우

④ 노면이 결빙된 경우

해설 i) 가시거리가 100m 이내인 경우, ii) 노면이 얼어붙은 경우, iii) 눈이 20mm 이상 쌓인 경우는 최고속도의 50/100로 속도를 줄여야 한다.

24 ① 25 ② 01 ② 02 ③ 03 ④

04 화물자동차운수사업법의 목적이 <u>아닌</u> 것은?

① 화물자동차운수사업자의 수익 증대

② 화물자동차 운수사업의 효율적 관리

③ 화물자동차 운수사업의 건전한 육성

④ 화물의 원활한 운송을 도모하여 공공복리를 증진

해설 이 법은 화물자동차 **운수사업을 효율적으로 관리**하고 **건전하게 육성**하여 화물의 원활한 운송을 도모함으로써 **공공복리의 증진**에 기여함을 목적으로 한다.

05 화주가 밴형 화물자동차에 함께 탈 때 싣기 부적합한 화물의 기준이 <u>아닌</u> 것은?

① 기계·기구류 등 공산품

② 혐오감을 주는 동물 또는 식물

③ 화주(貨主) 1명당 화물의 중량이 30kg 이상인 것

④ 폭발성·인화성 또는 부식성 물품

해설 **밴형 화물자동차에 싣기 부적합한 화물의 기준**
- 화주 1명당 화물의 **중량이 20kg 이상**일 것
- 화주 1명당 화물의 **용적이 40,000cm³ 이상**일 것
- **기타 물품** : i) 불결하거나 악취가 나는 농산물·수산물 또는 축산물, ii) 혐오감을 주는 동물 또는 식물, iii) 기계·기구류 등 공산품, iv) 합판·각목 등 건축 기자재, v) 폭발성·인화성 또는 부식성 물품

06 화물자동차 운전자의 자격요건으로 옳은 것은?

① 19세 이상으로 운전경력 2년 이상인 자

② 20세 이상으로 운전경력 2년 이상인 자

③ 20세 이상으로 운전경력 3년 이상인 자

④ 21세 이상으로 운전경력 3년 이상인 자

해설 **화물자동차 운전자의 자격요건**
- 도로교통법에 따른 운전면허를 가지고 있을 것
- **20세 이상일 것**
- **운전경력이 2년 이상일 것.** 다만, 여객자동차운수사업용 자동차 또는 화물자동차운수사업용 자동차 운전경력 있는 경우에는 그 운전경력이 1년 이상일 것

07 도로법상의 도로관리청이 운행을 제한할 수 있는 차량에 해당하지 <u>않는</u> 것은?

① 축하중이 12톤을 초과하는 차량

② 총중량이 40톤을 초과하는 차량

③ 차량 폭 2.5m, 높이 4m, 길이 16.7m를 초과하는 차량

④ 관리청이 도로구조의 보전과 통행의 안전에 지장이 있다고 인정하는 차량

해설 **관리청이 운행 제한할 수 있는 차량**
- 축하중이 **10톤을 초과**하거나 총중량이 **40톤을 초과**하는 차량
- 차량의 **폭이 2.5m, 높이가 4m**(도로구조의 보전과 통행의 안전에 지장 없다고 관리청이 인정하여 고시한 도로노선의 경우에는 4.2m), 길이가 16.7m를 초과하는 차량
- 관리청이 특히 도로구조의 보전과 통행의 안전에 지장이 있다고 인정하는 차량

08 도로교통법령상의 용어의 설명으로 <u>틀린</u> 것은?

① 고속도로 – 자동차의 고속 운행에만 사용하기 위하여 지정된 도로

② 차선 – 차로와 차로를 구분하기 위하여 그 경계지점을 안전표지로 표시한 선

③ 길 가장자리구역 – 보도와 차도가 구분되지 아니한 도로에서 보행자의 안전을 확보하기 위하여 경계를 표시한 도로의 가장자리 부분

④ 차로 – 인공구조물을 이용하여 경계(境界)를 표시하여 모든 차가 통행할 수 있도록 설치된 도로의 부분

해설 ④는 차도(車道)에 대한 설명이다. 차로는 차마가 한 줄로 도로의 정하여진 부분을 통행하도록 차선(車線)으로 구분한 차도의 부분이다.

04 ①　**05** ③　**06** ②　**07** ①　**08** ④

09 편도 4차로인 고속도로에서 화물자동차의 주행 차로는?

① 1차로 　　　② 2차로

③ 왼쪽차로 　　④ 오른쪽차로

 화물자동차의 통행차로

1. **고속도로 외의 도로** : 오른쪽 차로
2. **고속도로 편도2차로** : 1차로(앞지르기), 2차로(모든 자동차)
3. **편도 3차로 이상** : 오른쪽차로

10 4톤 초과 화물자동차가 30km 초과 속도위반을 한 경우 범칙금액은?

① 6만원 　　　② 7만원

③ 8만원 　　　④ 9만원

 속도위반(20km/h 초과 40km/h 이하)의 경우와 운전 중 **영상표시장치 조작**이나 **휴대전화 사용**은 범칙금 7만원 (벌점 15점)이다.

11 다음 중 운송사업자의 준수사항으로 틀린 것은?

① 적재된 화물이 떨어지지 않도록 덮개·포장 ·고정장치등 필요한 조치를 하여야 한다.

② 운행하기 전에 일상점검 및 확인을 할 것

③ 운수종사자가 준수사항을 성실히 이행하도 록 지도·감독해야 한다.

④ 화물운송의 대가를 부당하게 화주 등에게 되돌려주는 행위를 하여서는 아니 된다.

 ②는 운수종사자의 준수사항이다.

12 화물자동차 운송사업에 종사하는 운수종사자의 준수사항이 <u>아닌</u> 것은?

① 전기·전자장치(최고속도제한장치에 한정)를 무단으로 해체하거나 조작하는 행위

② 일정한 장소에 오랜 시간 정차하여 화주를 호객(呼客)하는 행위를 하여서는 아니된다.

③ 운송사업을 양도·양수하는 경우에 그에 소요되는 비용을 위·수탁차주에게 부담시 켜서는 아니 된다.

④ 화물의 운송과 관련하여 자동차관리사업자 와 부정한 금품을 주고받는 행위

 ③ 화물운송사업자의 준수사항이다.

①·④ 화물운송사업자와 화물운수종사자의 공통의 준수사항이다.

13 화물운송종사자격증명의 게시의 위치로 옳은 것은?

① 화물자동차 운전석 뒷 창의 중앙에 게시 하고 운행

② 화물자동차 운전석 앞 창의 오른쪽 위에 게시하고 운행

③ 화물자동차 운전석 앞 창의 왼쪽 위에 게 시하고 운행

④ 화물자동차 운전석 뒷 창의 왼쪽 위에 게 시하고 운행

 운송사업자는 화물자동차 운전자에게 화물운송 종사 자격증명을 화물자동차 밖에서 쉽게 볼 수 있도록 **운 전석 앞 창의 오른쪽 위에 항상 게시**하고 운행하도록 하여야 한다.

14 시·도지사가 등록된 자동차를 직권으로 말소등록 을 할 수 있는 경우가 <u>아닌</u> 것은?

① 말소등록을 신청해야 할 자가 신청하지 않은 경우

② 자동차를 폐차한 경우

③ 임시운행허가를 받지 않고 운행한 경우

④ 자동차의 차대가 등록원부상의 차대와 다 른 경우

 시·도지사가 직권으로 말소등록 할 수 있는 경우는 ①, ②, ④ 이외에 자동차 운행정지 명령에도 불구하고 해당 자동차를 계속 운행하는 경우와 속임수나 그 밖 의 부정한 방법으로 등록된 경우가 있다.

09 ④　10 ②　11 ②　12 ③　13 ②　14 ③

15 화물운송종사자격을 반드시 취소하여야 하는 경우가 <u>아닌</u> 것은?

① 거짓이나 그 밖의 부정한 방법으로 화물운송 종사자격을 취득한 경우

② 화물운송 종사자격증을 다른 사람에게 빌려준 경우

③ 운송사업자가 국토교통부장관의 업무개시 명령을 정당한 사유없이 거부한 경우

④ 화물자동차를 운전할 수 있는 「도로교통법」에 따른 운전면허가 취소된 경우

[해설] ③은 화물운송종사자격의 필요적 취소사유가 아니다.

16 시·도지사가 공회전제한장치의 부착을 명령할 수 있는 화물자동차는?

① 화물자동차운송사업에 사용되는 최대직재량 2톤 이하의 택배용 밴형 화물자동차

② 화물자동차운송사업에 사용되는 최대적재량 1톤 이하의 택배용 밴형 화물자동차

③ 화물자동차운송사업에 사용되는 최대적재량 2톤 이하의 택배용 일반형 화물자동차

④ 화물자동차운송사업에 사용되는 최대적재량 1톤 이하의 일반형 화물자동차

[해설] 화물자동차운송사업에 사용되는 **최대적재량이 1톤 이하인 밴형 화물자동차**로서 택배용으로 사용되는 자동차가 그 대상이다.

17 화물운송종사 자격증을 받지 않고 화물자동차 운수사업의 운전업무에 종사한 경우 과태료 부과 기준 금액은?

① 50만원　　　　② 100만원

③ 200만원　　　　④ 300만원

[해설] i) 허가사항 변경신고를 하지 않는 경우, ii) 거짓이나 부정한 방법으로 화물운송종사자격을 취득한 경우(필요적 자격취소사유이기도 함)도 과태료 50만원 이다.

18 업무개시명령에 대한 설명으로 옳은 것은?

① 운송사업자나 운수종사자가 화물운송을 거부하여 국가경제에 매우 심각한 위기를 초래한 경우에는 업무개시를 명하여야 한다.

② 운송사업자 또는 운수종사자는 업무개시명령을 거부할 수 없다.

③ 업무개시명령권자는 시·도지사이다.

④ 국토교통부장관은 업무개시를 명한 경우에는 국회 소관 상임위원회에 보고하여야 한다.

[해설] ① 국토교통부장관은 그 운송사업자 또는 운수종사자에게 **업무개시를 명할 수 있다.** 즉, 필요적이 아니라 **임의적이다.**

② 정당한 사유가 있으면 업무개시명령을 **거부할 수 있다.**

③ 업무개시명령권자는 **국토교통부장관**이다.

19 사고운전자가 피해자를 구호하는 등의 조치를 하지 않고 도주하여 피해자를 상해에 이르게 한 경우의 가중처벌로 옳은 것은?

① 무기 또는 10년 이상의 유기징역

② 무기 또는 5년 이상의 유기징역

③ 3년 이상의 유기징역

④ 1년 이상의 유기징역 또는 500만원 이상 3천만원 이하의 벌금

[해설] ②는 피해자를 사망에 이르게 한 경우의 가중처벌이다.

20 자동차관리법상 차령이 2년 초과된 사업용 대형화물자동차의 자동차종합검사의 유효기간은?

① 1년　　　　② 6개월

③ 2년　　　　④ 3년

[해설] 참고로 차령이 2년 초과한 **사업용 경형·소형의 화물자동차**의 종합검사 유효기간은 1년이다. **사업용 중형 화물자동차**로서 차령이 **2년 초과인 자동차**의 경우 차령이 **5년까지는 1년,** 이후부터는 **6개월**이다.

---

15 ③　**16** ②　**17** ①　**15** ③　**16** ②　**17** ①　**18** ④　**19** ④　**20** ②

21 각종 안전표지에 대한 설명으로 틀린 것은?

① 보조표지 – 안전표지들의 주기능을 보충하여 도로사용자에게 알리는 표지

② 노면표시 – 주의·규제·지시 등의 내용을 노면에 기호·문자 또는 선으로 도로사용자에게 알리는 표지

③ 주의표지 – 도로상태가 위험하거나 도로 또는 그 부근에 위험물이 있는 경우에 필요한 안전조치를 할 수 있도록 이를 도로사용자에게 알리는 표지

④ 규제표지 – 도로교통의 안전을 위하여 필요한 지시를 하는 경우에 도로사용자가 이를 따르도록 알리는 표지

해설 ④ **지시표지에 대한 설명이다.** 규제표지는 도로교통의 안전을 위하여 각종 제한·금지 등의 **규제를 하는 경우에** 이를 도로 사용자에게 알리는 표지를 말한다.

22 반드시 화물자동차 운송사업의 허가를 취소하여야 하는 경우가 <u>아닌</u> 것은?

① 부정한 방법으로 화물자동차운송사업의 허가를 받은 경우

② 화물운송종사자격이 없는 자에게 화물을 운송하게 한 경우

③ 화물운송사업의 결격사유 어느 하나에 해당하게 된 경우

④ 화물자동차 교통사고와 관련하여 거짓이나 그 밖의 부정한 방법으로 보험금을 청구하여 금고 이상의 형을 선고받고 그 형이 확정된 경우

해설 ②를 제외하고는 필요적 허가취소사유이다.

23 정당한 사유없이 적재량 측정을 위한 도로관리청의 요구에 따르지 아니한 경우의 처벌은?

① 500만원 이하의 과태료

② 2년 이하의 징역이나 1천만원 이하의 벌금

③ 1천만원 이하의 과태료

④ 1년 이하의 징역이나 1천만원 이하의 벌금

해설 차량의 **적재량 측정을 방해**한 자, 정당한 사유없이 도로관리청의 **재측정 요구에 따르지 아니한 자**의 처벌도 같다.
운행제한을 위반한 차량의 운전자, 운행제한 위반의 **지시·요구 금지를 위반**한 자는 500만원 이하의 과태료가 보과된다.

24 교통정리가 없는 교차로에서의 양보운전에 대한 설명으로 틀린 것은?

① 좌회전하려는 차는 이미 교차로에 들어가 있는 다른 차에 양보해야 한다.

② 동시에 진입하려는 경우에 우측도로의 차에 진로를 양보해야 한다.

③ 교차로에서 우회전하려는 차는 좌회전하려는 차에 진로를 양보해야 한다.

④ 교차로에서 우회전하려는 차는 이미 좌회전하고 있는 차의 통행을 방해하지 못한다.

해설 ③ **교차로에서 좌회전하고자 하는 차**의 운전자는 그 교차로에서 직진하거나 우회전하려는 다른 차가 있는 때에는 그 차에 진로를 양보해야 한다.
④ **이미 교차로에서 좌회전하는 차**가 있으므로 우회전하려는 차는 그 차에 진로를 양보해야 한다.

25 4톤 초과 화물자동차가 어린이보호구역에서의 '정차·주차금지위반' 시 범칙금은?

① 13만원　　　　② 9만원

③ 10만원　　　　④ 8만원

해설 만일 2시간 이상 정차·주차금지를 위반하면 14만원이다.

21 ④　**22** ②　**23** ④　**24** ③　**25** ①

PART 2

화물취급요령

CHAPTER 1 운송화물과 운송장

01 화물일반과 화물포장

❶ 화물일반

(1) 화물자동차의 의의

1) 타인의 안전과 관련한 운전 : 화물자동차 운전자가 불안전하게 화물을 취급할 경우 본인뿐만 아니라 다른 사람의 안전까지 위험하게 된다.

2) 적재량을 초과한 과적 : 적정한 적재량을 초과한 과적은 엔진, 차량자체 및 운행하는 도로 등에 악영향을 미치고, 자동차의 핸들조작·제동장치 조작 등을 어렵게 한다.

3) 화물운전자의 책임 : 운전자가 화물을 직접 적재·취급하는 것과 상관없이 운전자는 화물의 검사, 과적의 식별, 적재화물의 균형 유지 및 안전하게 묶고 덮는 것 등에 대한 책임이 있다.

4) 화물의 균형적재 : 화물을 적재할 때에는 **차량의 적재함 가운데부터 좌우로 적재**하고, 앞쪽이나 뒤쪽으로 중량이 치우치지 않도록 한다. 또한 적재함 아래쪽에 비하여 **위쪽에 무거운 중량의 화물을 적재하지 않도록** 한다.

5) 잠금장치 : 컨테이너 운반차량의 경우에는 **컨테이너의 잠금장치를 차량의 해당 홈**에 걸어 고정시킨다.

(2) 특이한 화물 수송 시 유의사항

1) 드라이 벌크 탱크(Dry bulk tanks) **차량**(무게중심이 높음) : 일반적으로 적재물이 이동하기 쉬우므로 **커브길이나 급회전할 때** 운행에 주의해야 한다.

2) 냉동차량 : 냉동설비 등으로 인해 **무게중심이 높으므로** 급회전할 때 특별한 주의와 서행운전이 필요하다.

3) 가축의 운반 : 가축 또는 살아있는 동물을 운반하는 차량은 **무게중심이 이동하면 전복될 우려가 높으**므로 커브길 등에서 특별한 주의운전이 필요하다.

4) 비정상화물 : 길이가 긴 화물, 폭이 넓은 화물 또는 부피에 비하여 중량이 무거운 화물 등 비정상화물(Oversized loads)을 운반하는 때에 **적재물의 특성을 알리는 특수장비를 갖추거나 경고표시를** 하는 등 운행에 특별히 주의한다.

❷ 운송화물의 포장

(1) 포장의 개념

포장이란 물품의 수송, 보관, 취급, 사용 등에 있어 물품의 가치 및 상태를 보호하기 위해 적절한 재료, 용기 등을 물품에 사용하는 기술 또는 그 상태를 말한다.

(2) 포장의 기능 ★

1) 보호성 : 내용물을 보호하는 기능은 포장의 **가장 기본적인 기능**이다.

2) 표시성 : 인쇄, 라벨 붙이기 등이 포장에 의해 표시가 쉬워진다.

3) 상품성 : 생산공정을 거쳐 만들어진 물품은 자체 상품뿐만 아니라 **포장을 통해 상품화가 완성**된다.

4) 편리성 : 공업포장, 상업포장에 공통된 것으로서 설명서, 증서, 서비스품, 팜플릿 등을 넣거나 진열, 수송, 하역, 보관에 편리하다.

5) 효율성 : **작업효율이 양호**한 것을 의미하며, 구체적으로는 생산, 판매, 하역, 수·배송 등의 작업이 효율적으로 이루어진다.

6) 판매촉진성 : 판매의욕을 환기시킴과 동시에 **광고효과**가 많이 나타난다.

(3) 포장의 분류 ★

1) 상업포장 : 소매를 주로 하는 상거래에 상품의 일부로써 또는 상품을 정리하여 취급하기 위해 시행하는 것으로 **상품가치를 높이기 위해 하는 포장**으로 판매를 촉진시키는 기능, 진열판매의 편리성, 작업의 효율성을 도모한다.

2) **공업포장** : 물품의 수송·보관을 주목적으로 하는 포장으로, 물품을 상자, 자루, 나무통, 금속 등에 넣어 수송·보관·하역과정 등에서 물품이 변질되는 것을 방지하는 포장으로 포장의 기능 중 수송·하역의 편리성이 중요시된다(수송포장).

3) 포장 재료의 특성에 따른 분류

① **유연포장** : 포장된 물품 또는 단위포장물이 포장재료나 용기의 유연성 때문에 본질적인 형태는 변화되지 않으나 **일반적으로 외모가 변화될 수 있는 포장**이다.

② **강성포장** : 포장된 물품 또는 단위포장물이 포장재료나 용기의 경직성으로 **형태가 변화되지 않고 고정**되는 포장이다.

③ **반강성포장** : 강성을 가진 포장 중에서 **약간의 유연성**을 갖는 포장으로 유연포장과 강성포장의 중간적인 포장이다. **(예)** 골판지상자, 플라스틱보틀 등

4) 포장방법(포장기법)별 분류 ★

① **방수포장**

㉠ 포장내부로 물이 침입하는 것을 방지한다.

㉡ 방수포장을 한 것은 반드시 방습포장을 겸하고 있는 것은 아니며, 방수포장에 방습포장을 **병용할 경우에는 방습포장은 내면에, 방수포장은 외면에 하는 것을 원칙**으로 한다.

② **방습포장** : 흡수성이 없는 제품 또는 흡습 허용량이 적은 제품을 포장할 때 포장 내용물을 습기의 피해로부터 보호하기 위하여 **방습 포장재료 및 포장용 건조제를 사용하여 건조 상태로** 유지하는 포장이다.

+ STUDY 제품별 방습포장의 주요 기능

❶ **비료, 시멘트, 농약, 공업약품** : 흡습에 의해 부피가 늘어나는 것(팽윤, 膨潤), 고체가 저절로 녹는 것(조해, 潮解), 액체가 굳어지는 것(응고, 凝固) 방지

❷ **건조식품, 의약품** : 흡습에 의한 변질, 상품가치의 상실 방지

❸ **식료품, 섬유제품 및 피혁제품** : 곰팡이 발생 방지

❹ **고수분 식품, 청과물** : 탈습에 의한 변질, 신선도 저하 방지

❺ **금속제품** : 표면의 변색 방지

❻ **정밀기기**(전자제품 등) : 기능 저하 방지

---

③ **방청포장**

㉠ 금속, 금속제품 및 부품을 수송 또는 보관할 때, **녹의 발생을 방지하는 포장**이다.

㉡ 방청포장 작업은 되도록 낮은 습도의 환경에서 하는 것이 바람직하다.

㉢ 금속제품의 **연마부분은 되도록 맨손으로 만지지 않는 것이 바람직**하며, 맨손으로 만진 경우에는 지문을 제거할 필요가 있다.

④ **완충포장**

㉠ 물품을 운송 또는 하역하는 과정에서 발생하는 **진동이나 충격에 의한 물품파손을 방지**시키는 포장방법이다.

㉡ 외부로부터의 힘이 직접 물품에 가해지지 않도록 **외부 압력을 완화**한다.

⑤ **진공포장** : 밀봉 포장된 상태에서 공기를 빨아들여 밖으로 뽑아 버림으로써 물품의 변질, 내용물의 활성화 등을 방지하는 것을 목적으로 하는 포장이다.

⑥ **압축포장** : 포장비와 운송, 보관, 하역비 등을 절감하기 위하여 상품을 압축하여 적은 용적이 되게 한 후 결속재로 결체하는 포장방법을 말하며, 그 **대표적인 것이 수입면의 포장**이다.

⑦ **수축포장** : 물품을 1개 또는 여러 개를 합하여 **수축 필름으로 덮고, 이것을 가열 수축시켜 물품을 강하게 고정·유지**하는 포장을 말한다.

(4) 화물포장에 관한 일반적 유의(운송화물의 포장이 부실하거나 불량한 경우)

1) 고객에게 화물이 훼손되지 않게 포장을 보강하도록 양해를 구한다.

2) 포장비를 별도로 받고 포장할 수 있다(포장 재료비는 실비로 수령).

3) **포장이 미비하거나 포장 보강을 고객이 거부할 경우** : 집하를 거절할 수 있으며 부득이 발송할 경우에는 **면책확인서에 고객의 자필 서명을 받고 집하한다**(특약사항 약관설명 확인필란에 자필서명, 면책확인서는 지점에서 보관).

(5) **특별 품목에 대한 포장 유의사항** ★

1) **손잡이가 있는 박스 물품** : 손잡이를 안으로 접어 사각이 되게 한 다음 테이프로 포장한다.

2) **휴대폰 및 노트북 등 고가품** : 내용물이 파악되지 않도록 별도의 박스로 이중으로 포장한다.

3) **배나 사과 등을 박스에 담아 좌우에서 들 수 있도록 되어 있는 물품** : 손잡이 부분의 구멍을 테이프로 막아 내용물의 파손을 방지한다.

4) **꿀 등을 담은 병제** : 가능한 플라스틱 병으로 대체하거나 병이 움직이지 않도록 포장재를 보강하여 **낱개로 포장한 뒤 박스로 포장**하여 집하한다. → 부득이 병으로 집하하는 경우 면책확인서를 받고, 내용물 간의 **충돌로 파손되는 경우가 없도록 박스 안의 빈 공간에 폐지 또는 스티로폼 등으로 채워 집하한다.

5) **식품류**(김치, 특산물, 농수산물 등)

① **스티로폼으로 포장**하는 것이 원칙이다.

② 스티로폼이 없는 경우 비닐로 포장한 후 두꺼운 골판지 박스 등으로 포장한다.

6) **가구류** : 박스 포장하고 **모서리 부분을 에어 캡**으로 포장처리 후 **면책확인서**를 받아 집하한다.

7) **가방류, 보자기류 등** : 풀어서 내용물을 확인할 수 있는 물품들은 개봉이 되지 않도록 **안전장치를 강구한 후 박스로 이중 포장**하여 집하한다.

8) **낡은 박스로 포장된 물품** : 운송 중에 박스 손상으로 인한 내용물의 유실 또는 파손 가능성이 있는 물품에 대해서는 **박스를 교체하거나 보강하여 포장**한다.

9) **서류 등 부피가 작고 가벼운 물품** : 집하할 때에는 작은 박스에 넣어 포장한다.

10) **비나 눈이 올 경우** : 비닐포장 후 박스포장을 원칙으로 한다.

11) **부패 또는 변질되기 쉬운 물품** : 아이스박스를 사용한다.

12) **깨지기 쉬운 물품 등**

① 플라스틱 용기로 대체하여 충격을 완화한다.

② 도자기, 유리병 등 일부 물품은 집하금지 품목에 해당한다.

13) **옥매트 등 매트 제품** : 화물 중간에 테이핑 처리 후 **운송장을 부착**하고 운송장 대체용 또는 송·수하인을 확인할 수 있는 내역을 매트 내 투입한다.

14) **매트 제품** : 내용물의 겉포장 상태가 천 종류로 되어 있어 타 화물에 의한 훼손으로 내용물의 오손우려가 있으므로 고객에게 양해를 구하여 **내용물을 보호할 수 있는 비닐포장**을 하도록 한다.

(6) **집하 시의 유의사항**

1) 물품의 특성을 잘 파악하여 물품의 종류에 따라 포장방법을 달리하여 취급하여야 한다.

2) 집하 시 반드시 물품의 포장상태를 확인한다.

(7) **일반 화물의 취급 표지**(한국산업표준 KS T ISO 780)

1) **취급 표지의 표시**

① 취급 표지는 포장에 스텐실 인쇄하거나 라벨을 이용하여 부착하는 방법 중 선택하여 표시한다.

② 페인트로 그리거나 인쇄 또는 다른 여러 방법으로 이 표준에 정의되어 있는 표지를 사용하는 것을 장려하며 국경 등의 경계에 구애받을 이유는 없다.

2) **취급 표지의 색상**

① 표지의 색은 **기본적으로 검은색을 사용**한다.

② **포장의 색으로 검은색 표지로 잘 보이지 않는 색인 경우** : 흰색과 같이 적절한 대조를 이룰 수 있는 색을 부분 배경으로 사용한다. → 다만, 위험물 표지와 혼동을 가져올 수 있는 색의 사용은 피해야 한다.

3) **취급 표지의 크기**

① **취급 표지의 전체 높이** : 100mm, 150mm, 200mm의 세 종류가 있다. 그러나 조정이 가능하다.

② 포장의 크기나 모양에 따라 표지의 크기는 조정할 수 있다.

4) 취급 표지의 수와 위치 ★

호 칭	표 지
깨지기 쉬움, 취급주의(4개의 수직면에 모두 표시하며, 위치는 각변의 왼쪽 윗부분)	
위 쌓기(깨지기 쉬움과 같은 위치에 표시)	
무게중심 위치(취급되는 최소 단위 표시로 여섯 면 모두에 표시하는 것이 좋지만, 무게중심의 실제 위치와 관련있는 4개의 측면에 표시)	
굴림 방지(굴려서는 안 되는 화물을 표시)	
손수레 사용 금지 (손수레를 끼우면 안 되는 표시)	
조임쇠 취급 표지(이 표시가 있는 면의 양쪽 면이 클램프의 위치라는 표시로서 마주 보고 있는 2개의 면에 표시. 클램프가 직접 닿는 면에는 표시해서는 안 됨. "지게차격쇠 취급표시"라고도 한다)	
조임쇠 취급 제한(이 표지가 있는 양쪽에는 클램프를 사용하면 안된다는 표시)	
쌓은 단수 제한(위에 쌓을 수 있는 동일한 포장화물의 수 표시, 'n'은 위에 쌓을 수 있는 최대한의 포장화물 수)	
거는 위치(슬링을 거는 위치를 표시. 최소 2개의 마주보는 면에 표시)	

❖ 이 표준은 어떤 종류의 화물에도 적용할 수 있으나 위험물의 취급 표지로는 사용할 수 없다.

02 운송장

❶ 운송장의 기능과 운영 ★★★

운송장은 거래 쌍방간의 **법적인 권리와 의무를 나타내는 상업적 계약서**로서 화물의 정보를 담고 있으며, 이후 취급과정은 운송장을 기준으로 처리된다.

(1) 운송장의 기능 ★★

1) 계약서 기능 : 운송장이 작성되면 운송장에 기록된 내용과 약관에 기준한 **계약이 성립**한다(개인고객의 경우).

2) 화물인수증 기능

① 운송장을 작성하고 운전자가 **날인하여 교부함**으로서 운송장에 기록된 내용대로 화물을 인수하였음을 확인하는 것이다.

② 운송회사는 사고가 발생할 때에는 **운송장을 기준으로 배상**을 하여야 한다.

3) 운송요금 영수증 기능 : 화물의 수탁 또는 배달시 **운송요금을 현금으로 받는 경우**에는 운송장에 회사의 대표자 날인과 사업자등록번호를 확인함으로서 영수증 기능을 한다.

4) 정보처리 기본자료

① 운송장의 화물에 대한 정보를 통해, 운송사업자는 이를 **정보처리 기본자료로 활용**한다.

② 고객에게 **화물추적 및 배달에 대한 정보**를 제공하는 자료로 활용한다.

5) 배달에 대한 증빙(배송에 대한 증거서류 기능)

① 화물을 수하인에게 인도하고 인수자의 수령확인을 받아 **배달완료정보처리**에 이용한다.

② 물품 분실로 인한 민원이 발생한 경우에는 책임완수 여부를 증명해주는 기능을 한다.

6) 수입금 관리자료 : 서비스요금을 기록하여 수입금을 계산할 수 있는 관리자료(수입형태와 입금이 되어야 할 영업점에 대한 관리자료까지 산출)가 된다.

7) 행선지 분류정보 제공(작업지시서 기능) : 화물의 집하부터 목적지 도착 시까지 각 단계의 작업에서 **화물이 어디로 운행될 것인지를 알려주는 기능**을 한다.

(2) 운송장의 형태

1) 기본형 운송장(포켓타입) ★

① 송하인용　② 전산처리용　③ 수입관리용

④ 배달표용　⑤ 수하인용

❖ 수입관리용이 빠지는 경우도 있다.

2) 보조운송장 : 동일 수하인에게 **다수의 화물이 배달될 때 운송장비용을 절약**하기 위하여 사용하는 운송장이다.

→ 간단한 기본적인 내용과 원운송장을 연결시키는 내용만 기록한다.

3) 스티커형 운송장 ★

① <u>EDI 시스템 구축</u> : 기업고객과 완벽한 EDI(전자문서교환 : Electronic Data Interchange) 시스템이 구축될 수 있는 경우에 이용한다. 즉 **라벨프린터기를** 설치하고 자체 정보시스템에 운송장 발행시스템, 출하정보의 전송시스템 등 **별도의 EDI 시스템이 필요**하다.

② <u>출고정보 전송 및 바코드 스캐닝</u> : 발행한 운송장은 해당 화물에 대한 출고정보가 운송회사의 호스트로 전송되어야 하며, 기업고객도 **운송장의 출하를 바코드로 스캐닝**하는 시스템을 운영해야 한다.

③ <u>배달표형 스티커 운송장</u> : 화물에 부착된 스티커형 **운송장을 떼어 내어 배달표로 사용**할 수 있다.

④ <u>바코드 절취형 스티커 운송장</u> : 스티커에 부착된 **바코드만을 절취**하여 **별도의 화물배달표에 부착**하여 **배달확인**을 받는 운송장이다.

운송장의 역할을 위해서는 최소한 다음 사항들이 기록되어야 한다.

❶ **운송장 번호와 바코드** : 운송장 번호와 그 번호를 나타내는 바코드는 운송장을 인쇄할 때 기록되기 때문에 운전자가 별도로 기록할 필요는 없다.

❷ **송하인 주소, 성명 및 전화번호** : 계속하여 거래하는 기업고객인 경우는 전산입력을 간소화할 수 있도록 거래처 코드를 별도로 기재한다.

❸ **수하인 주소, 성명 및 전화번호** : 도로명 주소, 상세주소를 포함한다.

❹ **주문번호 또는 고객번호**

(1) 인터넷이나 콜센터를 통하여 집하접수를 받는 경우 이용자가 접수번호만으로도 추적조회가 가능하다.

(2) 통신판매 · 전자상거래 등의 경우에는 상품의 구매자나 판매자가 운송장 번호 없이도 화물추적이 가능하게 하도록 운송장에 화물추적의 기본단서(key값)가 되는 **예약접수번호 · 상품주문번호 · 고객번호** 등을 표시한다.

❺ **화물명**

(1) 화물명은 파손, 분실 등 사고발생 시 손해배상의 기준이 되므로 반드시 기재한다.

(2) 중요한 화물명은 기록해야 하며, 중고 화물인 경우는 중고임을 기록한다.

❻ **화물의 가격**

(1) 물품가액은 내용품에 대한 사항을 고객이 직접 기재 신고토록 한다.

(2) 중고 또는 수제품의 경우에는 시중 가격을 참고하여 산정한다.

(3) 화물의 가격은 화물의 파손, 분실 또는 배달지연 사**고발생 시 손해배상의 기준**이 된다.

(4) 약관이 정하고 있는 기준을 초과하는 고가의 화물인 경우는 **고가화물에 대한 할증을 적용**해야 하므로 정확하게 기록한다.

❼ **화물의 크기**(중량, 사이즈)

(1) 화물의 크기에 따라 요금이 달라지기 때문에 정확히 기록한다.

(2) 이를 소홀히 하면 영업점을 대리점 체제로 운영하는 경우에 운임사고의 원인이 된다.

❽ **운임의 지급방법**

선불, 착불, 신용으로 구분되므로 이를 표시할 수 있도록 해야 한다(별도 운송장으로 운영하는 경우에는 불필요).

❾ **운송요금**

운송요금을 표기하는 공간에는 단순히 운송요금뿐만 아니라 포장요금, 물품대, 기타 서비스 요금 등을 구분하여 기록할 수 있도록 설계한다.

❿ **발송지**(집하점) **주소**

실제의 발송지와 송하인의 주소가 다른 경우가 있으므로 배달 불가 사유가 발생할 때나 반송처리가 필요할 때에 집하영업점에 문의할 경우를 대비해 필요한 항목이다.

⓫ **도착지**(코드)

화물이 도착할 터미널 및 배달할 장소를 기록하며, 분류 시 식별의 용이함을 위해 코드화가 필요하다.

⓬ **집하자**(集荷者) : 누가(운전자) 집하했는지를 기록하여 책임의 소재를 분명히 한다. → 일반적으로 운전자의 사원코드를 기록한다.

⓭ **인수자 날인**

(1) 화물을 인수한 사람의 이름과 서명으로서 반드시 인수한 사람의 이름을 정자(正字)로 기록하고 서명이나 인장을 날인받는다.

(2) 대리인계를 했을 때도 마찬가지이며 대리인수자가 서명을 거부할 때는 배달시의 상황을 정확히 기록한다.

⑭ 특기사항

화물을 취급할 때의 주의사항, 집하 또는 배달할 때 주의해야 할 사항이나 참고해야 할 사항을 기록한다.

⑮ 면책사항

포장상태의 불완전 등으로 사고발생 가능성이 높아 수탁이 곤란한 화물의 경우에는 송하인이 모든 책임을 진다는 조건으로 수탁한다.

⑯ 화물의 수량

(1) **1개의 화물에 1개의 운송장 부착**이 원칙이다.

(2) 1개의 운송장으로 기입하되 다수화물에 보조스티커를 사용하는 경우에는 총 박스 수량(단위포장 수량)을 기록할 수 있다. → 포장 내의 물품 수량이 아니라 수탁받은 단위를 나타냄

❷ 운송장 기재요령 ★★

(1) 송하인 기재사항

1) 송하인의 주소, 성명(또는 상호) 및 **전화번호**

2) 수하인의 주소, 성명, **전화번호**(거주지 또는 핸드폰번호)

3) 물품의 품명, 수량, 가격

4) 특약사항 약관설명 확인필 자필 서명

5) **파손품 또는 냉동 부패성 물품의 경우** : 면책확인서 (별도 양식) 자필 서명

(2) 집하담당자 기재사항

1) 접수일자, 발송점, 도착점, 배달 예정일

2) 운송료   3) 집하자 성명 및 전화번호

4) 수하인용 송장상의 좌측하단에 총수량 및 도착점 코드

5) 기타 물품의 운송에 필요한 사항

+ STUDY   운송장 기재의 유의사항 및 부착 요령

❶ 운송장 기재 시 유의사항

(1) 화물 인수 시 적합성 여부를 확인한 다음, **고객이 직접** 운송장 정보를 기입하도록 한다.

(2) 운송장은 **꼭꼭 눌러 기재**하여 맨 뒷면까지 잘 복사

되도록 한다.

(3) 수하인의 주소 및 전화번호가 맞는지 재차 확인한다.

(4) **도착점 코드**가 정확히 기재되었는지 확인한다(유사 지역과 혼동되지 않도록 함).

(5) **특약사항에 대하여 고객에게 고지한 후 특약사항** 약관설명 확인필에 서명을 받는다.

(6) 파손, 부패, 변질 등 문제의 소지가 있는 물품의 경우에는 **면책확인서를** 받는다.

(7) **고가품**에 대하여는 그 품목과 물품가격을 정확히 확인하여 기재하고, **할증료를 청구**하여야 하며, 할증료를 거절하는 경우에는 특약사항의 설명과 보상한도에 대해 서명을 받는다.

(8) **같은 장소로 2개 이상 보내는 물품**에 대해서는 보조송장을 기재할 수 있으며, 보조송장도 송장과 같이 정확한 주소와 전화번호를 기재한다.

(9) 산간 오지, 섬 지역 등은 **지역특성을 고려하여 배송예정일**을 정한다.

❷ 운송장 부착요령

(1) **매건마다 작성하여 부착** : 운송장 부착은 원칙적으로 접수 장소에서 매 건마다 작성하여 화물에 부착한다.

(2) **물품의 정중앙에 운송장 부착** : 운송장은 물품의 정중앙 상단에 뚜렷하게 보이도록 부착하나, 부착이 어려운 경우에는 최대한 잘 보이는 곳에 부착한다.

(3) **운송장을 화물포장 표면에 부착할 수 없는 소형, 변형화물** : 박스에 넣어 수탁한 후 부착하고, 작은 소포도 운송장 부착이 가능한 박스에 수탁한 후 부착한다.

(4) **박스물품이 아닌 쌀, 매트, 카펫 등의 운송장 부착** : 물품의 정중앙에 운송장을 부착하며, 테이프 등을 이용하여 운송장이 떨어지지 않도록 조치하되, 운송장의 바코드가 가려지지 않도록 한다.

(5) **운송장이 떨어질 우려가 큰 물품의 경우** : 송하인의 동의를 얻어 포장재에 수하인 주소 및 전화번호 등 필요한 사항을 기재하도록 한다.

(6) **월불**(月拂) **거래처의 경우** : 물품 상자를 재사용하는 경우가 많으므로 운송장 2개가 한 개의 물품에 부착되는 경우가 발생하지 않도록 확인한다.

(7) **기존에 사용하던 박스를 사용하는 경우** : 반드시 구운송장은 제거하고 새로운 운송장을 부착하여 1개의 화물에 2개의 운송장이 부착되지 않도록 한다.

(8) **취급주의 스티커의 경우** : 운송장 바로 우측 옆에 붙여서 눈에 띄게 한다.

01 화물취급과 작업요령

❶ 화물취급 전 준비사항

(1) 위험물, 유해물 취급할 때에는 반드시 보호구를 착용하고, 안전모는 턱끈을 매어 착용한다.

(2) 보호구의 자체결함은 없는지 또는 사용방법은 알고 있는지 확인한다.

(3) 취급할 화물의 품목별, 포장별, 비포장별(산물, 분탄, 유해물) 등에 따른 취급방법 및 작업순서를 사전 검토한다.

(4) 유해, 유독화물 확인을 철저히 하고, 위험에 대비한 약품, 세척용구 등을 준비한다.

(5) 화물의 포장이 거칠거나 미끄러움, 뾰족함 등은 없는지 확인한 후 작업에 착수한다.

(6) 화물의 낙하, 분탄화물의 비산 등의 위험을 사전에 제거하고 작업을 시작한다.

(7) 작업도구는 해당 작업에 적합한 물품으로 필요한 수량만큼 준비한다.

❷ 창고 내 및 입·출고 작업요령

(1) 흡연금지와 적하장소 무단출입금지

(2) 창고 내에서 화물을 옮길 때

1) 통로 등에는 장애물이 없도록 조치한다.

2) 작업안전통로를 충분히 확보한 후 화물을 적재한다.

3) 바닥에 물건 등이 놓여 있으면 즉시 치우도록 한다.

4) 바닥의 기름기나 물기는 즉시 제거하여 미끄럼 사고를 예방한다.

5) 운반통로에 있는 맨홀이나 홈에 주의한다.

6) 운반통로가 안전하도록 꼼꼼하게 사전 점검한다.

(3) 화물더미에서 작업 시 ★

1) **화물더미 한쪽 가장자리에서 작업할 때** : 화물더미의 불안전한 상태를 수시 확인하여 붕괴 등의 위험이 발생하지 않도록 주의한다.

2) **화물더미에 오르내릴 때** : 화물의 쏠림이 발생하지 않도록 조심한다.

3) **화물을 쌓거나 내릴 때** : 순서에 맞게 신중히 하여야 한다.

4) **화물더미의 화물을 출하할 때** : 화물더미 위에서부터 순차적으로 층계를 지으면서 헐어낸다.

5) **상·하층 동시작업 금지** : 화물더미의 상층과 하층에서 동시에 작업을 하지 않는다.

6) 화물더미의 **중간에서 화물을 뽑아내거나 직선으로 깊이 파내는** 작업을 하지 않는다.

7) 화물더미 위에서 작업을 할 때는 힘을 줄 때 발밑을 항상 조심한다.

8) 화물더미 위로 오르고 내릴 때는 안전한 승강시설을 이용한다.

(4) 화물의 연속적 이동을 위한 컨베이어 사용 시

1) 상차용 컨베이어(conveyor)를 이용하여 타이어 등을 상차할 때는 타이어 등이 떨어지거나 떨어질 위험이 있는 곳에서 작업을 해선 안 된다.

2) 컨베이어 위로는 절대 올라가서는 안 된다.

3) 상차작업자와 컨베이어(conveyor)를 운전하는 작업자는 상호 간에 신호를 긴밀히 해야 한다.

(5) **화물을 운반할 때** ★

1) 운반하는 물건이 시야를 가리지 않도록 한다.

2) 뒷걸음질로 화물을 운반해서는 안 된다.

3) **원기둥형을 굴릴 때는 앞으로 밀어 굴리고 뒤로 끌어서는 안 된다.**

4) 작업장 주변의 화물상태, 차량 통행 등을 항상 살핀다.

5) 화물자동차에서 화물을 내릴 때 로프를 풀거나 옆문을 열 때는 **화물낙하 여부를 확인하고 안전 위치에서** 행한다.

(6) 발판을 활용한 작업을 할 때

1) 발판은 **경사를 완만하게 사용**하고, 오르내릴 때는 2명 이상이 동시에 통행하지 않는다.

2) 발판의 넓이와 길이는 작업에 적합한 것이며 자체에 결함이 없는지 확인한다.

3) 발판의 설치는 안전하게 되어 있는지 확인한다.

4) 발판의 미끄럼 방지조치는 되어 있는지 확인한다.

5) 발판은 움직이지 않도록 목마 위에 설치하거나 발판 상·하 부위에 고정조치를 철저히 하도록 한다.

(7) 적재규정 준수 : 붕괴를 막기 위하여 적재규정을 확인·준수한다.

(8) 작업장 주위 정리 : 작업 종료 후 작업장 주위를 정리해야 한다.

02 하역방법 및 적재방법

❶ 하역방법

(1) 쌓거나 적재할 때 ★

1) 화물의 **적하순서에 따라 작업**한다.

2) 부피가 큰 것을 쌓을 때는 **무거운 것은 밑에 가벼운 것은 위에** 쌓는다.

3) 작은 화물 위에 큰 화물을 놓지 말아야 한다.

4) 물건을 쌓을 때는 떨어지거나 건드려서 넘어지지 않도록 한다.

5) 높이 올려 쌓는 화물은 무너질 염려가 없도록 하고, 쌓아놓은 물건 위에 **다른 물건을 던져 쌓아** 화물이 무너지는 일이 없도록 하여야 한다.

6) 화물을 **한 줄로 높이 쌓지 말아야** 한다.

7) **화물을 쌓아 올릴 때** : 사용하는 깔판 자체의 결함 및 깔판 사이의 간격 등의 이상 유·무를 확인한다.

8) 포대화물을 적치할 때는 겹쳐쌓기, 벽돌쌓기, 단별방향 바꾸어쌓기 등 **기본형으로 쌓고 올라가면서 중심을 향하여 적당히 끌어당겨야** 하며 화물더미의 주위와 중심이 일정하게 쌓아야 한다.

9) **같은 종류 또는 동일규격끼리 적재**해야 한다.

10) 길이가 고르지 못하면 **한쪽 끝이 맞도록** 한다.

11) 화물 종류별로 표시된 쌓는 단수 이상으로 적재를 하지 않는다.

12) 종류가 다른 것을 적치할 때는 **무거운 것을 밑에** 쌓는다.

13) 화물을 적재할 때에는 소화기, 소화전, 배전함 등의 설비사용에 상애를 수지 않도록 해야 한다.

14) 물건을 적재할 때 주변으로 넘어질 것을 대비해 **위험한 요소는 사전에 제거**한다.

15) 제재목(製材木)을 적치할 때는 **건너지르는 대목을 3개소에 놓아야** 한다.

16) 화물을 싣고 내리는 작업을 할 때는 **화물더미 적재순서를 준수**하여 화물의 붕괴 등을 예방한다.

17) 화물더미에서 한쪽으로 치우치는 **편중작업을** 하고 있는 경우에는 붕괴, 전도 및 충격 등의 위험에 각별히 유의한다.

(2) 고정 방법 ★

1) **물품을 적재할 때** : 구르거나 무너지지 않도록 **받침대를 사용하거나 로프로 묶어야** 한다.

2) **원목과 같은 원기둥형의 화물** : 열을 지어 정방형을 만들고 그 위에 직각으로 열을 지어 쌓거나 또는 열 사이에 끼워 쌓는 방법으로 하되 구르기 쉬우므로 **외측에 제동장치를** 한다.

3) **파렛트에 화물을 적치할 때** : 화물의 종류, 형상, 크기에 따라 적부방법과 높이를 정하고 운반 중 붕괴 우려의 적재물은 묶어 파렛트에 고정한다.

4) **화물더미가 무너질 위험이 있는 경우** : 로프를 사용하여 묶거나, **망을 치는** 등의 조치를 하여야 한다.

(3) 작업환경 정비

1) 상자로 된 화물은 **취급표지에 따라 다뤄야** 한다.

2) **화물을 내려서 밑바닥에 닿을 때** : 갑자기 화물이 무너지는 일이 있으므로 안전한 거리를 유지하고 무심코 접근하지 말아야 한다.

3) **물품을 야외에 적치할 때** : 밑받침을 하여 부식을 방지하고, 덮개로 덮어야 한다.

4) 바닥으로부터의 높이가 2미터 이상 되는 화물더미(포대, 가마니 등으로 포장된 화물이 쌓여 있는 것)와 인접 화물더미 사이의 간격은 **화물더미의 밑부분을 기준으로 10센티미터 이상**으로 하여야 한다.

5) **높은 곳에 적재할 때나 무거운 물건을 적재할 때** : 절대 무리해서는 아니 되며, 안전모를 착용해야 한다.

❷ 차량 내 적재방법

(1) 쌓거나 적재할 때 ★

1) 화물자동차에 화물을 적재할 때 한쪽으로 기울지 않게 쌓고, 적재하중을 초과하지 않도록 해야 한다.

2) 화물자동차에 화물을 적재할 때 최대한 무게가 골고루 분산될 수 있도록 하고, **무거운 화물은 적재함의 중간 부분에 무게가 집중될 수 있도록** 적재한다.

3) 화물을 적재할 때 적재함의 폭을 초과하여 과다하게 적재하지 않도록 한다.

4) 가벼운 화물이라도 너무 높게 적재하지 않도록 한다.

5) 차량에 물건을 적재할 때에는 적재중량을 초과하지 않도록 한다.

6) **둥글고 구르기 쉬운 물건은 상자 등으로 포장한** 후 적재한다.

7) 볼트와 같이 세밀한 물건은 상자 등에 넣어 적재한다.

8) 적재할 때에는 제품의 무게를 반드시 고려해야 한다(병 제품이나 앰플 등의 경우는 파손의 우려가 높기 때문에 취급에 특히 주의).

9) **무거운 화물을 적재함 뒤쪽에 싣는 경우** : 앞바퀴가 들려 조향이 마음대로 되지 않아 위험하다.

10) **무거운 화물을 적재함 앞쪽에 싣는 경우** : 조향이 무겁고 제동할 때 뒷바퀴가 먼저 제동되어 좌·우로 틀어지는 경우가 발생한다.

11) **차량전복을 방지하기 위한 조치** : 적재물 전체의 **무게중심 위치는 적재함 전후좌우의 중심위치로** 하는 것이 바람직하다.

12) **상차할 때** : 화물이 넘어지지 않도록 질서 있게 정리하면서 적재한다.

13) **적하할 때** : 적재함의 난간(문짝 위)에 서서 작업하지 않는다.

(2) 고정 방법 ★

1) **물건을 적재한 후** : 이동거리와 상관없이 짐이 넘어지지 않도록 단단히 묶어야 한다.

2) **차의 동요로 안정이 파괴되기 쉬운 짐** : 결박을 철저히 한다.

3) **적재함에 덮개를 씌우거나 화물을 결박할 때** : 추락, 전도 위험이 크므로 특히 유의한다.

4) **적재함 위에서 화물을 결박할 때** : 앞에서 뒤로 당겨 떨어지지 않도록 주의한다.

5) **적재함 위의 작업** : 운전탑 또는 후방을 바라보고 선 자세에서 두 손으로 고무바를 위쪽으로 들어서 좌우로 이동시킨다.

6) **밧줄을 결박할 때** : 끊어질 것에 대비해 안전한 작업 자세를 취한 후 결박한다.

7) **컨테이너** : 트레일러에 단단히 고정한다.

8) **적재 후 밴딩 끈을 사용할 때** : 견고하게 묶였는지를 항상 점검한다.

9) **헤더보드가 없는 경우** : 헤더보드는 화물이 이동하여 트랙터 운전실을 덮치는 것을 방지하므로 차량에 헤더보드가 없다면 **화물을 차단하거나 잘 묶어야** 한다.

10) 지상에서 결박하는 사람 : 한 발을 타이어 또는 차량 하단부를 밟고 당기지 않으며, **옆으로 서서 고무바를 짧게 잡고 조금씩** 여러 번 당긴다.

11) 체인의 사용 : 화물 위나 둘레에 놓이도록 하고 화물이 움직이지 않을 정도로 탄탄하게 당길 수 있도록 바인더를 사용한다.

12) 방수천의 처리 : 로프, 직물 끈 또는 고리가 달린 고무 끈을 사용하여 주행할 때 펄럭이지 않도록 묶는다.

(3) 작업환경주의

1) 적재함보다 긴 물건을 적재할 때에는 적재함 밖으로 나온 부위에 위험표시를 하여 둔다.

2) 적재함 문짝을 개폐할 때에는 신체의 일부가 끼이거나 물리지 않도록 각별히 주의한다.

3) 작업 전 적재함 바닥의 피손, 돌출 또는 낙하물이 없는지 확인한다.

4) 차량용 로프나 고무바는 항상 점검 후 사용하고, 불량일 경우 즉시 교체한다.

5) 적재함의 문짝이나 연결고리의 결함을 확인한다.

6) 적재품의 붕괴여부를 상시 점검한다.

7) 트랙터 차량의 캡과 적재물의 **간격을 120㎝ 이상으로 유지**한다.

03 운반방법 및 기타 작업

❶ 화물운반방법

(1) 일반적 작업지침

1) 물품 및 박스의 날카로운 모서리나 가시를 제거한다.

2) 보조용구(갈고리, 지렛대, 로프 등)는 항상 점검하고 바르게 사용한다.

3) 운반에 적합한 장갑을 착용하고 작업한다.

4) 작업할 때 집게 또는 자석 등 적절한 보조공구를 사용하여 작업한다.

5) 너무 성급하게 서둘러서 작업하지 않는다.

6) 취급할 화물 크기와 무게를 파악하고, 못이나 위험물이 부착되어 있는지 살펴본다.

7) 화물을 놓을 때는 **다리를 굽히면서 한쪽 모서리를 놓은 다음 손을 뺀다.**

8) 갈고리를 사용할 때는 포장 끈이나 매듭이 있는 곳에 깊이 걸고 천천히 당긴다.

9) 갈고리는 **지대, 종이상자, 위험 유해물**에는 사용하지 않는다.

(2) 공동작업 할 때의 방법

1) 상호간에 신호를 정확히 하고 진행 속도를 맞춘다.

2) 체력이나 신체조건 등을 고려하여 균형있게 조를 구성하고, 리더의 통제하에 큰소리로 신호하여 진행 속도를 맞춘다.

3) 긴 화물을 들어 올릴 때에는 두 사람이 화물을 향하여 **평행으로 서서 화물양단을 잡고** 구령에 따라 속도를 맞추어 들어 올린다.

(3) 물품을 들어 올릴 때의 자세와 방법 ★

1) 몸의 균형을 유지하기 위해서 **발은 어깨 넓이만큼 벌리고** 물품으로 향한다.

2) 물품과 몸의 거리는 물품의 크기에 따라 다르나, **물품을 수직으로 들어 올릴 수 있는 위치**에 몸을 준비한다.

3) 물품을 들 때는 **허리를 똑바로** 펴야 한다.

4) 다리와 어깨의 근육에 힘을 넣고 팔꿈치를 바로 펴서 서서히 물품을 들어올린다.

5) **허리의 힘으로 드는 것이 아니고** 무릎을 굽혀 펴는 힘으로 물품을 든다.

6) 화물을 들어 올리거나 내리는 높이는 작게 할수록 좋다.

7) 물품을 들어 올리기에 힘겨운 것은 단독작업을 금한다.

8) 무거운 물품은 공동운반하거나 운반차를 이용한다.

9) 무거운 물건을 무리해서 들거나 너무 많이 들지 않는다.

(4) 화물 운반 시 ★

1) 단독으로 화물을 운반하고자 할 때에는 인력운반중량 권장기준(인력운반 안전작업에 관한 지침)**을 준수**

① **일시작업**(시간당 2회 이하) : 성인남자(25~30kg), 성인여자(15~20kg)

② **계속작업**(시간당 3회 이상) : 성인남자(10~15kg), 성인여자(5~10kg)

2) **가능한 한 물건을 신체에 붙여서** 단단히 잡고 운반한다.

3) **물품을 몸에 밀착시켜서 몸의 균형중심에 가급적 접근시키고**, 몸의 일부에 변형이 생기거나 균형이 파괴되어 비틀거리지 않게 한다.

4) 긴 물건을 어깨에 메고 운반할 때에는 **앞부분의 끝을 운반자 신장보다 약간 높게** 하여 모서리 등에 충돌하지 않도록 운반한다.

5) 시야를 가리는 물품은 계단이나 사다리를 이용하여 운반하지 않는다.

6) 물품을 운반하고 있는 **사람과 마주치면 그 발밑을 방해하지 않게** 피해준다.

7) 타이어를 굴릴 때는 좌·우·앞을 잘 살펴서 굴려야 하고, 보행자와 충돌하지 않도록 해야 한다.

8) 운반할 때에는 주위의 작업에 주의하고, 기계 사이를 통과할 때는 주의를 요한다.

9) **허리를 구부린 자세로** 물건을 운반하지 않고, 몸의 균형을 유지한다.

10) 화물을 운반할 때는 들었다 놓았다 하지 말고 **직선거리로 운반**한다.

11) 장척물, 구르기 쉬운 화물은 단독 운반을 피하고, 중량물은 하역기계를 사용한다.

12) 운반 도중 잡은 손의 위치를 변경하고자 할 때에는 **지주에 기댄 다음 고쳐** 잡는다.

❷ 기타 작업의 내용

(1) 화물은 가급적 세우지 말고 눕혀 놓는다.

(2) 화물을 바닥에 놓는 경우 **화물의 가장 넓은 면이 바닥에 놓이도록** 한다.

(3) **바닥이 약하거나 원형물건 등 평평하지 않는 화물** : 지지력이 있고 평평한 면적을 가진 받침을 이용한다.

(4) 사람의 손으로 하는 작업은 가능한 한 줄이고, **기계를 이용**한다.

(5) **화물을 하역하기 위해 로프를 풀고 문을 열 때** : 짐이 무너질 위험이 있으므로 주의한다.

(6) 화물 위에 올라타지 않도록 한다.

(7) **동일거래처의 제품이 자주 파손될 때** : 개봉하여 포장상태를 점검하고, 수제품의 경우에는 옆으로 눕혀 포장하지 말고 상하를 구별할 수 있는 스티커와 취급주의 스티커의 부착이 필요하다.

(8) **박스가 물에 젖어 훼손되었을 때** : 즉시 다른 박스로 교환하여 배송이나 운반도중에 박스의 훼손으로 인한 제품파손이 발생하지 않도록 한다.

(9) **제품 파손을 인지하였을 때** : 즉시 사용 가능, 불가능 여부에 따라 분리하여 **2차 오손을 방지**한다.

⑩ 수작업 운반과 기계작업 운반의 기준 ★

1) 수작업 운반기준

① **두뇌작업이 필요한 작업** : 분류, 판독, 검사

② 얼마동안 시간 간격을 두고 되풀이되는 **소량취급 작업**

③ 취급물품의 형상, 성질, 크기 등이 **일정하지 않은 작업**

④ 취급물품이 **경량물인 작업**

2) 기계작업 운반기준

① **단순하고 반복적인 작업** : 분류, 판독, 검사

② 표준화되고 지속적으로 **운반량이 많은 작업**

③ 취급물품의 형상, 성질, 크기 등이 **일정한 작업**

④ 취급물품이 **중량물인 작업**

❶ 고압가스 및 컨테이너

(1) 고압가스의 취급

1) 고압가스를 운반할 때 : 재해방지를 위해 필요한 주의사항을 기재한 서면을 운반책임자 또는 운전자에게 교부하고 운반 중에 휴대시킬 것

2) 고압가스를 적재하여 운반하는 차량 : 부득이한 경우를 제외하고는 장시간 정차하지 않으며, **운반책임자와 운전자가 동시에 차량에서 이탈하지 아니할 것**

3) 고압가스를 운반할 때 : 안전관리책임자가 운반책임자 또는 운반차량 운전자에게 그 고압가스의 위해(危害) 예방에 필요한 사항을 주지시킬 것

4) 고압가스를 운반하는 자 : 그 충전용기를 수요자에게 인도하는 때까지 최선의 주의를 다하여 안전하게 운반하여야 하며, 운반 도중 보관하는 때에는 안전한 장소에 보관할 것

5) 200km 이상의 거리를 운행하는 경우 : 중간에 충분한 휴식을 취한 후 운전할 것

6) 노면이 나쁜 도로를 운행한 후 : 일시정지하여 적재상황, 용기밸브, 로프 등의 풀림 등이 없는 것을 확인할 것

7) 노면이 나쁜 도로의 경우 : 가능한 한 운행하지 않는 것이 좋으나 부득이 노면이 나쁜 도로를 운행할 때에는 운행 개시 전에 충전용기의 적재상황을 재검사하여 이상이 없는가를 확인할 것

(2) 컨테이너의 취급

1) 컨테이너의 구조 : 컨테이너는 해당 위험물에 운송에 충분히 견딜 수 있는 구조와 강도를 가져야 하며, 또한 영구히 반복하여 사용할 수 있도록 견고히 제조되어야 한다.

2) 위험물의 수납방법 및 주의사항

① 컨테이너에 위험물을 **수납하기 전에 철저히 점검하여 그 구조와 상태 등이 불안한 컨테이너를** 사용해서는 안 되며, 특히 개폐문의 방수상태를 점검할 것

② 컨테이너를 깨끗이 청소하고 잘 건조할 것

③ 수납되는 위험물 용기의 포장 및 표찰이 완전한가를 충분히 점검하여 포장 및 용기가 파손되었거나 불완전한 것은 수납을 금지시킬 것

④ 수납에 있어서는 화물의 이동, 전도, 충격, 마찰, 누설 등에 의한 위험이 생기지 않도록 충분한 깔판 및 각종 고임목을 사용하여 화물을 보호하는 동시에 단단히 고정시킬 것

⑤ 화물 중량의 배분과 외부충격의 완화를 고려하는 동시에 **어떠한 경우라도 화물 일부가 컨테이너 밖으로 튀어나와서는 안 된다.**

⑥ **수납이 완료되면 즉시 문을 폐쇄**한다.

⑦ 품명이 틀린 위험물 또는 위험물과 위험물 이외의 **화물이 상호작용하여 발열 및 가스를 발생**시키고, 부식작용이 일어나거나 기타 물리적 화학작용이 일어날 염려가 있을 때에는 동일 컨테이너에 수납해서는 안 된다.

3) 위험물의 표시 : 컨테이너에 수납되어 있는 위험물의 분류명, 표찰 및 컨테이너 번호를 외측부 가장 잘 보이는 곳에 표시한다.

4) 적재방법

① 위험물이 수납되어 있는 컨테이너가 이동하는 동안에 전도, 손상, 찌그러지는 현상 등이 생기지 않도록 적재한다.

② 위험물이 수납되어 수밀(밀봉되어 있는 상태)의 금속제 컨테이너를 적재하기 위해 설비를 갖추고 있는 선창(물가에 다리처럼 배가 닿을 수 있게 한 곳) 또는 구획에 적재할 경우는 **상호관계를 참조하여 적재하도록** 한다.

③ 컨테이너를 적재 후 **반드시 콘(잠금장치)을 잠근다.**

❷ 위험물 탱크로리, 주유취급소, 독극물 취급

(1) 주유취급소 위험물 취급기준 ★

1) 주유할 때

① **고정주유설비를 사용**하여 직접 주유한다.

② 주유할 때는 자동차 등의 **원동기를 정지**시킨다.

③ 자동차 등에 주유를 할 때에는 정당한 이유(재해발생의 우려 등)없이 다른 자동차 등을 그 주유취급소 안에 주차시켜서는 아니 된다.

2) 자동차 등의 일부 또는 전부가 **주유취급소 밖으로 나온 채**로 주유하지 않는다.

3) 전용탱크 또는 간이탱크에 위험물을 주입할 때 : 그 탱크에 연결되는 고정주유설비의 사용을 중지하며 자동차 등을 그 탱크의 주입구에 접근을 금지하도록 해야 한다.

4) 유분리장치에 고인 유류 : 넘치지 않도록 수시로 퍼낸다.

5) 고정주유설비에 유류를 공급하는 배관 : 전용탱크 또는 간이탱크로부터 고정주유설비에 직접 연결된 것이어야 한다.

+ STUDY 위험물 탱크로리 취급과 독극물 취급

❶ 위험물 탱크로리 취급

(1) 탱크로리(주로 액체의 물질을 운반하기 위한 트럭)의 커플링(coupling)이 잘 연결되었는지 확인한다.

(2) 접지의 연결 여부를 확인한다.

(3) 플랜지(flange) 등 연결부분의 누수 여부를 확인한다.

(4) 플렉서블 호스(flexible hose)의 고정 여부를 확인한다.

(5) 누유된 위험물을 회수하여 처리한다.

(6) 인화물질 취급 시 소화를 준비한다.

(7) 주위 정리정돈상태가 양호한지를 점검한다.

(8) 담당자 이외는 접근을 금지시킨다.

(9) 주위에 위험표지를 설치한다.

❷ 독극물 취급

(1) **취급불명의 독극물** : 함부로 다루지 말고, 독극물 취급방법을 확인한 후 취급할 것

(2) **적재 및 적하 작업 전** : 주차 브레이크를 사용하여 차량이 움직이지 않도록 조치한다.

(3) **독극물 저장소, 드럼통, 용기, 배관 등** : 내용물을 알

수 있도록 확실하게 표시한다.

(4) **용기가 깨어질 염려가 있는 것** : 나무상자나 플라스틱 상자 속에 넣어 보관하고, 쌓아둔 것은 울타리나 철망 등으로 둘러싸서 보관할 것

(5) **독극물이 들어 있는 용기** : 마개를 단단히 닫고 빈 용기와 확실하게 구별한다.

(6) **만약 독극물이 새거나 엎질러졌을 때** : 신속히 제거할 수 있는 조치를 할 것

(7) **취급하는 독극물** : 물리적, 화학적 특성을 충분히 알고, 그 성질에 따른 방호수단을 알고 있을 것

---

05 화물의 결박과 덮개

❶ 파렛트(Pallet) 화물의 붕괴 방지요령 ★★★

(1) 밴드걸기 방식

1) **개념** : 이 방식은 **나무상자를 파렛트에 쌓는 경우의 붕괴 방지**에 많이 사용되는 방법으로 수평 밴드걸기 방식과 수직 밴드걸기 방식이 있다.

2) 방식

① **어느 쪽이나 밴드가 걸려 있는 부분** : 화물의 움직임을 억제한다.

② **각목대기 수평 밴드걸기 방식** : 포장화물의 네 모퉁이에 각목을 대고, 그 바깥쪽으로부터 밴드를 거는 방법이다.

3) **단점** : 밴드가 걸리지 않으면 화물이 튀어나오고, 화물의 압력이나 진동·충격으로 밴드가 느슨해질 수 있다.

(2) 주연어프 방식

1) **개념** : 파렛트의 가장자리를 높게 하여 포장화물을 안쪽으로 기울여, 화물이 갈라지는 것을 방지하는 방법으로서 부대화물 따위에 효과가 있다.

2) **다른 방법과 병용** : 주연어프 방식만으로 화물이 갈라지는 것을 방지하기는 어려우나, **다른 방법과 병용하여 안전을 확보**하는 것이 효율적이다.

(3) 슬립멈추기 시트삽입 방식

포장과 포장 사이에 **미끄럼을 멈추는 시트를 넣어** 안전을 도모하는 방법으로 **부대화물에는 효과**가 있으나, 진동하면 튀어 오르기 쉽다는 문제가 있다.

(4) 풀붙이기 접착방식

1) **개념** : 파렛트 화물의 붕괴 방지대책을 **자동화·기계화하기가 가능**하고, 비용도 저렴하다.

2) **풀 사용 시 유의사항**

① 풀은 미끄럼에 저항이 강하고, 상하로 뗄 때의 저항은 약한 것을 택하지 않으면 화물을 파렛트에서 분리시킬 때 장해가 일어난다.

② 풀은 온도에 의해 변하므로, 포장화물의 중량이나 형태에 따라서 풀의 양이나 풀칠하는 방식을 결정하여야 한다.

(5) 수평 밴드걸기 풀붙이기 방식

1) 풀붙이기와 밴드걸기 방식을 병용한 것이다.

2) **화물의 붕괴를 방지하는 효과**를 갖는 방법이다.

(6) 슈링크 방식 ★★

1) **개념** : 열수축성 플라스틱 필름을 파렛트 화물에 씌우고 슈링크 터널을 통과시킬 때 가열하여 필름을 수축시켜 파렛트와 밀착시키는 방식이다.

2) **장점과 단점**

① **장점** : **물이나 먼지도 막아내기** 때문에 우천 시의 하역이나 야적보관도 가능하다.

② **단점** : **통기성이 없고**, 고열(120-130℃)의 터널을 통과하므로 상품에 따라서는 이용할 수가 없고, **비용이 많이 든다.**

(7) 박스 테두리 방식

파렛트에 테두리를 붙이는 박스 파렛트와 같은 형태는 **화물이 무너지는 것을 방지하는** 효과는 크나, 평 파렛트에 비해 제조원가가 많이 든다.

(8) 스트레치 방식

1) **개념** : 스트레치 포장기를 사용하여 플라스틱 필름을 파렛트 화물에 감아 움직이지 않게 하는 방법으로 **슈링크 방식과는 달리 열처리는 행하지는 않으나 통기성은 없다.**

2) **단점** : 비용이 많이 든다.

❷ 화물붕괴 방지요령

차량에 적재된 화물의 붕괴를 방지하기 위한 요령으로 시트나 로프를 거는 방법이 일반적이지만, 이 밖에 다음과 같은 방법이 있다.

(1) 파렛트 화물 사이에 생기는 틈바구니를 적당한 재료로 메우는 방법 : 파렛트 화물이 서로 얽혀 버리지 않도록 사이사이에 합판을 넣거나, 여러 가지 두께의 발포 스티롤판으로 틈바구니를 없앤다. 에어백이라는 공기가 든 부대를 사용한다.

(2) 차량에 특수장치를 설치하는 방법

1) **누르는 장치** : 파렛트 화물의 높이가 일정하다면 적재함의 천장이나 측벽에서 파렛트 화물이 붕괴되지 않도록 누르는 장치를 설치한다.

2) **작은 칸으로 구분되는 장치** : **청량음료 전용차**와 같이 적재공간이 파렛트 화물치수에 맞추어 작은 칸으로 구분되는 장치를 설치한다.

06 포장화물의 운송과 보호

포장화물은 포장방법에 따라 물품의 보호, 보장이 뒷받침되고 있으나 화물을 보호를 위해서는 운송과 정상의 외압을 이해하고 있어야 한다.

❶ 하역 시의 충격 ★

(1) 낙하충격

하역 시의 **충격에서 가장 큰 것은 수하역 시의 낙하충격**이다. 화물에 미치는 낙하충격은 낙하의 높이 등 낙하상황과 포장의 방법에 따라 다르다.

(2) 일반적으로 수하역의 경우에 낙하의 높이 ★

1) **견하역**(어깨에서 화물하역 중 낙하 높이) : 100cm 이상

2) 요하역(허리에서 화물하역 중 낙하 높이) : **1**0cm 정도

3) 파렛트 쌓기의 수하역(신체를 이용하여 하역하는 것) :
40cm 정도

✿ 두문자 : **114**로 암기하세요.

❷ 수송 중의 충격 및 진동

(1) 수평충격

수송 중의 충격으로서는 **트랙터와 트레일러를 연결할 때 발생하는 수평충격**이 있는데, 낙하충격에 비하면 적은 편이다.

(2) 진동충격

화물은 수평충격과 함께 진동에 의한 장해로 포장면이 상처를 일으킨다던가, 표면이 상하는 것 등을 생각할 수 있다.

(3) 화물고정으로 대처

비포장도로 등을 달리는 경우에는 상하진동이 발생하게 되므로 화물을 고정시켜 진동으로부터 화물을 보호한다.

❸ 보관 및 수송 중의 압축하중

(1) 압축하중의 정도

1) 포장화물은 보관 중 또는 수송 중에 **밑에 쌓은 화물**이 반드시 압축하중을 받는다.

2) 통상, 높이는 **창고에서는 4m, 트럭이나 화차에서는 2m**이지만, **주행 중**에는 상하진동을 받음으로 **2배 정도로 압축하중**을 받게 된다.

(2) 포장재료에 따른 내하중

나무상자에 비해서 골판지는 시간이나 외부 환경에 의해 변화를 받기 쉽고, 외부의 온도와 습기, 방치시간 등에 대하여 특히 유의하여야 한다.

01　운행일반사항 및 운행요령

❶ 운행일반사항

(1) 사고예방을 위하여 관계법규를 준수함은 물론 운전 전, 운전 중, 운전 후 점검 및 정비를 철저히 이행한다.

(2) 주차할 때에는 엔진을 끄고 **주차브레이크 장치로 완전제동**한다.

(3) 내리막길의 운전에서는 **기어를 중립에 두지 않는다.**

(4) 트레일러를 운행할 때에는 트랙터와의 연결부분을 점검하고 확인한다.

(5) 크레인의 인양중량을 초과하는 작업을 허용해서는 안 된다.

(6) 미끄러지는 물품, 길이가 긴 물건, 인화성물질 운반 시는 각별한 안전관리를 한다.

(7) 장거리운송의 경우 고속도로 휴게소 등에서 음주나 수면으로 시간을 지체하지 않는다.

(8) 기타 고속도로 운전, 장마철, 여름철, 한랭기, 악천후, 건널목, 나쁜 길, 야간에 운전할 때에는 제반 안전관리 사항에 대해 더욱 주의한다.

(9) 규정속도로 운행하고 비포장도로나 위험한 도로에서는 서행한다.

(10) 정량초과나 편중된 적재를 하지 않는다.

(11) 가능한 **경사진 곳에 주차하지 않는다.**

❷ 트랙터(Tractor) 운행에 따른 주의사항

(1) **화물결박상태 확인** : 중량물 및 활대품을 수송하는 경우에는 바인더 잭으로 화물결박을 철저히 하고, 운행할 때에는 수시로 결박상태를 확인한다.

(2) **회전 시 주의** : 트랙터는 보통 트레일러와 함께 운행하여 일반 차량에 비해 회전반경 및 점유면적이 크므로 화물의 제원, 장비의 제원을 정확히 파악한다.

(3) **급제동 금지** : 고속운행 중 급제동은 잭나이프 현상 등의 위험을 초래하므로 조심한다.

(4) **균등한 적재**

　1) **화물의 균등한 적재**가 이루어지도록 화물적재 전에 중심을 정확히 파악하여 적재한다.

　2) **화물을 한쪽에 편적하는 경우** : 킹핀 또는 후륜에 무리한 힘이 작용하여 트랙터의 견인력 약화와 각 하체 부분에 무리를 가져와 타이어의 이상 마모 내지 파손을 초래하거나 경사로에서 회전할 때 전복의 위험이 발생할 수 있다.

(5) **후진할 때** : 반드시 뒤를 확인 후 서행한다.

(6) **주차 금지 장소** : 가능한 한 경사진 곳에 주차하지 않도록 한다.

(7) **장거리 운행** : 장거리 운행할 때에는 최소한 2시간 주행마다 10분 이상 휴식하면서 타이어 및 화물결박 상태를 확인한다.

❸ 컨테이너 상차 등에 따른 주의사항

(1) **상차 전의 확인사항**

1) 배차계로부터 배차지시를 받는다.

2) 배차계에서 **보세 면장번호를 통보**받는다.

3) 컨테이너 라인(LINE)을 배차계로부터 통보받는다.

4) 배차계로부터 **화주, 공장위치, 공장전화번호, 담당자 이름** 등을 통보받는다.

5) 배차계로부터 **상차지, 도착시간**을 통보받는다.

6) 배차계로부터 **컨테이너 중량**을 통보받는다.

7) 다른 라인(Line)의 컨테이너를 상차할 때 배차계로부터 통보받아야 할 사항 ★

① 라인 종류　　　　　　② 상차 장소

③ 담당자 이름과 직책, 전화번호

④ 터미널일 경우 반출 전송을 하는 사람

(2) 상차할 때의 확인사항

1) 손해(Damage) 여부와 봉인번호(Seal No.)를 체크해야 하고 그 결과를 배차계에 통보한다.

2) 상차할 때는 안전하게 실었는지를 확인한다.

3) 샤시 잠금장치는 안전한지를 확실히 검사한다.

4) 다른 라인(Line)의 컨테이너 상차가 어려울 경우 배차계로 통보한다.

(3) 상차 후의 확인사항

1) 도착장소와 도착시간을 정확히 확인한다.

2) 면장상의 중량과 실중량에는 차이가 있다고 판단되면 관련부서로 연락해서 운송 여부를 통보받는다.

3) 상차한 후에는 해당 게이트(Gate)로 가서 전산정리를 해야 하고, 다른 라인일 경우에는 배차계에게 **면장번호, 컨테이너번호, 화주이름**을 말해주고 전산정리를 한다.

(4) 도착이 지연될 때

일정시간(예 30분) 이상 지연될 때에는 반드시 배차계에 출발시간, 도착 지연 이유, 현재 위치, 예상 도착시간 등을 연락해야 한다.

(5) 화주 공장에 도착하였을 때 ★

1) 공장 내 운행속도를 준수한다.

2) **사소한 문제라도 발생하면** 직접 담당자와 문제를 해결하려고 하지 말고, **반드시 배차계에 연락**한다.

3) 복장 불량(슬리퍼, 런닝 차림 등), 폭언 등은 절대 하지 않는다.

4) 상·하차할 때 **시동은 반드시 끈다.**

5) 각 공장 작업자의 모든 지시 사항을 반드시 따른다.

6) 작업 상황을 배차계로 통보한다.

(6) 작업 종료 후

작업 종료 후 **배차계에 통보**한다(문의해야 할 사항 : 작업 종료시간, 반납할 장소 등 문의).

02 　운행제한

❶ 고속도로 제한차량 및 운행허가

(1) 고속도로 운행제한차량 ★★

1) 축하중 : 차량의 축하중이 **10톤**을 초과

2) 총중량 : 차량 총중량이 **40톤**을 초과

3) 길이 : 적재물을 포함한 차량의 길이가 **16.7m** 초과

4) 폭 : 적재물을 포함한 차량의 폭이 **2.5m** 초과

5) 높이 : 적재물을 포함한 차량의 높이가 **4m** 초과 (도로 구조의 보전과 통행의 안전에 지장이 없다고 도로관리청이 인정하여 고시한 도로의 경우에는 4.2m)

6) 다음에 해당하는 적재불량 차량

① 화물 적재가 편중되어 전도 우려가 있는 차량

② 모래, 흙, 골재류, 쓰레기 등을 운반하면서 덮개를 미설치하거나 없는 차량

④ 덮개를 씌우지 않았거나 묶지 않아 결속상태가 불량한 차량

⑥ 액체 적재물 방류 또는 유출 차량 등

7) 저속 : 정상운행속도가 50km/h 미만 차량

8) 이상기후일 때(적설량 10cm 이상 또는 영하 20℃ 이하) **연결 화물차량**(풀카고, 트레일러 등)

9) 기타 도로관리청이 운행제한이 필요하다고 인정하는 차량

❷ 제한차량의 표시 및 공고

도로법에 의한 운행제한의 표지는 다음의 사항을 기재하여 고속국도의 입구 및 기타 필요한 장소에 설치하고 그 내용을 공고하여야 한다.

(1) 해당도로의 종류, 노선번호 및 노선명

(2) 차량운행이 제한되는 구간 및 기간

(3) 운행이 제한되는 차량

(4) 차량운행을 제한하는 사유

(5) 그 밖에 차량운행의 제한에 필요한 사항

❸ 운행허가기간

운행허가기간은 **해당 운행에 필요한 일수로 한다**[다만, 제한제원이 일정한 차량(구조물 보강을 요하는 차량 제외)이 일정기간 반복하여 운행하는 경우에는 신청인의 신청에 따라 그 기간을 1년 이내로 할 수 있음].

❹ 차량호송

(1) 차량호송을 실시하는 경우 : 운행허가기관의 장은 다음에 해당하는 제한차량의 운행을 허가하고자 할 때는 차량의 안전운행을 위하여 고속도로순찰대와 협조하여 차량호송을 실시한다.

1) 적재물을 포함하여 **차폭 3.6m 또는 길이 20m를 초과하는 차량**으로서 운행상 호송이 필요하다고 인정되는 경우

2) 구조물통과 하중계산서를 필요로 하는 **중량제한차량**

3) **주행속도 50km/h 미만인 차량**의 경우

(2) 특수한 도로상황이나 제한차량의 상태를 감안하여 운행허가기관의 장이 필요하다고 인정하는 경우 : '(1)'에도 불구하고 그 호송기준을 강화하거나 다른 특수한 호송방법을 강구하게 할 수 있다.

(3) '(1)'의 규정에도 불구하고 안전운행에 지장이 없다고 판단되는 경우 : 제한차량 후면 좌우측에 '자동점멸신호등'의 부착 등의 조치를 함으로써 그 호송을 대신할 수 있다.

✚ STUDY 과적의 폐해

❶ 과적의 폐해

(1) 윤하중 증가에 따른 **타이어 파손 및 타이어 내구수명 감소로 사고 위험성 증가**한다.

(2) **과적에 의한 차량의 무게중심 상승으로 인해 차량이 균형을 잃어 전도될 가능성도 높아진다.**

(3) **과적에 의해 차량이 무거워지면 제동거리가 길어져 사고의 위험성 증가**한다.

(4) **충돌 시의 충격력은 차량의 중량과 속도에 비례하여 증가**한다.

(5) 도로법 운행제한기준인 축하중 10톤을 기준으로 보았을 때 축하중이 10%만 증가하여도 도로파손에 미치는 영향은 무려 50%가 상승한다.

(6) 총중량의 증가는 교량의 손상도를 높이는 주요 원인으로 총중량 50톤의 과적차량의 손상도는 도로법 운행제한기준인 40톤에 비하여 무려 17배나 증가한다.

❷ 과적재의 방지를 위한 노력

(1) **운전자**의 의식변화와 과적재 요구에 대한 거절의사 표시

(2) **운송사업자**는 과적재의 각종 위험요소에 대한 올바른 인식을 통한 안전운행을 확보

(3) **화주**는 과적재를 요구해서는 안 된다.

(4) 사업자와 화주와의 **협력체계 구축**

(5) 중량계 설치를 통한 **중량증명 실시** 등

❺ 위반에 대한 벌칙 ⭐

위반 항목	벌칙
• 총중량 40톤, 축하중 10톤, 높이 4.0m, 길이 16.7m, 폭 2.5m 초과 • 운행제한을 위반하도록 지시하거나 요구한 자 • 임차한 화물적재차량이 운행제한을 위반하지 않도록 관리하지 아니한 임차인	500만원 이하의 과태료
• 적재량 측정 및 관계서류의 제출요구 거부 시 • 적재량 측정 방해(축조작)행위 및 재측정 거부 시 • 적재량 측정을 위한 도로관리원의 차량 승차요구 거부 시	1년 이하의 징역이나 1천만원 이하의 벌금

✿ 화주, 화물자동차 운송사업자, 화물자동차 운송주선사업자 등의 지시 또는 요구에 따라서 운행제한을 위반한 운전자가 그 사실을 신고하여 화주 등에게 과태료를 부과한 경우 운전자에게는 과태료를 부과하지 않는다(도로법 제117조 제5항).

✿ 운행제한의 위반인 경우 과태료가 부과되나, 측정에 관련된 경우에는 형벌이 부과됨을 구분하여 암기하시면 됩니다.

01 화물의 인수·인계

❶ 화물의 인수요령 ★

(1) 포장 및 운송장 기재요령을 반드시 숙지하고 인수에 임한다.

(2) 집하 자제품목 및 집하 금지품목(화약류 및 인화물질 등 위험물)의 경우는 그 취지를 알리고 양해를 구한 후 정중히 거절한다.

(3) 집하물품의 도착지와 고객의 배달요청일이 당사의 배송 소요 일수 내에 가능한지 필히 확인하고, 기간 내에 배송 가능한 물품을 인수한다(0월 0일 0시까지 배달 등 조건부 운송물품 인수금지).

(4) **제주도 및 도서지역인 경우** : 그 지역에 적용되는 부대비용(항공료, 도선료)을 수하인에게 징수할 수 있음을 반드시 알려주고, 이해를 구한 후 인수한다.

(5) **도서지역의 경우** : 차량이 직접 들어갈 수 없는 지역이 많아 착불로 거래 시 운임을 징수할 수 없으므로 소비자의 양해를 얻어 **운임 및 도선료는 선불로 처리**한다.

(6) **항공을 이용한 운송의 경우** : 항공기 탑재 불가 물품(총포류, 화약류, 기타 공항에서 정한 물품)과 공항유치 물품(가전제품, 전자제품)은 집하 시 고객에게 이해를 구한 후 집하를 거절하여 고객과의 마찰을 방지한다.

❖ 만약 항공료가 착불일 경우 기타란에 항공료 착불이라고 기재하고 합계란은 공란으로 비워둔다.

(7) **운송인의 책임발생 시기** : 물품을 인수하고 운송장을 교부한 시점부터 발생한다.

(8) 운송장을 작성하기 전에 물품의 성질, 규격, 포장상태, 운임, 파손면책 등 부대사항을 고객에게 통보하고 상호 동의가 되었을 때 운송장을 작성, 발급하게 하여 불필요한 운송장 낭비를 막는다.

(9) 안전수송과 타화물의 보호를 위하여 **포장상태 및 화물의 상태를 확인한 후 접수 여부를 결정**한다.

(10) **두 개 이상의 화물을 하나의 화물로 밴딩처리한 경우** : 반드시 고객에게 파손 가능성을 설명하고 **별도로 포장하여 각각 운송장 및 보조송장을 부착**하여 집하한다.

(11) **신용업체의 대량화물을 집하할 때** : 수량 착오가 발생하지 않도록 최대한 주의하여 운송장 및 보조송장을 부착하고, **반드시 BOX 수량과 운송장에 기재된 수량을 확인**한다.

(12) **전화로 발송할 물품을 접수받을 때** : 반드시 집하 가능한 일자와 고객의 배송 요구일자를 확인한 후 배송가능한 경우에 고객과 약속하고, 약속 불이행으로 불만이 발생하지 않도록 한다.

(13) **인수(집하)예약** : 반드시 접수대장에 기재하여 누락되는 일이 없도록 한다.

(14) **거래처 및 집하지점에서 반품요청이 들어왔을 때** : 반품요청일 익일로부터 빠른 시일 내에 처리한다.

❷ 화물의 적재요령

(1) **긴급을 요하는 화물**(부패성 식품 등) : 우선순위로 배송될 수 있도록 **쉽게 꺼낼 수 있게 적재**한다.

(2) **취급주의 스티커 부착 화물** : 적재함 별도공간에 위치하도록 하고, **중량화물은 적재함 하단에 적재**하여 타 화물이 훼손되지 않도록 주의한다.

(3) **다수화물이 도착했을 때** : 미도착 수량이 있는지 확인한다.

❸ 화물의 인계요령 ★

(1) **수하인의 동일성 확인** : 수하인의 주소 및 수하인이 맞는지 확인한 후에 인계한다.

(2) 당일배송의 원칙

1) 지점에 도착된 물품에 대해서는 당일 배송을 원칙으로 한다.

2) 단, 산간오지 및 당일배송이 불가능한 경우 소비자의 양해를 구한 뒤 조치하도록 한다.

(3) 수하인에게 물품을 인계할 때 : 인계 물품의 이상 유무를 확인하여, 이상이 있을 경우 즉시 지점에 통보하여 조치하도록 한다.

(4) 각 영업소로 분류된 물품 : 수하인에게 물품의 도착사실을 알리고 배송가능한 시간을 약속한다.

(5) 인수된 물품 중 부패성 물품과 긴급을 요하는 물품 : 우선적으로 배송을 하여 손해배상 요구가 발생하지 않도록 한다.

(6) 영업소(취급소)**는 택배물품을 배송할 때** : 물품뿐만 아니라 고객의 마음까지 배달한다는 자세로 성심껏 배송하여야 한다.

(7) 배송 중 사소한 문제로 수하인과 마찰이 발생할 경우 : 일단 소비자 입장에서 생각하고 조심스러운 언어로 마찰을 최소화할 수 있도록 한다.

(8) 물품포장에 경미한 이상이 있는 경우 : 고객에게 사과하고 대화로 해결할 수 있도록 하며, 절대로 남의 탓으로 돌려 고객들의 불만을 가중시키지 않도록 한다.

(9) 운송완료의 책임 : 택배는 집에서 집으로 운송하는 서비스이므로 수하인에게 집을 못 찾으니 어디로 나오라고 하던가, 집이 높아 못 올라간다는 말을 하지 않는다.

(10) 1인이 배송하기 힘든 물품의 경우 : 원칙적으로 집하해서는 안 되나, 도착된 물품에 대해서는 수하인에게 정중히 요청하여 같이 운반할 수 있도록 한다.

(11) 물품을 고객에게 인계할 때 : 물품의 이상 유무를 확인시키고 **인수증에 정자로 인수자 서명을 받아** 향후 발생할 수 있는 손해배상을 예방하도록 한다 (인수자 서명이 없을 경우 수하인이 물품인수를 부인하면 그 책임이 배송지점에 전가됨).

(12) 배송할 때 고객 불만 원인 중 가장 큰 부분 : 배송직원의 **대응 미숙에서 발생**하는 경우가 많다. 부드러운 말씨와 친절한 서비스정신으로 고객과의 마찰을 예방한다.

(13) 배송할 때 수하인의 부재로 배송이 곤란한 경우 : 임의로 방치 또는 집안으로 무단 투기(投棄)하지 말고 **수하인과 통화하여 지정하는 장소에 전달**하고, 수하인에게 통보한다(특히 아파트의 소화전이나 집 앞에 물건을 방치해 두지 말 것). 만약 수하인과 통화가 되지 않을 경우 **송하인과 통화하여 반송 또는 익일 재배송** 할 수 있도록 한다.

(14) 배송지연이 예상되는 경우 : 배송지연은 고객과의 약속불이행이 고객 불만사항으로 발전되는 경향이 있으므로 **배송지연이 예상될 경우 고객에게 사전에 양해를 구하고 약속한 것에 대해서는 반드시 이행하도록 한다.

(15) 배송확인 문의 전화를 받았을 경우 : 임의적으로 약속하지 말고 반드시 해당 영업소장에게 확인하여 고객에게 전달하도록 한다.

(16) 수하인에게 인계가 어려워 부득이하게 대리인에게 인계할 때 : 사후조치로 실제 수하인과 연락을 취한다.

(17) 수하인과 연락이 아니 되어 물품을 다른 곳에 맡길 경우 : 반드시 수하인과 통화하여 맡겨놓은 위치 및 연락처를 남겨 물품인수를 확인하도록 한다.

(18) 수하인이 장기부재, 휴가, 주소불명, 기타 사유 등으로 배송이 어려운 경우 : 집하지점 또는 송하인과 연락하여 조치하도록 한다.

(19) 귀중품 및 고가품의 경우 : 분실 시 피해보상액이 크므로 수하인에게 직접 전달하도록 조치한다.

(20) 배송 중 수하인이 직접 찾으러 오는 경우 : 물품을 전달할 때 **반드시 본인 확인을 한 후 물품을 전달**하고, 인수확인란에 직접 서명을 받아 피해가 발생하지 않도록 유의한다.

(21) 당일 배송하지 못한 물품 : 익일 영업시간까지 물품이 안전하게 보관될 수 있는 장소에 물품을 보관하여야 한다.

❶ 인수증 관리요령

(1) 인수증은 반드시 **인수자 확인란**에 수령인이 **누구인지 인수자가 자필로** 바르게 적도록 한다.

(2) **수령인 구분확인** : 본인, 동거인, 관리인, 지정인, 기타 등으로 수령인을 구분하여 확인한다.

(3) **같은 장소에 여러 박스를 배송할 때** : 인수증에 반드시 실제 배달한 수량을 기재 받아 차후에 수량 차이로 인한 시비가 발생하지 않도록 하여야 한다.

(4) **수령인이 물품의 수하인과 다른 경우** : 반드시 수하인과의 관계를 기재하여야 한다.

(5) **지점의 인수증 관리** : 지점에서는 회수된 **인수증 관리를 철저히 하고, 인수근거가 없는 경우 즉시 확인**하여 그 근거를 명확히 하여야 한다. 물품인도일 기준으로 1년 이내 인수근거 요청이 있을 때 입증 자료를 제시할 수 있어야 한다.

(6) **인수증 상에 인수자 서명을 운전자가 임의 기재한 경우** : 무효로 간주되며, 문제가 발생하면 배송완료로 인정받을 수 없다.

❷ 고객 유의사항

(1) **고객 유의사항의 필요성**

1) 택배는 소화물 운송으로 **무한책임이 아닌 과실책임에 한정하여 변상할 필요성**이 있다.

2) **내용검사가 부적당한 수탁물에 대한 송하인의 책임을 명확히 설명할 필요성**이 있다.

3) 운송인이 통보받지 못한 위험 부분까지 책임지는 부담을 해소하는 것이다.

(2) **고객 유의사항 사용범위**(매달 지급하는 거래처 제외 – 계약서상 명시) ★

1) **수리를 목적으로 운송을 의뢰**하는 모든 물품

2) **중고제품으로 원래의 제품 특성**을 유지하고 있다고 보기 어려운 물품(외관상 전혀 이상이 없는 경우 보상불가)

3) **포장이 불량**하여 운송에 부적합하다고 판단되는 물품

4) 통상적으로 **물품의 안전을 보장**하기 어렵다고 판단되는 물품

5) **일정금액**(**예** 50만원)**을 초과하는 물품**으로 위험부담률이 극히 높고, 할증료를 징수하지 않은 물품

6) 물품사고 시 **다른 물품에까지 영향**을 미쳐 손해액이 증가하는 물품

(3) **고객 유의사항 확인 요구 물품**

1) 중고 가전제품 및 A/S용 물품

2) 기계류, 장비 등 중량 고가물로 **40kg 초과 물품**

3) 포장 부실물품 및 무포장 물품(비닐포장 등)

4) 파손 우려 물품 및 내용검사가 부적당하다고 판단되는 부적합 물품

❸ 사고발생 방지와 처리요령

(1) **화물사고의 유형과 원인, 방지요령** ★★

1) 파손사고

① **원인**

㉠ 집하할 때 화물의 포장상태 미확인한 경우

㉡ 화물을 적재할 때 무분별한 적재로 압착되는 경우

㉢ 화물을 던지거나 발로 차거나 끄는 경우

㉣ 차량에 상하차할 때 컨베이어 벨트 등에서 떨어져 파손되는 경우

② **대책**

㉠ 집하할 때 고객에게 내용물에 관한 정보를 충분히 듣고 **포장확인**

㉡ 가까운 거리 또는 가벼운 화물이라도 절대 함부로 취급하지 않음

㉢ 사고위험이 있는 물품은 **안전박스에 적재**하거나 별도 적재 관리

㉣ 충격에 약한 화물은 **보강포장 및 특기사항을 표기해 둠**

2) 오손사고(더럽혀지고 손상됨)

① 원인

- ㉠ 김치, 젓갈, 한약류 등 수량에 비교해 포장이 약한 경우
- ㉡ 화물적재 시 **중량물을 상단에 적재**하여 하단 화물 오손피해가 발생한 경우
- ㉢ 쇼핑백, 이불, 카펫 등 **포장이 미흡**한 화물을 중심으로 오손피해가 발생한 경우

② 대책

- ㉠ 상습적으로 오손이 발생하는 화물은 **안전박스에 적재**하여 위험으로부터 격리
- ㉡ **중량물은 하단, 경량물은 상단** 적재 규정준수

3) 분실사고(물건 등을 잃어버림)

① 원인

- ㉠ 대량화물을 취급할 때 **수량 미확인 및 송장이 2개 부착**된 화물을 집하한 경우
- ㉡ 집배송을 위해 차량을 떠났을 때 차량 내 화물을 도난당한 경우
- ㉢ 화물을 인계할 때 **인수자 확인**(서명 등)**이 부실**한 경우

② 대책

- ㉠ **집하할 때 화물수량 및 운송장 부착 여부 확인** 등 분실원인 제거
- ㉡ 차량에서 벗어날 때 **시건장치 확인** 철저(지점 및 사무소 등 방범시설 확인)
- ㉢ 인계할 때 인수자 확인은 반드시 **인수자가 직접 서명하도록** 할 것

4) 내용물 부족사고

① **원인** : i) 마대화물(쌀, 고춧가루, 잡곡 등) 등 박스가 아닌 화물의 포장이 파손된 경우, ii) 포장이 부실한 화물에 대한 절취 행위(과일, 가전제품 등)가 발생

② **대책** : i) 대량거래처의 부실포장 화물에 대한 포장개선 업무요청, ii) 부실포장 화물을 집하할 때 내용물 상세 확인 및 포장보강 시행

5) 오배달사고

① **원인** : i) 수령인이 없을 때 **임의장소에 두고 간 후 미확인**한 경우, ii) 수령인의 신분 확인 없이 화물을 인계한 경우

② **대책** : i) 화물을 인계하였을 때 **수령인 본인 여부 확인** 작업 필히 실시, ii) 우편함, 우유통, 소화전 등 **임의장소에 화물 방치 행위 엄금**

6) 지연배달사고

① 원인

- ㉠ 사전에 배송연락 미실시로 제3자가 수취한 후 전달이 늦어짐
- ㉡ 당일 배송되지 않는 화물에 대한 관리가 미흡
- ㉢ 제3자에게 전달한 후 원래 수령인에게 받은 사람을 미통지
- ㉣ 집하 부주의, 터미널 오분류로 터미널 오착 및 잔류

② 대책

- ㉠ 사전에 배송연락 후 **배송계획 수립으로 효율적 배송** 시행
- ㉡ **미배송되는 화물명단작성과 조치사항 확인**으로 최대한의 사고예방
- ㉢ 잔류화물운송을 위한 가용차량 사용 조치
- ㉣ **부재중 방문표의 사용**으로 방문사실을 고객에게 알려 고객과의 분쟁 예방

7) 받는 사람과 보낸 사람을 알 수 없는 화물사고

① **원인** : 미포장 화물, 마대화물 등에 운송장을 부착한 경우 떨어지거나 훼손된 경우

② 대책

- ㉠ 집하단계에서부터 운송장 부착여부 확인 및 테이프 등으로 **떨어지지 않도록 고정 실시**
- ㉡ 운송장과 보조운송장을 부착(이중부착)하여 훼손 가능성을 최소화

CHAPTER 5 화물자동차의 종류

01 화물자동차의 유형 및 종류

❶ 화물자동차 유형별 세부기준(자동차관리법상)

(1) 화물자동차 ★

1) **일반형** : 보통의 화물운송용인 것

2) **덤프형** : 적재함을 원동기의 힘으로 기울여 적재물을 중력에 의하여 쉽게 미끄러뜨리는 구조의 화물운송용인 것

3) **밴형** : 지붕구조 덮개 구조인 화물운송용인 것

4) **특수용도형** : 특정한 용도를 위하여 특수한 구조로 하거나, 기구를 장치한 것으로서 위 어느 형에도 속하지 아니하는 화물운송용인 것

(2) 특수자동차 ★

1) **견인형** : 피견인차의 견인을 전용으로 하는 구조인 것

2) **구난형** : 고장·사고 등으로 운행이 곤란한 자동차를 구난·견인할 수 있는 구조인 것

3) **특수작업형** : 위 어느 형에도 속하지 아니하는 특수작업용인 것

❷ 산업현장의 화물자동차의 종류

(1) 보닛 트럭(cab-behind-engine truck) : 원동기부의 덮개가 운전실의 앞쪽에 나와 있는 트럭이다.

(2) 캡 오버 엔진 트럭(cab-over-engine truck) : 원동기의 전부 또는 대부분이 **운전실의 아래쪽**에 있는 트럭이다.

(3) 밴(van) : **상자형 화물실**을 갖추고 있는 트럭이다. 다만, 지붕이 없는 것(오픈 톱형)도 포함한다.

(4) 픽업(pickup) : 화물실의 지붕이 없고, 옆판이 운전대와 일체로 되어 있는 화물자동차이다.

(5) 특수자동차(special vehicle)

1) 다음 목적을 위하여 설계 및 장비된 자동차

① 특별한 장비를 한 사람 및(또는) 물품의 수송전용

② 특수한 작업 전용

③ 상기 '①'과 '②'를 겸하여 갖춘 것

예 차량 운반차, 쓰레기 운반차, 모터 캐러반 등

2) 종류 ★

① **특수용도 자동차**(특용차) : **특별한 목적을 위하여** 보디(차체)를 특수한 것으로 하거나 특수한 기구를 갖추고 있는 특수자동차이다. 예 구급차, 냉장차, 우편차, 선전자동차 등

✿ 두문자 : 구급냉장우선(구급차, 냉장차가 우선이다!)

② **특수장비차**(특장차) : **특별한 기계를 갖추고**, 그것을 자동차의 원동기로 구동할 수 있게 되어 있는 특수자동차이다(별도의 적재 원동기로 구동하는 것도 있음). 예 덤프차, 탱크차, 위생 자동차, 합리화특장차, 소방차, 레카차, 냉동차, 트럭 크레인, 크레인붙이트럭, 믹서 자동차 등

✿ 두문자 : 덤탱위합리화/소레냉동트럭/크레인믹서(덤탱위를 합리화하는 소레포구의 냉동트럭에 항의하는 크레인믹서들!)

3) (보통 트럭을 제외한) 트레일러, 전용특장차, 합리화 특장차 : 모두 특별차에 해당한다.

① **트레일러, 전용특장차** : 특별용도차

② **합리화 특장차** : 특별장비차에 주로 해당

✚ STUDY 자동차별 설명

❶ **냉장차**(insulated vehicle) : 냉각제를 사용하여 냉장하는 설비를 갖추고 있는 특수용도 자동차이다.

❷ **탱크차**(tank truck, tank lorry, tanker) : 탱크모양의 용기와 펌프 등을 갖추고, 오로지 물, 휘발유와 같은 액체를 수송하는 특수장비차이다.

❸ **믹서 자동차**(truck mixer, agitator) : 시멘트, 골재(모래·자갈), 물을 드럼 내에서 혼합 반죽하여 콘크리트로 하는 특수장비자동차로 특히, 생콘크리트를 교반하면서 수송하는 것을 애지테이터(agitator)라 한다.

❹ **덤프차**(tipper, dump truck, dumper) : 화물대를 기울여 적재물을 중력으로 쉽게 미끄러지게 내리는 구조의 특수장비자동차이다. **예** 리어 덤프, 사이드 덤프, 삼전 덤프 등

❺ **레커차**(wrecker truck, break down lorry) : 크레인 등을 갖추고, 고장차의 앞 또는 뒤를 매달아 올려서 수송하는 특수장비자동차이다.

❻ **트럭 크레인**(truck crane) : 크레인을 갖추고 크레인 작업을 하는 특수장비자동차이다. 다만, 레커차는 제외한다.

❼ **크레인붙이트럭** : 차에 실은 화물의 쌓아 내림용 크레인을 갖춘 특수장비자동차이다.

❽ **트레일러 견인자동차**(trailer-towing vehicle) : 주로 풀 트레일러를 견인하도록 설계된 자동차이다. 풀 트레일러를 견인하지 않는 경우는 트럭으로 사용할 수가 있다.

❾ **세미 트레일러 견인자동차**(semi trailer towing vehicle) : 세미 트레일러를 견인하도록 설계된 자동차이다.

❿ **폴 트레일러 견인자동차**(pole trailer towing vehicle) : 폴 트레일러를 견인하도록 설계된 자동차이다.

02 구조별 화물자동차의 종류

❶ 트레일러

(1) 트레일러의 의의

1) 개념 : 트레일러란 **동력을 갖추지 않고**, 모터비이클에 의하여 견인되고, 사람 또는 물품을 수송하는 목적을 위하여 설계되어 도로상을 주행하는 차량을 말한다.

2) 종류 : 트레일러는 자동차를 동력부분(견인차 또는 트랙터)과 적하부분(피견인차)으로 나누었을 때, 적하부분을 지칭하며 일반적으로 풀 트레일러, 세미 트레일러, 폴 트레일러 3가지로 구분된다[돌리(Dolly)를 추가하여 4가지로 구분하기도 함].

① **풀 트레일러**(Full trailer)

㉠ 풀 트레일러란 트랙터와 트레일러가 완전히 분리되어 있고 트랙터 자체도 적재함을 가지고 있다.

㉡ **총하중이 트레일러만으로 지탱**되도록 설계되어 선단에 견인구 즉, 트랙터를 갖춘 트레일러이다.

㉢ **돌리와 조합된 세미 트레일러** : 풀 트레일러로 해석된다. 이 형태는 기준 내 차량으로서 적재톤수(세미 트레일러급 14톤에 대해 풀 트레일러급 17톤), 적재량, 용적 모두 세미 트레일러보다는 유리하다.

② **세미 트레일러**(Semi-trailer)

㉠ 세미 트레일러용 트랙터에 연결하여, **총 하중의 일부분이 견인하는 자동차에 의해서 지탱**되도록 설계된 트레일러이다.

㉡ 가동 중인 트레일러 중에서는 **가장 많고 일반적인 트레일러**이다.

㉢ 잡화수송에는 밴형 세미 트레일러, 중량물에는 중량용 세미 트레일러 또는 중저상식 트레일러 등이 사용되고 있다.

㉣ 발착지에서의 **트레일러 탈착이 용이**하고 공가을 적게 차지해서 후진하는 운전을 하기가 쉽다.

③ **폴 트레일러**(Pole trailer)

㉠ 기둥, 통나무 등 **장척의 적하물 자체가** 트랙터와 트레일러의 연결부분을 구성하는 구조의 트레일러이다.

㉡ 파이프나 H형강 등 **장척물의 수송을 목적**으로 한 트레일러이다.

㉢ **트랙터에 턴테이블을 비치**하고, 폴 트레일러를 연결해서 적재함과 턴테이블이 적재물을 고정시키는 것으로, 축 거리는 적하물 길이로 조정한다.

④ **돌리**(Dolly) : **세미 트레일러와 조합**해서 풀 트레일러로 하기 위한 견인구를 갖춘 대차를 말한다.

(2) 트레일러의 장점 ★

트레일러는 대량·신속을 위한 차량, 대형화·경량화 화물적재의 효율성과 안정성, 타 운송수단과 협동일관수송(복합운송)이 가능한 구조를 구비하고 있다. 트레일러의 장점은 다음과 같다.

1) 트랙터의 효율적 이용 : 트레일러가 적화 및 하역을 위해 **체류하고 있는 중이라도 트랙터 부분을 사용**할 수 있으므로 **회전율**을 높일 수 있다.

2) 효과적인 적재량 : 자동차의 차량총중량은 20톤으로 제한되어 있으나, 화물자동차 및 특수자동차(트랙터와 트레일러가 연결된 경우 포함)의 경우 차량총중량은 40톤이다.

3) 탄력적인 작업 : 트레일러를 별도로 분리하여 화물을 적재하거나 하역할 수 있다.

4) 트랙터와 운전자의 효율적 운영 : 트랙터 1대로 복수의 트레일러를 운영할 수 있으므로 트랙터와 운전사의 이용효율을 높일 수 있다.

5) 일시보관기능의 실현 : 트레일러에 일시적 화물을 보관과 여유 있는 하역작업을 할 수 있다.

6) 중계지점에서의 탄력적인 이용 : 중계지점을 중심으로 각각의 트랙터가 기점에서 중계점까지 왕복 운송함으로써 차량운용의 효율을 높일 수 있다.

(3) 트레일러의 구조 형상에 따른 종류 ★

위에서 살펴본 트레일러의 종류는 어떤 종류의 트랙터와 연결되느냐에 따른 분류지만, 아래는 트레일러 자체의 구조 형상에 따른 종류이다.

1) 평상식(Flat bed, platform and straight-frame trailer) : 전장 프레임 상면이 평면의 하대를 가진 구조로서 **일반화물이나 강재 등의 수송**에 적합하다.

2) 저상식(Low bed trailer) : 적재할 때 전고가 낮은 하대를 가진 트레일러(trailer)로서 **불도저나 기중기 등 건설장비의 운반**에 적합하다.

3) 중저상식(Drop bed trailer) : 저상식 트레일러 가운데 프레임 중앙 하대부가 오목하게 낮은 트레일러로서 **대형 핫코일**(hot coil)**이나 중량 블록 화물 등 중량화물의 운반**에 편리하다.

4) 스케레탈 트레일러(Skeletal trailer) : **컨테이너 운송을 위해 제작**된 트레일러로서 전·후단에 컨테이너 고정장치가 부착되어 있으며, 20피트(feet)용, 40 피트용 등 여러 종류가 있다.

5) 밴 트레일러(Van trailer) : 하대부분에 밴형의 보데가 장치된 트레일러로서 **일반잡화 및 냉동화물 등의 운반용**으로 사용된다.

6) 오픈 탑 트레일러(Open top trailer) : 밴형 트레일러의 일종으로서 천장에 개구부가 있어 채광이 들어가게 만든 **고척화물 운반용**이다.

7) 특수용도 트레일러 : 여기에는 덤프 트레일러, 탱크 트레일러, 자동차 운반용 트레일러 등이 있다.

(4) 연결차량의 종류(combination of vehicles)

연결차량이란, 1대의 모터 비이클에 1대 또는 그 이상의 트레일러를 결합시킨 것을 말하는데, 통상 트레일러 트럭으로 불리기도 한다.

1) 풀(full) **트레일러 연결차량**(Road train)

① <u>의의</u>

㉠ 차량 자체의 중량과 화물의 전중량을 자기의 전·후 차축만으로 흡수할 수 있는 구조를 가진 트레일러가 붙어 있는 트럭이다.

㉡ **트랙터와 트레일러가 완전히 분리**되어 있고, 트랙터 자체도 body를 가진다.

② <u>풀 트레일러의 이점</u>

㉠ 트럭에 비하여 적재량을 늘릴 수 있다.

㉡ **트랙터 한 대에 트레일러 2~3대를 달 수 있어** 효율적 운용을 도모할 수 있다.

㉢ 트랙터와 트레일러에 **각기 다른 발송지별 또는 품목별 화물**을 수송할 수 있다.

2) 세미 트레일러 연결차량(Articulated road train)

① 1대의 세미 트레일러 트랙터와 **1대**의 세미 트레일러로 이루는 조합이다.

② 이 차량은 트레일러의 일부 하중을 트랙터가 부담하는 형태이다.

③ 세미 트레일러는 **발착지에서의 트레일러 탈착이 용이**하고 공간을 적게 차지하며 후진이 용이한 특성을 가지고 있다.

3) 더블 트레일러 연결차량(Double road train) : 1대의 세미 트레일러용 트랙터와 1대의 세미 트레일러 및 1대의 풀 트레일러로 이루는 조합이다.

4) 폴(pole) **트레일러 연결차량** : 1대의 폴 트레일러용 트랙터와 1대의 폴 트레일러로 이루어 조합으로 **파이프나 목재 등 장척화물을 운반**하는 트레일러가 부착된 트럭이다.

❷ 적재함 구조에 의한 화물자동차의 종류 ★

(1) 카고 트럭

1) 개념 : 하대에 간단히 접는 형식의 문짝을 단 차량으로 **우리나라에서 가장 일반화**된 것으로 적재량 1톤 미만(소형차)로부터 12톤 이상(대형차)까지 있다.

2) 구성 : 카고 트럭의 하대는 **귀틀**(세로귀틀, 가로귀틀)이라고 불리는 받침부분과 화물을 얹는 **바닥**부분, 그리고 짐 무너짐을 방지하는 **문짝**의 3개의 부분으로 이루어져 있다.

(2) 전용 특장차

1) 개념 : 특장차란 **차량의 적재함을 특수한 화물에 적합**하도록 구조를 갖추거나 특수한 작업이 가능하도록 기계장치를 부착한 차량이다.

2) 종류

① **덤프트럭** : 덤프 차량은 특장차 중에 대표적인 차종이다. 덤프 차량은 **적재함 높이를 경사지게 하여 적재물을 쏟아 내리는 것**으로서 주로 흙, 모래를 수송하는데 사용하고 있으며 차체는 매우 견고하다.

② **믹서차량** : 믹서차는 적재함 위에 회전하는 드럼을 싣고 이 속에 생콘크리트를 뒤섞으면서 토목건설 현장 등으로 운행하는 차량이다(주로 대형차).

③ **벌크차량**(분립체 수송차)

㉠ 시멘트, 사료, 곡물, 화학제품, 식품 등 **분립체를 자루에 담지 않고 실물상태로 운반**하는 차량이다.

㉡ 물류면에서 보면 포장의 생략, 하역의 기계화라는 관점에서 **대단히 합리적인 차량**이다.

④ **액체 수송차**(일명 탱크로리)

㉠ 각종 액체를 수송하기 위해 탱크 형식의 적재함을 장착한 차량이다.

㉡ 수송하는 종류가 대단히 많으며, 적재물의 명칭

을 따서 휘발유 로리, 우유 로리 등으로 부른다.

⑤ **냉동차**

㉠ 냉동식품이나 야채 등 온도관리가 필요한 화물수송에 사용가능하다.

㉡ 보디는 단열되어 있는데, 냉동장치를 갖추지 않은 것을 보냉고(또는 냉장차)라고 부르며 구별된다.

+ STUDY   합리화 특장차

❶ **의의** : 합리화 특장차란 화물을 싣거나 부릴 때에 발생하는 하역을 합리화하는 설비기기를 차량 자체에 장비하고 있는 차이다. 합리화란 노동력의 절감, 신속한 적재하차, 화물의 품질유지, 기계화에 의한 하역코스트 절감방법 중 하나 이상을 목적으로 한 것으로 그 중심은 **적재하차의 합리화**에 있다.

❷ **합리화 특장차의 종류**

(1) 실내하역기기 장비차 : 이 유형에 속하는 차량의 특징은 **적재함 바닥면에** 롤러컨베이어, 로더용레일, 파렛트 이동용의 파렛트 슬라이더 또는 컨베이어 등을 장치하여 적재함 하역의 합리화를 도모한다.

(2) 측방 개폐차

1) 측방 개폐차 : 화물에 시트를 치거나 로프를 거는 작업을 합리화하고, 동시에 포크리프트에 의해 짐 부리기를 간이화할 목적으로 개발된 것이다.

2) 스태빌라이저차 : 보디에 스태빌라이저를 장치하고 **수송 중의 화물이 무너지는 것을 방지할 목적**의 차이다.

3) 쌓기 · 부리기 합리화차

① 리프트게이트, 크레인 등을 장비하고 쌓기 · 부리기 작업의 합리화를 위한 차량이다.

② 차량 뒷부분에 리프트게이트를 장치한 리프트게이트 부착 트럭 또는 크레인 부착 트럭 등이 있다.

4) 시스템 차량

① 시스템 차량이란 **트레일러 방식의 소형트럭**을 가리키며 CB(Changeable body)차 또는 탈착 보디차를 말한다.

② 보디의 탈착 방식으로는 기계식, 유압식, 차의 유압장치를 사용하는 것이 있다.

✿ 개념정리를 확실하게 하시면 이 부분도 내용을 숙지하는 것이 어렵지 않습니다. **전용특장차**는 "**적재함에 특수한 화물**"(시멘트혼합, 액체, 분립체 등)이라는 것과 **합리화특장차**는 "**하역을 합리화하는 설비기기**"(실내하역, 측방개폐, 시스템차량)라는 것을 착안하시면 그 종류도 쉽게 이해하실 수 있습니다.

화물운송의 책임한계

01 이사화물의 표준약관 규정

❶ 인수거절(제7조)

(1) 이사화물에 대한 사업자의 인수 거절 사유

1) 현금, 유가증권, 귀금속, 예금통장, 신용카드, 인감 등 **고객이 휴대할 수 있는 귀중품**

2) 위험물, 불결한 물품 등 **다른 화물에 손해를 끼칠 염려가 있는 물건**

3) 동식물, 미술품, 골동품 등 **운송에 특수한 관리**를 요하기 때문에 다른 화물과 동시에 운송하기에 적합하지 않은 물건

4) 운송에 적합하도록 포장할 것을 사업자가 요청하였으나 **고객이 이를 거절한 물건**

(2) 고객과 합의한 특별한 조건이 있을 경우

(1)의 1) 내지 4)에 해당되는 이사화물이더라도 사업자는 그 운송을 위한 특별한 조건을 고객과 합의한 경우에는 이를 인수할 수 있다.

❷ 계약해제(제9조)

(1) 고객이 손해배상액을 사업자에게 지급

고객의 책임 있는 사유로 계약을 해제한 경우에는 다음의 손해배상액을 사업자에게 지급한다. 다만, 고객이 이미 지급한 계약금이 있는 경우에는 그 금액을 공제할 수 있다.

1) **고객이 약정된 이사화물의 인수일 1일전까지 해제를 통지한 경우** : 계약금

2) **고객이 약정된 이사화물의 인수일 당일에 해제를 통지한 경우** : 계약금의 배액

(2) 사업자의 책임있는 사유로 계약 해제한 경우 ★★

다음의 손해배상액을 고객에게 지급한다. 다만,

고객이 이미 지급한 계약금이 있는 경우에는 손해배상액과는 별도로 그 금액도 반환한다.

1) **사업자가 약정된 이사화물의 인수일 2일전까지 해제를 통지한 경우** : 계약금의 2배액

2) **사업자가 약정된 이사화물의 인수일 1일전까지 해제를 통지한 경우** : 계약금의 4배액

3) **사업자가 약정된 이사화물의 인수일 당일(영)에 해제를 통지한 경우** : 계약금의 6배액

4) **사업자가 약정된 이사화물의 인수일 당일에도 해제를 통지하지 않은 경우(꽝)** : 계약금의 10배액

✿ 암기법 : **2일영꽝/이사육십**("이일이 영꽝이라서 이사육십까지 다녀야겠네")

(3) 사업자의 귀책사유로 약정된 인수일시로부터 2시간 이상 지연된 경우

고객은 **계약을 해제**하고 **계약금의 반환 및 계약금 6배액의 손해배상**을 청구할 수 있다.

❸ 손해배상(제14조)

(1) 사업자의 손해배상 ★★

사업자는 자기 또는 사용인 기타 이사화물의 운송을 위하여 사용한 자가 이사화물의 포장, 운송, 보관, 정리 등에 관하여 주의를 게을리 하지 않았음을 증명하지 못하는 한, 고객에 대하여 다음의 이사화물의 멸실, 훼손 또는 연착으로 인한 손해를 배상할 책임을 진다. 사업자의 손해배상은 아래 표에 의한다. → 다만, 사업자가 보험에 가입하여 고객이 직접 보험회사로부터 보험금을 받은 경우에는, 사업자는 아래의 금액에서 그 보험금을 공제한 잔액을 지급한다.

	연착되지 않은 경우	연착된 경우
1) 전부 또는 일부가 멸실	＊ 약정된 인도일과 도착장소에서의 이사화물의 가액을 기준으로 산정한 손해액의 지급	1)의 ＊ 및 3)의 ✿의 금액을 지급

2) 훼손된 경우	• 수선이 가능한 경우 : 수선 • 수선이 불가능한 경우 : 1)의 *규정에 따름	• 수선이 가능한 경우 : 수선해주고 3)의 ✿의 금액 지급 • 수선이 불가능한 경우 : 1) 연착되었을 때의 규정에 따름[1)의 * 및 3)의 ✿의 금액을 지급]
3) 멸실 및 훼손되지 않은 경우	(하자 없음)	✿ 계약금의 10배액 한도에서 약정된 인도일시로부터 연착된 1시간마다 계약금의 반액을 곱한 금액(연착 시간수 × 계약금 × 1/2)의 지급 → 1시간 미만의 시간은 산입하지 않음

✿ 연착된 경우에 3)의 ✿의 내용이 공통적으로 들어간다는 내용을 착안해서 암기하시면 효율적일 것입니다.

(2) 이사화물의 멸실, 훼손 또는 연착이 사업자 또는 그의 사용인 등의 <u>고의 또는 중대한 과실로 인하여 발생한 때</u> 또는 고객이 이사화물의 멸실, 훼손 또는 연착으로 인하여 발생한 손해액을 입증한 경우 : 위의 규정에도 불구하고 **민법 제393조**(채무불이행으로 인한 손해배상은 <u>통상의 손해를 그 한도로 한다. 특별한 사정으로 인한 손해</u>는 채무자가 그 사정을 알았거나 알 수 있었을 때에 한하여 배상의 책임이 있다.)의 규정에 따라 손해를 배상한다.

+ STUDY 고객의 손해배상과 면책

❶ 고객의 손해배상(제15조)

(1) 고객의 책임 있는 사유로 이사화물의 인수가 지체된 경우 : 고객은 약정된 인수일시로부터 지체된 1시간마다 계약금의 반액을 곱한 금액(지체시간수 × 계약금 × 1/2)을 손해배상액으로 사업자에게 지급해야 한다. → 다만, 계약금의 배액을 한도로 한다.

(2) 고객의 귀책사유로 이사화물의 인수가 약정된 일시로부터 2시간 이상 지체된 경우 : 사업자는 계약을 해제하고 계약금의 배액을 손해배상으로 청구할 수 있다. → 이 경우 고객은 그가 이미 지급한 계약금이 있는 경우에는 손해배상액에서 그 금액을 공제할 수 있다.

❷ 면책 [1) ~ 3)은 자신의 책임이 없음을 입증할 것]

(1) 이사화물의 결함, 자연적 소모

(2) 이사화물의 성질에 의한 발화, 폭발, 물그러짐, 곰팡이 발생, 부패, 변색 등

(3) 법령 또는 공권력의 발동에 의한 운송의 금지, 개봉, 몰수, 압류 또는 제3자에 대한 인도

(4) 천재지변 등 불가항력적인 사유

(3) 멸실ㆍ훼손과 운임 등(제17조)

1) 이사화물이 천재지변 등 불가항력적 사유 또는 고객의 책임 없는 사유로 전부 또는 일부 멸실되거나 수선이 불가능할 정도로 훼손된 경우 : 사업자는 그 멸실ㆍ훼손된 이사화물에 대한 운임 등은 이를 청구하지 못한다.

2) 이사화물의 성질이나 하자 등 고객의 책임 있는 사유로 전부 또는 일부 멸실되거나 수선이 불가능할 정도로 훼손된 경우 : 사업자는 멸실ㆍ훼손된 이사화물에 대한 운임 등을 청구할 수 있다.

(4) 책임의 특별소멸사유와 시효(제18조) ⭐

1) 고객이 이사화물을 인도받은 날로부터 30일 이내에 그 일부 멸실 또는 훼손의 사실을 사업자에게 통지하지 아니하면 소멸한다.

2) 고객이 이사화물을 인도받은 날로부터 1년이 경과하면 소멸(이사화물이 전부 멸실된 경우에는 약정된 인도일부터 기산)한다.

3) 사업자 또는 그 사용인이 이사화물의 일부 멸실 또는 훼손의 사실을 알면서 이를 숨기고 이사화물을 인도한 경우 : 사업자의 손해배상책임은 고객이 이사화물을 인도받은 날로부터 <u>5년간</u> 존속한다.

(5) 사고증명서의 발행과 관할법원(제19조~제20조)

1) 사업자는 고객의 요청이 있으면 이사화물이 멸실, 훼손 또는 연착된 날로부터 1년에 한하여 사고증명서를 발행한다.

2) 사업자와 고객간의 소송은 민사소송법의 관할에 관한 규정에 따른다.

❶ 사업자의 운송물의 수탁거절 사유(제12조) ★

(1) 고객(송화인)이 운송장에 **필요한 사항을 기재**하지 아니한 경우

(2) 사업자가 고객(송화인)에게 **운송에 적합하지 아니한 운송물에 대하여 필요한 포장**을 하도록 청구하거나, 고객이 승낙을 얻고자 하였으나 고객이 승낙을 거절하여 운송에 적합한 포장이 되지 않은 경우

(3) 사업자가 **운송장에 기재된 운송물의 종류와 수량**에 관하여 고객(송하인)의 동의를 얻어 그 참여하에 이를 확인하고자 하였으나 **고객이 그 확인을 거절하거나** 운송물의 종류와 수량이 운송장에 기재된 것과 다른 경우

(4) 운송물 1포장의 크기가 가로·세로·높이 세변의 합이 ( )cm를 초과하거나, 최장변이 ( )cm를 초과하는 경우

(5) 운송물 1포장의 무게가 ( )kg를 초과하는 경우

(6) 운송물 1포장의 가액이 **300만원을 초과**하는 경우

(7) 운송물의 인도예정일(시)에 따른 **운송이 불가능한** 경우

(8) 운송물이 화약류, 인화물질 등 **위험한 물건**인 경우

(9) 운송물이 밀수품, 군수품, 부정임산물 등 관계기관으로부터 **허가되지 않거나 위법한 물건**인 경우

(10) 운송물이 현금, 카드, 어음, 수표, 유가증권 등 **현금화가 가능한 물건**인 경우

(11) 운송물이 재생 불가능한 **계약서, 원고, 서류 등**인 경우

(12) 운송물이 **살아 있는 동물, 동물사체** 등인 경우

(13) 운송이 **법령, 사회질서 기타 선량한 풍속**에 반하는 경우

(14) 운송이 천재, 지변 기타 **불가항력적인 사유**로 불가능한 경우

❷ 운송물의 인도일과 부재 시 조치(제14~13조)

(1) 사업자의 운송물을 인도할 인도예정일

1) **운송장에 인도예정일의 기재가 있는 경우** : 그 기재된 날

2) **운송장에 인도예정일의 기재가 없는 경우** : 운송장에 기재된 운송물의 수탁일로부터 인도예정 장소에 따라 다음 일수에 해당하는 날

   ① **일반 지역** : 수탁일로부터 2일

   ② **도서, 산간벽지** : 수탁일로부터 3일

3) **사업자에게 수하인이 특정 일시에 사용할 운송물을 수탁한 경우** : 운송장에 기재된 인도예정일의 특정 시간까지 운송물을 인도한다.

(2) 수하인 부재시의 조치(제15조)

1) **사업자는 수하인의 부재로 인하여 운송물을 인도할 수 없는 경우** : 사업자는 고객(수화인)의 부재로 인하여 운송물을 인도할 수 없는 경우에는 고객(송화인/수화인)과 협의하여 **반송하거나**, 고객(송화인/수화인)의 요청시 고객(송화인/수화인)과 **합의된 장소에 보관**하게 할 수 있으며, 이 경우 고객(수화인)과 합의된 장소에 보관하는 때에는 고객(수화인)에 인도가 완료된 것으로 본다.

✿ 기존 '부재중 방문표'의 범죄 및 개인정보 유출 문제 등에 따라 문제를 개선하고 비대면 택배 현실을 반영하였습다. 즉 방문표를 없애고 고객과 보관 장소를 합의하여 해당 장소에 배송하는 경우 인도한 것으로 규정했습니다.

2) **사업자는 운송물의 인도 시 수하인으로부터 인도확인을 받아야 하며, 수하인의 대리인에게 운송물을 인도하였을 경우** : 수하인에게 그 사실을 통지한다.

❸ 택배표준약관상의 손해배상(제22조) ★★★

사업자는 자기 또는 사용인, 기타 운송을 위하여 사용한 자가 **운송물의 수탁, 인도, 보관 및 운송에 관하여 주의를 태만히 하지 않았음을 증명하지 못하는 한,** 아래 내용에 의하여 고객에게 운송물의 멸실, 훼손 또는 연착으로 인한 손해를 배상한다.

	고객이 운송장에 운송물의 가액을 기재한 경우	고객이 운송장에 운송물의 가액을 기재하지 않은 경우(손해배상한도액은 50만원)
(1) 전부 또는 일부 멸실된 때	* 운송장에 기재된 운송물의 가액을 기준으로 산정한 손해액 또는 고객(송하인)이 입증한 운송물의 손해액을 지급	1) 전부멸실된 때 : 운송예정일 및 예정장소의 운송물 가액을 기준으로 산정한 손해액 지급 2) 일부멸실된 때 : 인도일의 인도장소에서 운송물의 가액을 기준으로 손해액 지급
(2) 훼손된 경우	① 수선이 가능한 경우 : 실수선 비용(A/S) ② 수선이 불가능한 경우 : (1) *에 준함	1) 수선이 가능한 경우 : 실수선 비용(A/S) 2) 수선이 불가능한 경우 : (1)의 2)를 준용하여 처리
(3) 연착되고 멸실 및 훼손되지 않은 경우	① 일반적인 경우 : 인도예정일 초과일수 × 운송장기재운임액 × 50% → 다만, 운송장 기재 운임액의 200%의 한도로 함 ② 특정 일시에 사용할 운송물의 경우 : 운송장 기재 운임액의 200%를 지급	좌측 (3) 의 ① · ② 준용
(4) 연착되고 일부 멸실 또는 훼손된 때	(1)의 *, (2)의 ①, ②에 준하여 처리	(1)의 2), (2)의 1) · 2)에 준하되, '인도일'을 '인도예정일'로 한다.

- **운송물의 멸실, 훼손 또는 연착이 사업자 또는 그의 사용인의 고의 또는 중대한 과실로 인하여 발생한 때** : 사업자는 위의 표에도 불구하고, **모든 손해를 배상**한다.

(3) 사업자의 면책(제24조)

사업자는 천재지변, 기타 불가항력적인 사유에 의하여 발생한 운송물의 멸실, 훼손 또는 연착은 손해배상책임을 지지 않는다.

(4) 책임의 특별소멸사유와 시효(제25조) ★

1) 운송물의 일부 멸실 또는 훼손에 대한 사업자의 손해배상책임 : 수하인이 운송물을 **수령한 날로부터 14일 이내**에 그 일부 멸실 또는 훼손의 사실을 사업자에게 통지하지 아니하면 소멸한다.

2) 운송물의 멸실, 훼손 또는 연착에 대한 사업자의 손해배상책임 : 수하인이 운송물을 수령한 날로부터 **1년이 경과하면 소멸**한다. → 운송물이 전부 멸실된 경우에는 인도예정일로부터 기산

3) 사업자 또는 그 운송을 위탁받은 자, 기타 운송을 위하여 관여한 자가 이 운송물의 일부 멸실 또는 훼손의 사실을 알면서 이를 숨기고 운송물을 인도한 경우 : 사업자의 손해배상책임은 고객(수하인)이 운송물을 수령한 날로부터 **5년간 존속**한다.

✿ 손해배상 부분은 이사화물의 손해배상과 택배의 손해배상을 비교하여 공부하시면 좋습니다. 양자의 차이점을 비교하여 차이점과 공통점을 공부하시면 보다 효율적입니다.
그리고 화물의 책임한계 부분은 내용이 복잡하면서도 암기가 잘 되지 않습니다. 그러므로 몇 부분만 취사·선택하여 집중하는 것도 좋은 전략입니다.

PART 2 — 단원별 기출지문정리

01 (   )포장은 물품의 **수송·보관을 주목적으로** 하는 포장으로 물품이 변질되는 것을 방지하는 포장이다.

02 포장의 가장 **기본적인 기능**으로 내용물을 보호하는 기능은? (   )

03 (   )포장은 **판매를 촉진**시키는 기능, 진열판매의 편리성, 작업의 효율성을 도모하는 기능을 갖는다.

04 방수포장은 물로부터 보호, 방청포장은 금속을 (   )으로부터 보호, 방습포장은 습기로부터 보호하기 위한 포장방법이다.

05 이중포장이 필요한 물품은 무엇이 있는가? (   )

06 식품류의 경우에는 (   )으로 포장하고, 비나 눈이 올 경우는 **비닐포장 후 박스포장**을 원칙으로 한다.

07 **취급표지의 색**은 기본적으로 (   )색을 사용한다. 적색, 주황색, 황색 등의 사용은 피하는 것이 좋다.

08 **운송장의 기능**으로는 i)(   ) 기능, ii)(   ) 기능, iii) 운송요금 (   ) 기능, iv) 정보처리 기본자료, v) 배달에 대한 증빙, vi) 수입금 관리자료, vii) 행선지 분류정보의 제공기능이 있다.

09 **송하인의 운송장 기재사항**은 송하인의 (   ), (   ), (   )(수하인도 동일)와 물품의 품명, 수량, 가격, 특약사항 약관설명 확인필 자필서명, 면책확인서 자필서명(파손품 또는 냉동부패성 물품)이 있다.

10 **'지게차 꺾쇠 취급 표시'** 표지는 클램프가 (   )에는 표시해서는 안 된다.

11 **집하담당자 기재사항**으로는 (   ), (   ), (   ), 배달예정일, 운송료, 집하자 성명 및 전화번호, 수하인용 송장상 총수량 및 도착점 코드(좌측하단), 기타 물품의 운송에 필요한 사항이 있다.

12 **운송장 부착**은 원칙적으로 접수장소에서 (   )개의 화물에 (   )개의 운송장 부착한다.

13 **같은 장소로 2개 이상 보내는 물품**에 대해서는 (   )을 기재할 수 있다.

14 운송장 부착은 원칙적으로 접수 장소에서 (   )**마다 작성**하여 화물에 부착한다.

16 취급주의 스티커의 경우 **운송장 바로 우측 옆**에 붙여서 눈에 띄게 부착한다.

17 물품 정중앙 상단에 부착이 어려운 경우 **최대한 잘 보이는 곳**에 부착한다.

18 화물더미의 화물을 출하할 때에는 **위에서부터 순차적**으로 층계를 지으면서 헐어낸다.

19 화물더미의 상층과 하층에서 동시에 작업을 하지 않아야 하며, 화물의 운반은 뒷걸음질로 운반해서는 안 된다.

20 같은 종류 또는 동일 **규격끼리 적재해야** 하고, 길이가 고르지 못한 화물은 **한쪽 끝이 맞도록 적재**한다.

---

01 공업 **02** 보호성 **03** 상업 **04** 녹 **05** 가방류, 보자기류, 휴대폰 등의 고가품 **06** 스티로폼 **07** 검은
08 계약서, 화물인수증, 영수증 **09** 주소, 성명, 전화번호 **10** 직접 닿는 면 **11** 접수일자, 발송점, 도착점
12 1, 1 **13** 보조송장 **14** 매건

21 화물의 적재는 차량의 적재함 (　　)부터 좌·우로 적재하고 차량의 앞과 뒤로 중량이 치우치지 않도록 균형있게 적재한다.

22 원기둥형을 굴릴 때는 **앞으로 밀어 굴리고 뒤로 끌어서는 안 된다.**

23 둥근 화물과 볼트와 같은 세밀한 물건은 (　　)에 넣어 적재하면 된다.

24 물품을 1개 또는 여러 개를 합하여 필름으로 덮고, 이것을 **가열 수축**시켜 물품을 강하게 고정·유지하는 포장은 (　　)포장이라고 한다.

25 **낱개포장**(단위포장)이라고도 하며, 상품의 가치를 높이고 **물품 개개를 보호**하기 위한 포장은 (　　)이다.

26 바닥으로부터 높이가 2m 이상 되는 **화물너비와 인접 화물더미 사이의 간격**은 화물더비 밑부분을 기준으로 (　　)cm 이상으로 하여야 한다.

27 (　　)형의 화물은 열을 지어 **정방형을 만들고** 그 위에 열을 지어 쌓거나 열 사이에 끼어 쌓는 방법으로 하되 **외측에 제동장치**를 한다.

28 제재목(製材木)을 적치 시에는 건너지르는 대목을 (　　)개소에 놓아야 한다.

29 **두뇌작업이 필요**하거나 시간 간격을 두고 반복되는 **소량취급의 작업**은 (　　)작업으로 하는 것이 좋다.

30 화물에 적재시 무거운 화물은 적재함의 (　　) 부분에 무게가 집중될 수 있도록 적재하고, 적재물 전체의 무게중심은 적재함의 중심위치로 하는 것이 바람직하다.

31 가축이 화물칸에 완전히 차지 않을 경우 가축을 **한데 몰아 임시칸막이**를 사용한다.

32 컨테이너의 경우 어떠한 경우라도 화물의 일부가 컨테이너 밖으로 튀어나오면 안된다.

33 **트랙터 차량 캡과 적재물의 간격**을 (　　)cm 이상으로 유지해야 한다.

34 **나무상자를 파렛트에 쌓는 경우**의 붕괴방지에 많이 사용되는 방법으로 (　　) 방식이 많이 사용된다.

35 통기성이 없어 물이나 먼지를 막아주지만 **고열의 터널을 통과**하므로 상품에 따라 이용할 수 없는 것은 (　　) 방식이다.

36 (　　) 방식은 붕괴방지대책의 **자동화·기계화가 가능**하고 **비용이 저렴**하다.

37 슈링크방식처럼 **통기성은 없으나, 열처리는 행하시 않는 방식**은 (　　) 방식이나.

38 **파렛트 쌓기의 수하역**은 약 (　　)cm 정도이다.

39 파렛트의 가장자리를 높혀 **화물이 갈라지는 것을 방지**하는 방법으로 **부대화물에 효과**가 있는 것은 (　　)방식이다.

40 **부대화물에는 효과**가 있으나 상자는 진동하면 튀어 오르기 쉽다는 문제가 있는 방식은 (　　) 방식이다.

41 **파렛트 화물의 높이가 일정하다면** 적재함의 천장이나 측벽에 (　　)를 사용한다.

42 하역 시 충격이 가장 큰 것은 (　　)충격이다.

43 수하역의 경우에 낙하의 높이로서 **견하역**은 (　　)cm이다.

44 트랙터와 트레일러를 연결할 때 발생하는 충격은 (　　)충격이다.

---

21 가운데　**23** 상자　**24** 수축　**25** 개장(個裝)　**26** 10　**27** 원기둥　**28** 3　**29** 수　**30** 중간　**33** 120cm　**34** 밴드걸기　**35** 슈링크　**36** 풀붙이기 접착　**37** 스트레치　**38** 40　**39** 주연어프　**40** 슬립멈추기 시트삽입　**41** 누르는 장치　**42** 낙하　**43** 100　**44** 수평

45 수송 중의 충격으로는 수평충격, ( )충격이 있다.

46 구급차, 냉장차, 탱크차, 선전자동차 중에서 **특수용도차가 아닌 것은?** ( )

해설 덤프차, 탱크차, 합리화특장차, 소방차 등은 특수장비차이다.

47 파이프나 H형강 등 **장척물의 수송을 목적**으로 한 트레일러는 ( )트레일러이다.

48 적재량 측정방해 및 재측정을 거부하거나 적재량 측정을 위한 도로관리원의 승차요구 거부 시 벌칙은? ( )

49 사업자의 책임있는 사유로 약정된 이사화물의 인수일 2일 전까지 해제를 통지한 경우는 계약금의 ( )배액을 배상하여야 한다.

50 정상운행속도가 ( )km/h 미만 차량은 고속도로 운행제한차량이다.

51 과적차량은 **제동거리를 길어지게** 하고 **차량의 무게중심이 높아져** 사고의 위험이 높아진다.

52 총중량, 축하중, 높이, 길이를 초과한 위반이 있는 경우 ( )만원 이하의 과태료를 부과한다.

53 **풀카고, 트레일러 등 연결화물차량**의 이상기후는 적설량이 ( )cm 이상 또는 영하 ( )℃ 이하이면 운행제한 차량에 해당한다.

54 이사화물의 인수가 **사업자의 귀책사유로 약정된 인수일시로부터 2시간 이상 지연**된 경우에는 고객은 계약을 해제하고 지급한 계약금의 반환 및 계약금 ( )배액의 손해배상을 청구할 수 있다.

해설 고객의 귀책사유로 약정된 일시로부터 2시간 이상 지체된 경우 손해배상액은 계약금의 2배이다.

55 둘리(Dolly)와 조합된 세미트레일러는 ( )트레일러에 해당한다.

56 이사화물의 일부 멸실에 대한 손해배상책임은 고객의 통지없이 ( )일이 지나면 소멸된다.

57 운송장에 **인도예정일의 기재가 없는 경우** 일반지역은 수탁일로부터 ( )일, 산간벽지, 도서지역은 ( )일까지 운송물을 인도한다.

58 일반잡화 및 냉동품의 운반용으로 사용되는 ( ) 트레일러, 건설장비의 운송에 적합한 ( ) 트레일러, 대형 핫코일이나 중량블록 화물 등의 운반에 적합한 ( ) 트레일러, 일반화물이나 강재 등의 수송에 적합한 ( ) 트레일러가 있다.

59 물품을 안전박스에 적재하여야 하는 사고의 유형은 파손사고와 ( )사고이다.

60 택배운송물의 가액을 고객이 기재한 경우에 훼손되어 수선이 불가능한 경우 운송장에 기재된 **운송물의 가액을 기준**으로 산정한 손해액을 지급한다.

해설 만일 연착되고 일부 멸실 및 훼손되지 않은 때는 초과한 일수에 운송장 기재운임액의 50% 금액을 지급하되 기재운임액 200%를 한도로 한다.

61 택배운송물의 일부 멸실 또는 훼손에 대한 사업자의 손해배상책임은 수하인이 운송물을 수령한 날로부터 ( )일 이내에 그 일부 멸실 또는 훼손의 사실을 사업자에게 통지하지 아니하면 소멸한다.

해설 운송물의 일부 멸실, 훼손 또는 연착에 대한 사업자의 손해배상책임은 수하인이 운송물을 수령한 날로부터 1년이 경과하면 소멸한다.

62 자동차관리법상 화물자동차는 ( )형, 덤프형, 밴형, ( )형이 있다.

63 특수자동차의 종류로는 견인형, ( )형, ( )형이 있다.

---

45 진동　**46** 탱크차　**47** 풀(Pole)　**48** 1년 이하의 징역 혹은 1천만원 이하의 벌금　**49** 2　**50** 50　**52** 500　**53** 10, 20　**54** 6
55 풀(Full)　**56** 30　**57** 2, 3　**58** 밴, 저상식, 중저상식, 평상식　**59** 오손　**61** 14　**62** 일반, 특수용도　**63** 구난형, 특수작업형

PART 2 — 단원별 적중모의고사

01 제1회 적중모의고사

01 다음의 포장의 개념에 대한 용어는 무엇인가?

> 물품에 대한 습기, 광열, 충격 등을 고려하여 적절한 재료 등으로 물품을 포장하는 방법이다.

① 개장(個裝) ② 내장(內裝)
③ 공장(空裝) ④ 외장(外裝)

[해설] 개장(個裝)은 단위포장, 낱개포장을 말하고, 외장(外裝)은 겉포장, 외부포장을 말한다.

02 물품을 수축 필름으로 덮고, 이것을 가열 수축시켜 물품을 강하게 고정·유지하는 포장은?

① 수축포장 ② 방습포장
③ 압축포장 ④ 완충포장

03 특별품목 포장에 대한 설명으로 틀린 것은?

① 가방류, 보자기류 등의 경우 안전장치를 한 후 박스로 이중포장하여 집하한다.
② 부피가 작고 가벼운 서류 같은 물품의 경우 집하할 때 작은 박스에 넣어 포장한다.
③ 도자기, 유리병 등 깨지기 쉬운 물품의 경우 플라스틱 용기로 대체하여 충격을 완화한다.
④ 매트제품의 경우 비닐포장보다 박스포장을 하여 다른 화물로 인한 오손이 없도록 한다.

[해설] ④ 매트제품의 경우 타 화물에 의한 훼손으로 내용물의 오손이 있을 수 있으므로 **내용물을 보호할 수 있는 비닐포장**을 한다.

04 다음 중 기본형 운송장이 <u>아닌</u> 것은?

① 송하인용 운송장(포켓타입)
② 전산처리용 운송장
③ 보조운송장
④ 수하인용 운송장

[해설] ③ 참고로 **운송장의 형태**는 기본형 운송장, 보조운송장, 스티커형 운송장으로 나뉜다.

05 화물의 하역방법에 대한 설명으로 틀린 것은?

① 포대화물을 적치할 때는 기본형으로 쌓으면서 주위와 중심을 일정하게 쌓아야 한다.
② 화물더미와 인접 화물더미 사이의 간격은 밑부분을 기준으로 10cm 이상으로 해야 한다.
③ 원기둥의 화물은 열을 지어 삼각형을 만들고 외측에 제동장치를 해야 한다.
④ 제재목을 적치할 때는 건너지르는 대목을 3개소에 놓아야 한다.

[해설] ③ 삼각형이 아니라 정방형을 만든다.

06 수하역의 경우에 '요하역'의 낙하 높이는?

① 100cm 이상 ② 10cm 정도
③ 40cm 정도   ④ 50cm 정도

[해설]
① 견하역(어깨에서 화물하역 중 낙하 높이)의 낙하 높이이다.
② 요하역(허리에서 화물하역 중 낙하 높이)의 낙하의 높이이다.
③ 파렛트 쌓기의 수하역(사람의 신체를 이용하여 하역하는 것)의 낙하높이 이다.

Part 2
화물취급

01 ② 02 ① 03 ④ 04 ③ 05 ③ 06 ②

07 화물의 여러 작업에 대한 설명으로 틀린 것은?

① 화물은 가급적 세우지 말고 눕혀 놓는다.

② 사람이 손으로 하는 작업은 가능한 한 줄이고 기계로 대체한다.

③ 수제품의 경우 옆으로 눕혀 포장하고 상하구분이나 취급주의 스티커를 부착한다.

④ 박스가 물에 젖어 훼손된 경우 즉시 다른 박스로 교환한다.

해설 ③ 수제품의 경우 옆으로 눕혀 포장하지 말고 상하를 구별할 수 있는 스티커와 취급주의 스티커의 부착이 필요하다.

08 주유취급소의 위험물 취급기준에 대한 설명으로 틀린 것은?

① 자동차에 주유할 때는 이동주유설비를 사용하여 직접 주유한다.

② 간이탱크에 위험물을 주입할 때는 그에 연결된 고정주유설비의 사용을 중지한다.

③ 자동차 등에 주유할 경우 정당한 사유 없이 다른 자동차를 주차시켜서는 안 된다.

④ 유분리 장치에 고인 유류는 넘치지 않도록 수시로 퍼낸다.

해설 고정주유설비를 사용하여 직접 주유한다.

09 물이나 먼지도 막아내어 우천 시의 하역이나 야적보관도 가능한 화물 붕괴방지 방식은?

① 슈링크 방식

② 밴드 걸기 방식

③ 박스 테두리 방식

④ 슬립멈추기 시트삽입 방식

10 다음 과적차량의 단속법에서 징역이나 벌금을 부과할 수 있는 금지행위는?

① 총중량 40톤 초과, 축하중 10톤 초과, 높이 4m 초과

② 운행제한을 위반하도록 지시하거나 요구한 자

③ 임차한 화물적재차량이 운행제한을 위반하지 않도록 관리하지 아니한 임차인

④ 적재량 측정 방해(축조작)행위 및 재측정 거부한 자

해설 ①·②·③은 500만원 이하의 과태료
④ 1년 이하의 징역이나 1천만원 이하의 벌금

11 화물의 적재요령에 대한 설명으로 틀린 것은?

① 긴급을 요하는 화물은 우선 배송될 수 있도록 쉽게 꺼낼 수 있게 적재한다.

② 취급주의 스티커 부착 화물은 화물의 가장 위에 위치하도록 한다.

③ 중량화물은 적재함 하단에 적재하여 다른 화물이 훼손되지 않도록 주의한다.

④ 다수화물의 도착 시 도착하지 않은 수량을 확인한다.

해설 ② 취급주의 스티커 부착화물은 **적재함 별도공간에 위치하도록** 한다.

12 다음 중 전용특장차가 아닌 것은?

① 믹서차량

② 벌크차량

③ 측방개폐차

④ 액체수송차

해설 측방개폐차는 하역을 합리화하는 설비기기를 갖춘 합리화특장차이다. 전용특장차는 차량의 적재함을 **특수한 화물에 적합하도록 구조를** 갖춘 차량이다.

---

07 ③　08 ①　09 ①　10 ④　11 ②　12 ③

13 화물의 인계요령으로 틀린 것은?

① 대리인에게 인계할 때에도 사후조치로 수하인과 연락하여 확인한다.

② 물품을 다른 곳에 맡길 경우, 반드시 수하인과 통화하여 위치 및 연락처를 남긴다.

③ 배송 중 수하인이 직접 찾으러 오는 경우 본인 확인 후에 물품을 전달한다.

④ 당일 배송하지 못한 물품은 익일 영업시간까지 물품을 안전한 장소에 보관한다.

해설 ③ 수하인이 직접 찾으러 오는 경우에는 **본인 확인만으로 부족하고, 서명을 받아야** 한다.

14 다음 ( )에 들어갈 내용으로 맞는 것은?

> ─── <보 기> ───
> ㄱ. 택배운송물의 가액이 ( )만원을 조과하는 경우 수탁을 거절할 수 있다.
> ㄴ. 택배운송물의 가액을 기재하지 않은 경우 손해배상한도액은 ( )만원이다.

① 50, 300　　　　② 400, 100

③ 300, 50　　　　④ 200, 50

15 다음 ( )에 들어갈 내용으로 맞는 것은?

> ─── <보 기> ───
> ㄱ. 고객의 귀책사유로 이사화물의 인수가 약정된 일시로부터 ( )시간 이상 지체된 경우, 사업자는 계약을 해제하고 계약금 ( ) 액의 손해배상청구를 할 수 있다.
> ㄴ. 고객이 이사화물을 인도받은 날로부터 ( )년이 경과하면 이사화물의 멸실, 훼손 또는 연착에 대한 사업자의 손해배상책임이 소멸한다.

① 1, 3, 1　　　　② 4, 배, 2

③ 2, 배, 1　　　　④ 2, 3, 3

01 포장의 기능이 <u>아닌</u> 것은?

① 비밀성　　　　② 보호성

③ 상품성　　　　④ 효율성

해설 포장의 기능으로는 ②·③·④ 이외에 **편리성, 표시성, 판매촉진성**을 들 수 있다.

02 운송장 기능에 대한 설명으로 틀린 것은?

① 운송장에 기록된 내용과 약관에 기준한 계약이 성립된 것으로 본다.

② 사고 발생 시 운송장을 기준으로 배상하여야 한다.

③ 운송장에 회사의 수령인을 날인하여 사용함으로서 영수증의 기능을 한다.

④ 운송장에는 화물별 지출과 수입을 기록하므로 회계처리나 세금계산의 자료가 된다.

해설 운송장은 화물별 수입금을 파악하는 자료가 되는 것이지 회계자료나 세금계산의 자료가 되는 것은 아니다.

03 운송장 기재에 대한 설명으로 옳은 것은?

① 운송장은 살살 눌러 기재한다.

② 화물인수 시 고객이 직접 운송장 정보를 기입하지 않도록 한다.

③ 특약사항은 고객에게 고지하는 것으로 충분하다.

④ 같은 장소로 2개 이상 보내는 물품의 경우에는 보조송장을 기재할 수 있다.

해설 ① 운송장은 꼭꼭 눌러 기재하여 맨 뒷면까지 복사되도록 한다.
② 화물인수 시 고객이 직접 운송장 정보를 기입하도록 한다.
③ 특약사항을 고객에게 고지한 후 특약사항 약관설명 확인필에 서명을 받는다.

Part 2
화물취급

13 ③　14 ③　15 ③　┃ 01 ①　02 ④　03 ④

04 다음 취급표지와 호칭이 옳지 <u>않은</u> 것은?

① 위쌓기

② 갈고리 금지

③ 방사선 보호

④ 무게 중심 위치

해설 ④ 굴림방지

05 차량 내 적재방법에 대한 설명으로 옳은 것은?

① 가벼운 화물은 조금 높게 적재해도 된다.

② 적재물 전체의 무게중심의 위치는 뒷부분으로 하는 것이 좋다.

③ 이동거리가 가까운 경우에는 결박장치를 하지 않아도 된다.

④ 둥글고 구르기 쉬운 물건은 상자 등으로 포장한 후 적재한다.

해설 ① 가벼운 화물도 높게 적재하지 않는다.
　　 ② 적재물 전체의 무게중심의 위치는 적재함 전후·좌우의 중심위치로 하는 것이 좋다.
　　 ③ 이동거리가 가까운 경우에도 로프나 체인 등으로 단단히 묶어야 한다.

06 물품의 운반방법으로 옳은 것은?

① 가능한 물건을 신체에서 떼어 단단히 잡고 운반한다.

② 혼자서 물품을 들어올리기 힘든 것은 지렛대를 사용한다.

③ 긴 물건을 어깨에 메는 경우 앞부분의 끝을 운반자 신장보다 약간 낮게 한다.

④ 물품을 운반하는 사람과 마주치는 경우 그 발밑을 방해하지 않도록 피해준다.

해설 ① 가능한 물건을 **신체에 붙여서** 단단히 잡고 운반한다.
　　 ② 물품을 혼자 들어 올리기 힘든 것은 지렛대를 사용하는 것보다 **여러 명이 작업**하는 것이 좋다.
　　 ③ 긴 물건을 어깨에 메는 경우 앞부분의 끝을 운반자 신장보다 **약간 높게** 한다.

07 다음 〈보기〉 중 차량 내 적재방법으로 옳은 것을 묶어 놓은 것은?

> ─── <보 기> ───
> ㄱ. 적재함에 덮개를 씌우거나 화물을 결박할 때에 추락, 전도 위험이 크므로 특히 유의한다.
> ㄴ. 볼트와 같이 세밀한 물건은 부품에 체결하여 적재한다.
> ㄷ. 적재함에 화물을 결박하는 경우 옆에서 옆으로 당겨 떨어지지 않도록 주의한다.
> ㄹ. 지상에서 결박하는 사람은 한 발을 타이어 또는 차량 하단부를 밟고 당기지 않는다.
> ㅁ. 트랙터 차량의 캡과 적재물의 간격을 120cm 이내로 한다.

① ㄱ, ㄴ, ㅁ　　　　② ㄱ, ㄹ

③ ㄱ, ㄷ, ㄹ　　　　④ ㄱ, ㄴ, ㄹ

해설 ㄴ. 볼트와 같이 세밀한 물건은 **상자 등으로 포장**하여 적재한다.
　　 ㄷ. 적재함에 화물을 결박하는 경우 **앞에서 뒤로 당겨** 떨어지지 않도록 주의한다.
　　 ㅁ. 트랙터 차량의 캡과 적재물의 간격을 120cm 이상으로 한다.

08 다음 설명하는 화물의 붕괴 방지요령은?

> 나무상자를 파렛트에 쌓는 경우의 붕괴방지에 많이 사용되는 방법으로 밴드가 걸리지 않은 부분의 화물이 튀어나오는 결점이 있다.

① 밴드걸기 방식

② 주연어프 방식

③ 풀붙이기 접착 방식

④ 슈링크 방식

04 ④　**05** ④　**06** ④　**07** ②　**08** ①

09 부대화물에 효과가 있는 화물 붕괴방지 방식으로 묶어 놓은 것은?

① 밴드걸기 방식, 주연어프 방식

② 주연어프 방식, 슬립멈추기 시트 삽입 방식

③ 슈링크 방식, 수평 밴드걸기 풀붙이기 방식

④ 스트레치방식, 박스 테두리 방식

10 고속도로에서 차량을 제한하는 규정으로 틀린 것은?

① 적재물을 포함한 차량의 폭이 2.5m를 초과한 경우

② 적설량이 20cm 이상 또는 영하 20°C 이하의 이상기후일 때 연결화물차량

③ 화물적재 편중되어 전도 우려가 있는 차량

④ 액체 적재물 방류 또는 유출차량

해설 ② 적설량이 10cm 이상이다.

11 화물의 인계요령에 대하여 옳은 것은?

① 송하인의 주소와 수하인의 주소가 맞는지 확인한다.

② 지점에 도착된 물품에 대하여는 당일 배송을 원칙으로 한다.

③ 각 영업소로 분류된 물품은 수하인에게 물품의 도착사실만 알리면 된다.

④ 1인이 배송하기 힘든 물품의 경우도 원칙적으로 집하 한다.

해설 ① 수하인의 주소 및 수하인이 맞는지 확인한 후에 인계한다. 송하인의 주소까지 확인할 필요는 없다.
③ 각 영업소로 분류된 물품은 수하인에게 물품의 도착사실과 배송가능한 시간을 약속한다.
④ 1인이 배송하기 힘든 물품의 경우도 원칙적으로 집하하여서는 안 되나 도착된 물품에 대해서는 수하인에게 정중히 요청하여 같이 운반할 수 있도록 한다.

12 트레일러 중에서 가장 많이 사용되는 일반적인 것으로 공간을 적게 차지해서 후진하기가 용이한 트레일러는?

① 폴 트레일러　　② 풀 트레일러

③ 세미 트레일러　　④ 돌리(Dolly)

13 화물을 싣거나 부릴 때 발생하는 하역을 합리화하는 설비기기를 장비하고 있는 차는?

① 카고 트럭　　② 전용 특장차

③ 합리화 특장차　　④ 덤프트럭

14 사업자가 그 인수를 거절할 수 있는 이사화물이 <u>아닌</u> 것은?

① 위험물, 불결한 물품 등 다른 화물에 손해를 끼칠 염려가 있는 물건

② 미술품, 골동품 등 운송에 특별한 관리를 요하는 물건

③ 운송에 적합하도록 포장할 것을 사업자가 요청하였으나 고객이 이를 거절한 물건

④ 전자제품 및 가구류 등 인수하여 운송 시에 위험부담이 큰 경우

해설 ④ 인수를 거절할 수 있는 사유가 아니다.
①·②·③ 외에 현금, 유가증권, 귀금속, 예금통장, 신용카드, 인감 등 고객이 휴대할 수 있는 귀중품은 사업자가 그 인수를 거절할 수 있다. 하지만 사업자가 그 운송을 위한 특별한 조건을 고객과 합의한 경우에는 이를 인수할 수 있다.

09 ② 10 ② 11 ② 12 ③ 13 ③ 14 ④

15 이사화물의 멸실, 훼손 또는 연착 시 사업자가 손해를 배상할 책임을 지지 아니하는 경우로 옳지 <u>않은</u> 것은?

① 이사화물의 결함 내지는 자연적 소모

② 이사화물의 성질에 의한 발화, 폭발, 부패 등

③ 다른 차량의 과실로 인한 연쇄추돌로 발생한 운송의 지연

④ 천재지변 등 불가항력적인 사유

해설 ①·②·④ 이외에 법령 또는 공권력의 발동에 의한 운송의 금지, 개봉, 몰수, 압류 또는 제3자에 대한 인도도 손해를 배상할 책임을 지지 않는 경우이다.

03   제3회 적중모의고사

01 다음 포장 중 물품의 수송·보관을 주목적으로 하는 개념을 내포하는 포장은?

① 상업포장   ② 공업포장

③ 유연포장   ④ 방습포장

02 일반화물의 취급 표지에 대한 설명으로 <u>틀린</u> 것은?

① 취급표지의 색은 기본적으로 검은색을 사용한다.

② 위험물 표지와 혼동을 가져올 수 있는 색은 피해야 한다.

③ 적색, 주황색, 황색 등의 사용은 피하는 것이 좋다.

④ 취급표지의 전체 높이는 50mm, 100mm, 150mm의 3종류가 있다.

해설 ④ 취급표지의 전체 높이는 100mm, 150mm, 200mm의 3종류가 있다.

03 다음 취급표지와 호칭으로 옳은 것은?

① 지게차 취급 금지

② 적재 제한

③ 지게차 꺽쇠 취급표시

④ 적재 단수 제한

해설 ① 조임쇠 취급표시
② 손수레 사용 금지
③ 무게 중심 위치

04 운송장에 최소한 기록해야 할 사항들에 대한 설명으로 옳지 <u>않은</u> 것은?

① 화물의 가격은 화물이 파손, 분실 또는 배달지연 사고 시 손해배상의 기준이 된다.

② 별도 운송장으로 운영하는 경우에 운송요금의 지불을 선불, 착불, 신용으로 구분하여 표시하여야 한다.

③ 화물을 집하한 주소를 기록해야 하며, 1개의 화물에 1개의 운송장 부착이 원칙이다.

④ 책임의 소재를 확인하기 위하여 누가 집하했는지를 기록한다.

해설 ② 별도 운송장으로 운영하는 경우에는 운송요금의 지불을 선불, 착불, 신용으로 구분하여 표시하는 것은 불필요하다.

05 다음 중 운송장의 기능이 <u>아닌</u> 것은?

① 화물인수증의 기능

② 정보처리의 기본자료

③ 물품별 분류자료로서의 기능

④ 수입금의 관리자료로서의 기능

해설 ③ 행선지 분류자료로서의 기능을 하는 것이지 물품별 분류자료로서의 기능을 하는 것은 아니다.

15 ③ | 01 ②   02 ④   03 ④   04 ②   05 ③

06 화물의 하역방법에 대한 설명으로 옳은 것은?

① 화물의 크기를 고려하지 않고 하역하는 순서대로 적재한다.

② 물품을 야외에 적치할 때는 별도 장치 없이 덮개로 덮는다.

③ 화물은 한 줄로 높이 쌓는다.

④ 화물을 내려 밑바닥을 닿을 때는 무너지는 일이 있으므로 안전거리를 유지한다.

[해설] ① 화물의 크기를 고려하여 작은 화물 위에 큰 화물을 놓지 않는다.

② 물품을 야외에 적치할 때는 밑받침을 하여 부식을 방지하고 덮개로 덮어야 한다.

③ 화물은 한 줄로 높이 쌓는 것이 아니다.

07 컨테이너에 위험물을 수납하는 방법 및 주의사항에 대한 설명으로 틀린 것은?

① 개폐문의 방수와 방음상태를 점검한다.

② 수납되는 위험물 용기의 포장 및 표찰이 완전한가를 충분히 점검한다.

③ 수납이 완료되면 즉시 문을 폐쇄한다.

④ 위험물들이 상호작용하여 화학작용이 일어날 염려가 있는 경우 동일 컨테이너에 수납하지 않는다.

[해설] ① 개폐문의 방수상태를 점검하면 되고 방음상태까지 점검할 필요는 없다.

08 다음은 화물의 붕괴방지 방식 중 하나의 방식의 단점이다. 그 방식은 무엇인가?

> 통기성이 없고, 고열의 터널을 통과하므로 상품에 따라서는 이용할 수 없다.

① 밴드걸기 방식

② 주연어프 방식

③ 박스 테두리 방식

④ 슈링크 방식

09 파렛트 화물의 붕괴 방지대책의 자동화·기계화가 가능하고 비용도 저렴한 방식은?

① 풀붙이기 접착방식

② 밴드걸기 방식

③ 슬립멈추기 시트사입 방식

④ 슈링크 방식

10 화물의 인계요령으로 틀린 것은?

① 물품을 인계할 때 인수증에 정자로 서명을 받는다.

② 배송할 때 고객 불만 원인 중 가장 큰 부분은 배송직원의 대응 미숙에서 나온다.

③ 고객과의 약속불이행은 고객의 불만으로 발전하므로 배송지연이 예상되는 경우 사전에 양해를 구한다.

④ 배송확인 문의 전화를 받았을 경우 운송인은 성의껏 상담하여 배달 약속을 한다.

[해설] ④ 배송확인 문의 전화를 받았을 경우, **운송인은 임의적으로 약속하지 말고** 반드시 해당 영업소장에게 확인하여 고객에 전달한다.

11 고속도로 제한차량 및 제한상황의 차량으로 옳은 것은?

① 차량의 축하중이 '12톤'을 초과하는 경우

② 적설량 '8cm'인 때의 연결화물차량

③ 정상운행속도가 '60km/h' 미만의 차량

④ 적재물 포함 차량의 폭이 '2m'인 차량

[해설] ② 적설량이 10cm 이상이어야 한다.

③ 정상운행속도가 50km/h 미만이어야 한다.

④ 적재물 포함 차량의 폭이 2.5m 이상이어야 제한차량이다.

---

06 ④ 07 ① 08 ④ 09 ① 10 ④ 11 ①

12 파이프나 H형강 등 장척물의 수송을 목적으로 한 트레일러는?

① 풀 트레일러　　② 폴 트레일러

③ 세미 트레일러　　④ 돌리

13 차량의 적재함에 특수한 화물에 적합하도록 구조를 갖추거나 특수한 작업이 가능하도록 기계장비를 부착한 차량은?

① 카고 트럭　　② 전용 특장차

③ 합리화 특장차　　④ 측방 계폐차

14 이사화물 표준약관상 인수거절할 수 있는 사유가 <u>아닌</u> 것은?

① 현금, 유가증권, 예금통장, 신용카드 등 고객이 휴대할 수 있는 귀중품

② 다른 화물에 손해를 끼칠 염려가 있는 물건

③ 미술품, 골동품 등 특수한 관리의 필요로 다른 화물과 동시에 운송하기에 적합하지 않은 물건

④ 일반이사화물의 무게, 부피 문제로 사업자가 별도 포장을 요구한 물건

해설 ④ 운송에 적합하도록 요구한 것으로 부족하고, 고객이 이를 거절한 물건이 인수거절 사유이다.

15 다음 중 합리화 특장차가 <u>아닌</u> 것은?

① 실내 하역기기 장비차

② 측방 개폐차

③ 벌크차량

④ 시스템 차량

해설 ③ 벌크차량은 시멘트, 사료, 곡물, 화학제품, 식품 등 분립체를 자루에 담지 않고 실물상태로 운반하는 차량으로 전용특장차이다.
① 적재함 바닥면에 롤러컨베이어, 로더용레일 등을 장치함으로써 적재함 하역의 합리화를 도모하고 있는 차이다.

③ 측방 개폐차는 화물에 시트를 치거나 로프를 거는 작업을 합리화하고, 동시에 포크리프트에 의해 짐부리기를 간이화할 목적으로 개발된 것이다.

④ 시스템 차량이란 트레일러 방식의 소형트럭을 가리키며 CB(Changeable body)차 또는 탈착 보디차를 말한다.

12 ② **13** ② **14** ④ **15** ③

안전운행요령

CHAPTER 1 운전자요인과 안전운행

01 교통사고 일반론

❶ 도로교통체계를 구성하는 3요소

운전자 및 보행자를 비롯한 **도로사용자**, 도로 및 교통신호등 등의 **환경**, **차량**들이 도로교통체계를 구성하는 3요소이다.

❷ 교통사고의 3대 요인(혹은 4대 요인)

(1) 인적요인(운전자, 보행자 등)

신체, 생리, 심리, 적성, 습관, 태도 요인 등을 포함하는 개념이다.

(2) 차량요인

차량구조장치, 부속품 또는 적하(積荷) 등이다.

(3) 도로 · 환경요인

1) 도로요인

① **도로의 구조** : 도로의 선형, 노면, 차로수, 노폭, 구배 등에 관한 것이다.

② **안전시설** : 신호기, 노면표시, 방호책 등 도로의 안전시설에 관한 것을 포함한다.

2) 환경요인 : 자연환경(기상, 일광 등 자연조건), 교통환경(차량 교통량, 운행차 구성, 보행자 교통량 등), 사회환경(국민 · 운전자 · 보행자 등의 교통도덕, 정부의 교통정책 등), 구조환경(교통여건변화, 차량점검 및 정비관리자와 운전자의 책임한계 등) 등의 하부요인으로 구성된다.

❖ 일부 교통사고는 위 3대 요인(또는 4대 요인) 중 하나의 요인만으로 설명될 수 있으나 대부분의 교통사고는 둘 이상의 요인들이 복합적으로 작용하여 유발된다.

02 운전자요인과 안전운행

❶ 운전특성과 시각특성

(1) 운전특성

1) 인지판단조작

① 자동차를 운행하고 있는 운전자는 '**인지 – 판단 – 조작**'의 과정을 수없이 반복하면서 운전을 한다.

② 운전자 요인에 의한 교통사고 중 **인지과정의 결함에 의한 사고가 절반 이상**으로 가장 많으며, 이어서 판단과정의 결함, 조작과정의 결함 순이다.

③ **인적요인** : 다른 요인에 비하여 변화시키거나 수정이 상대적으로 매우 어렵다.

2) 운전자의 정보처리과정 ★

① **감각기관의 수용기로부터 입수되는 차량 내 · 외의 교통정보**(운전정보) : 구심성 신경을 통하여 정보처리부인 뇌로 전달된다.

② **정보의 처리과정** : 전달된 교통정보는 당해 운전자의 지식 · 경험 · 사고 · 판단을 바탕으로 **의사결정과정**을 거쳐 다시 원심성 신경을 통해 효과기(운동기)로 전달되어 **운전조작행위**가 이루어진다.

③ **피드백 과정** : ②와 같은 과정은 매우 짧은 순간순간 행해지며, 동시에 **수정 · 보완되는 피드백**(Feed-Back) 과정을 끊임없이 반복한다.

④ **운전과정에 영향을 미치는 운전자의 조건**

㉠ **신체 · 생리적 조건** : 피로 · 약물 · 질병 등

㉡ **심리적 조건** : 흥미 · 욕구 · 정서 등

(2) 시각특성

1) 시각 일반

① **시각의 중요성**

㉠ 운전자는 운전 중 필요한 정보를 얻기 위해 **다른 감각보다 시각에 대부분 의존**

ⓛ 앞을 볼 수 있다고 하여 자동차 운전에 필요한 시각적인 적성을 다 갖춘 것은 아님

ⓒ 도로교통법상 시력, 색채식별에 관한 기준에 미달되면 운전면허를 발급하지 않음

② **운전과 관련되는 시각의 특성** ★

㉠ 속도가 빨라질수록 시력은 떨어짐

ⓛ 속도가 빨라질수록 시야의 범위가 좁아짐

ⓒ 속도가 빨라질수록 전방주시점은 멀어짐

2) 정지시력

① **정상시력** : 정지시력이란 5m 거리에서 흰 바탕에 검정으로 그린 란돌트 고리시표(직경 7.5mm, 굵기와 틈의 폭이 각각 1.5mm)의 끊어진 틈을 식별할 수 있는 시력을 말하며, 이 경우의 정상시력은 1.0으로 나타낸다.

② **10m 거리에서 15mm 크기의 글자를 읽을 수 있을 때** : 이 경우 정상시력은 1.0이 된다. 만약 5m 떨어진 거리에서 크기 15mm의 문자를 판독할 수 있다면 이 경우의 시력은 0.5가 된다.

3) 시력기준(도로교통법 영 제45조)

① **제1종 운전면허에 필요한 시력**

㉠ **두 눈을 동시에 뜨고 잰 시력** : 0.8 이상, 양쪽 눈의 시력이 각각 0.5 이상이어야 한다.

ⓛ **한쪽 눈을 보지 못하는 사람이 보통면허를 취득하려는 경우** : 다른 쪽 눈의 시력이 **0.8 이상**이고, 수평시야가 **120도 이상**이고, 수직시야가 20도 이상이며, 중심시야 20도 내 암점(暗點) 또는 반맹(半盲)이 없어야 한다.

② **제2종 운전면허에 필요한 시력**

㉠ **두 눈을 동시에 뜨고 잰 시력** : 0.5 이상

ⓛ **한쪽 눈을 보지 못하는 사람** : 다른 쪽 눈의 시력이 0.6 이상이어야 한다.

③ **붉은색, 녹색 및 노란색을 구별**할 수 있어야 한다.

4) 동체시력 ★

① **개념** : 동체시력이란 움직이는 물체(자동차, 사람

등) 또는 움직이면서(운전하면서) 다른 자동차나 사람 등의 물체를 보는 시력을 말한다.

② **동체시력의 특성**

㉠ 동체시력은 **물체의 이동속도가 빠를수록 상대적으로 저하됨**. 즉 정지시력이 1.2인 사람이 시속 50km로 운전하면서 고정된 대상물을 볼 때의 시력은 0.7 이하로, 시속 90km이라면 시력이 0.5 이하로 떨어짐

ⓛ 동체시력은 **연령이 높을수록** 더욱 저하됨

ⓒ 동체시력은 장시간 운전에 의한 **피로상태**에서도 저하됨

5) 야간시력 ★

① **야간의 시력저하** : 해질 무렵이 가장 운전하기 힘든 시간이다. 전조등을 비추어도 주변의 밝기와 비슷하기 때문에 의외로 다른 자동차나 보행자를 보기가 어렵다.

② **야간시력과 주시대상**

㉠ **사람이 입고 있는 옷 색깔의 영향**

· 무엇인가 있다는 것을 인지하기 쉬운 옷 색깔은 흰색, 엷은 황색의 순이며 흑색이 가장 어려움

· 무엇인가가 사람이라는 것을 확인하기 쉬운 옷 색깔은 적색, 백색의 순이며 흑색이 가장 어려움

· 주시대상인 사람이 **움직이는 방향을 알아맞히는 데 가장 쉬운 옷 색깔은 적색**이며 흑색이 가장 어려움

ⓛ **통행인의 노상위치와 확인거리** : 야간에는 대향차량간의 전조등에 의한 현혹현상(눈부심 현상)으로 중앙선상의 통행인을 우측 갓길에 있는 통행인보다 확인하기 어려움

ⓒ **야간운전 주의사항** ★

· 운전자가 눈으로 확인할 수 있는 시야의 범위가 좁아짐

· 마주 오는 차의 전조등 불빛에 현혹되는 경우 물체식별이 어려워짐

· 마주 오는 차의 전조등 불빛으로 눈이 부실 때에는 시선을 약간 오른쪽으로 돌려 눈부심을 방지

- 술에 취한 사람이 차도에 뛰어드는 경우에 주의
- 전방이나 좌우 확인이 어려운 신호등 없는 교차로나 커브길 진입 직전에는 전조등(상향과 하향을 2~3회 변환)으로 자기 차가 진입하고 있음을 알려 사고를 방지
- 보행자와 자동차의 통행이 빈번한 도로에서는 항상 전조등의 방향을 하향으로 하여 운행

6) 명순응과 암순응 ★★

① 암순응

㉠ 일광 또는 조명이 **밝은 조건에서 어두운 조건으로 변할 때** 사람의 눈이 그 상황에 적응하여 시력을 회복하는 것을 말함

㉡ 맑은 날 낮시간에 터널 밖을 운행하던 운전자가 갑자기 어두운 터널 안으로 주행하는 순간 일시적으로 일어나는 운전자의 심한 시각장애를 말함

㉢ **시력회복이 명순응에 비해 매우 느림**

② 명순응

㉠ 일광 또는 조명이 **어두운 조건에서 밝은 조건으로 변할 때** 사람의 눈이 그 상황에 적응하여 시력을 회복하는 것을 말함

㉡ 암순응과는 반대로 어두운 터널을 벗어나 밝은 도로로 주행할 때 운전자가 일시적으로 주변의 눈부심으로 인해 물체가 보이지 않는 시각장애를 말함

㉢ 명순응에 걸리는 시간은 암순응보다 빨라 수초~1분에 불과함

7) 심시력 ★

① **심경각과 심시력** : 전방에 있는 **대상물까지의 거리를 목측하는 것을 심경각**이라고 하며, 그 기능을 심시력이라고 한다.

② **심시력의 결함의 영향** : 입체공간 측정의 결함으로 인한 교통사고를 초래할 수 있다.

8) 시야 ★

① 시야와 주변시력

㉠ 정지한 상태에서 눈의 초점을 고정시키고 양쪽 눈으로 볼 수 있는 범위를 시야라고 함

㉡ 정상적인 시력을 가진 사람의 **시야범위는 180°~ 200°**(시야의 범위는 자동차 속도에 반비례하여 좁아짐)

㉢ 시야 범위 안에 있는 대상물이라 하더라도 시축에서 벗어나는 시각에 따라 시력이 저하됨

㉣ 한쪽 눈의 **시야는 좌·우 각각 약 160° 정도**이며 양쪽 눈으로 **색채를 식별할 수 있는 범위는 약 70°**

㉤ 주행 중인 운전자는 전방의 한 곳에만 주의를 집중하기보다는 **시야를 넓게 갖도록 하고 주시점을 적절하게 이동시키거나 머리를 움직여** 상황에 대응하는 운전을 해야 함

② **속도와 시야** : 시야의 범위는 **자동차 속도에 반비례하여 좁아진다.** 정상시력 운전자의 정지할 때 시야범위는 약 180 ~ 200°이지만, 매시 40km로 운전 중이라면 그의 시야범위는 약 100°, 매시 70km면 약 65°, 매시 100km면 약 40°로 **속도가 높아질수록 시야의 범위는 점점 좁아진다.**

③ **주의의 정도와 시야** : 어느 특정한 곳에 주의가 집중되었을 경우의 시야범위는 **집중의 정도에 비례하여 좁아진다.**

9) 주행시공간(走行視空間)의 특성

① 속도가 빨라질수록 **주시점은 멀어지고 시야는 좁아진다.**

② 속도가 빨라질수록 가까운 곳의 풍경은 더욱 흐려지고 작고 복잡한 대상은 잘 확인되지 않는다.

❷ 사고의 심리, 운전피로, 음주운전

(1) 사고의 심리

1) 사고의 원인과 요인

① **개념** : 교통사고의 요인이란 교통사고 원인을 초래한 인자를 말한다. 그리고 요인이 반드시 결과(교통사고)로 연결되는 것은 아니다.

② **교통사고의 요인** : 교통사고의 요인은 간접적 요인·중간적 요인·직접적 요인 등 3가지로 구분된다. 여기서는 사고의 요인 중 사람(운전자)에 대한 것만 보면 다음과 같다.

㉠ **간접적 요인** : 간접적 요인은 교통사고 발생을 용이하게 한 상태를 만든 조건으로 i) 무리한 운행계획, ii) 차량 점검습관 결여, iii) 원만하지 못한 인간관계, iv) 안전운전을 위한 교육 및 지식의 결여 등을 들 수 있다.

㉡ **중간적 요인** : 교통사고와 직결되지 않는 중간적 요인으로 i)운전자의 지능과 성격, ii) 음주·과로 등, iii) 불량한 운전태도 등을 들 수 있다.

㉢ **직접적 요인** : 직접적 요인은 사고와 직접 관계 있는 요인으로 교통법규위반, 운전조작의 잘못 등을 들 수 있다.

2) 사고의 심리적 요인 : 교통사고 관련자(운전자, 보행자 등)는 그들만이 갖는 특성 혹은 특유의 심리가 있다.

① **교통사고 운전자의 특성**

㉠ 선천적 능력(타고난 심신기능의 특성) 부족

㉡ 후천적 능력(학습에 의해서 습득한 운전에 관계되는 지식과 기능) 부족

㉢ 바람직한 동기와 사회적 태도(운전상태에 대하여 인지, 판단, 조작하는 태도) 결여

㉣ 불안정한 생활환경 등

② **착각의 종류 ★**

㉠ **크기의 착각** : 어두운 곳에서는 가로폭보다 세로폭을 넓은 것으로 판단

㉡ **원근의 착각** : 작은 것은 멀리 있는 것 같이, 덜 밝은 것은 멀리 있는 것으로 느낌

㉢ **경사의 착각**
- 작은 경사는 실제보다 작게, 큰 경사는 실제보다 크게 보인다.
- 오름 경사는 실제보다 크게, 내림경사는 실제보다 작게 보인다.

㉣ **속도의 착각**
- 주시점이 가까운 좁은 시야에서는 빠르게 느껴진다 비교 대상이 먼 곳에 있을 때는 느리게 느껴진다.
- 상대 가속도감(반대방향), 상대 감속도감(동일방향)을 느낀다.

㉤ **상반의 착각**
- 주행 중 급정거 시 반대방향으로 움직이는 것처럼 보인다.
- 큰 물건들 가운데 있는 작은 물건은 작은 물건들 가운데 있는 같은 물건보다 작아 보인다.
- 한쪽 방향의 곡선을 보고 반대 방향의 곡선을 봤을 경우 실제보다 더 구부러져 있는 것처럼 보인다

③ **예측의 실수** : 감정이 격앙된 경우, 고민거리가 있는 경우, 시간에 쫓기는 경우

(2) 운전피로의 특성 ★

1) 피로의 증상은 전신에 걸쳐 나타나고 이는 대뇌의 피로(나른함, 불쾌감 등)를 불러온다.

2) 피로는 운전 작업의 생략이나 착오가 발생할 수 있다는 위험신호이다.

3) 단순한 운전피로는 휴식으로 회복되나 정신적, 심리적 피로는 회복시간이 오래 걸린다.

4) 피로와 교통사고

① 운전자의 피로가 지나치면 정상적인 운전이 곤란해져 교통사고로 연결될 수 있다.

② 운전피로는 운전조작의 잘못, 주의력 집중의 편재, 외부의 정보를 차단하는 졸음 등을 불러와 교통사고의 직·간접 원인이 된다.

③ 장시간 연속운전 중 운행계획에 휴식시간을 삽입하고 생활관리를 철저히 한다.

5) 피로와 운전착오

① 운전 작업의 착오는 **운전업무 개시 후, 종료 시, 심야나 새벽 사이에 많이 발생**한다.

② 피로의 증가는 작업타이밍의 불균형을 초래한다.

(3) 음주와 운전 ★

1) 보행자의 음주보행 뿐만 아니라 음주운전은 치명적인 교통사고로 연결되는 경우가 많다.

2) 주차 중인 자동차, 전신주, 가로시설물, 가로수 등과 같은 **정지물체 등에 충돌할 가능성이 높다.**

3) 교통사고가 발생하면 **치사율이 높고, 사고는 차량단독사고인 경우가 많다.**

4) 음주량과 체내 알콜 농도의 관계에는 개인차와 성별차가 있으며, 체내 알콜농도가 정점에 도달하는 시간의 차이가 있으나 여자가 보통 먼저 도달한다.

5) 음주의 영향은 개인차가 있고 음주 후 체내 알콜 농도가 제거되는 시간에도 개인차가 존재한다.

6) 체내 알콜은 충분한 시간이 경과해야만 제거된다.

7) 대향차의 전조등에 의한 **현혹현상 발생 시 정상 운전보다 교통사고 위험이 증가**된다.

8) 습관적 음주자가 평균적 음주자보다 체내 알콜 농도가 정점에 도달하는 시간이 빠르나 체내 알콜 농도는 평균적 음주자의 절반 수준이다.

03 보행자 및 교통약자

❶ 보행자

(1) 보행자 사고의 실태

1) 차대 사람의 사고가 가장 많은 보행유형은 어떻게 도로를 횡단하였든 **횡단 중**(횡단보도횡단, 횡단보도부근횡단, 육교부근횡단, 기타 횡단)**의 사고가 가장 많다.**

2) 다음으로 어떤 형태이든 통행 중의 사고가 많으며, 연령층별로는 어린이와 노약자가 높은 비중을 차지한다.

(2) 보행자 사고의 요인

1) **교통사고를 당했을 당시의 보행자 요인** : 교통상황을 제대로 인지하지 못한 경우가 가장 많고, 다음으로 판단착오, 동작착오의 순서로 많다.

2) **교통사고와 가장 큰 관련이 있는 교통정보 인지결함의 원인** : 술에 많이 취해 있거나 횡단 중 한쪽 방향에만 주의를 기울이거나 다른 생각을 하면서 보행하고 있는 경우 등이 있다.

3) **비횡단보도 횡단보행자의 심리** : 횡단거리 줄이려는 의도, 평소습관, 판단착오, 술에 취한 경우 등이 있다.

❷ 교통약자 ★

(1) 고령운전자

1) **의의** : 생리적·신체적 기능의 퇴화와 함께 심리적인 변화가 일어나서 자기유지와 사회적 역할 기능이 약화되고 있는 사람으로, **실정법상 노인의 개념은 65세 이상을 의미**한다.

2) **고령 운전자에 대한 인식**

① 고령자의 운전은 젊은 층에 비하여 상대적으로 신중하고 과속을 하지 않는다.

② 고령자의 운전은 젊은 층에 비하여 상대적으로 반사신경이 둔하고 돌발사태 시 대응력이 미흡하다.

③ 고령운전자의 급후진, 대형차 추종운전 등은 고령운전자를 위험에 빠뜨리고 다른 운전자에게도 불안감을 유발한다.

④ 전방의 장애물이나 자극에 대한 반응은 60대, 70대가 된다 해도 급격히 저하되거나 쇠퇴해지는 것은 아니다.

⑤ 후사경을 통해서 인지하고 반응해야 하는 동작은 연령이 증가함에 따라 크게 지연된다.

3) **고령자**(노인층) **교통안전**

① **고령자의 교통행동**

㉠ 교통안전과 관련하여 움직이는 물체에 대한 판별능력이 저하

㉡ 야간의 어두운 조명이나 대향차가 비추는 밝은 조명에 적응능력이 상대적으로 부족

㉢ 고령자는 신체적인 취약으로 인하여 어린이, 신체허약자와 함께 교통사고 피해자의 상당수를 점하고 있음

② 낮은 준법정신으로 교통법규 위반 등 사고위험 요인으로 작용

⑩ 횡단상황에서 **높은 주관적 위험지각력**을 가져 무신호나 횡단보도 이용 시 어려움이 큼

② **고령자의 교통안전 장애요인**

㉠ **시각능력** : 시력자체의 저하현상(운전에서 중요한 원점시력이 약함), 대비(contrast)능력 저하, 동체시력의 약화 현상, 원근 구별능력의 약화, 암순응에 필요한 시간 증가, 눈부심(glare)에 대한 감수성이 증가, 시야(visual field) 감소 현상, 배경색이 동일 밝기에서 색채 구별의 곤란

㉡ **청각능력** : 청각기능의 상실 또는 약화 현상, 주파수 높이의 판별 저하, 목소리 구별의 감수성 저하

㉢ **사고·신경능력** : 정보판단 처리능력이 저하, 노화에 따른 근육운동의 저하, 선택적 주의력 저하, 인지반응시간의 증가 등

③ **고령보행자의 보행행동 특징** : 고착화된 자기경직성, 도로 중앙부를 걷는 경향, 보행 궤적이 흔들거리며 보행 중에 사선횡단을 하기도 함

(2) 어린이 ★

1) 어린이 교통사고의 특징

① **학년이 낮을수록 교통사고가 많이 발생** : 중학생에 비해 취학 전 아동, 초등학교 저학년(1~3학년)에 교통사고 집중

② **사망 비율** : 보행 중(차대 사람) 교통사고를 당하여 사망하는 비율이 가장 높음

③ **시간대별 어린이 보행 사상자** : 오후 4시에서 오후 6시 사이에 가장 많음

④ **보행 중 사상자가 발생하는 장소** : 집이나 학교 근처 등 어린이 통행이 잦은 곳에서 많이 발생함

2) 어린이의 교통행동 특성

① **교통상황에 대한 주의력 부족** : 한 가지 일에 몰두하게 되면 다른 일에 대한 주의력이 급격히 떨어짐

② **모방행동이 많으며 판단력이 부족** : 옳고 그름에 대한 판단력이 부족하여 어른들의 옳지 못한 것(신호위반)도 금방 모방

③ **사고방식이 단순** : 사물이나 현상을 단순하게 이해하여 손이나 깃발을 들고 도로를 횡단하면 자동차가 멈추어 줄 것으로 생각하고 행동하는 경우가 있음

④ **추상적인 말을 잘 이해 못함** : 교통교육을 시킬 때는 더욱 구체적으로 그 이유를 잘 설명해 주고 위험을 잘 피할 수 있는 방법을 행동으로 보여주거나 이해시켜 주어야 함

⑤ **호기심이 많고 모험심이 강함** : 호기심과 강한 모험심은 키워주되 지나친 호기심과 모험심을 발휘하여 위험에 처하지 않도록 주의시켜야 함

⑥ **감정을 억제하는 능력이 약함** : 어린이들은 기분나는 대로 또는 감정이 변하는 대로 행동하는 등 충동성이 강하게 나타남

⑦ **눈에 보이지 않는 것은 없다고 생각** : 주·정차된 차량으로 인해 다가오는 차량들이 보이지 않을 때 어린이는 마치 차가 없는 것처럼 생각하고 횡단하는 경향이 있음

⑧ **제한된 주의 및 지각능력** : 어린이들은 여러 사물에 적절히 주의를 배분하지 못하고, 한 가지 사물만 집중하는 경향

3) 어린이들이 당하기 쉬운 교통사고 유형

① **도로에 갑자기 뛰어들기**

② 몸이 작은 어린이들이 부주의한 도로 횡단으로 운전자는 이를 볼 수 없는 경우가 많음

③ 차도에서 자전거 등을 타고 놀거나 골목길에서 일단 멈추지 않고 그대로 넓은 길로 달려 나오다가 자동차와 부딪치는 사고가 발생하기도 함

④ 도로상에서 위험한 놀이로 위험원에 대한 주의 결여

⑤ 차내에서는 반드시 안전벨트를 착용하게 하고 머리나 손을 창밖으로 내밀지 않도록 안전장치의 확인에 신경을 써야 함

4) 어린이가 승용차에 탑승했을 때 주의사항

① 자동차의 시트와 안전띠는 어른의 체격에 맞도록 되어 있어 가급적 **어린이는 뒷좌석 3점식 안전띠의 길이를 조정**하여 사용한다.

② 여름철, 햇볕 속에 주차시켜 둔 차의 실내온도는 50℃ 이상이 되므로 차내에 어린이를 혼자 방치하면 탈수현상과 산소부족으로 생명을 잃는 경우가 있으므로 주의해야 한다.

③ 어린이가 앞좌석에 앉으면 운전장치나 물건 등을 만져 운전에 지장을 줄 수 있고 사고의 위험도 있으므로 **반드시 뒷좌석에 태우고 도어의 안전잠금장치를 잠근 후 운행한다.**

④ 반드시 어린이는 **제일 먼저 태우고 제일 나중에 내리도록** 하며, 문은 어른이 열고 닫는다.

⑤ 어린이가 차 안에 혼자 남아 있으면 차의 시동을 걸거나 각종 장치를 만져 뜻밖의 사고가 생길 수 있으므로 어린이와 같이 차에서 떠나야 한다.

❶ 시 · 공간적 교통사고 특성

(1) **시간대별 특성** : 18 ~ 20시에 인구 10만명당 사망사고 발생건수가 2.1건으로 가장 많다.

(2) **요일별 특성** : 주중 운전자 사망사고 발생건수가 주말 대비 약 2.8배 많은 것으로 나타났다.

(3) 도시규모별 특성 : 군 단위가 29.6건으로 가장 많다.

❷ 인적 요인별 교통사고 특성

(1) **운전면허 경과년수별 특성** : 운전면허 경과년수가 15년 이상인 경우에만 집중되고 있다.

(2) **사고 직전 행동별 특성** : 직진 중(9.2건) 뿐만 아니라, 좌우회전 중(1.9건)에 사고가 집중되고 있다.

(3) **법규위반별 특성** : 안전운전의무불이행(8.2건)에만 사고가 집중되고 있다

❸ 도로환경별 교통사고의 특성

(1) **도로종류별 특성** : 운전자 사망사고 발생건수가 평균 1.8건으로 일반국도(3.4건), 특별광역시도(2.9건), 지방도(2.1건) 등에 집중되고 있다. 특이하게 고속도로에서는 고령층 운전자의 사망사고 발생 건수가 적다.

(2) **도로형태별 특성** : 운전자 사망사고 발생건수가 평균 1.8건으로 일반 단일로(7.2건) 뿐만 아니라, 교차로 내(2.2건)에서 사고가 집중되고 있다.

❹ 차량요인별 교통사고의 특성

운전자 사망사고 발생건수가 승용차뿐만 아니라 화물차, 이륜차, 원동기장치자전거에 상대적으로 사고가 집중되고 있다.

---

04 사업용자동차 위험운전행태 분석

❶ 운행기록장치와 운행기록분석시스템

(1) 운행기록장치의 정의 및 자료 관리

1) 운행기록장치 의의

① '운행기록장치'란 자동차의 속도, 위치, 방위각, 가속도, 주행거리 및 교통사고 상황 등을 기록하는 자동차의 부속 전자식 장치이다.

② 여객자동차 **운송사업자는** 그 운행하는 차량에 **운행기록장치를 장착하여야** 한다.

③ 전자식 운행기록장치의 장착 시 **이를 수평상태로 유지되도록** 한다.

④ **전자식 운행기록장치**(Digital Tachograph)**의 구조**

㉠ 운행기록 관련신호를 발생하는 센서

㉡ 신호를 변환하는 증폭장치

㉢ 시간 신호를 발생하는 타이머

㉣ 신호를 처리하여 필요한 정보로 변환하는 연산장치

㉤ 정보를 가시화 하는 표시장치

㉥ 운행기록을 저장하는 기억장치

㉦ 기억장치의 자료를 외부기기에 전달하는 전송장치

㉧ 분석 및 출력을 하는 외부기기

2) 운행기록의 보관 및 제출 방법

① 운행기록장치 장착의무자는 교통안전법에 따라 운행기록장치에 기록된 **운행기록을 6개월 동안 보관해야** 한다.

② 운송사업자는 교통행정기관 또는 한국교통안전공단이 교통안전점검, 교통안전진단 또는 교통안전관리규정의 심사 시 운행기록의 보관 및 관리상태에 대한 확인을 요구할 경우 이에 응하여야 한다.

③ 운송사업자는 차량의 운행기록이 누락 혹은 훼손되지 않도록 배열순서에 맞추어 운행기록장치 또는 저장장치(개인용 컴퓨터, 서버, CD, 휴대용 플래시메모리 저장장치 등)에 보관하여야 한다.

④ 운송사업자가 공단에 운행기록을 제출하고자 하는 경우에는 저장장치에 저장하여 인터넷을 이용하거나 무선통신을 이용하여 운행기록분석시스템으로 전송하여야 한다.

⑤ **한국교통안전공단**은 운송사업자가 제출한 운행기록 자료를 보관, 관리하여야 하며, **1초 단위의 운행기록 자료는 6개월간 저장**하여어야 한다.

(2) 운행기록분석시스템

1) 의의 : 운행기록분석시스템은 자동차의 운행정보를 실시간으로 저장하여 시시각각 변화하는 운행상황을 자동적으로 기록할 수 있는 운행기록장치를 통해 자동차의 순간속도, 분당엔진회전수(RPM), 브레이크 신호, GPS, 방위각, 가속도 등의 **운행기록 자료를 분석하는 시스템**을 말한다.

2) 목적

① 운전자의 운전행태의 개선을 유도, 교통사고를 예방할 목적으로 구축한다.

② 운전자의 과속, 급감속 등 운전자의 위험행동 등을 과학적으로 분석하는 시스템으로 분석결과를 운전자와 운수회사에 제공한다.

③ **분석항목**

㉠ 자동차의 운행경로에 대한 궤적의 표기

㉡ 운전자별·시간대별 운행속도 및 주행거리의 비교

㉢ 진로변경 횟수와 사고위험도 측정, 과속·급가속·급감속·급출발·급정지 등 위험운전 행동분석

㉣ 그 밖에 자동차의 운행 및 사고발생 상황의 확인

(3) 운행기록분석결과의 활용

교통행정기관이나 한국교통안전공단, 운송사업자는 운행기록의 분석결과를 다음과 같이 활용할 수 있다.

1) 자동차의 운행관리

2) 운전자에 대한 교육·훈련

3) 운전자의 운전습관 교정

4) 운송사업자의 교통안전관리 개선

5) 교통수단 및 운행체계의 개선

6) 교통행정기관의 운행계통 및 운행경로 개선

7) 그 밖에 사업용 자동차의 교통사고 예방을 위한 교통안전정책의 수립

CHAPTER 2 — 자동차요인과 안전운행

01 주요 안전장치

인간과 자동차는 하나의 시스템으로 움직이므로 자동차의 안전도가 확보되어야 운전자와 일체가 되어 유기적인 안전운행이 가능하다.

❶ 제동장치

제동장치는 주행하는 자동차를 감속 또는 정지시킴과 동시에 주차상태를 유지하기 위하여 필요한 장치이다.

(1) 주차 브레이크

차를 주차 또는 정차시킬 때 사용하는 제동장치로서 주로 손으로 조작하나, 일부 승용자동차의 경우 발로 조작하며, 뒷바퀴가 고정된다.

(2) 풋 브레이크

1) 주행 중에 발로써 조작하는 **주 제동장치**로서 브레이크 페달을 밟으면 페달의 바로 앞에 있는 마스터 실린더 내의 피스톤이 작동하여 브레이크 액이 압축된다.

2) 압축된 브레이크액은 파이프를 따라 휠 실린더로 전달된다.

3) 휠 실린더의 피스톤에 의해 브레이크 라이닝을 밀어 주어 타이어와 함께 회전하는 드럼을 잡아 멈추게 한다.

(3) 엔진 브레이크 ★

1) **가속 페달을 놓거나 저단기어로** 바꾸게 되면 엔진 브레이크가 작용하여 속도가 떨어진다.

2) 구동바퀴에 의해 엔진이 역으로 회전하는 것과 같이 되어 그 **회전 저항으로 제동력이 발생**하는 것이다.

3) **내리막길**에서 풋 브레이크만 사용하게 되면 라이닝의 마찰에 의해 제동력이 떨어지므로 **엔진 브레이크를 함께 사용**하는 것이 안전하다.

(4) ABS(Anti-lock Brake System) ★★

1) **의의** : 자동차 각각의 네 바퀴에 달려있는 감지기를 통해 브레이크를 밟을 때 바퀴가 잠기는 현상을 감지한 뒤 브레이크를 풀어주어 바퀴가 다시 돌도록 한 후 바퀴가 움직이면 다시 브레이크를 작동해 바퀴가 잠기도록 반복하면서 **노면의 상태에 따라 자동적으로 제동력을 제어**하여 제동 안정성을 보다 높게 확보할 수 있는 장치이다.

2) **필요성** : 빙판이나 빗길 미끄러운 노면상이나 통상의 주행에서 제동 시에 바퀴를 록(lock) 시키지 않음으로써 **브레이크가 작동하는 동안에도 핸들의 조종이 용이**하도록 하는 제동장치이다.

3) **사용 목적**

① 후륜 잠김 현상을 방지하여 **방향안정성을 확보**한다.

② 전륜 잠김 현상을 방지하여 **조종성 확보를 통해** 장애물 회피, 차로변경 및 선회가 가능하다.

③ 스키드(skid)음을 막고, 바퀴 잠김에 따른 편마모를 방지해 **타이어의 수명을 연장**한다.

4) **작동 시기**

① **매우 미끄러운 노면**에서 브레이크를 밟는 경우 (눈길, 빙판길, 빗길 등)

② 브레이크 **페달을 급하게 힘을 주어 밟는 경우** (아스팔트, 콘크리트 노면 등)

❷ 주행장치

엔진에서 발생한 동력이 최종적으로 바퀴에 전달되는 주행장치에는 **휠과 타이어**가 속한다.

(1) 휠(wheel)

1) 타이어와 함께 차량의 중량을 지지하고 **구동력과 제동력을 지면에 전달**하는 역할을 한다.

2) 휠은 **무게가 가볍고** 노면의 충격과 측력에 견딜

수 있는 강성이 있어야 한다.

3) 타이어에서 발생하는 열을 흡수하여 대기 중으로 잘 방출시켜야 한다.

(2) 타이어의 역할 ☆

1) 휠의 림에 끼워져서 일체로 회전하며 자동차가 달리거나 멈추는 것을 원활히 한다.

2) 자동차의 중량을 떠받쳐 준다.

3) 지면으로부터 받는 **충격을 흡수해 승차감을 좋게** 한다.

4) 자동차의 **진행방향을 전환**시킨다.

❸ 조향장치 ★

(1) 개 념

1) 자동차가 주행할 때는 항상 **바른 방향을 유지해**야 하고, 핸들조작이나 외부의 힘에 의해 주행방향이 잘못되었을 때는 **즉시 직전 상태로 되돌아가는 성질**이 요구된다.

2) 주행 중에는 안정성이 좋고 핸들조작이 용이하도록 **앞바퀴 정렬**이 잘되어 있어야 한다. **앞바퀴 정렬에는 토우인, 캠버, 캐스터 등이 포함**된다.

(2) **토우인**(Toe-in), **캠버**(Camber), **캐스터**(Caster) ★★★

1) 토우인(Toe-in)

① 앞바퀴를 위에서 보았을 때 **앞쪽이 뒤쪽보다 좁은 상태**를 말한다.

② 기능

㉠ 주행저항 및 구동력의 반력으로 토아웃이 되는 것을 방지하여 **타이어의 마모**를 방지한다.

㉡ 바퀴를 원활하게 회전시켜서 **핸들의 조작을 용이하게** 한다.

2) 캐스터(Caster)

① 자동차를 옆에서 보았을 때 차축과 연결되는 킹핀의 중심선이 약간 뒤로 기울어져 있는 것을 말한다.

② 주행 시 **앞바퀴에 방향성**(진행하는 방향으로 향하게 하는 것)**을 부여**한다.

③ 조향을 하였을 때 **직진 방향으로 되돌아오려는 복원력**을 준다.

3) 캠버(Camber)

① 이것은 앞바퀴가 하중을 받았을 때 아래로 **벌어지는 것을 방지**한다.

② 타이어 접지면의 중심과 킹핀의 연장선이 노면과 만나는 점과의 거리인 **옵셋을 적게 하여 핸들 조작을 가볍게** 한다.

③ 수직방향 하중에 의해 **앞차축의 휨**을 방지한다.

✿ 두문자 : **토마캐방캠휨**(토우인으로 마모방지하고, 캐스터로 방향성 잡아 캠휨하자!) → 두문자는 입으로 익히고 머리 속으로 내용을 떠올려야 합니다.

❹ 현가장치

(1) 개 념

차량의 무게를 지탱하여 차체가 직접 차축에 얹히지 않도록 하여 **도로 충격을 흡수**하여 운전자와 화물에 더욱 유연한 승차를 제공한다.

(2) 유 형 ★

1) 판스프링(Leaf spring)

① 유연한 금속층을 함께 붙인 것으로 차축은 스프링의 중앙에 놓인다.

② 스프링의 앞과 뒤가 차체에 부착되며 **주로 화물자동차에 사용**한다.

③ 특징

㉠ 구조가 간단하고 **승차감이 나쁘나 내구성이 크다.**

㉡ 판간마찰력을 이용하여 진동을 억제하나, 작은 진동에는 적합하지 않다.

2) 코일 스프링(Coil spring)

① 각 차륜에 내구성이 강한 금속 나선을 놓은 것이다.

② 코일의 상단은 차체에 부착하는 반면 하단은 차륜에 간접적으로 연결된다.

③ **승용자동차에 주로 사용**한다.

3) 비틀림 막대 스프링(Torsion bar spring)

① 뒤틀림에 의한 충격을 흡수하며, 뒤틀린 후에도 원형을 되찾는 특수금속으로 제조된다.

② 도로의 돌출과 함몰에 신축하거나 비틀려 차륜이 아래위로 움직이는 한편 차체는 수평을 유지하도록 해준다.

4) 공기 스프링(Air spring)

① 공기스프링은 고무인포[고무로 된 용기(벨로스)] 안에 압축공기를 채워 넣어 공기의 탄성을 이용한 스프링이다.

② 에어백이 신축하도록 되어 있으며 주로 **버스와 같은 대형차량에 사용**된다.

5) 충격흡수장치(쇽 업소버 ; Shock absorber)

① 노면에서 발생한 스프링의 진동을 흡수하여 **승차감을 향상**시킨다.

② 타이어와 노면의 접착성을 향상시켜 커브길이나 **빗길에 차가 튀거나 미끄러지는 현상을 방지**한다.

02 물리적 현상

❶ 속도의 현실적 개념

속도는 상대적인 것이며 중요한 것은 사고의 가능성과 사고의 회피를 가능하게 하는 데 필요한 공간과 시간이다.

❷ 원심력 ★

(1) 커브길의 원심력

1) 자동차는 커브에 고속으로 진입하면 노면을 잡고 있으려는 타이어의 접지력을 끊어버릴 만큼 **원심력이 강해진다.**

2) 원심력이 더욱 커지면 마침내 차는 도로 밖으로 기울면서 튀어나간다.

(2) 원심력이 커지는 경우

1) 원심력은 **속도가 빠를수록, 커브가 작을수록, 또 중량이 무거울수록** 커지게 된다.

2) **속도의 제곱에 비례**해서 커진다. 그러므로 매시 50km로 커브를 도는 차량은 매시 25km로 도는 차량보다 4배의 원심력을 지니는 것이다.

(3) 원심력을 줄이는 방법

1) **커브에 진입하기 전에 속도를 줄여** 타이어의 접지력(grip)이 원심력을 극복할 수 있도록 한다.

2) **노면이 젖어있거나 얼어 있으면** 타이어의 접지력은 감소하므로 저속 운행해야 한다.

❸ 스탠딩 웨이브(Standing wave) ★★

(1) **의미** : 타이어가 회전하면 이에 따라 타이어의 원주에서는 변형과 복원을 반복한다. 타이어의 회전속도가 빨라지면 접지부에서 받은 타이어의 변형(주름)이 다음 접지 시점까지도 복원되지 않고 접지의 뒤쪽에 진동의 물결이 일어나는 현상을 말한다.

(2) **발생조건과 결과** : 일반구조의 승용차용 타이어의 경우 대략 150km/h 전후의 주행속도에서 이러한 스탠딩 웨이브 현상이 발생한다. 단 조건이 나쁠 때는 150km/h 이하의 저속력에서도 발생하는 일이 있으므로 주의가 필요하다. 스탠딩 웨이브 현상이 계속되면 타이어는 쉽게 과열되고 원심력으로 인해 트레드부가 변형될 뿐 아니라 오래가지 못해 파열된다.

(3) **예방** : 속도를 낮추고 공기압을 높인다.

❹ 수막현상(Hydroplaning) ★★

(1) **의미** : 자동차가 물이 고인 노면을 고속으로 주행할 때 타이어는 그루브(타이어 홈) 사이에 있는 물을 배수하는 기능이 감소되어 물의 저항에 의해 노면으로부터 떠올라 **물위를 미끄러지듯이 되는 현상**이 발생하게 되는 현상을 말한다.

(2) **작용** : 수막현상이 발생하면 구동력이 전달되지 않는 축의 **타이어는 물과의 저항에 의해 회전속도가 감소**되고 구동축은 공회전과 같은 상태가 되기 때문에 자동차는 관성력만으로 활주하는 것이 되어 제

동력은 물론 모든 타이어는 본래의 운동기능이 소실
되어 버려 핸들로 자동차를 통제할 수 없게 된다.

(3) 수막현상의 예방

1) **고속으로 주행하지 않는다.**

2) 마모된 타이어를 사용하지 않는다.

3) **공기압을 조금 높게** 한다.

4) 배수효과가 좋은 타이어를 사용한다.

❺ 페이드(Fade) 현상 ★

**비탈길을 내려가거나 할 경우 브레이크를 반복하여
사용**하면 마찰열이 라이닝에 축적되어 브레이크의
제동력이 저하되는 경우가 있다. 이 현상을 페이드
현상이라고 하는데 그 이유는 브레이크 라이닝의 온
도상승으로 **라이닝 면의 마찰계수가 저하**되기 때문인
데 페달을 강하게 밟아도 제동이 잘 되지 않는다.

+ STUDY **워터페이드(Water fade) 현상**

브레이크 마찰재가 물에 젖어 마찰계수가 작아져 브레
이크의 제동력이 저하되는 현상이다. 물인 고인 도로에
자동차를 정차시켰거나 수중 주행을 하였을 때 이 현상
이 일어나며 브레이크가 전혀 작용되지 않을 수도 있다.
브레이크 페달을 반복해 밟으면서 천천히 주행하면 열
에 의하여 서서히 브레이크가 회복된다.

❻ 베이퍼 록(Vapour lock) 현상 ★

(1) 개념

1) 액체를 사용하는 계통에서 열에 의하여 액체가
증기(베이퍼)로 되어 어떤 부분에 갇혀 계통의 기
능이 상실되는 것을 말한다.

2) 유압식 브레이크의 휠 실린더나 브레이크 파이
프 속에서 **브레이크액이 기화하여 페달을 밟아도
스펀지를 밟는 것** 같고 유압이 전달되지 않아 브
레이크가 작용하지 않는 현상을 말한다.

(2) 원인

1) **긴 내리막길에서 계속 풋 브레이크를 사용**하여
브레이크 드럼이 과열되었을 때

2) 브레이크 드럼이나 라이닝 **간격이 작아** 라이닝이
끌리게 됨에 따라 드럼이 과열되었을 때

3) **불량한 브레이크 액을** 사용하였을 때

4) 브레이크 액의 변질로 **비등점이 저하**되었을 때

(3) **예방** : 엔진브레이크를 사용하여 저단기어를 유지
하면서 **풋 브레이크 사용을 줄인다.**

❼ 모닝 록(Morning lock) 현상 ★

(1) **의미** : 비가 자주 오거나 습도가 높은 날, 또는
오랜 시간 주차한 후에는 브레이크 드럼에 미세
한 녹이 발생하는 모닝 록(Morning Lock) 현상이 나
타나기 쉽다. 이 현상이 발생하면 브레이크 드럼
과 라이닝, 브레이크 패드와 디스크의 **마찰계수가
높아져 평소보다 브레이크가 지나치게 예민하게
작동**된다. 따라서 평소의 감각대로 제동을 하게 되
면 급제동이 되어 의외의 사고가 발생할 수 있다.

(2) **예방** : 아침에 운행을 시작할 때나 장시간 주차한
다음 운행을 시작하는 경우에는 **출발하기 전에
브레이크를 몇 차례 밟아주는 것**이 좋다. 모닝 록
현상은 서행하면서 브레이크를 몇 번 밟아주게
되면 녹이 자연히 제거되면서 해소된다.

❽ 현가장치 관련 현상

(1) **노즈 다운, 노즈 업**(Nose down, Nose up)

1) **노즈 다운**[다이브(Dive) 현상] : **자동차를 제동할 때**
바퀴는 정지하려하고 차체는 관성에 의해 이동하
려는 성질 때문에 앞 범퍼 부분이 내려가는 현상
이다.

2) **노즈 업**[스쿼트(Squat) 현상] : **자동차가 출발할 때**
구동 바퀴는 이동하려 하지만 차체는 정지하고
있기 때문에 앞 범퍼 부분이 들리는 현상이다.

(2) **자동차의 진동**

바운싱(Bouncing ; 상하 진동), 피칭(Pitching ; 앞뒤 진동),
롤링(Rolling ; 좌우 진동), 요잉(Yawing ; 차체 후부 진동)

❾ 선회 특성과 방향 안정성

일반적으로 **언더 스티어링**(앞바퀴의 사이드슬립 각도가 뒷바퀴의 사이드슬립 각도보다 클 때)의 **자동차가 방향 안정성이 크다.** 특히 아스팔트 포장도로를 장시간 고속주행할 경우에는 옆 방향의 바람에 대한 영향이 적은 언더 스티어링이 유리하다.

❖ 사이드슬립(Sideslip) : 주행 시 타이어 바퀴의 각도와 회전속도가 어긋나 옆으로 미끄러지는 현상으로 타이어의 마모를 가져오는 원인이 된다.

❿ 내륜차와 외륜차 ★★

앞바퀴의 안쪽과 뒷바퀴의 안쪽과의 차이를 내륜차(內輪差)라 하고 바깥 바퀴의 차이를 외륜차(外輪差)라고 한다. 대형차일수록 이 차이는 크다. 자동차가 전진 중 회전할 경우에는 내륜차에 의해, 또 후진 중 회전할 경우에는 외륜차에 의한 교통사고의 위험이 있다.

⓫ 타이어 마모에 영향을 주는 요소 ★

(1) 공기압

1) **공기압이 규정 압력보다 낮은 경우** : 트레드 접지면에서의 운동이 커져서 마모가 빨라진다.

2) **타이어의 공기압이 낮은 경우** : 승차감은 좋아지나, 숄더 부분에 마찰력이 집중되기 때문에 수명이 짧아지게 된다.

3) **타이어의 공기압이 높은 경우** : 승차감은 나빠지며 트레드 **중앙부분의 마모가 촉진**된다.

(2) 하중 : 하중이 커지면 타이어의 굴신이 심해져서 트레드의 접지 면적이 증가하여 트레드의 미끄러짐 정도도 커져서 마모를 촉진한다.

(3) 커브 : 차가 커브를 돌 때는 원심력이 작용하므로 이에 대항하기 위하여 타이어에 활각을 주게 되는데 **활각이 크면** 마모는 많아진다.

(4) 속도 : 속도가 증가하면 타이어의 온도도 상승하여 트레드 고무의 내마모성이 저하된다.

(5) 브레이크 : 브레이크를 밟는 횟수가 많을수록 또는 브레이크를 **밟기 직전의 속도가 빠를수록** 타이어의 마모량은 커진다.

(6) 노면 : 포장된 도로에서 타이어 수명이 100%라면 비포장도로에서의 수명은 60%에 해당되기 때문에 비포장도로에서 운행할 경우 노면에 알맞는 주행을 하여야 마모를 줄일 수 있다.

⓬ 유체자극의 현상

(1) 의미 : 고속도로에서 고속으로 주행하게 되면, 노면과 좌·우에 있는 나무나 중앙분리대의 풍경 등이 마치 물이 흐르듯이 흘러서 눈에 들어오는 느낌의 자극을 받게 된다. 속도가 빠를수록 눈에 들어오는 흐름의 자극은 더해지며, **주변의 경관은 거의 흐르는 선과 같이 되어 눈을 자극하**는데, 이것을 「유체자극」(流體刺戟)이라 한다.

(2) 영향

1) 이러한 자극을 받으면서 오랜 시간 운전을 하면, 운전자의 **눈은 몹시 피로하게** 된다.

2) 운전자는 무의식중에 유체자극을 피하기 위하여 앞차의 뒷부분에 시선을 고정시켜서 **앞차와 같은 속도로 주행하려고 하여** 주변의 정보(경관)가 거의 시계에 들어오지 않는다.

3) 점차 시계의 입체감을 잃게 되고, **속도감·거리감 등이 마비되어 점점 의식이 저하**되며, 반응도 둔해진다.

⓭ 정지거리와 정지시간 ★★★

(1) 정지거리(공주거리+제동거리)**와 정지시간**(공주시간+제동시간)

운전자가 위험을 인지하고 자동차를 정지시키려고 시작하는 순간부터 자동차가 완전히 정지할 때까지의 시간을 정지시간이라고 한다.

(2) 공주거리와 공주시간

운전자가 자동차를 정지시켜야 할 상황임을 **지각하고 브레이크 페달로 발을 옮겨 브레이크가 작동을 시작하는 순간까지의 시간을 공주시간**이라고 한다. 이때까지 자동차가 진행한 거리를 공주거리라고 한다.

✿ 공주의 한자는 空走입니다. '空'자는 비었다는 의미로 차의 주행에 영향이 없다는 것으로 연결시키면 잊어버리지 않을 겁니다.

(3) 제동거리와 제동시간

운전자가 브레이크에 발을 올려 **브레이크가 막 작동을 시작하는 순간부터 자동차가 완전히 정지할 때까지의 시간을 제동시간**이라 한다. 이때까지 자동차가 진행한 거리가 제동거리이다.

03 자동차의 일상점검 및 조치

❶ 자동차의 일상점검

(1) 원동기

1) 시동이 쉽고 잡음이 없는가?

2) 배기가스의 색이 깨끗하고 유독가스 및 매연이 없는가?

3) 엔진오일의 양이 충분하고 오염되지 않으며 누출이 없는가?

4) 연료 및 냉각수가 충분하고 새는 곳이 없는가?

5) 연료분사펌프 조속기의 봉인상태가 양호한가?

6) 배기관 및 소음기의 상태가 양호한가?

(2) 동력전달장치

1) 클러치 페달의 유동이 없고 클러치의 유격은 적당한가?

2) 변속기의 조작이 쉽고 변속기 오일의 누출은 없는가?

3) 추진축 연결부의 헐거움이나 이음은 없는가?

(3) 조향장치

1) 스티어링 휠의 유동, 느슨함, 흔들림은 없는가?

2) 조향축의 흔들림이나 손상은 없는가?

(4) 제동장치

1) 브레이크 페달을 밟았을 때 상판과의 간격은 적당한가?

2) 브레이크액의 누출은 없는가?

3) 주차 제동레버의 유격 및 당겨짐은 적당한가?

4) 브레이크 파이프 및 호스의 손상 및 연결상태는 양호한가?

5) 에어브레이크의 공기 누출은 없는가?

6) 에어탱크의 공기압은 적당한가?

(5) 완충장치

1) 새시스프링 및 쇽 업소버 이음부의 느슨함이나 손상은 없는가?

2) 새시스프링이 절손된 곳은 없는가?

3) 쇽 업소버의 오일 누출은 없는가?

(6) 주행장치

1) 휠너트(허브너트)의 느슨함은 없는가?

2) 타이어의 이상마모와 손상은 없는가?

3) 타이어의 공기압은 적당한가?

(7) 기 타

1) 와이퍼의 작동은 확실한가?

2) 유리세척액의 양은 충분한가?

3) 전조등의 광도 및 조사각도는 양호한가?

4) 후사경 및 후부반사기의 비침상태는 양호한가?

5) 등록번호판은 깨끗하며 손상이 없는가?

(8) 차량점검 및 주의사항

1) 운행 전 점검을 실시한다.

2) 적색 경고등이 들어오면 절대로 운행하지 않는다.

3) 운행 전에 조향핸들의 높이와 각도가 맞게 조정되어 있는지 점검한다.

4) 운행 중에는 조향핸들의 높이와 각도를 조정하지 않는다.

5) **주차 시에는 항상 주차브레이크를** 사용한다.

6) 주차브레이크를 작동시키지 않은 상태에서 절대로 운전석에서 떠나지 않는다.

7) 파워핸들(동력조향)이 작동되지 않더라도 트럭을 조향할 수 있으나 조향이 매우 무거움에 유의한다.

8) 트랙터 차량의 경우 트레일러 주차 브레이크는 일시적으로만 사용하고 **트레일러 브레이크만을 사용하여 주차하지 않는다.**

9) 라디에이터 캡은 주의해서 개방한다.

10) 캡을 기울일 경우에는 최대 끝 지점까지 도달하도록 기울이고 스트러트(캡 지지대)를 사용한다.

11) 캡을 기울인 후 또는 원위치 시킨 후에 엔진을 시동할 경우에는 **반드시 기어레버가 중립위치에** 있는지 다시 한 번 확인한다.

12) 캡을 기울일 때 손을 머드가드(흙받이 밀폐고무) 부위에 올려놓지 않는다(손이 끼어서 다칠 우려가 있다).

13) 컨테이너 차량은 고정장치가 작동되는지를 확인한다.

❷ 자동차 응급조치 방법

(1) 고장의 전조현상과 사고예방 ★★

1) 진동과 소리로서 알아보는 고장의 전조현상 ★

① 엔진의 점화장치 부분	
증상	주행 전 차체에 이상한 진동이 느껴질 때는 엔진에서의 고장이 주원인이다.
원인	플러그 배선이 빠져있거나 플러그 자체가 나쁠 때

② 엔진의 이음	
증상	엔진의 회전수에 비례하여 쇠가 마주치는 소리가 날 때가 있다.
조치	밸브장치에서 나는 소리로, 밸브 간극 조정으로 고쳐질 수 있다.

③ 팬벨트	
증상	**가속페달**을 힘껏 밟는 순간 '**끼익!**' **하는 소리**가 나는 경우가 많음.
원인	팬벨트 또는 기타의 V벨트가 이완되어 걸려 있는 풀리(pulley)와의 미끄러짐에 의해 일어난다.

④ 클러치부분	
원인	클러치를 밟고 있을 때 '**달달달**' **떨리는 소리**와 함께 차체가 떨리고 있는 경우

조치	이것은 클러치 릴리스 베어링의 고장으로 정비공장에 가서 교환한다.

⑤ 브레이크 부분	
증상	**브레이크 페달**을 밟아 차를 세우려고 할 때 바퀴에서 '**끼익!**' **하는 소리**가 나는 경우.
원인	브레이크 라이닝의 마모가 심하거나 라이닝에 결함이 있는 것이다.

⑥ 조향장치 부분	
증상	**핸들**이 어느 속도에 이르면 **극단적으로 흔들린다.**
원인	특히 핸들 자체에 진동이 일어나면 앞바퀴 불량이 원인일 때가 많으며, 앞차륜 정렬(휠 얼라인먼트)이 맞지 않거나 바퀴 자체의 휠 밸런스가 맞지 않을 때 주로 일어난다.

⑦ 바퀴부분	
증상	주행 중 **하체 부분에서 비틀거리는 흔들림**이 일어나는 때가 있으며, 특히 커브를 돌았을 때 휘청거리는 느낌이 들 때
원인	바퀴의 휠 너트의 이완이나 타이어의 공기가 부족할 때가 많다.

⑧ 현가장치부분	
증상	울퉁불퉁한 험한 노면 상을 달릴 때 '**딱각딱각**' **하는 소리**나 '**쿵쿵**' 하는 소리가 날 때
원인	현가장치인 쇽 업소버의 고장으로 볼 수 있다.

2) 냄새와 열로서 판단하는 고장의 전조현상 ★

① 전기장치부분	
증상	**고무 같은 것이 타는 냄새**가 날 때는 바로 차를 세워야 한다.
원인	엔진실 내의 전기배선 등의 피복이 녹아 벗겨져 합선에 의해 전선이 타면서 나는 냄새가 대부분이다.

② 브레이크 부분	
증상	**단내 같은 냄새**가 심하게 나는 경우
원인	주브레이크의 간격이 좁든가, 주차 브레이크를 당겼다 풀었으나 완전히 풀리지 않았을 경우.

③ 바퀴부분	
증상	바퀴마다 드럼에 손을 대보면 **어느 한쪽만 뜨거울 경우**

이유	브레이크 라이닝 간격이 좁아 브레이크가 끌리기 때문이다.

3) 배출가스(소음기 파이프에서 배출되는 가스)로 구분할 수 있는 고장 ★★

① **무색** : 완전연소 때 배출되는 가스의 색은 정상 상태에서 무색 또는 약간 엷은 청색을 보인다.

② **검은색**

　㉠ 농후 혼합가스가 들어가 **불완전 연소**되는 경우

　㉡ **초크** 고장이나 에어클리너 엘리먼트가 막히거나, 연료장치 고장 등이 원인이다.

③ **백색**(흰색)

　㉠ 엔진 안에서 **다량의 엔진오일**이 실린더 위로 올라와 연소되는 경우

　㉡ 헤드 개스킷 파손, 밸브의 오일 씰 노후 또는 피스톤 링의 마모 등 엔진 보링(실린더 블록의 이상 마모의 부위를 평탄하게 연마하여, 압축압력을 정상화하기 위하여 하는 절삭작업)을 할 시기가 됐음을 알려주는 것임

(2) 고장 유형별 조치방법

1) 엔진 계통

① 엔진오일의 과다소모 현상

현상	하루 평균 약 2~4리터 엔진오일이 소모된다.
점검 사항	㉠ 배기 배출가스 육안 확인 ㉡ 에어클리너 오염도 확인(과다 오염) ㉢ 블로바이가스(blow-by gas) 과다 배출 확인 ㉣ 에어클리너 청소 및 교환주기 미준수 ㉤ 엔진과 콤프레셔 피스톤 링 과다 마모
조치	㉠ 엔진 피스톤 링 교환 ㉡ 실린더 라이너 교환 ㉢ 실린더 교환이나 보링작업 ㉣ 오일팬이나 개스킷 교환 ㉤ 에어클리너 청소 및 장착 방법 준수 철저

② 엔진온도 과열현상[주행시 엔진과열(온도게이지 상승)]

점검 사항	㉠ 냉각수 및 엔진오일의 양 확인과 누출여부 확인 ㉡ 냉각팬 및 워터펌프의 작동 확인 ㉢ 팬 및 워터펌프의 벨트 확인 ㉣ 수온조절기의 열림 확인 ㉤ 라디에이터 손상 상태 및 써머스태트 작동 상태 확인
조치	㉠ 냉각수 보충　　㉡ 팬벨트의 장력조정 ㉢ 냉각팬 휴즈 및 배선상태 확인 ㉣ 팬벨트나 수온조절기 교환 ㉤ 냉각수 온도 감지센서 교환 ㉥ **외관상 결함 상태가 없을 경우의 점검** • 라디에이터 캡을 열고 냉각수의 흐름을 관찰한 후 냉각수 내 기포현상이 있는가를 확인 • 기포현상은 연소실 내 압축가스가 새고 있다는 현상(미세한 경우는 약 10~15분 정도 확인 관찰해야 함). 이 경우 실린더헤드 볼트 조임 불량 및 손상으로 수리

③ 엔진 과회전(over revolution) 현상

원인	㉠ 내리막길에서 순간적으로 고단에서 저단으로 기어변속 시(감속 시) 엔진 내부가 손상되므로 엔진 내부 확인 ㉡ 로커암 캡을 열고 푸쉬로드 휨 상태, 밸브 스템 등 손상 확인(손상 상태가 심할 경우는 실린더 블록까지 파손됨)
예방 및 조치	㉠ 과도한 엔진브레이크 사용 지양 　(내리막길 주행 시) ㉡ 최대 회전속도를 초과한 운전 금지 ㉢ 고단에서 저단으로 급격한 기어변속 금지 　(특히, 내리막길)
주의 사항	내리막길 중립상태(일명 : 후리) 운행 금지 및 최대 엔진회전수 조정볼트(봉인) 조정 금지

④ 엔진매연 과다발생 현상[엔진출력이 감소되며 매연[(흑색)이 과다 발생]

점검 사항	㉠ 엔진오일 및 필터 상태 점검 ㉡ 에어클리너 오염 상태 및 덕트 내부 상태 확인 ㉢ 블로바이 가스 발생 여부 확인 ㉣ 연료의 질 분석 및 흡·배기 밸브 간극 점검 　(소리로 확인)
조치	㉠ 출력 감소 현상과 함께 매연이 발생되는 것은 흡입 공기량(산소량) 부족으로 불완전 연소된 탄소가 나오는 것임 ㉡ 에어클리너 오염 확인 후 청소

ⓒ 에어클리너·덕트 내부 확인(부풀음 또는 폐쇄
확인하여 흡입 공기량이 충분토록 조치)

ⓔ 밸브간극 조정 실시

⑤ 엔진시동 꺼짐현상(정차 중 엔진의 시동이 꺼짐, 재시동이 불가)

점검 사항	㉠ 연료량 확인 ⓛ 연료파이프 누유 및 공기유입 확인 ⓒ 연료탱크 내 이물질 혼입 여부 확인 ⓔ 워터 세퍼레이터 공기 유입 확인
조치	㉠ 연료공급 계통의 공기빼기 작업 ⓛ 워터 세퍼레이터 공기 유입 부분 확인하여 현장에서 조치가능하면 작업에 착수(단품교환) ⓒ 작업 불가 시 응급조치하여 공장으로 입고

⑥ 혹한기 주행 중 시동꺼짐 현상(혹한기 주행 중 오르막 경사로에서 급가속 시 시동 꺼지나, 일정 시간 경과 후 재시동은 가능한 경우)

점검 사항	㉠ 연료파이프 및 호스 연결부분 에어 유입 확인 ⓛ 연료차단 솔레노이드 밸브 작동 상태 확인 ⓒ 워터 세퍼레이터 내 결빙 확인
조치	㉠ 인젝션 펌프 에어빼기 작업 ⓛ 워터 세퍼레이트 수분 제거 ⓒ 연료탱크 내 수분 제거

⑦ 엔진시동 불량 현상(초기 시동이 불량하고 시동이 꺼지는 현상을 보이는 경우)

점검 사항	㉠ 연료 파이프 에어 유입 및 누유 점검 ⓛ 펌프 내부에 이물질이 유입되어 연료공급 이 안 됨
조치	㉠ 플라이밍 펌프 작동 시 에어 유입 확인 및 에어빼기 ⓛ 플라이밍 펌프 내부의 필터 청소

2) 새시[차체(Body)를 제외한 자동차의 실제 구동을 일으키는 엔진, 동력전달장치(미션), 조향장치, 현가장치, 제동장치 등을 말함] 계통

① 덤프 작동 불량 현상(덤프 작동 시 상승 중에 적재함이 멈추는 현상)

점검 사항	㉠ P.T.O(Power Take off ; 주행용도 이외에 이용 하기 위하여 설치한 장치로 변속기의 부축기어에 공전기어를 슬라이딩시켜 동력을 인출하는 장치) **작동상태 점검**(반 클러치 정상작동) ⓛ 호이스트 오일 누출 상태 점검

ⓒ 클러치 스위치 점검

ⓔ P.T.O 스위치 작동 불량 발견

조치	㉠ 변속기의 P.T.O 스위치 내부 단선일 경우 클러치를 완전히 개방시키면 상기 현상 발 생하므로 P.T.O 스위치 교환 ⓛ 현장에서 작업 조치하고 불가능 시 공장으 로 입고

② ABS(Anti-lock Brake System) 경고등 점등

증상	주행 중 ABS 경고등 점등되다가 요철 부위 통과 후 경고등 계속 점등됨
점검 사항	㉠ 자기 진단 점검 ⓛ 휠 스피드 센서 단선 단락 ⓒ 휠 센서 단품 점검 이상 발견 ⓔ 변속기 체인지 레버 작동 시 간섭으로 커 넥터 빠짐
조치	㉠ 휠 스피드 센서 저항 측정 ⓛ 센서 불량인지 확인 및 교환 ⓒ 배선부분 불량인지 확인 및 교환

③ 주행 제동 시 차량 쏠림 현상

증상	㉠ 주행 제동 시 차량 쏠림 ⓛ 리어 앞쪽 라이닝 조기 마모 및 드럼 과열 제동 불능 ⓒ 브레이크 조기 록크 및 밀림
점검 사항	㉠ 좌·우 타이어의 공기압 점검 ⓛ 좌·우 브레이크 라이닝 간극 및 드럼손상 점검 ⓒ 브레이크 에어 및 오일 파이프 점검 ⓔ 듀얼 서킷 브레이크(Duel circuit brake) 점검 ⓜ 공기 빼기 작업 ⓗ 에어 및 오일 파이프라인 이상 발견
조치	㉠ 타이어의 공기압 좌·우 동일하게 주입 ⓛ 좌·우 브레이크 라이닝 간극 재조정 ⓒ 브레이크 드럼 교환 ⓔ 리어 앞 브레이크 커넥터의 장착 불량으로 유압 오작동

④ 제동 시 차체 진동 현상

증상	급제동 시 차체 진동이 심하고 브레이크 페달 떨림
점검 사항	㉠ 전(前)차륜 정렬상태 점검(휠 얼라이먼트) ⓛ 제동력 점검 ⓒ 브레이크 드럼 및 라이닝 점검 ⓔ 브레이크 드럼의 진원도[환봉(丸捧)이 진원 (眞圓)인지 어떤지의 여부 정도로서 원형봉이

	진정한 원형인지를 측정하여 그 오차를 수정하기 위하여 측정하는 작업] 불량
조치	㉠ 조향핸들 유격 점검 ㉡ 허브베어링 교환 또는 허브너트 재조임 ㉢ 앞 브레이크 드럼 연마 작업 또는 교환

3) 전기계통

① 와이퍼가 작동하지 않음

증상	와이퍼 작동스위치를 작동시켜도 와이퍼가 작동하지 않는 경우
점검 사항	모터가 도는지 점검
조치	㉠ **모터 작동 시** : 블레이드 암의 고정너트를 조이거나 링크기구 교환 ㉡ **모터 미작동 시** : 퓨즈, 모터, 스위치, 커넥터 점검 및 손상부품 교환

② 와이퍼 작동 시 소음발생

증상	와이퍼 작동 시 주기적으로 소음발생
점검 사항	와이퍼 암을 세워놓고 작동
조치	㉠ **소음 발생 시** : 링크기구 탈거하여 점검 ㉡ **소음 미발생 시** : 와이퍼블레이드 및 와이퍼 암 교환

③ 와셔액 분출 불량

증상	와셔액이 분출되지 않거나 분사방향이 불량
점검 사항	와셔액 분사 스위치 작동
조치	㉠ **분출이 안될 때** : 와셔액의 양을 점검하고 가는 철사로 막힌 구멍뚫기 ㉡ **분출방향 불량 시** : 가는 철사를 구멍에 넣어 분사방향 조절

④ 제동등 계속 작동

증상	미등 작동 시 브레이크 페달 미작동 시에도 제동등 계속 점등하는 경우
점검 사항	㉠ 제동등 스위치 접점 고착 점검 ㉡ 전원 연결배선 점검 ㉢ 배선의 차체 접촉 여부 점검
조치	㉠ 제동등 스위치 교환 ㉡ 전원 연결배선 교환

	㉢ 배선의 절연상태 보완

⑤ 틸트 캡 하강 후 경고등 점등

증상	㉠ 틸트 캡 하강 후 계속적으로 캡 경고등 점등 ㉡ 틸트 모터 작동 완료 상태임
점검 사항	㉠ 하강 리미트 스위치 작동상태 점검 ㉡ 록킹 실린더 누유 점검 ㉢ 틸트 경고등 스위치 정상 작동 점검 ㉣ 캡 밀착 상태 점검 ㉤ 캡 리어 우측 쇽 업소버 볼트 장착부 용접 불량 점검 ㉥ 쇽 업소버 장착 부위 정렬 불량 확인
조치	㉠ 캡 리어 우측 쇽 업소버 볼트 장착부 용접 불량 개소 정비 ㉡ 쇽 업소버 장착 부위 정렬 불량 정비 ㉢ 쇽 업소버 교환

⑥ 비상등 작동 불량

현상	비상등 작동 시 점멸은 되지만 좌측이 빠르게 점멸함
점검 사항	㉠ 좌측 비상등 전구 교환 후 동일현상 발생 여부 점검 ㉡ 커넥터 점검 ㉢ 전원 연결 정상여부 확인 ㉣ 턴 시그널 릴레이 점검
조치	턴 시그널 릴레이 교환

⑦ 수온 게이지 작동 불량

증상	주행 중 브레이크 작동 시 온도 메터 게이지 하강
점검 사항	㉠ 온도 메터 게이지 교환 후 동일현상 여부 점검 ㉡ 수온센서 교환 동일현상 여부 점검 ㉢ 배선 및 커넥터 점검 ㉣ 프레임과 엔진 배선 중간부위 과다하게 꺾임 확인 ㉤ 배선 피복은 정상이나 내부 에나멜선의 단선 확인
조치	㉠ 온도 메터 게이지 교환 ㉡ 수온센서 교환 ㉢ 배선 및 커넥터 교환 ㉣ 단선된 부위 납땜 조치 후 테이핑

❶ 가짜석유제품 목적 및 정의(석유 및 석유대체연료 사업법)

(1) 목적(제1조)

석유 수급과 가격 안정을 도모하고 석유제품과 석유대체연료의 적정한 품질을 확보함으로써 국민경제의 발전과 국민생활의 향상에 이바지함을 목적으로 한다.

(2) 용어의 정의(제2조)

1) "석유제품"이란 휘발유, 등유, 경유, 중유, 윤활유와 이에 준하는 탄화수소유 및 석유가스를 말한다.

2) "석유화학제품"이란 석유로부터 물리·화학적 공정을 거쳐 제조되는 제품 중 석유제품을 제외한 유기화학제품으로서 산업통상자원부령으로 정하는 것을 말한다.

3) "가짜석유제품"이란 자동차 및 대통령령으로 정하는 차량·기계의 연료로 사용하거나 사용하게 할 목적으로 다음 어느 하나의 방법으로 제조된 것을 말한다.

① 석유제품에 다른 석유제품(등급이 다른 석유제품을 포함)을 혼합

● 휘발유에 용제 등을 혼합, 경유에 등유 등을 혼합, 고급휘발유에 보통휘발유 혼합

② 석유제품에 다른 석유화학제품을 혼합

● 휘발유에 톨루엔 등을 혼합

③ 석유화학제품에 다른 석유화학제품을 혼합

● 톨루엔에 메탄올 등을 혼합

④ 석유제품 또는 석유화학제품에 탄소와 수소가 들어가 있는 물질을 혼합

● 경유에 바이오디젤을 혼합

❷ 가짜석유제품 제조 등의 금지(법 제29조제1항)

누구든지 다음 각 호의 가짜석유제품 제조 등의 행위를 하여서는 아니 된다.

(1) 가짜석유제품을 제조·수입·저장·운송·보관 또는 판매하는 행위

✜ 벌칙(법 제44조제3호) : 5년 이하의 징역 또는 2억원 이하의 벌금

(2) 가짜석유제품임을 알면서 사용하거나 제10조(석유판매업의 등록 등) 및 제33조(석유대체연료 판매업의 등록 등)에 따라 등록·신고하지 아니한 자가 판매하는 가짜석유제품을 사용하는 행위

✜ 과태료(법 제49조제1항제3호) : 3천만원 이하의 과태료

(3) 가짜석유제품으로 제조·사용하게 할 목적으로 석유제품·석유화학제품·석유대체연료 또는 탄소와 수소가 들어 있는 물질을 공급·판매·저장·운송 또는 보관하는 행위

✜ 벌칙(법 제44조제3호) : 5년 이하의 징역 또는 2억원 이하의 벌금

❸ 행위의 금지(법 제39조제3항)

누구든지 등유, 부생연료유, 바이오디젤, 바이오에탄올, 용제, 윤활유, 윤활기유, 선박용경유 및 석유중간제품을 「자동차관리법」 제2조제1호에 따른 자동차 및 대통령령으로 정하는 차량·기계의 연료로 사용하여서는 아니 된다.

✜ 과태료(법 제49조제1항제7호) : 3천만원 이하의 과태료

위반행위	사용량에 따른 과태료 금액				
	1백ℓ 미만	1백ℓ 이상 4백ℓ 미만	4백ℓ 이상 1킬로ℓ 미만	1킬로ℓ 이상 20킬로ℓ 미만	20킬로ℓ 이상
가짜석유제품임을 알면서 하용	2백만원	5백만원	1천만원	1천 5백만원	2천만원
등유 등을 차량의 원료로 사용	2백만원	5백만원	1천만원	1천 5백만원	2천만원

❹ 소비자신고(법 제41조의2, 산업부 고시, 한국석유관리원 규정)

(1) 신고대상

1) 가짜석유제품을 제조하거나 판매하는 행위

2) 품질부적합 제품을 제조하거나 판매하는 행위

✜ 품질부적합 제품 : 물과 침전물 혼합 등 품질기준에 벗어난 제품

3) 정량에 미달하여 판매하는 행위

4) 등유 등을 차량의 연료로 판매하는 행위

5) 석유사업자의 영업범위 및 영업방법을 위반하는
   행위 등

예 이동판매의 방법으로 자동차, 덤프트럭 등에 주유

(2) 신고 방법

신고자는 가짜석유제품 제조·판매 신고서에 증거물을 첨부하여 전화, 문서, 우편, FAX 또는 인터넷 등의 방법으로 한국석유관리원(전화 : 1588-5166, 홈페이지 : www.kpetro.or.kr), 관계 행정기관 또는 수사기관에 신고할 수 있다.

❖ 증거물 : 위반행위를 증명할 수 있는 현장 사진, 구체적인 위치 등 관련 자료(단, 주유소 등 석유판매업자의 경우 연료 구매 영수증, 차량정비내역서 등 구매 또는 피해를 증명할 증거물 제출)

❺ 포상금의 지급

위반행위별 포상금 지급기준은 다음과 같다.

구 분			포상금 지급 세부기준(업소당)	
			가짜석유 제품제조량	포상금액
1. 법 제29조를 위반하여 가짜 석유제품을 제조하는 행위			100만ℓ 이상	1,000만원
			50만ℓ 이상 100만ℓ 미만	600만원
			50만ℓ 미만	200만원
2. 법 제29조를 위반하여 가짜석유제품을 판매하는 행위	석유사업자 (등록 또는 신고 사업자)	법 제39조 제1항제1호를 위반하여 영업시설을 설치·개조하거나 그 설치·개조된 영업시설을 양수·임차하여 판매한 경우	-	200만원
		그 밖의 경우		
	비석유사업자			100만원
3. 법 제39조 제1항 제8호를 위반하는 행위	석유사업자		-	
	비석유사업자		-	
4. 품질부적합 제품을 제조하거나 판매하는 행위			-	20만원
5. 정량에 미달하여 판매하는 행위				
6. 영업범위나 영업방법을 위반하는 행위				
7. 취급제품이 아닌 제품을 보관하거나 공급하는 행위				
8. 용제 등을 보일러 또는 노용 연료로 판매하는 행위				

CHAPTER 3 — 도로요인과 안전운행

01 도로요인과 교통사고

❶ 도로요인

도로구조와 안전시설에 관한 것이다.

(1) 도로구조와 안전시설

1) 도로구조 : 도로의 선형, 노면, 차로수, 노폭, 구배 등에 관한 것이다.

2) 안전시설 : 신호기, 노면표시, 방호울타리 등 도로의 안전시설에 관한 것을 포함한다.

(2) 도로의 4가지 조건 ★

1) 형태성 : 운송수단의 통행에 용이한 형태를 갖출 것

2) 이용성 : 공중의 교통영역으로 이용되고 있는 곳

3) 공개성 : 불특정 다수인의 사람을 위해 이용이 허용되고 실제 이용되고 있는 곳

4) 교통경찰권 : 공공의 안전과 질서유지를 위하여 교통경찰권이 발동될 수 있는 장소일 것

❷ 도로의 선형과 교통사고 ★

(1) 평면선형과 교통사고

1) 외국의 조사결과에 의하면 일반도로에서는 **곡선반경이 100m 이내일 때** 사고율이 높다(특히 2차로 도로에서는 그 경향이 강함). 고속도로에서도 **곡선반경 750m를 경계로** 하여 그 값이 적어짐에 따라(곡선이 급해짐에 따라) 사고율이 높아진다.

2) 곡선부의 수가 많다고 사고율이 높아지는 것은 아니다.

3) 곡선부의 사고율에는 **시거**(視距 ; 운전자가 전방의 장애물 또는 위험요소를 인지하고 정지 혹은 장애물을 피해서 주행할 수 있는 길이), **편경사**(곡선부를 주행할 때 원심력 작용으로 차량이 전도될 위험을 막기 위해 횡단면에 안쪽으로 붙여진 경사)에 의해서도 크게 좌우된다.

4) 곡선부가 오르막 내리막의 종단경사와 중복되는 곳은 훨씬 더 사고 위험성이 높다.

5) 곡선부에서의 사고를 감소시키는 방법

① 편경사를 개선하고, 시거를 확보한다.

② 속도표지와 시선유도표지를 포함한 주의표지와 노면표시를 잘 설치한다.

6) 곡선부 방호울타리의 기능

① 자동차의 차도이탈을 방지한다.

② 탑승자의 상해 및 자동차의 파손을 감소시킨다.

③ 자동차를 정상적인 진행방향으로 복귀시킨다.

④ 운전자의 시선을 유도한다.

(2) 종단선형과 교통사고

1) 일반적으로 **종단경사**(오르막 내리막 경사)**가 커짐에 따라 사고율이 높다.**

2) **종단선형이 자주 바뀌면** 종단곡선의 정점에서 시거가 단축되어 사고가 일어나기 쉽다.

3) 양호한 선형조건에서 **제한시거가 불규칙적으로 나타나면 높은 사고율을** 나타낸다.

02 횡단면과 교통사고

❶ 차로수와 교통사고

차로수와 사고율의 관계는 아직 명확하지 않으나 **차로수가 많으면 사고가 많다.**

❷ 차로폭과 교통사고

일반적으로 횡단면의 **차로폭이 넓을수록 교통사고 예방의 효과가** 있다.

❸ 길어깨(갓길)의 역할과 교통사고 ★

⑴ 유지가 잘된 경우 **도로 미관**을 높인다.

⑵ **고장차 대피**와 사고 시 **교통의 혼잡을 방지**한다.

⑶ 여유폭으로 **교통의 안전성과 쾌적성**에 기여한다.

⑷ 유지관리 작업장이나 **지하매설물**에 대한 장소로 제공된다.

⑸ 절토부 등에서는 **곡선부의 시거가 증대**되기 때문에 교통의 안전성이 높다.

⑹ 보도 등이 없는 도로에서는 보행자 등의 통행장소로 제공된다.

❹ 중앙분리대와 교통사고

(1) 중앙분리대의 종류

1) 방호울타리형 중앙분리대 : 중앙분리대 내에 **충분한 설치 폭의 확보가 어려운 곳**에서 차량의 대향차로로의 이탈을 방지하는 곳에 비중을 두고 설치하는 형이다.

2) 연석형 중앙분리대 : 좌회전 차로의 제공이나 **향후 차로 확장에 쓰일 공간 확보**, 연석의 중앙에 잔디나 수목을 심어 **녹지공간 제공**, 운전자의 심리적 안정감에 기여하지만 차량과 충돌 시 차량을 본래의 **주행방향으로 복원해주는 기능이 미약**하다.

3) 광폭 중앙분리대 : 도로선형의 양방향 차로가 완전히 분리될 수 있는 **충분한 공간확보로 대향차량의 영향을 받지 않을 정도의 넓이를 제공**한다.

(2) 분리대의 폭이 넓은 경우

분리대를 넘어가는 횡단사고가 적고 또 전체사고에 대한 **정면충돌사고의 비율도 낮다.**

(3) 중앙분리대로 설치된 방호울타리

사고를 방지한다기보다는 사고의 유형을 변환시켜주기 때문에 효과적이다(정면충돌사고를 차량단독사고로 변환시킴으로써 위험성이 덜함).

(4) 중앙분리대의 주된 기능 ★

1) 상하 차도의 교통 분리 : 중앙선 침범에 의한 치명적 정면충돌 사고방지, 도로중심선 축의 교통마찰을 감소시켜 **교통용량을 증대**시킨다.

2) 교통처리의 유연성 : 평면교차로가 있는 도로에서는 폭이 충분할 때 좌회전 차로로 활용할 수 있어 교통처리가 유연하다.

3) 광폭 분리대의 경우 : 사고 및 고장 차량이 정지할 수 있는 여유 공간을 제공한다.

4) 보행자에 대한 안전섬 : 횡단 시 안전을 도모할 수 있다.

5) 필요에 따라 유턴(U-Turn)**을 방지** : 교통류의 혼잡을 피하여 안전성을 높일 수 있다.

6) 대향차의 현광을 방지 : 야간주행 시 전조등의 불빛을 방지할 수 있다.

7) 도로표지, 기타 교통관제시설 등을 설치할 수 있는 장소를 제공한다.

(5) 교량과 교통사고 ★

1) 교량 접근로의 폭에 비하여 **교량의 폭이 좁을수록 사고가 더 많이 발생**한다.

2) 교량의 접근로 폭과 교량의 **폭이 같을 때** 사고율이 가장 낮다.

3) 교량의 접근로 폭과 교량의 폭이 서로 다른 경우에도 교통통제시설, 즉 안전표지, 시선유도표지, 교량끝단의 **노면표시를 효과적으로 설치하는 경우 사고율을 감소시킬 수 있다.**

(6) 용어정의 ★

1) 차로수 : 양방향 차로(오르막차로, 회전차로, 변속차로 및 양보차로를 제외)의 수를 합한 것을 말한다.

2) 오르막차로 : 오르막구간에서 **저속자동차를** 다른 **자동차와 분리**하여 통행시키기 위하여 설치하는 차로를 말한다.

3) 회전차로 : 자동차가 우회전, 좌회전 또는 유턴을 할 수 있도록 직진하는 차로와 분리하여 설치하는 차로를 말한다.

4) 변속차로 : 자동차를 **가속시키거나 감속시키기** 위하여 설치하는 차로를 말한다.

5) 측대 : 운전자의 시선을 유도하고 옆 부분의 여유를 확보하기 위하여 중앙분리대 또는 길어깨에 **차도와 동일한 횡단경사와 구조로 차도에 접속하**여 설치하는 부분이다.

6) 분리대 : 차도를 통행의 방향에 따라 분리하거나 성질이 다른 같은 방향의 교통을 분리하기 위하여 설치하는 도로의 부분이나 시설물을 말한다.

7) 중앙분리대 : 차도를 통행의 방향에 따라 분리하고 옆 부분의 여유를 확보하기 위하여 도로의 **중앙에 설치하는 분리대와 측대**를 말한다.

8) 길 어깨 : 도로를 보호하고 비상시에 이용하기 위하여 **차도에 접속하여 설치하는 도로의 부분**을 말한다.

9) 종단경사 : 도로의 **진행방향 중심선의 길이에 대한 높이의 변화 비율**을 말한다.

10) 주·정차대 : 자동차의 주차 또는 정차에 이용하기 위하여 **도로에 접속하여 설치**하는 부분을 말한다.

11) 노상시설 : 보도·자전거도로·중앙분리대·길어깨 또는 환경시설대 등에 설치하는 표지판 및 방호 울타리 등 도로의 부속물(공동구를 제외)을 말한다.

12) 횡단경사 : 도로의 진행방향에 직각으로 설치하는 경사로서 도로의 **배수를 원활하게 하기 위하여 설치하는 경사**와 평면곡선부에 설치하는 편경사를 말한다.

13) 편경사 : 평면곡선부에서 **자동차가 원심력에 저항**할 수 있도록 하기 위하여 설치하는 횡단경사를 말한다.

14) 정지시거 : 운전자가 같은 차로상에 고장차등의 장애물을 **인지하고 안전하게 정지하기 위하여 필요한 거리**로서 차로 중심선상 1미터의 높이에서 그 차로의 중심선에 있는 높이 15센티미터의 물체의 맨 윗부분을 볼 수 있는 거리를 그 차로의 중심선에 따라 측정한 길이를 말한다.

15) 앞지르기시거 : 2차로 도로에서 **저속 자동차를 안전하게 앞지를 수 있는 거리**로서 차로의 중심선상 1미터의 높이에서 반대쪽 차로의 중심선에 있는 높이 1.2미터의 반대쪽 자동차를 인지하고 앞차를 안전하게 앞지를 수 있는 거리를 도로 중심선에 따라 측정한 길이를 말한다.

03 방어운전과 상황별운전

❶ 방어운전

(1) 개 념

안전운전과 방어운전은 별도의 개념이 아니라 어느 것 하나라도 소홀하는 경우 곧바로 교통사고로 연결될 수 있다.

1) 안전운전 : 운전자가 자동차를 그 본래의 목적에 따라 운행함에 있어서 **운전자 자신이 위험한 운전을 하거나 교통사고를 유발하지 않도록 주의하**여 운전하는 것을 말한다.

2) 방어운전

① **위험한 상황을 만들지 않고 운전**하는 것이다.

② 위험한 상황에 직면했을 때는 **이를 효과적으로 회피**할 수 있도록 운전하는 것이다.

(2) 방어운전의 기본

1) 능숙한 운전기술과 정확한 운전지식

2) 세심한 관찰력과 예측능력과 판단력

3) 양보와 배려의 실천과 교통상황의 정보수집

4) 꾸준한 반성과 무리한 운행 배제

(3) 실전 방어운전 방법 ★

1) 시야를 멀리 둘 것 : 운전자는 앞차의 전방까지 시야를 멀리 두고 앞차가 브레이크를 밟았을 때 즉시 브레이크를 밟을 수 있는 준비를 한다.

2) 교통량이 적은 길을 선택 : 교통량이 너무 많은 길이나 시간을 피해 운전하도록 한다.

3) 교통신호가 바뀌는 경우 : 무작정 출발하지 말고 주위 자동차의 움직임을 관찰한 후 진행한다.

4) 자기 차의 진행방향과 운전의도를 표시 : 뒤차의 움

직임을 룸미러나 사이드미러로 계속 확인하면서 방향지시등이나 비상등으로 자기 차의 진행방향과 운전 의도를 보내고 상대방이 알았는지 확인한 후에 서서히 행동한다.

5) 골목길이나 주택가에서 주행하는 경우 : 보행자가 갑자기 나타날 수 있는 골목길이나 주택가에서는 **상황을 예견하고 속도를 줄여 충돌을 피할 시간적 공간적 여유를 확보한다.**

6) 일기예보를 확인 : 기상변화에 대비해 체인이나 스노타이어 등을 미리 준비한다.

7) 눈이나 비가 올 때 : 가시거리 단축, 수막현상 등 위험요소를 염두에 두고 운전한다.

8) 과로로 피로하거나 심리적으로 흥분된 상태인 경우 : 운전을 자제한다.

9) 앞차를 뒤따라 갈 때 : 앞차가 급제동을 하더라도 추돌하지 않도록 차간거리를 충분히 유지한다.

10) **4~5대 앞차의 움직임까지 살피고**, 대형차를 뒤따라갈 때는 가능한 앞지르기를 하지 않도록 한다.

11) 뒤에 다른 차가 접근해 올 때 : 속도를 낮추고, 뒤차가 앞지르기를 하려고 하면 양보한다.

12) 교차로를 통과할 때 : 신호를 무시하고 뛰어나오는 차나 사람이 있을 수 있는지 좌우로 확인하고 서서히 주행한다.

13) 대형화물차나 버스의 바로 뒤에서 주행할 때 : 전방의 교통상황을 파악할 수 없으므로, 이럴 때는 함부로 앞지르기를 하지 않도록 하고, 또 시기를 보아서 대형차의 뒤에서 이탈해 주행한다.

14) 밤에 대향차가 전조등을 아래로 비추지 않고 접근해 올 때 : 불빛을 정면으로 보지 말고 시선을 약간 오른쪽으로 돌려보면서 감속 또는 서행하거나 일시 정지한다.

15) 밤에 산모퉁이 길을 통과할 때 : 전조등을 상향과 하향을 번갈아 켜거나 껐다 켰다 해 자신의 존재를 알리며 서행한다.

16) 횡단하려고 하거나 횡단 중인 보행자가 있을 때 : 속도를 줄이고 주의해 진행한다.

17) 이면도로에서 보행 중인 어린이가 있을 때 : 어린이와 안전한 간격을 두고 서행 또는 안전이 확보될 때까지 일시 정지한다.

18) 다른 차량과 나란히 주행하는 경우 : 다른 차량이 갑자기 뛰어들거나 내가 차로를 변경할 필요가 있을 때 꼼짝할 수 없게 되므로 가능한 한 뒤로 물러서거나 앞으로 나간다.

19) 다른 차의 옆을 통과할 때 : 상대방 차가 갑자기 진로를 변경할 수도 있으므로 미리 대비하여 충분한 간격을 두고 통과한다.

20) 신호기가 설치되어 있지 않은 교차로 : 좁은 도로로부터 우선순위를 무시하고 진입하는 자동차가 있으므로, 이런 때에는 속도를 줄이고 좌우의 안전을 확인한 다음에 통행한다.

21) 차량이 많을 때 가장 안전한 속도 : 다른 차량의 속도와 같을 때이므로 법정한도 내에서는 다른 차량과 같은 속도로 운전하고 안전한 차간거리를 유지한다.

(4) 운전상황별 안전운전

1) 출발할 때

① 차의 전·후, 좌·우는 물론 차의 밑과 위까지 안전을 확인한다.

② <u>도로의 가장자리에서 도로를 진입하는 경우</u> : 반드시 신호를 한다.

③ <u>교통류에 합류할 때</u> : 진행하는 차의 간격상태를 확인하고 합류한다.

2) 주행 시 속도조절

① <u>교통량이 많은 곳, 기상상태나 도로조건 등으로 시계조건이 나쁜 곳, 해질 무렵이나 터널 등 조명조건이 나쁠 때, 주택가나 이면도로 등, 곡선반경이 작은 도로나 신호의 설치 간격이 좁은 도로를 통과할 때</u> : 속도를 낮추어 주행한다.

② 주행하는 차들과 물 흐르듯 속도를 맞추어 주행한다.

3) 주행차로 이용

① 자기 차로를 선택하여 가능한 한 변경하지 않고 주행한다.

② 필요한 경우가 아니면 중앙의 차로를 주행하지 않는다.

③ 갑자기 차로를 바꾸지 않고 차로를 바꾸는 경우는 반드시 신호를 한다.

4) 앞지르기 할 때

① 꼭 필요한 경우와 앞지르기가 허용된 지역에서만 앞지르기한다.

② 반드시 안전을 확인한 후 앞지르기에 적당한 속도로 주행한다.

③ 앞지르기 후 뒤차의 안전을 고려하여 진입한다.

④ 앞지르기 전에 앞차에게 신호로 알린다.

5) 좌·우로 회전할 때

① 회전이 허용된 차로에서만 회전한다.

② 대향차가 교차로를 완전히 통과한 후 좌회전한다.

③ 미끄러운 노면에서는 특히 급핸들 조작으로 회전하지 않는다.

④ 회전 시에는 반드시 신호를 한다.

6) 차간거리

① 앞차에 너무 밀착하여 주행하지 않도록 한다.

② 후진 시 후방의 물체와의 거리를 확인한다.

③ 좌·우측 차량, 차 위의 물체와의 안전거리를 확인한다.

❷ 상황별 운전

(1) 교차로 ★

1) 교차로의 성질

① **교차로의 특성** : 사각이 많으며, 무리하게 통과하려는 심리가 작용하여 추돌사고가 일어나기 쉽다.

② **신호기** : 교통흐름을 **시간적으로 분리**하는 기능을 한다.

③ **입체교차로** : 교통흐름을 **공간적으로 분리**하는 기능을 한다.

2) 교차로 사고발생원인

① 앞쪽(또는 옆쪽) 상황에 소홀한 채 진행신호로 바뀌는 순간 급출발하는 경우

② 정지신호임에도 불구하고 정지선을 지나 교차로에 진입하거나 무리하게 통과를 시도하는 경우

③ 교차로 **진입 전 이미 황색신호임에도 무리하게 통과를 시도하는 경우**

3) 교차로 안전운전 및 방어운전

① **신호등이 있는 경우** : 신호등이 지시하는 신호에 따라 통행한다.

② **교통경찰관 수신호의 경우** : 교통경찰관의 지시에 따라 통행한다.

③ **신호등 없는 교차로의 경우** : 통행의 우선순위에 따라 주의하며 진행한다.

④ **언제든 정지할 수 있는 준비태세** : 교차로에서는 자전거 등 또는 어린이 등이 뛰어나올 수 있으므로 언제든 정지할 수 있도록 운전한다.

④ **섣부른 추측운전 금지** : 잘 아는 곳이라도 **반드시 자신의 눈으로 안전을 확인하고 주행한다.**

⑥ **신호가 바뀌는 순간을 주의** : 교차로 사고의 대부분은 신호가 바뀌는 순간에 발생하므로 교통 전반을 살피며 1~2초의 여유를 가지고 서서히 출발한다.

⑦ **교차로 정차 시 안전운전**

㉠ 신호를 대기할 때는 브레이크 페달에 발을 올려놓는다.

㉡ 정지할 때까지는 앞차에서 눈을 떼지 않는다.

⑧ **교차로 통과 시 안전운전**

㉠ 신호는 자기의 눈으로 확실히 확인(보는 것만이 아니고 안전을 확인).

㉡ 직진할 경우는 좌·우회전하는 차를 주의

㉢ 교차로의 대부분이 앞이 잘 보이지 않는 곳임을 알아야 함

㉣ 좌·우회전 시의 방향신호는 정확히 해야 함

㉤ 성급한 좌회전은 보행자를 간과하기 쉬움

ⓗ 차간거리를 유지하고, 맹목적으로 앞차를 따라
가지 않음

4) 교차로 황색신호

① **교차로 황색신호시간** : 통상 3초를 기본으로 운
영하지만 교차로의 크기에 따라 4~6초까지 연
장하기도 한다(6초 초과는 금기).

② **교차로 황색신호시간의 수칙** : 이미 교차로에
진입한 차량은 신속히 빠져나가야 하는 시간이
며 아직 교차로에 진입하지 못한 차량은 진입
해서는 안 된다.

③ **황색신호 시 사고유형**

㉠ 교차로 상에서 전신호 차량과 후신호 차량의 충돌

㉡ 횡단보도 전 앞차 정지 시 앞차 추돌

㉢ 횡단보도 통과 시 보행자, 자전거 또는 이륜차 충돌

㉣ 유턴 차량과의 충돌

④ **교차로 황색신호 시 안전운전 및 방어운전**

㉠ 황색신호에는 반드시 신호를 지켜 정지선에
멈출 수 있도록 자동차의 속도를 줄여 운행

㉡ 교차로에 무리하게 진입하거나 통과를 시도하
지 않음

(2) 이면도로 운전법 ★

1) 이면도로 운전의 위험성 : 이면도로는 간선도로와
달리, 여러 환경과 여건이 좋지 않기 때문에 위
험성이 많다.

① 도로폭이 좁고, 보도 등의 안전시설이 없다.

② 좁은 도로가 많이 교차하고 있다.

③ 점포와 주택 등이 밀집되어, 보행자 등이 아무
곳에서나 횡단이나 통행을 한다.

④ 길가에서 어린이들이 뛰어노는 경우가 많아 사
고발생 위험이 높다.

2) 이면도로를 안전하게 통행하는 방법

① **항상 위험을 예상하면서 운전** : 속도를 낮추고
돌발상황에 언제라도 곧 정지할 수 있는 마음으
로 운전한다.

② **위험 대상물을 계속 주시** : 어린이나 자전거
등, 손수레, 사람들이 언제 나타날지 모르므로
방심하지 말아야 한다.

(3) 커브길 ★

1) 의미 : 커브길은 도로가 왼쪽 또는 오른쪽으로 굽은
곡선부를 갖는 도로의 구간으로 **곡선반경이 짧아**
질수록 급한 커브길이 된다.

2) 커브길의 교통사고 위험

① 도로 외 이탈의 위험이 뒤따른다.

② 중앙선을 침범하여 대향차와 충돌할 위험이 있다.

③ 시야불량으로 인한 사고의 위험이 있다.

3) 커브길 주행방법

① **완만한 커브길의 주행방법**

㉠ 커브길의 편구배(경사도)나 도로의 폭을 확인하
고 가속페달에서 발을 떼어 **엔진 브레이크가**
작동되도록 하여 속도를 줄임

㉡ 엔진 브레이크만으로 속도가 충분히 떨어지지
않으면 풋 브레이크를 사용하여 실제 커브를
도는 중에 더 이상 감속할 필요가 없을 정도
까지 속도를 줄임

㉢ 커브가 끝나는 조금 앞부터 핸들을 돌려 차량
의 모양을 바르게 함

㉣ 커브길을 벗어나면 가속페달을 밟아 속도를
서서히 높임

② **급 커브길의 주행방법**

㉠ 후사경으로 오른쪽 후방의 안전을 확인하고
저단기어로 변속

㉡ 커브의 경사도나 도로의 폭을 확인하고 가속
페달에서 발을 떼어 엔진 브레이크가 작동되
도록 하여 속도를 줄이고 풋 브레이크를 사용
하여 충분히 속도를 줄임

㉢ 커브의 내각의 연장선에 차량이 이르렀을 때
핸들을 꺾음

㉣ 차가 커브를 돌았을 때 핸들을 되돌리기 시작

ⓜ 차의 속도를 서서히 높임

4) 커브길 안전운전 및 방어운전

① 급핸들 조작이나 급제동은 하지 않는다.

② 핸들을 조작할 때는 가속이나 감속을 하지 않는다.

③ 중앙선을 침범하거나 도로의 중앙으로 치우쳐 운전하지 않는다.

④ **주간에는 경음기, 야간에는 전조등을** 사용하여 내 차의 존재를 알린다.

⑤ 항상 반대차로에 차가 오고 있다는 것을 염두에 두고 차로를 준수하며 운전한다.

⑥ **커브길에서 앞지르기는 절대로 하지 않는다.**

⑦ 겨울철에은 빙판이 그대로 노면에 있는 경우가 있으므로 사전에 조심하여 운전한다.

5) 커브길에서의 핸들조작 : 슬로우 인, 패스트 아웃
(Slow-in, Fast-out) 원리에 입각하여 커브 진입직전에 핸들조작이 자유로울 정도로 속도를 감속하고, 커브가 끝나는 조금 앞에서 핸들을 조작하여 차량의 방향을 안정되게 유지한 후, 속도를 증가(가속)하여 신속하게 통과할 수 있도록 한다.

(4) 차로폭 ★

1) 개념

① **차로폭의 개념** : 어느 도로의 차선과 차선 사이의 최단거리이다.

② **차로폭의 기준** : 대개 **3.0m ~ 3.5m를 기준**으로 한다. 다만, 교량위, 터널내, 유턴차로(회전차로) 등에서 **부득이한 경우 2.75m**로 할 수 있다.

2) 차로폭에 따른 사고 위험

① **차로폭이 넓은 경우** : 운전자의 **주관적 속도감이 실제 주행속도 보다 낮게 느껴짐**에 따라 제한속도를 초과한 과속사고의 위험이 있다.

② **차로폭이 좁은 경우** : 차로수 자체가 편도 1~2차로에 불과하거나 보·차도 분리시설이나 도로정비가 미흡하고 자동차, 보행자 등이 무질서하게 혼재하는 경우가 있어 사고의 위험성이 높다.

3) 차로폭에 따른 안전운전 및 방어운전

① **차로폭이 넓은 경우** : 주관적인 판단을 가급적 자제하고 계기판의 **속도계에 표시되는 객관적인 속도를 준수**할 수 있도록 노력한다.

② **차로폭이 좁은 경우** : 보행자, 노약자, 어린이 등에 주의하여 즉시 정지할 수 있는 안전한 속도로 주행속도를 감속하여 운행한다.

(5) 언덕길 ★

1) 내리막길 안전운전 및 방어운전

① 내리막길을 내려가기 전에 **미리 감속하여 엔진 브레이크로 속도를 조절**하는 것이 좋다.

② 엔진 브레이크를 사용하면 페이드(fade) 현상을 예방하여 운행 안전도를 더욱 높일 수 있다.

③ **배기 브레이크를 사용 시 효과**

㉠ 브레이크액의 온도상승 억제에 따른 **베이퍼 록 현상을 방지**

㉡ 드럼의 온도상승을 억제하여 **페이드 현상을 방지**

㉢ 브레이크 사용 감소로 **라이닝의 수명을 증대**시킬 수 있음

④ **도로의 오르막길 경사와 내리막길 경사가 같거나 비슷한 경우** : 변속기 기어의 단수도 오르막 내리막을 동일하게 사용하는 것이 적절하다.

⑤ 커브 주행 시와 마찬가지로 중간에 불필요하게 속도를 줄이거나 급제동하는 것은 금물이다.

⑥ **비교적 경사가 가파르지 않은 긴 내리막길을 내려갈 때** : 시선은 통상 먼 곳을 바라보는 경향이 있기 때문에 가속페달을 무심코 밟지 말아야 한다.

⑦ **내리막길 기어변속방법** : 왼손은 핸들을 조정하며 오른손과 양발은 클러치 및 변속레버의 작동을 신속하게 한다.

2) 오르막길 안전운전 및 방어운전

① 정차할 때는 앞차가 뒤로 밀려 충돌할 가능성이 있으니 **충분한 차간거리를 유지**한다.

② 오르막길의 사각지대는 정상 부근이므로 마주

오는 차가 바로 앞에 다가올 때까지는 보이지 않으므로 **서행하여 위험에 대비**한다.

③ **정차 시** : 풋 브레이크와 핸드 브레이크를 같이 사용한다.

④ **출발 시** : 핸드 브레이크를 사용하는 것이 안전하다.

⑤ **오르막길에서 앞지르기 할 때** : 힘과 가속력이 좋은 **저단기어를 사용하는 것이 안전**하다.

3) 언덕길 교행 : 언덕길에서 올라가는 차량과 내려오는 차량의 교행 시에는 **내려오는 차에 통행우선권**이 있다.

(6) 앞지르기

1) 앞지르기 사고의 유형

① 앞지르기 위한 최초 진로변경 시 동일방향 좌측 후속차 또는 나란히 진행하던 차와 충돌사고

② 좌측 도로상의 보행자와 충돌, 우회전차량과의 충돌사고

③ 중앙선을 넘어 앞지르기 시 대향차와 충돌사고

❖ 중앙선이 실선인 경우 중앙선침범이 적용되고, 중앙선이 점선인 경우 일반 과실 사고로 처리된다.

④ 진행 차로 내의 앞뒤 차량과의 충돌사고

⑤ 앞 차량과의 근접주행에 따른 측면 충격사고

⑥ 경쟁 앞지르기에 따른 충돌사고

2) 앞지르기 안전운전 및 방어운전 ★

① **자차가 앞지르기 할 때** : i) 과속은 금물, ii) 앞지르기에 필요한 충분한 거리와 시야가 확보되었을 때 앞지르기를 시도, iii) 앞차가 앞지르기를 하고 있는 때나 앞차의 오른쪽으로 앞지르기 금지, iv) 점선의 중앙선을 넘어 앞지르기하는 때에는 대향차의 움직임에 주의

② **다른 차가 자차를 앞지르기 할 때** : i) 앞지르기를 시도하는 차의 속도 이하로 적절히 감속, ii) 앞지르기 금지장소나 앞지르기를 금지하는 때에도 앞지르기하는 차가 있다는 사실을 항상 염두에 둠

(7) 철길 건널목 ★

1) 건널목의 종류

① **1종 건널목** : 차단기, 경보기 및 건널목 교통안전표지를 설치하고 차단기를 주·야간 계속하여 작동시키거나 또는 건널목 안내원이 근무하는 건널목

② **2종 건널목** : 경보기와 건널목 교통안전 표지만 설치하는 건널목

③ **3종 건널목** : 건널목 교통안전 표지만 설치하는 건널목

2) 철길 건널목 안전운전 방어운전

① 일시정지 후, 좌·우의 안전을 확인한다.

② 수동변속기의 경우에는 **건널목 통과 시 기어는 변속하지 않는다**(수동변속기).

3) 건널목 건너편 여유 공간 확인 후 통과 : 앞 차량을 따라 계속 건너갈 때는 앞 차량이 건너간 맞은편에 자기 차가 들어갈 여유 공간이 있을 때 통과한다.

4) 철길 건널목 내 차량고장 대처방법

① 즉시 동승자를 대피시킨다.

② 철도공사 직원에게 알리고 차를 건널목 밖으로 이동시키도록 조치한다.

③ **시동이 걸리지 않을 때** : 기어를 1단 위치에 넣은 후 클러치 페달을 밟지 않은 상태로 엔진 키를 돌려 시동 모터의 회전력을 이용하여 **빠져나올 수 있다.**

(8) 고속도로의 운행

1) 속도의 흐름과 도로사정, 날씨 등에 따라 안전거리를 충분히 확보한다.

2) 주행 중 속도계를 수시로 확인하여 법정속도를 준수한다.

3) 차로 변경 시는 **최소한 100m 전방으로부터 방향지시등을 켜고**, 전방 주시점은 속도가 빠를수록 멀리 둔다.

4) 앞차의 움직임뿐 아니라 가능한 한 앞차 앞의 3~4대 차량의 움직임도 살핀다.

5) 고속도로 진·출입 시 속도감각에 유의하여 운전한다.

6) 고속도로 **진입 시 충분한 가속**으로 속도를 높인 후 주행차로로 진입하여 주행차에 방해를 주지 않도록 한다.

7) 주행차로 운행을 준수하고 **두 시간마다 휴식**한다.

8) 뒤차가 자기 차를 추월하고 있는 상황에서 경쟁하는 것은 위험하다.

(9) 야간운전 ★

1) 야간운전의 위험성

① **시야의 한정** : 야간에는 주간에 비해 시야가 전조등의 범위로 한정되어 **주간보다 속도를 20% 정도 감속하고 운행**한다.

② **커브길이나 길모퉁이의 야간운전** : 헤드라이트를 비춰도 회전하는 방향이 제대로 비춰지지 않아 앞이 제대로 보이지 않으므로 속도를 줄인다.

③ **자극에 대한 둔감한 반응** : 야간에 한정된 시계로 주행하다 보면 안구동작이 활발치 못해 **자극에 대한 반응이 둔해지게 되고 심하면 근육이나 뇌파의 반응도 저하**되어 졸음까지 오게 되니 주의한다.

④ **증발현상과 현혹현상** : 마주 오는 대향차가 전조등을 상향등 상태로 주행하게 되면 조명 빛으로 인해 보행자의 모습을 볼 수 없게 되는 **증발현상**과 운전자의 눈 기능이 순간적으로 저하되는 **현혹현상** 등으로 인해 교통사고를 일으키게 된다.

2) 야간 안전운전방법

① 해가 저물면 곧바로 전조등을 점등할 것

② 주간보다 속도를 낮추어 주행할 것

③ 자동차가 교행할 때에는 조명장치를 하향 조정할 것

④ 야간에 흑색이나 감색의 복장을 입은 보행자는 발견하기 곤란하므로 보행자의 확인에 더욱 세심한 주의를 기울일 것

⑤ **실내를 불필요하게 밝게** 하지 말 것

⑥ 가급적 **전조등이 비치는 곳 끝까지** 살필 것

⑦ 주간보다 안전에 대한 여유를 크게 가질 것

⑧ 대향차의 전조등을 바로 보지 말 것

⑨ 운전 시 흡연을 하지 말 것

⑩ 장거리 운행할 때에는 운행계획을 세워 적시에 휴식을 취할 것

⑪ 노상에 주·정차를 하지 말 것

⑫ 문제가 발생했을 때 정차 시는 여러 가지 안전조치를 취할 것

⑬ 술에 취한 사람이 차도에 뛰어드는 경우를 조심할 것

(10) 안개길 운전 ★

1) 안개로 인해 시야의 장애가 발생되면 우선 **차간거리를 충분히 확보**하고 앞차의 제동이나 방향지시등의 신호를 예의주시하며 천천히 주행해야 안전하다.

2) **운행 중 앞을 분간하지 못할 정도로 짙은 안개가 끼었을 때** : 차를 안전한 곳에 세우고 잠시 기다리는 것이 좋다.

3) **짙은 안개로 정차하는 경우** : 지나가는 차에게 내 자동차의 존재를 알리기 위해 **미등과 비상경고등을 점등**시켜 충돌사고 등을 예방한다.

(11) 빗길 운전 ★

1) **비가 내리기 시작한 직후** : 빗물이 차량에서 나온 오일과 도로 위에서 섞이는데 이것은 도로를 아주 미끄럽게 하므로 조심해야 한다.

2) **비가 내려 물이 고인 길을 통과할 때** : 속도를 줄이며 저속기어로 바꾸어 서행하여 통과한다.

3) **빗물이 고인 곳을 벗어난 후 주행 시 브레이크가 원활히 작동하지 않을 경우**

① **브레이크를 여러 번 나누어 밟아** 마찰열로 브레이크 패드나 라이닝의 물기를 제거한다.

② 기어를 저단으로 하여 엔진 브레이크 상태를 만든 다음 왼발로 브레이크 페달에 저항이 걸릴 정도로 밟고, 가속페달을 밟아 물기를 제거한다.

(12) 비포장도로 운전

1) 부드러운 조작 : 깨끗하게 포장된 도로와는 달리 울퉁불퉁한 비포장도로는 노면 마찰계수가 낮고 매우 미끄러우므로 페달조작이나 핸들링을 부드럽게 해야 한다.

2) 모래, 진흙 등에 빠졌을 때 : 엔진을 고속 회전시키지 않고, 몇 차례의 시도로 차가 밖으로 나오지 못하면 변속기의 손상과 엔진의 과열을 방지하기 위해 견인을 한다.

❸ 계절별 운전 ★

✿ 계절별 안전운전운 자주 출제되는 내용입니다. 어려운 내용운 없으므로 암기보다는 이해하고 숙지하시면 됩니다. 특히 계절별 안개 발생에 대한 내용운 구분하여 숙지하셔야 합니다.

(1) 봄철

1) 기상특성

① **대륙성 고기압의 활동이 약화**되고 대륙에서 분리된 고기압과 기압골이 통과힘에 따라 날씨의 변화가 심하다.

② 기온이 상승하고 낮과 밤의 일교차가 커지며 강수량은 증가한다.

2) 안전운행 및 교통사고 예방

① 보행량 및 교통량의 증가에 따라 특히 어린이 관련 교통사고가 겨울보다 많이 발생한다.

② 날씨가 풀리면서 겨우내 얼어 있던 땅이 녹아 지반 붕괴로 인한 **도로의 균열이나 낙석의 위험**이 크고, **바람과 황사현상**에 의한 시야 장애도 종종 사고의 원인으로 작용한다.

③ 추웠던 날씨가 풀리면서 **도로변에 보행자가 급증**하기 때문에 모든 운전자들은 교통상황과 무관하게 보행자 보호에 많은 주의를 기울여야 한다.

④ 어린이와 노약자들의 보행이나 교통수단 이용이 겨울에 비해 늘어나는 계절적 특성으로 **어린이 노약자 관련 교통사고가** 늘어난다.

⑤ 포근하고 화창한 외부환경으로 보행자나 운전자 모두 집중력이 떨어져 **사고발생률이 다른 계절에 비해 높다.**

⑥ **춘곤증**은 졸음운전으로 이어져 대형사고를 일으키는 원인이 될 수 있으므로 장거리 운전 시에는 충분한 휴식을 취한다.

3) 자동차관리

① 겨울을 보낸 다음에는 **전문 세차장을 찾아** 차체를 들어 올리고 구석구석 세차한다.

② 겨울을 나기 위해 필요했던 스노타이어, 체인 등 **월동장비를 잘 정리 보관**한다.

③ 주행거리와 오일의 상태에 따라 오일을 교환할 때는 **동일 등급의 오일을 사용하며 반드시 오일 필터도 함께 교환**한다.

④ 전선의 피복이 벗겨짐과 소켓 부분의 부식 여부 등을 살펴보고 낡은 배선은 새것으로 교환해주어 화재발생을 예방한다.

(2) 여름철

1) 기상특성

① 태풍을 동반한 집중 호우 및 돌발적인 악천후, 본격적인 무더위에 의해 기온이 높고 습기가 많아진다.

② **열대야 현상**으로 운전자들이 짜증을 느끼게 되고 쉽게 피로해지며 주의 집중이 어려워진다.

2) 교통상황의 특징

① **무더위, 장마 등** : 여름철의 교통사고는 무더위, 장마, 폭우로 인한 교통환경의 악화를 운전자들이 극복하지 못하여 발생되는 경우가 많다.

② **빈번한 소나기** : 장마와 갑작스런 소나기가 내리는 변덕스러운 기상변화 때문에 도로 노면의 물은 빙판 못지않게 미끄러워 교통사고를 유발시킨다는 점도 유의하여야 한다.

③ **불쾌지수의 상승** : 기온과 습도 상승으로 불쾌지수가 높아져 적절히 대응하지 못하면 이성적 통제가 어려워지며 또한 수면부족과 피로가 집중력 저하 요인으로 작용한다.

④ **태양열 아래에 오랜 시간 주차하는 경우** : 기온이 상승하면 차량의 실내 온도는 매우 뜨거우므로 출발하기 전에 창문을 열어 실내의 더운 공

기를 환기시키고 에어컨을 최대로 커서 **실내의 더운 공기가 빠져나간 다음에 운행**하는 것이 좋다.

⑤ **주행중 엔진이 꺼지는 경우** : 기온이 높아 운행 도중 엔진이 꺼지는 경우 자동차를 길 가장자리 그늘진 곳으로 옮긴 다음, **보닛을 열고 10여 분 정도 열을 식힌 후 재시동**을 건다.

3) 자동차 관리

① **냉각수와 팬벨트 장력의 수시점검** : 여름철에는 무더운 날씨 속에 엔진이 과열되기 쉬우므로 **냉각수의 양**은 충분한지, 냉각수가 새는 부분은 없는지, 그리고 **팬벨트의 장력**은 적절한지를 수시로 확인해야 한다.

② **와이퍼 상태 점검** : 장마철 운전에 꼭 필요한 와이퍼의 작동이 정상적인가 확인해야 하는데, 유리면과 접촉하는 부위인 **블레이드가 닳지 않았는지, 워터액은 깨끗하고 충분**한지를 점검한다.

③ **타이어의 마모 점검 ★** : 과마모 타이어는 교통사고의 위험이 높으므로 노면과 맞닿는 부분인 **요철형 무늬의 깊이**(트레드 홈 깊이)**가 최저 1.6mm 이상**이 되는지를 확인하고 적정 공기압을 유지하고 있는지 점검한다.

④ **차량 내부의 습기 제거** : 차량 내부에 습기가 찰 때에는 습기를 제거하여 차체의 부식과 악취발생을 방지한다.

(3) 가을철

1) 기상특성

① 해양성 고기압을 대체하여 **대륙성 고기압 전면**에 들거나 이로부터 분리된 고기압이 자주 통과하여 기온이 낮아지고 맑은 날이 많으며 강우량이 줄고, **아침에는 안개가 빈발**하며 일교차가 심하다.

② 특히 **하천이나 강을 끼고 있는 곳에서는 짙은 안개가 자주 발생**한다.

2) 교통상황의 특징

① 대륙성 이동성 고기압의 영향으로 맑은 날씨가 계속되고 기온도 적당하여 학교 소풍이나 수학여행, 직장 또는 지역 단위의 교통수요가 많다.

② 추석 명절 교통량 증가로 전국 도로가 몸살을 앓지만 도로조건은 비교적 좋은 편이다.

③ 높고 푸른 하늘, 형형색색 물들어 있는 단풍을 감상하다 집중력이 떨어져 교통사고의 위험이 있다.

④ 늦가을에 **안개가 끼면 노면이 동결되는 경우**가 있는데, 이때는 엔진 브레이크를 사용하면서 감속한 다음 브레이크를 밟아야 하며, 급핸들 및 급브레이크 조작을 삼가한다.

⑤ 사람들은 기온이 떨어지면 **보행자도 교통상황에 대처하는 능력이 저하**되므로 보행자가 있는 곳에서는 보행자의 움직임에 주의하여 운행한다.

⑥ **추수시기를 맞아 경운기 등 농기계의 사용**

　㉠ 도로가에 심어져 있는 나무 등에 가려 **간선도로로 진입하는 경운기를 보지 못하는 경우**가 있으므로 주의한다.

　㉡ 경운기가 급작스럽게 진행 방향을 변경하는 경우가 있으므로, **안전거리를 유지하고 경적을 울려**, 자동차가 가까이 있다는 사실을 알려준다.

3) 자동차관리

① **서리제거용 열선 점검** : 기온의 하강으로 인해 유리창에 서리가 끼게 되므로 열선의 연결부분과 정상작동 여부를 미리 점검한다.

② **세차 및 차체 점검** : 차체의 염분을 씻어내기 위해 세차를 하고, 진공청소기를 이용해 차 내부 바닥의 먼지를 제거한다.

(4) 겨울철

1) 기상특성

① 겨울철은 **습도가 낮고 공기가 매우 건조**하다.

② 이상 현상으로 기온이 올라가면 **겨울안개가 생성되기도** 하며, 눈길, 빙판길, 바람과 추위 등이 운전에 악영향을 미치는 기상특성을 보인다.

2) 교통상황의 특성

① 겨울철에는 눈이 녹지 않고 쌓여 적은 양의 눈이 내려도 바로 빙판이 되기 때문에 자동차의 충돌·추돌·도로 이탈 등의 사고가 많이 발생한다.

② 한 해를 마무리하고 새해를 맞이하는 시기로 사람들의 마음이 바쁘고 들뜨기 쉬우며 **각종 모임의 한잔 술로 인한 음주운전 사고가 우려**된다.

③ 추운 날씨로 인해 방한복 등 **두꺼운 옷**을 착용함에 따라 **움직임은 둔해져** 위기상황에 대한 민첩한 대처능력이 떨어지기 쉽다.

④ 보행자는 추위와 바람을 피하고자 두터운 외투, 방한복 등을 착용하고 앞만 보면서 **목적지까지 최단거리로 이동하고자 하는 경향**이 있다.

❶ 출발하는 경우 안전운행

(1) 도로가 미끄러울 때에는 급하거나 갑작스러운 동작을 하지 말고 부드럽게 천천히 출발하며 처음 출발할 때 도로 상태를 느끼도록 한다.

(2) 핸들이 꺾여 있는 상태에서 출발하면 앞바퀴 회전각도의 브레이크 역할로 바퀴가 헛도는 결과를 초래하므로 앞바퀴를 직진 상태에서 출발한다.

(3) 눈이 쌓인 미끄러운 오르막길에서는 주차 브레이크를 절반쯤 당겨 서서히 출발하며, 자동차가 출발한 후에는 주차 브레이크를 완전히 푼다.

❷ 전·후방 주시 철저

(1) 겨울철은 밤이 길고, 약간의 비나 눈만 내려도 물체를 판단할 수 있는 능력이 감소하므로 전·후방의 교통상황에 대한 주의가 필요하다.

(2) 미끄러운 도로를 운행할 때에는 돌발 사태에 대처할 수 있는 시간과 공간이 필요하므로 보행자나 다른 자동차의 흐름을 잘 살피고 자신의 지동차가 다른 사람의 눈에 잘 띌 수 있도록 한다.

❸ 주행하는 때 안전운행

(1) 미끄러운 도로에서의 제동 시 정지거리가 평소보다 2배 이상 길기 때문에 충분한 차간거리 및 감속이 요구되며 다른 차량과 나란히 주행하지 않는다.

(2) 눈이 내린 후 차바퀴 자국이 나 있을 때에는 선(앞)차량의 타이어 자국 위에 자기 차량의 타이어 바퀴를 넣고 달리면 미끄러짐을 예방할 수 있다.

(3) 눈이 새로 내렸을 때는 타이어가 눈을 다지는 기분으로 주행하고, 기어는 2단 혹은 3단으로 고정하여 구동력을 바꾸지 않는 방법으로 주행한다.

(4) 미끄러운 오르막길에서는 앞서가는 자동차가 정상에 오르는 것을 확인한 후 올라가야 하며, 도중에 정지하는 일이 없도록 밑에서부터 탄력을 받아 일정한 속도로 기어변속 없이 한 번에 올라가야 한다.

(5) 주행 중 노면의 동결이 예상되는 그늘진 장소도 주의해야 한다 햇볕을 받는 남향쪽의 도로는 건조하지만 북쪽 도로는 동결하는 경우가 많다.

(6) 교량 위, 터널 근처가 동결되기 쉬운 대표적인 장소인데, 교량은 지면에서 떨어져 있어 열기를 쉽게 빼앗기고 터널 근처는 지형이 험한 곳이 많아 풍량이 강해서 동결되기 쉬우므로 감속 운행한다.

(7) 눈 쌓인 커브길 주행 시에는 기어변속을 하지 않는다. 기어변속은 차의 속도를 가감하여 주행 코스 이탈의 위험을 가져온다.

(8) 눈쌓인 커브 진입 전에 충분히 감속해야 하며, 햇빛·바람·기온 차이로 커브길의 입구와 출구 쪽의 노면 상태가 다르므로 도로상태를 확인 및 감속하여야 한다.

❹ 장거리 운행 시

(1) 장거리 운행을 할 때는 목적지까지의 운행 계획을 평소보다 여유 있게 세워야 한다.

(2) 도착지·행선지·도착시간 등을 타인에게 고지하여 기상악화나 불의의 사태에 신속히 대처할 수 있도록 한다.

(3) 비포장도로나 산악도로를 운행 시에는 월동 비상장구를 휴대한다.

1. 타이어의 공기압과 스페어타이어를 점검한다.

2. 냉각수와 브레이크액의 양을 점검하고 엔진오일은 양뿐 아니라 상태에 대한 점검을 병행한다.

3. 팬벨트의 장력은 적정한지, 손상된 부분은 없는지 점검하고 여유분 한 개를 더 휴대한다.

4. 각종 램프의 작동여부를 점검하고 연료는 가득채운다.

❶ 스노타이어나 체인 장착

(1) 겨울철의 눈길이나 빙판길을 안전하게 주행하기 위해 스노타이어로 교환하거나 체인을 장착해야 한다.

(2) **체인은 구동 바퀴에만 장착**해야 하며, 시속 50km 이상을 주행하면 심한 진동과 소음이 생기고 체인이 벗겨질 위험도 있으므로 과속하지 않도록 한다.

❷ 부동액과 써머스타 상태 점검

부동액과 엔진의 온도를 일정하게 유지시켜 주는 역할을 하는 **써머스타**를 점검하여 엔진의 워밍업이 길어지거나, 히터의 기능이 떨어지는 것을 예방한다.

❸ 체인점검

자신의 타이어에 맞는 적절한 수의 체인과 여분의 크로스 체인을 구비하고 체인의 절단이나 마모 부분은 없는지 점검하며 체인을 채우는 방법을 미리 익혀둔다.

04 위험물운송 및 고속도로운행

❶ 탱크의 안전운행

(1) 위험물의 적재방법

1) 운반 도중 그 위험물 또는 위험물을 수납한 운반용기가 떨어지거나 그 용기의 포장이 파손되지 않도록 적재할 것

2) **수납구를 위로 향하게 적재할 것**

3) 직사광선 및 빗물 등의 침투를 방지할 수 있는 **덮개를 설치할 것**

4) 혼재 금지된 **위험물의 혼합 적재 금지**

(2) 운반 방법

1) 마찰 및 흔들림 일으키지 않도록 운반할 것

2) **지정 수량 이상의 위험물을 차량으로 운반할 때** : 차량의 전면 또는 후면의 보기 쉬운 곳에 표지를 게시할 것

3) **일시정차 시** : 안전한 장소로 주의하여 정지

4) 그 위험물에 적용하는 소화설비를 설치할 것

5) **독성가스를 차량에 적재하여 운반하는 때** : 당해 독성가스의 종류에 따른 방독면, 고무장갑, 고무장화, 그 밖의 보호구 및 재해발생 방지를 위한 응급조치에 필요한 자재, 제독제 및 공구 등을 휴대할 것

6) **재해발생이 우려될 때** : 응급조치를 취하고 가까운 소방관서, 기타 관계기관에 통보하여 조치를 받아야 한다.

(3) 차량에 고정된 탱크의 안전운행

1) 운행 전의 점검

① **차량의 점검** : 운행 전에 차량 각 부분의 이상 유무를 점검한다.

② **엔진 관련 부분**

㉠ 라디에이터(Radiator) 등의 냉각장치 누수 유무

㉡ 냉각 수량의 적정 유무

㉢ 라디에이터 캡(Radiator cap)의 부착상태의 적정 유무

㉣ 팬벨트의 당김 상태 및 손상의 유무

㉤ 기름량의 적정 유무

㉥ 기타 운전 시의 배기색깔

③ **동력전달장치 부분**

㉠ 접속부의 조임과 헐거움의 정도

㉡ 접속부의 이완 및 손상 유무

④ **브레이크 부분**

㉠ 브레이크액 누설 또는 배관 속의 공기 유무

㉡ 브레이크 오일량의 적정 여부

㉢ 페달과 바닥판과의 간격

㉣ 핸들 브레이크 래칫(Ratchet)의 물림상태 및 레바의 조임상태 적정여부

⑤ **조향 핸들** : 핸들의 높이 정도와 헐거움 점검

⑥ **바퀴 상태**

㉠ 바퀴의 조임, 헐거움의 유무

㉡ 림(Rim)의 손상 유무

㉢ 타이어 균열 및 손상 유무(편마모가 없을 것, 틈 깊이가 충분할 것, 공기압이 충분할 것)

⑦ **샤시**(새시), **스프링 부분** : 스프링의 절손 또는 스프링 부착부의 손상 유무 점검(해머나 육안검사)

⑧ **기타 부속품** : 전조등 점멸 표시등, 차폭등 및 차량번호판 등의 손상 및 작동상태, 경음기, 방향지시기 및 윈도우 클리너 작동 상태

⑨ **탑재기기, 탱크 및 부속품 점검**

㉠ 탱크 본체가 차량에 부착되어 있는 부분에 이 완이나 어긋남이 없을 것

㉡ 밸브류가 확실히 정확히 닫혀 있어야 하며, 밸브 등의 개폐상태를 표시하는 꼬리표(Tag)가 정확히 부착되어 있을 것

㉢ 밸브류, 액면계, 압력계 등이 정상적으로 작동 하고 그 본체 이음매, 조작부 및 배관 등에 누설부분이 없을 것

㉣ 호스 접속구에 캡이 부착되어 있을 것

㉤ 접지탭, 접지클립, 접지코드 등의 정비상태가 양호할 것

2) 운송시 주의사항

① 지정된 장소가 아닌 곳에서는 탱크로리 상호간 에 취급물질을 입·출하시키지 말 것

② **<u>운송 선 아래와 같은 운행계획 수립 및 확인 필요</u>**

㉠ 운송 도착지까지 이용하는 주행로 확정

㉡ 이용도로에 대한 제한속도

㉢ 운송지역에 대한 기상상태 확인

㉣ 눈·비 등 기상악화 시 도로상태 확인

㉤ 운송 중 주·정차 예정지 확인

㉥ 운행 중의 사고를 위하여 미리 정비공장을 지 정하고 고장을 고려한 대비책을 수립

㉦ 기타 안전운송에 필요한 사항

③ 운송 중은 물론 정차 시에도 허용된 장소 이외에 서는 흡연이나 그 밖의 화기를 사용하지 말 것

④ **수리를 할 때에는 통풍이 양호한 장소에서 실시할 것**

⑤ 운송할 물질의 특성, 차량의 구조, 탱크 및 부 속품의 종류와 성능, 정비점검방법 운행 및 주 차 시의 안전조치와 재해발생 시에 취해야 할 조치를 숙지할 것

(4) 안전운송기준

1) 법규, 기준 등의 준수 : 도로교통법, 고압가스 안전 관리법, 액화석유가스의 안전관리 및 사업법 등 관계법규 및 기준을 잘 준수할 것

2) 운송 중의 임시점검 : 도로의 노면이 나쁜 도로를 통과할 경우에는 그 주행 직전에 안전한 장소를 선 택하여 주차하고, 가스의 누설, 밸브의 이완, 부속품 의 부착부분 등을 점검하여 이상 여부를 확인할 것

3) 운행경로의 변경

① 운행계획에 따른 운행경로를 임의로 바꾸지 말 아야 한다.

② 부득이하여 운행경로를 변경하고자 할 때에는 긴급한 경우를 제외하고는 소속사업소, 회사 등에 사전 연락하여 비상사태를 대비한다.

4) 육교 등 밑의 통과

① 차량이 육교 등 밑을 통과할 때는 육교 등 높 이에 주의하여 서서히 운행하여야 하며, 차량 이 육교 등의 아래 부분에 접촉할 우려가 있는 경우에는 다른 길로 돌아서 운행한다.

② 빈 차는 적재차량보다 차의 높이가 높으므로 적재차량이 통과한 장소라도 주의해야 한다.

5) 철길 건널목 통과

① **철길 건널목을 통과하는 경우** : 건널목 앞에서 일시정지하고 열차가 지나가지 않는가를 확인하 여 건널목위에 차가 정지하지 않도록 통과한다.

② **<u>야간의 경우, 짙은 안개, 적설의 경우, 또한 건널목 위에 사람이 많이 지나갈 때</u>** : 차를 안 전하게 운행할 수 있는가를 생각하고 통과한다.

6) 터널 내의 통과 : 터널에 진입하는 경우는 전방에 이상사태가 발생하지 않았는지 표시등을 확인하 면서 진입한다.

7) 취급물질 출하 후 탱크 속 잔류가스 취급 : 취급물질 을 출하한 후에도 내용물이 적재된 상태와 동일 하게 취급 및 점검을 실시한다.

8) 주차

① **운송 중 노상에 주차할 필요가 있는 경우** : 주 택 및 상가 등이 밀집한 지역을 피하고, 교통 량이 적고 부근에 화기가 없는 안전하고 지반 이 평탄한 장소를 선택하여 주차한다.

② **부득이하게 비탈길에 주차하는 경우** : 사이드브 레이크를 확실히 걸고 차바퀴를 고임목으로 고 정한다. 또한, 차량운전자가 차량으로부터 이탈 한 경우에는 항상 눈에 띄는 곳에 있어야 한다.

9) 여름철 운행 : 탱크로리의 직사광선에 의한 온도 상승을 방지하기 위하여 노상에 주차할 경우에 는 직사광선을 받지 않도록 **그늘에 주차시키거나 탱크에 덮개를 씌우는** 등의 조치를 한다.

10) 고속도로 운행

① 고속도로를 운행할 경우에는 속도감이 둔하여 실제의 속도 이하로 느낄 수 있으므로 제한속 도와 안전거리를 필히 준수한다.

② 커브길 등에서는 특히 신중하게 운행한다.

③ **200km 이상의 거리를 운행하는 경우** : 중간에 충분한 휴식을 취한 후 운행한다.

(5) 이입작업할 때의 기준

저장시설로부터 차량에 고정된 탱크에 가스를 주입 하는 작업을 할 경우에는 **당해 사업소의 안전관리자 가 직접 다음** 1) 내지 9) 기준에 적합하게 작업을 해 야 하며, 차량운전자는 안전관리자의 책임하에 다음 **10)의 조치**를 취한다.

1) 차를 소정의 위치에 정차시키고 **사이드브레이크 를 확실히 건 다음, 엔진을 끄고**(엔진 구동방식의 것 은 제외) 메인스위치 그 밖의 전기장치를 완전히 차단하여 스파크가 발생하지 아니하도록 하고, 커플링을 분리하지 아니한 상태에서는 엔진을 사 용할 수 없도록 적절한 조치를 강구할 것

2) 차량이 앞, 뒤로 움직이지 않도록 **차바퀴의 전·후 를 차바퀴 고정목 등으로 확실하게 고정**시킬 것

3) 정전기 제거용의 **접지코드를 기지**(基地)**의 접지택 에 접속할 것**

4) **부근의 화기**가 없는가를 확인할 것

5) 「이입작업 중(충전중) 화기엄금」의 **표시판이 눈에 잘띄는 곳**에 세워져 있는가를 확인할 것

6) 만일의 화재에 대비하여 **소화기를 즉시 사용할**

수 있도록 할 것

7) **저온 및 초저온가스의 경우에는 가죽장갑** 등을 끼고 작업을 할 것

8) 가스누설을 발견할 경우에는 **긴급차단장치를 작동** 시키는 등의 신속한 누출방지 조치를 할 것

9) **이입**(移入)**작업이 끝난 후** : 차량 및 이출(移出)시설 쪽에 있는 각 밸브의 폐지, 호스의 분리, 각 밸 브의 캡 부착 등을 끝내고, 접지코드를 제거한 후 각 부분의 가스누출을 점검하고, 밸브상자를 뚜껑을 닫은 후, 차량 부근에 가스가 체류되어 있는지 여부를 점검하고 이상 없음을 확인한 후 차량운전자에게 차량 이동을 지시할 것

10) **차량에 고정된 탱크의 운전자** : 이입작업이 종료될 때까지 탱크로리차량의 긴급차단장치 부근에 위 치하여야 하며, 가스누출 등 긴급사태 발생 시 안전관리자의 지시에 따라 신속하게 차량의 긴 급차단장치를 작동하거나 차량이동 등의 조치를 취하여야 한다.

(6) 이송(移送) **작업할 때의 기준**

차량에 고정된 탱크로부터 저장설비 등에 가스를 주 입하는 작업(이하 "이송작업")을 할 경우에는 **당해 사업 소의 안전관리자가 직접** 다음 기준에 적합하게 작업 을 해야 한다.

1) 이입(移入) 작업할 때의 기준 중 1) 내지 8) 및 10)에 적합하게 할 것

2) 이송 전후에 밸브의 누출유무를 점검하고 개폐 는 서서히 행할 것

3) 탱크의 설계압력 이상의 압력으로 가스를 충전 하지 않을 것

4) 저울, 액면계 또는 유량계를 사용하여 과충전에 주의할 것

5) 가스 속에 수분이 혼입되지 않도록 하고, 슬립 튜브식 액면계의 계량시에는 액면계의 바로 위 에 얼굴이나 몸을 내밀고 조작하지 말 것

6) 액화석유가스 충전소 내에서는 **동시에 2대 이상의 고정된 탱크에서 저장설비로 이송작업을 하지 않을 것**

7) 충전소 내에서는 동시에 2대 이상의 차량에 고
    정된 탱크를 주·정차 시키지 않을 것.

(7) 운행을 종료한 때의 점검

1) 밸브 등의 이완이 없을 것

2) 경계표지 및 휴대품 등의 손상이 없을 것

3) 부속품 등의 볼트 연결상태가 양호할 것

4) 높이검자봉 및 부속배관 등이 적절히 부착되어 있을 것

(8) 충전용기 등의 적재·하역 및 운반방법 ★

1) **고압가스 충전용기의 운반기준** : 충전용기를 차량에
   적재하여 운반하는 때에는 당해 차량의 앞뒤 보
   기 쉬운 곳에 각각 **붉은 글씨로 "위험고압가스"**라
   는 경계표시를 할 것

2) **밸브의 손상방지 용기취급** : 밸브가 돌출한 충전용
   기는 고정식 프로텍터 또는 캡을 부착시켜 밸브
   의 손상을 방지하는 조치를 하고 운반할 것

3) **충전용기 등을 적재한 차량의 주·정차 시는 다음의
   기준을 따를 것**

① 충전용기 등을 적재한 차량의 주·정차장소 선
   정은 지형을 충분히 고려하여 가능한 한 평탄
   하고 교통량이 적은 안전한 장소를 택할 것 또
   한 시장 등 차량의 통행이 현저히 곤란한 장소
   등에는 주·정차하지 말 것

② 충전용기 등을 적재한 차량의 주정차시는 가능
   한 한 언덕길 등 경사진 곳을 피하여야 하며,
   엔진을 정지시킨 다음, 사이드브레이크를 걸어
   놓고 반드시 차바퀴를 고정목으로 고정시킬 것

③ 충전용기 등을 적재한 차량은 **第1종 보호시설에
   서 15m 이상 떨어지고, 제2종 보호시설이 밀착
   되어 있는 지역은 가능한 한 피하고**, 주위의 교
   통상황, 주위의 화기 등이 없는 안전한 장소에
   주정차할 것 또한 부득이한 경우를 제외하고는
   당해 차량에서 동시에 이탈하지 아니할 것. 동
   시에 이탈할 경우에는 차량이 쉽게 보이는 장
   소에 주차할 것

④ 차량의 고장 등으로 인하여 정차하는 경우는

고장자동차의 표지 등을 설치하여 다른 차와의
충돌을 피하기 위한 조치를 할 것

4) **충전용기 등을 차량에 싣거나, 내리거나 또는 지면에서
   운반작업 등을 하는 경우에는 다음 기준을 따를 것**

① 충전용기 등을 차에 싣거나, 내릴 때에는 당해
   충전용기 등의 충격이 완화될 수 있는 **고무판
   또는 가마니 등의 위에서 주의하여 취급**하여야
   하며 이들을 항시 차량에 비치할 것

② 충전용기 몸체와 차량과의 사이에 **헝겊, 고무링
   등을 사용하여 마찰을 방지**하고 당해 충전용기
   등에 흠 등이 생기지 않도록 조치할 것

③ **고정된 프로텍터가 없는 용기** : 보호캡을 부착
   한 후 차량에 실을 것

④ **충전용기를 운반할 때** : 가능한 손수레를 사용
   하거나 용기의 밑부분을 이용하여 운반하고,
   지반면 위를 운반하는 경우는 용기 등의 몸체
   가 지반면에 닿지 않도록 할 것

⑤ **충전용기 등을 차량에 적재하여 운반할 때** : 그
   **물망을 씌우거나, 전용 로프 등을 사용하여 떨
   어지지 않도록** 하여야 하며, 특히 충전용기 등
   을 차량에 싣거나, 내릴 때에는 로프 등으로 충전
   용기 등 일부를 고정하여 작업 도중 충전용기 등
   이 무너지거나 떨어지지 않도록 하여 작업할 것

⑥ **독성가스 충전용기를 운반하는 때** : 용기 사이
   에 목재 칸막이 또는 패킹을 할 것

⑦ **가연성 가스 또는 산소를 운반하는 차량** : 소화
   설비 및 재해발생 방지를 위한 응급조치에 필
   요한 자재 및 공구 등을 휴대할 것

⑧ **가연성 가스와 산소를 동일차량에 적재하여
   운반하는 때** : 그 충전용기의 밸브가 서로 마주
   보지 않게 적재할 것

⑨ 충전용기와 소방법이 정하는 위험물과는 동일
   차량에 적재하여 운반하지 아니할 것

⑩ **납붙임용기 및 접합용기에 고압가스를 충전하
   여 차량에 적재할 때** : 포장상자(외부의 압력 또는
   충격 등에 의하여 당해 용기 등에 홈이나 찌그러짐 등

이 발생되지 않도록 만들어진 상자)의 외면에 가스의
종류·용도 및 취급시 주의사항을 기재한 것만 적
재한다.

5) 적재·하역의 기준에 따를 것

① 최대적재량을 초과하여 적재하지 않을 것

② 차량의 적재함을 초과하여 적재하지 않을 것

③ 충전용기는 **항상 40℃ 이하를 유지할 것**

④ 자전거 또는 오토바이에 적재하여 운반하지 아
니할 것(다만, 차량이 통행하기 곤란한 지역 그 밖에
시·도지사가 지정하는 경우에는 그러하지 아니하다.)

⑤ **충전용기 등의 적재는 다음 방법에 따를 것**

㉠ 충전용기를 차량에 적재하여 운반하는 때에는
차량운행 중의 동요로 인하여 용기가 충돌하
지 아니하도록 **고무링을 씌우거나 적재함에 넣
어 세워서 운반할 것**

㉡ 다만, 압축가스의 충전용기 중 그 형태 및 운반
차량의 구조상 세워서 적재하기 곤란한 때에는
적재함 높이 이내로 눕혀서 적재할 수 있음

㉢ 충전용기 등을 목재·플라스틱 또는 강철재로
만든 팔레트(견고한 상자 또는 틀) 내부에 넣어 안
전하게 적재하는 경우와 용량 10kg 미만의 액
화석유가스 충전용기를 적재할 경우를 **제외하
고 모든 충전용기는 1단으로 쌓을 것**

㉣ 충전용기 등은 짐이 무너지거나, 떨어지거나
차량의 충돌 등으로 인한 충격과 밸브의 손상
등을 방지하기 위하여 차량의 짐받이에 바싹
대고 로프, 짐을 조이는 공구 또는 그물 등을
사용하여 확실하게 묶어서 적재하여야 함

㉤ 운반차량 **뒷면에는 두께가 5mm 이상, 폭 100mm
이상의 범퍼**(SS400 또는 이와 동등 이상의 강도를 갖는
강재를 사용한 것에 한함) 또는 이와 동등 이상의 효
과를 갖는 완충장치를 설치하여야 한다.

⑥ **차량에 충전용기 등을 적재한 후의 조치** : 당
해 차량의 측판 및 뒤판을 정상적인 상태로 닫
은 후 확실하게 걸게쇠로 걸어 잠글 것

⑦ **가스운반용차량의 적재함**

㉠ 가스운반 전용차량의 **적재함에는 리프트를 설치하
여야 하며,** 적재할 충전용기 최대 높이의 2/3 이
상까지 SS400 또는 이와 동등 이상의 강도를 갖는
재질(가로·세로 두께가 75×40×5mm 이상인 ㄷ형강
또는 호칭지름·두께가 50×3.2mm 이상의 강관)로
적재함을 보강하여 용기고정이 용이하도록 할 것

㉡ 충전용기는 적재함의 구조가 ㉠에 적합한 가
스전용 운반차량에 의하여 적재·운반 및 하
역을 할 것(다만, 적재능력 1톤 이하의 차량에는 적
재함에 리프트를 설치하지 않을 수 있다).

❷ 고속도로 교통안전 ★

(1) 고속도로 교통사고

원인별 교통사고 현황을 분석해 보면, **운전자 과실이
대부분이며,** 차량 결함(타이어 파손, 제동장치, 기타)과 기
타원인(보행 및 횡단, 노면잡물, 적재불량, 기타)이 10%
내외를 차지한다.

(2) 고속도로 교통사고 특성

1) 고속도로는 빠르게 달리는 도로의 특성상 다른
도로에 비해 **치사율이 높다.**

2) 고속도로에서는 운전자 전방주시 태만과 졸음운
전으로 인한 **2차(후속)사고 발생가능성이 크다.**

3) 고속도로는 운행 특성상 장거리 통행이 많고 특히
영업용 차량(화물차, 버스) 운전자의 장거리 운행으로
인한 과로로 졸음운전이 발생할 가능성이 매우 높다.

4) **대형차량의 안전운전 불이행**으로 대형사고가 발
생하고, 사망자도 대폭 증가하고 있는 추세이다.

5) 화물차의 **적재불량과 과적**은 도로상에 낙하물을
발생시키고 교통사고의 원인이 된다.

(3) 고속도로 통행방법

1) 고속도로 안전운전 방법

① **전방주시** : 운전자는 앞차의 뒷부분만 봐서는
안 되며 앞차의 전방까지 시야를 두면서 운전
하고, 스마트폰 사용은 금하여야 한다.

② **진입은 천천히, 진입 후 가속은 빠르게**

㉠ 고속도로에 진입할 때는 방향지시등으로 진입 의사를 표시한 후 가속차로에서 충분히 속도를 높이고 다른 차량의 흐름을 살펴 안전을 확인한 후 진입

㉡ **진입한 후에는 빠른 속도로 가속**해서 교통흐름에 방해가 되지 않도록 함

③ **주변 교통흐름에 따라 적정속도 유지** : 고속도로에서는 주변 차량들과 함께 교통흐름에 따라 운전하는 것이 중요하다.

④ **추월 시 주행차로 복귀 시기** : 느린 속도의 앞차를 앞지르기 차로로 추월할 경우 **추월로 뒤차와의 거리가 충분히 벌려졌을 때** 주행차로로 복귀한다.

⑤ **2시간 운전 시 15분 휴식** : 졸음이 오는 경우 휴게소나 졸음쉼터를 이용하고, 히터나 에어컨 작동 시 1~2시간 주기로 창문을 열어 환기시키는 것이 졸음예방에 좋다.

⑥ 고속도로 및 자동차 전용도로는 **전 좌석 안전띠 착용이 의무사항**이다.

⑦ **후부 반사판 부착** : 차량 **총중량 7.5톤 이상 및 특수자동차는 의무적으로 부착**한다.

⑧ **차간거리 확보** : 고속도로에서 앞차와의 차간거리 확보는 100m(3초 간격) 이상으로 유지하면서 추돌사고에 대비해야 한다.

2) 교통사고 발생 시 대처 요령 ★

① 길 가장자리나 공터 등 안전한 장소에 차를 정차시키고 엔진을 끈다(트렁크를 열어 위험을 알리는 것도 좋은 방법).

② **안전표지의 설치** : 후방에서 접근하는 운전자가 쉽게 확인이 가능하도록 고장자동차표지(안전삼각대)를 설치한다. 야간에는 적색 섬광신호·전기제등 또는 불꽃신호를 추가로 설치한다.

③ 사고 현장에 의사, 구급차 등이 도착할 때까지 부상자에게는 가제나 깨끗한 손수건으로 지혈하는 등 가능한 응급조치를 한다.

④ 함부로 부상자를 움직여서는 안 되며, 특히 두부에 상처를 입었을 때는 움직이지 말아야 한다.

⑤ 2차 사고의 우려가 있을 경우는 부상자를 안전한 장소로 이동한다.

⑥ 사고를 낸 운전자는 사고 발생 장소, 사상자 수, 부상 정도, 그 밖의 조치상황을 경찰공무원이 현장에 있을 때는 경찰공무원에게, 경찰공무원이 없을 때에는 가장 가까운 경찰관서에 신고한다.

❸ 도로터널 안전운전

(1) 도로터널 화재의 위험성

1) 터널은 반밀폐된 공간으로 화재가 발생할 경우, 내부에 열기가 축적되며 **급속한 온도상승과 종방향으로 연기확산이 빠르게 진행**되어 시야확보가 어렵고 연기 질식에 의한 다수의 인명피해가 발생 될 수 있다.

2) 또한 대형차량 화재 시 약 1,200℃까지 온도가 상승하여 구조물에 심각한 피해를 유발하게 된다.

(2) 터널 안전운전 수칙

1) 터널 진입 전 입구 주변의 도로정보를 확인한다.

2) 터널 진입 시 라디오를 켠다.

3) 선글라스를 벗고 라이트를 켠다.

4) 교통신고를 확인한다.

5) 안전거리를 유지한다.

6) 차선을 바꾸지 않는다.

7) 비상시를 대비하여 피난연결통로, 비상주차대 위치를 확인한다.

(3) 터널내 화재 시 행동요령

1) **차량과 함께 터널 밖으로 신속히 이동**한다.

2) 터널 밖으로 이동이 불가능한 경우 최대한 갓길 쪽으로 정차한다.

3) 엔진을 끈 후 **키를 꽂아둔 채 신속하게 하차**한다.

4) 비상벨이나 비상전화로 화재발생을 알려줘야 한다.

5) 사고 차량의 부상자에게 도움을 준다(비상전화 및 휴대폰 사용 터널관리소 및 119 구조요청 / 한국도로공사 1588 - 2504).

(6) 터널에 비치된 소화기나 설치되어 있는 소화전으로 조기 진화를 시도한다.

(7) 조기 진화가 불가능할 경우 **젖은 수건이나 손등으로 코와 입을 막고 낮은 자세로** 화재 연기를 피해 유도등을 따라 신속히 터널 외부로 대피한다.

✚ STUDY 운행제한 차량 단속

❶ 운행 제한차량 종류 ★

(1) 차량의 축하중 10톤, 총중량 40톤을 초과한 차량

(2) 적재물을 포함한 차량의 길이(16.7m), 폭(2.5m), 높이(4m)를 초과한 차량

❷ 다음에 해당하는 적재 불량 차량

(1) 편중적재, 스페어타이어 고정 불량

(2) 덮개를 씌우지 않았거나 묶지 않아 결속 상태가 불량한 차량

(3) 액체 적재물 방류차량, 견인 시 사고차량 파손품 유포 우려가 있는 차량

(4) 기타 적재 불량으로 인하여 적재물 낙하 우려가 있는 차량

❸ 적재량 측정 방해 행위 ★

(1) 승강조작장치 또는 압력조절장치를 이용하여 **차축을 조작하는 행위**

(2) 차량 바퀴의 **공기압을 조절**하는 행위

(3) 차량의 **축간 거리 또는 차축 높이를 조절**하는 행위

(4) 단속장비의 **정해진 위치를 벗어나** 차량을 운행하는 행위

(5) 적재량 측정장비 미설치 차로로 진입하는 행위

(6) 측정차로 통행 속도 기준인 **10km/h를 초과하여 진입**하는 행위

❹ 과적차량 제한 사유

(1) 고속도로의 포장균열, 파손, 교량의 파괴

(2) 저속주행으로 인한 교통소통 지장

(3) 핸들 조작의 어려움, 타이어 파손, 전·후방 주시 곤란

(4) 제동장치의 무리, 동력연결부의 잦은 고장 등 교통사고 유발

❺ 위반사항 및 벌칙 ★

(1) **2년 이하 징역 또는 2천만원 이하 벌금** : 도로관리청의 차량 회차, 적재물 분리 운송, 차량 운행중지 명령에 따르지 아니한 차

✿ *관리청의 명령에 따르지 않은 경우에 처벌되는 규정입니다.*

(2) **1년 이하 징역 또는 1천만원 이하 벌금**

1) 적재량 측정을 위한 공무원의 차량 동승요구 및 관계서류 제출요구를 거부한 자

2) 적재량 재측정 요구에 따르지 아니한 자

✿ *측정관련의 규제를 위반했을 때 처벌되는 규정입니다.*

(3) **500만원 이하 과태료**

1) **과적** : 총중량 40톤, 축하중 10톤

2) **제원초과** : 폭 2.5m, 높이 4m, 길이 16.7m를 초과하여 운행제한을 위반한 운전자

❻ 운행제한차량 운행허가

(1) 차량의 구조 또는 적재화물의 특수성으로 인하여 **운행제한 차량임에도 불구하고 운행이 불가피한 차량의 운행을 가능하게 하기 위한 규정이다.**

(2) **신청방법**

1) **출발지 및 경유지 관할 도로관리청**에 제한차량 운행허가 신청서 및 구비서류를 준비하여 신청

2) **제한차량 인터넷 운행허가 시스템** 신청 가능 (www.ospermit.go.kr)

3) **구조물이 없을 시 허가 가능한 최대 제원**

① 길이 16.7m → 25m   ② 폭 2.5m → 3.5m

③ 높이 4m → 4.5m   ④ 축하중 10t → 12t

⑤ 총중량 40t → 48t

01 운전자 요인에 의한 교통사고 중 판단이나 조작과정의 결함보다는 **인지과정의 결함**이 가장 많다.

02 동체시력은 물체의 **이동속도가 (   )**, 운전자의 **연령이 높을수록**, 그리고 **피로할수록** 저하된다.

03 야간에는 대향차량에 의한 (   )현상으로 **중앙선상의 통행인**이 우측 갓길에 있는 통행인보다 잘 보이지 않는다.

04 밝은 곳을 운행하다 터널같은 어두운 공간을 지날 때 신한 시가장애를 **일으키는 것**은 (   ) 순응과 관련이 있다.

05 (   )순응은 (   )순응에 비해서 상당히 느리다.

06 정상시력을 가진 운전자의 **정지 시 시야범위**는 약 (   )이지만, 속도가 높아짐에 따라 시야의 범위는 좁아진다.

07 어느 특정한 곳에 **주의가 집중되면 시야의 범위는 비례하여 좁아진다.**

08 정지시력이란 **5m의 거리**에서 흰 바탕에 검정으로 그린 **란돌프 고리시표**의 끊어진 틈을 식별할 수 있는 경우 시력은 (   ) 이다.

09 클러치, 변속기, 쇽업소버, 타이어 중에서 동력전달장치와 관련이 없는 것은? (   )

_{해설} 쇽업소버는 현가장치이고, 나머지는 동력전달장치이다.

10 **제1종 운전면허에 필요한 시력**은 두 눈을 동시에 뜨고 잰 시력이 (   ) 이상이고, 양쪽 눈의 시력이 각각 (   ) 이상이어야 한다.

11 전방에 있는 **대상물까지의 거리를 목측하는 것**을 (   )이라고 하고, 그 기능을 **심시력**이라고 한다.

12 야간에 **무엇이 있다는 것**을 인지하기 쉬운 옷의 색깔은 (   ), **무엇인가가 사람**이라는 것을 확인하기 쉬운 옷 색깔은 (   ), 주시대상인 사람이 **움직이는 방향**을 알아맞히는 데 쉬운 옷 색깔은 (   ) 이다.

13 어두운 곳에서는 가로폭보다 세로폭을 넓은 것으로 판단하고, **오름경사**는 실제보다 (   ), **내림경사**는 실제보다 (   ) 보인다.

14 **주행장치로는 휠과 타이어**가 있고, **조향장치로는 캐스터와 캠버**가 있다.

15 가속페달을 놓거나 저단기어로 바꾸어 회전저항으로 제동력이 발생하는 것은 (   )브레이크이다.

16 ABS 사용목적은 **방향 (   )과 (   )의 확보**에 있다.

17 ABS는 매우 (   ) 노면이나 브레이크를 (   ) 경우에 유용하다.

18 **토아웃되는 것을 방지**하고, 바퀴를 원활하게 회전시켜 **핸들의 조작을 용이**하게 하는 장치는 (   ) 이다.

19 핸들의 조작이 용이하도록 앞바퀴의 정렬이 잘 되도록 (   ), (   ), (   )의 조향장치가 필요하다.

---

02 빠를수록   **03** 현혹   **04** 암   **05** 암, 명   **06** 180°~200°   **08** 1.0   **09** 쇽업소버   **10** 0.8, 0.5   **11** 심경각   **12** 흰색, 적색, 적색
13 크게, 작게   **15** 엔진   **16** 안정성, 조종성   **17** 미끄러운, 급하게 힘을 주어 밟는   **18** 토우인   **19** 토우인, 캠버, 캐스터

20 캐스터는 주행시 (   )을 부여하고 직진 방향으로 되돌아오려는 (   )을 준다.

21 (   )는 앞차축의 휨을 방지하고 핸들조작을 가볍게 하는 장치이다.

22 (   )장치는 **도로의 충격을 흡수**하여 운전자의 화물에 **유연한 승차감**을 제공하는 장치이다.

23 화물자동차에 많이 사용하는 현가장치는 (   )이며 이는 구조가 간단하나 승차감이 나쁘다.

24 **스프링의 진동을 흡수**하여 승차감을 좋게 하고 커브길이나 빗길에서 차가 튀거나 미끄러지는 현상을 방지하는 장치는 (   )이다.

25 원심력은 속도가 **빠를수록**, 커브가 **작을수록**, 중량이 **무거울수록** 커진다.

26 원심력을 극복하기 위해서는 **커브에 진입하기 전에 속도를 줄여야** 한다.

27 **스탠딩 웨이브 현상을 예방**하려면 속도를 낮추고 타이어의 공기압을 (   ).

28 **수막현상을 예방**하기 위해서는 고속주행을 하지 않고 타이어의 공기압을 (   ).

29 브레이크를 반복해서 사용하는 경우 **마찰열이 라이닝에 축적**되어 브레이크의 제동력이 저하되는 경우를 (   ) 현상이라고 한다.

30 브레이크 페달을 밟아도 **스펀지를 밟은 것 같이 유압이 전달되지 않아** 브레이크가 작동되지 않는 현상을 (   ) 현상이라고 한다.

31 브레이크 드럼에 **미세한 녹이 발생**하는 현상을 (   ) 현상이라고 한다.

32 내륜차, 외륜차는 대형차일수록 (   ).

33 자동차가 후진 중 회전할 때에 (   )에 의한 교통사고의 위험이 있다.

34 타이어의 공기압이 (   ) 승차감은 좋아지나 타이어의 수명이 짧아진다.

35 타이어의 공기압이 (   ) 승차감은 나빠지며 트레드 중앙부분의 마모가 촉진된다.

36 운전자가 상황을 지각하고 브레이크 페달로 발을 옮겨 **브레이크가 작동을 시작하는 순간까지의** 진행한 거리를 (   )거리라고 한다.

37 운전자가 브레이크 페달로 발을 올려 **브레이크가 작동을 시작하는 순간부터 자동차가 완전히 정지할 때까지의 거리**를 (   )거리라고 한다.

38 **노즈 다운, 노즈 업, 바운싱, 피칭, 롤링**은 (   )장치와 관련된 현상이다.

39 **가속페달을 힘껏 밟았을 때 "끼익!"**하는 소리가 들린다면 (   )가 이완되어 있는 경우가 많으며, **브레이크 페달을 밟았을 때 바퀴에서 "끼익!"** 하는 소리가 나는 경우는 (   )가 심하거나 결함이 있는 경우가 많다.

40 **단내같은 냄새**가 심하게 나는 경우에는 주브레이크의 간격이 (   ), 주차브레이크가 완전히 풀리지 않은 경우이다.

41 조사결과에 의하면 일반도로에서 곡선반경이 **100m 이내의 2차로 도로**에서 사고율이 높다.

42 중앙분리대 내에서 충분한 설치 폭의 확보가 어려운 곳에 설치하는 중앙분리대는 (   )형 중앙분리대이다.

43 곡선부 방호울타리는 자동차를 **정상적인 진행 방향으로 복귀**시키고 **운전자의 시선을 유도**하는 기능을 한다.

---

20 방향성, 복원력　**21** 캠버　**22** 현가　**23** 판스프링　**24** 쇽 업소버(충격흡수장치)　**27 · 28** 높인다　**29** 페이드　**30** 베이퍼
31 모닝록　**32** 커진다　**33** 외륜차　**34** 낮으면　**35** 높으면　**36** 공주　**37** 제동　**38** 현가　**39** 팬벨트와 V벨트, 라이닝 마모
40 좁거나　**42** 방호울타리

44 운전자의 시선을 유도하고 중앙분리대 또는 길어깨에 차도와 동일한 횡단경사의 구조로 차도에 접속하여 설치하는 부분은 (　　)이다.

45 차로수가 많을수록 사고가 (　　　), 횡단면의 차로폭이 (　　) 교통사고의 예방효과가 있다.

46 **차로를 분리**하고 옆 부분의 여유를 확보하기 위하여 도로의 **중앙에 설치하는 분리대와 측대**를 말하는 것은? (　　　　)

47 도로의 진행방향 중심선의 길이에 대한 높이의 변화 비율은 (　　　)라고 한다.

48 평면곡선부에서 자동차가 **원심력에 저항**할 수 있도록 설치하는 것은? (　　　)

49 운전자 자신이 위험한 운전을 하거나 교통사고를 유발하지 않도록 하는 것은 (　　)운전이라고 한다. 그리고 **미리 위험한 상황을 만들지 않거나,** 위험한 상황에 직면했을 때 **이를 효과적으로 회피**할 수 있도록 운전하는 것을 (　　)운전이라 한다.

50 중앙분리대는 필요에 따라 유턴을 방지하고 평면교차로가 있는 도로에서는 폭이 충분할 때 (　　　) 차로로 활용할 수 있다.

51 교량의 접근로 폭에 비해 교량의 폭이 좁을수록 사고가 더 (　　) 발생한다.

[해설] 교량의 접근로의 폭과 교량의 폭이 같을 때 사고가 가장 적게 일어난다.

52 **슬로우 인, 패스트 아웃**(Slow-in, Fast-out) 원리에 입각한 운전이 필요한 곳은 (　　　)길이다.

53 힘과 가속력이 좋은 저단기어를 사용하는 것이 안전한 상황은? (　　　　)

54 경보기와 건널목 교통안전표지만 설치하는 건널목은 (　　) 건널목이다.

[해설] i) 차단기, ii) 경보기, iii) 건널목 교통안전표지가 모두 있는 것은 1종 건널목이다.

55 **방어운전**을 위해서는 뒤에 다른 차가 접근할 때는 속도를 (　　　).

56 **신호기**는 교통처리용량을 (　　)시키고, 교차로에서 직각충돌사고를 줄일 수 있다.

57 언덕길에서 올라가는 차량과 내려오는 차량의 교행 시에는 (　　　) 차에 우선권이 있다.

58 커브길에서는 가속페달에서 발을 떼어 **엔진브레이크**가 작동되도록 속도를 줄이며, 엔진브레이크만으로 속도가 줄어들지 않는 경우 **풋브레이크**를 사용한다.

59 커브길에서 핸들을 조작할 때에는 **가속이나 감속을 하지 않으며** 중앙선을 침범하지 않도록 한다.

60 **자동차를 가속시키거나 감속시키기 위하여** 설치하는 차로는 (　　　)차로이고, **우회전, 좌회전 또는 유턴을 할 수 있도록** 직진하는 차로와 분리하는 차로는 (　　　)차로, 특정 시간대에 **교통량이 많아지는 쪽으로 차로수가 확대**될 수 있도록 신호기로 차로의 진행방향을 지시하는 차로는 (　　　)차로이다.

61 철길건널목을 통과하는 경우 **기어변속**을 하지 않는다.

62 (　　　) 브레이크는 베이퍼 록 현상과 페이드 현상을 방지하고 라이닝의 수명을 증대시킨다.

63 오르막길 정차 시에는 **풋 브레이크와 핸드 브레이크**를 같이 사용한다.

---

44 측대　**45** 많이 나며, 넓을수록　**46** 중앙분리대　**47** 종단경사　**48** 편경사　**49** 안전운전, 방어운전　**50** 좌회전　**51** 많이
52 커브　**53** 언덕길에서 앞지르기 할 때　**54** 2종　**55** 낮춘다　**56** 증가　**57** 내려오는　**60** 변속, 회전, 가변　**62** 배기

64 타이어의 **공기압**이 높거나 낮은 경우, 차의 **하중이** ( ) **속도가** ( )할수록, 커브를 돌 때, **브레이크 사용빈도가 높을 수록** 타이어의 마모가 증가한다.

65 비가 내려 물이 고인 길을 통과할 때는 속도를 줄이며 저속기어로 서행한다.

66 고속도로에서 차로 변경 시 최소한 ( )m 전방으로부터 방향지시등을 켠다.

67 대륙성 고기압의 활동이 약화되고, 대륙에서 고기압과 기압골이 통과하면서 날씨의 변화가 심하고 강수량이 증가하는 계절은 ( )철 이다.

68 안개가 가장 많이 발생하는 계절은 ( )이다.

69 눈이 쌓인 미끄러운 오르막길에서는 **주차 브레이크를 절반쯤 당겨 서서히 출발**하며, 출발한 후에 주차 브레이크를 완전히 푼다.

70 ( ) 때는 기어는 2단 혹은 3단으로 고정하여 구동력을 바꾸지 않는 방법으로 주행한다.

71 눈타이어는 **트레드 홈 깊이**(요철형 무늬의 깊이)가 최저 ( )mm 이상이어야 한다.

72 아침에는 안개가 빈발하고 하천이나 강을 끼고 있는 곳에서는 짙은 안개가 자주 발생하는 계절은 ( )이다.

73 ( )작업이 끝난 후 차량 및 이출(移出)시설 쪽에 있는 각 밸브의 폐지, 호스의 분리, 각 밸브의 캡 부착을 끝내고, 접지코드를 제거한다.

> **해설** 이입작업(저장시설로부터 차량탱크로 가스를 주입)의 과정 중 하나이다. 이송과정과 이입과정은 거의 같으나 위의 지문 내용은 이송과정에는 없는 내용이다.

74 자동차를 옆에서 보았을 때 **차축과 연결되는 킹핀의 중심선이 약간 뒤로 기울어져** 있는 것은 ( )이다.

75 위험물 차량에 고정된 탱크에 이입할 때는 **차를 소정의 위치에 고정시키고 사이드 브레이크를 건** 다음, **엔진을 끄고 전기장치를 완전히 차단한 후** 이입한다.

76 교통사고는 ( )에 가장 많이 발생하고, 운전착오는 ( ) 시간대에 많이 발생한다.

77 가연성 가스와 산소를 동일 차량에 적재하여 운반하는 때에는 그 **충전용기의 밸브가 서로** 마주 ( ) 적재한다.

78 **운반 중의 충전용기**는 항상 ( )℃ 이하를 유지하여야 한다.

79 **팔레트 내부에 넣어 안전하게 적재하는 경우와 용량** ( )**kg 미만**의 액화석유가스 충전용기를 적재할 경우를 **제외하고** 모든 충전용기는 1단으로 쌓는다.

80 편도 2차로 이상의 고속도로에서는 적재중량 **1.5톤 초과 화물자동차**의 최고속도는 매시 ( )km로 운행하나, 지정·고시한 노선 또는 구간의 고속도로는 매시 ( )km 이내의 속도로 운행한다.

81 **후부반사판을 의무적으로 부착하는 차량**은 특수자동차와 **차량 총중량** ( )톤 이상 자동차이다.

82 어두운 곳에서는 **가로폭보다 세로폭을 더 넓은 것으로 판단**하는 것은 ( )의 착각, 큰 물건들 가운데 작은 물건은 **작은 물건들 가운데 있는 같은 물건보다 작아보이는 것**은 ( )의 착각이다.

83 **오르막구간에서 저속자동차를 다른 자동차와 분리하여 통행시키기 위해 설치**하는 차로는 ( ) 차로이다.

PART 3 · 단원별 적중모의고사

01 제1회 적중모의고사

01 교통사고의 4대 요인 중 하나인 환경요인의 하부요인이 <u>아닌</u> 것은?

① 자연요인　　② 신체적·생리적요인

③ 교통요인　　④ 구조요인

해설 신체적·생리적 요인은 교통사고의 4대 요인 중 인적요인과 관련이 있다. 환경요인의 하부요인은 자연환경, 교통환경, 사회환경과 구조환경으로 구성된다.

02 도로교통법상 시력에 대한 설명으로 틀린 것은?

① 교정시력을 포함하지 않는다.

② 붉은색, 녹색 및 노란색을 구별할 수 있어야 한다.

③ 제1종 운전면허는 두 눈을 동시에 뜨고 잰 시력이 0.8 이상이어야 한다.

④ 제2종 운전면허에서 한쪽 눈을 보지 못하는 사람은 다른 쪽 시력이 0.6 이상이어야 한다.

해설 ① 시력은 교정시력을 포함한다.

03 암순응에 대한 설명으로 틀린 것은?

① 밝은 조건에서 어두운 조건으로 변할 때 사람의 눈이 그에 적응하는 것을 말한다.

② 낮 시간에 어두운 터널 안으로 주행하는 순간 일시적인 시각장애의 원인이다.

③ 암순응은 빛의 강도에 따라 좌우된다.

④ 명순응에 비해 시력회복이 빠르다.

해설 명순응에 비해 시력회복이 느리다.

04 시야에 대한 설명으로 옳은 것은?

① 시야의 범위는 자동차 속도에 반비례하여 넓어진다.

② 정상시력을 가진 운전자의 정지 시 시야범위는 약 180°~200°이다.

③ 어느 특정한 곳에 주의가 집중되었을 경우의 시야범위는 집중할수록 넓어진다.

④ 양쪽 눈으로 색채를 식별할 수 있는 범위는 약 90°이다.

해설 ① 시야의 범위는 속도에 반비례하여 좁아진다.
③ 어느 특정한 곳에 주의가 집중되었을 경우의 시야범위는 집중의 정도에 비례하여 좁아진다.
④ 양쪽 눈으로 색채를 식별할 수 있는 범위는 약 70°이다.

05 보행자 사고에 대한 설명으로 틀린 것은?

① 우리나라 보행 중 교통사고 사망자 구성비는 OECD 평균보다 낮은 수준이다.

② 어린이 보행자 사고는 주거지역 내 이면도로에서 많이 발생한다.

③ 차대 사람의 사고가 가장 많은 보행유형은 횡단 중의 사고가 가장 많다.

④ 연령층별로는 어린이와 노약자가 높은 비중을 차지한다.

해설 우리나라 보행 중 교통사고 사망자 구성비는 OECD 평균보다 높다.

06 운행기록장치의 운행기록을 보관 기간은?

① 3개월　　② 6개월

③ 1년　　④ 3년

---

01 ②　02 ①　03 ④　04 ②　05 ①　06 ②

07 어린이들이 당하는 교통사고 유형 중 가장 많은 부분을 차지하는 것은?

① 도로 횡단 중의 부주의

② 도로에 갑자기 뛰어들기

③ 도로상에서 위험한 놀이

④ 자전거 등 사고

해설 어린이 보행자사고의 대부분(약 70% 내외)은 도로에 갑자기 뛰어들어 발생되고 있다.

08 어린이 교통사고에 대한 설명으로 **틀린** 것은?

① 보행 중(차대 사람) 교통사고를 당하여 사망하는 비율이 가장 높다.

② 보행 사상자는 오후 4시에서 오후 6시 사이에 가장 많다.

③ 중학생 이하 어린이 교통사고 사상자는 학년이 높을수록 교통사고를 많이 당한다.

④ 보행 사상자는 집이나 학교 근처 등에서 가장 많이 발생되고 있다.

해설 중학생 이하 어린이 교통사고 사상자는 학년이 낮을수록 교통사고를 많이 당한다.

09 타이어의 기능에 대한 설명 중 **틀린** 것은?

① 자동차의 중량을 떠받쳐준다.

② 휠과 일체로 회전하며 자동차가 달리거나 멈추는 것을 원활하게 한다.

③ 지면으로의 충격은 타이어로 흡수되기 보다는 현가장치를 통해서 흡수된다.

④ 자동차의 진행방향을 전환시킨다.

해설 타이어는 지면으로부터 받는 충격을 타이어로 흡수해 승차감을 좋게 한다.

10 화물자동차에 주로 사용되는 현가장치는 무엇인가?

① 판 스프링(Leaf spring)

② 공기 스프링(Air spring)

③ 코일 스프링(Coil spring)

④ 비틀림 막대 스프링(Torsion bar spring)

해설 코일 스프링은 주로 승용자동차, 공기스프링은 버스에 주로 사용된다.

11 모닝 록 현상을 해소하는 적절한 방법은?

① 배수효과가 좋은 타이어를 사용한다.

② 서행하면서 브레이크를 몇 번 밟아준다.

③ 고속으로 주행하지 않는다.

④ 타이어의 공기압을 조금 높게 한다.

해설 모닝 록 현상은 서행하면서 브레이크를 몇 번 밟아주게 되면 녹이 자연히 제거되면서 해소된다.
① · ③ · ④는 수막현상을 예방하기 위한 조치이다.

12 자동차 배출가스에 대한 설명으로 **틀린** 것은?

① 배출가스의 색으로 엔진의 상태를 알 수 있다.

② 완전연소 때 배출되는 가스의 색은 약간 엷은 적색을 띤다.

③ 농후한 혼합가스가 들어가 불완전 연소되는 경우 검은색의 배출가스가 생긴다.

④ 엔진 안에서 다량의 엔진오일이 실린더 위로 올라와 연소되는 경우 백색(흰색)의 배출가스가 생긴다.

해설 완전연소 때 배출되는 가스의 색은 **무색 또는 약간 엷은 청색**을 띤다.

07 ②　**08** ③　**09** ③　**10** ①　**11** ②　**12** ②

13 엔진 과회전 현상의 예방 및 조치방법으로 **틀린** 것은?

① 내리막길 주행 시 과도한 엔진 브레이크 사용을 지양한다.

② 엔진 피스톤 링을 교환한다.

③ 최대 회전속도를 초과한 운전을 하지 않는다.

④ 내리막길에서는 고단에서 저단으로 급격한 기어변속을 하지 않는다.

해설 엔진 피스톤 링 교환은 엔진오일 과다 소모 현상에 대한 조치방법 중 하나이다.

14 곡선부 방호울타리의 기능으로 **틀린** 것은?

① 자동차의 차도이탈을 방지한다.

② 운전자의 시선을 유도한다.

③ 부상 및 자동차의 파손을 감소시킨다.

④ 고장차의 대피장소는 물론 사고 시 교통 혼잡을 방지하는 역할을 한다.

해설 ④ 길어깨(갓길) 기능에 대한 설명이다.

15 교량과 교통사고에 대한 설명으로 **틀린** 것은?

① 교량의 폭, 교량 접근부 등이 교통사고와 밀접한 관련이 있다.

② 교량 접근로의 폭에 비해 교량의 폭이 좁으면 사고가 더 많이 발생한다.

③ 교량의 접근로 폭과 교량의 폭이 같을 때 사고율이 가장 높다.

④ 교량의 접근로 폭과 교량의 폭이 서로 다른 경우에는 교통통제시설을 설치함으로써 사고율을 감소시킬 수 있다.

해설 ③ 교량의 접근로의 폭과 교량의 폭이 같은 경우 사고 발생률이 낮다.

16 길어깨 역할에 대한 설명이다. 옳지 **않은** 것은?

① 측방 여유폭을 가지므로 교통의 안전성과 쾌적성에 기여한다.

② 지하매설물 등의 장소로 제공된다.

③ 보도 등이 없는 도로에서는 보행자 등의 통행장소로 제공된다.

④ 차량이 대향차로로 튕겨나가는 것을 방지한다.

해설 ④는 중앙분리대의 기능이다.

17 실전방어운전에 대한 설명으로 **틀린** 것은?

① 교통신호가 바뀌면 진행방향으로 신속하게 출발한다.

② 과로로 피로하거나 심리적으로 흥분된 상태에서는 운전을 자제한다.

③ 뒤에 다른 차가 접근해 올 때는 속도를 낮춘다.

④ 진로를 바꿀 때는 상대방이 잘 알 수 있도록 여유있게 신호를 보낸다.

해설 ① 교통신호가 바뀐다고 해서 무작정 출발하지 말고 **주위 자동차의 움직임을 관찰한 후 출발**한다.

18 교차로 운전에 대한 설명으로 **틀린** 것은?

① 섣부른 추측운전은 하지 않는다.

② 언제든 정지할 수 있는 준비태세를 갖춘다.

③ 신호가 바뀌는 순간을 주의한다.

④ 신호등 없는 교차로의 경우 신속하게 진행한다.

해설 ④ 신호등 없는 교차로의 경우 통행의 우선순위에 따라 주의하며 진행한다.

---

13 ② **14** ④ **15** ③ **16** ④ **16** ④ **17** ① **18** ④

19 커브길 안전운전 및 방어운전의 설명으로 <u>틀린</u> 것은?

① 중앙선을 침범하거나 도로의 중앙으로 치우쳐 운전하지 않는다.

② 핸들을 조작할 때는 가속이나 감속을 하지 않는다.

③ 야간에는 경음기를 사용하여 내 차의 존재를 알린다.

④ 반대 차로에 차가 오고 있다는 것을 염두에 두고 차로를 준수하며 운전한다.

해설 ③ 주간에 경음기, 야간에 전조등을 사용하여 내 차의 존재를 알린다.

20 앞지르기 안전운전 및 방어운전에 대한 설명으로 <u>틀린</u> 것은?

① 앞지르기에 필요한 속도가 최고속도 범위를 초과해도 앞지르기를 시도한다.

② 앞지르기에 필요한 충분한 거리와 시야가 확보되었을 때 앞지르기를 시도한다.

③ 앞차의 오른쪽으로 앞지르기하지 않는다.

④ 앞차가 앞지르기를 하고 있는 때는 앞지르기를 시도하지 않는다.

해설 ① 앞지르기에 필요한 속도가 그 도로의 최고속도 범위 이내일 때 앞지르기를 시도한다.

21 봄철 교통사고에 대한 설명으로 <u>틀린</u> 것은?

① 춘곤증에 의한 졸음운전으로 전방주시태만과 관련된 사고의 위험이 높다.

② 기온과 습도 상승으로 불쾌지수가 높아져 사고의 위험이 높다.

③ 바람과 황사 현상에 의한 시야 장애도 종종 사고의 원인으로 작용한다.

④ 신학기를 맞아 학생들의 보행 인구가 늘어나 사고의 위험이 높다.

해설 ② 여름철 교통사고와 관련이 있다.

22 가을철 기상 특성으로 옳은 것은?

① 습도가 낮고 공기가 매우 건조하다.

② 저녁 늦게까지 기온이 내려가지 않는 열대야 현상이 나타난다.

③ 아침에는 심한 일교차로 안개가 빈발한다.

④ 중국에서 발생한 황사가 강한 편서풍을 타고 우리나라 전역에 영향을 끼친다.

해설 ① 겨울, ② 여름, ④ 봄

23 겨울철 교통사고 특징으로 옳지 <u>않은</u> 것은?

① 도로의 결빙으로 자동차의 충돌·추돌·도로 이탈 등의 사고가 많이 발생한다.

② 각종 모임의 한잔 술로 인한 음주운전 사고가 우려된다.

③ 다른 계절보다 안개가 많이 발생한다.

④ 보행자는 앞만 보면서 목적지까지 최단거리로 이동하고자 하는 경향이 있어 사고에 직면하기 쉽다.

해설 ③ 안개는 가을철에 많이 발생한다.

24 충전용기 등을 차량에 적재할 때 따라야 하는 기준으로 <u>틀린</u> 것은?

① 차량의 최대 적재량을 초과하여 적재하지 않을 것

② 차량의 적재함을 초과하여 적재하지 않을 것

③ 운반 중의 충전용기는 항상 50℃ 이하를 유지할 것

④ 자전거나 오토바이에 적재하여 운반하지 아니할 것

해설 ③ 40℃ 이하를 유지할 것

19 ③ **20** ① **21** ② **22** ③ **23** ③ **24** ③

25 안개길을 운전할 때 안전운전 방법으로 틀린 것은?

① 갓길의 노면요철포장의 소음 또는 진동을 통해 시정거리 및 앞차와의 거리를 확보한다.

② 가시거리가 100m 이내인 경우에 최고속도를 50% 정도 감속하여 운행한다.

③ 앞을 분간하기 힘들 정도의 길인 경우에는 차를 안전지역에 주차시키고 비상등 등을 점멸시킨다.

④ 커브길에서는 경음기를 울려 자신의 주행하고 있다는 사실을 알린다.

해설 ① 도로 갓길에 설치된 노면요철포장의 **소음 또는 진동은 도로이탈을 확인하기 위한 도로의 구조물**이다. 시정거리 및 앞차와의 거리는 갓길에 설치된 **안개시정표지 등을 통해서 알 수 있다.**

02　　제2회 적중모의고사

01 운전자가 자동차 운행 시 수없이 반복하는 과정으로 교통상황을 알아차리는 것을 무엇이라 하는가?

① 판단　　　　　② 인지

③ 조작　　　　　④ 훈련

해설 ① **판단**은 자동차를 어떻게 움직여서 운전할지를 결정하는 것이다.
② **인지판단의 오류**로 인한 교통사고의 비율이 가장 높다.
③ **조작**은 판단에 따라 자동차를 조작하는 운전행위이다.

02 전방에 있는 물체까지의 거리를 눈으로 측정하는 기능을 무엇이라 하는가?

① 정지시력　　　　② 심시력

③ 동체시력　　　　④ 시야

해설 전방에 있는 물체까지의 거리를 눈으로 **측정하는 것을 심경각이라고 하며, 그 기능을 심시력**이라고 한다.

03 운전피로의 특징으로 틀린 것은?

① 피로의 증상은 전신에 걸쳐 나타난다.

② 정신적, 심리적 피로는 신체적 부담에 의한 일반적 피로보다 회복시간이 짧다.

③ 피로는 운전 작업의 오류가 발생할 수 있다는 위험신호이다.

④ 연속운전은 일시적으로 급성피로를 낳기도 한다.

해설 단순한 운전피로는 휴식으로 회복되나 정신적, 심리적 피로는 신체적 부담에 의한 일반적 피로보다 회복시간이 길다.

04 교통사고 시 결함의 비율이 높은 것부터 바르게 나열된 것은?

① 교통상황을 인지하지 못한 경우(인지착오), 동작착오, 판단착오

② 교통상황을 인지하지 못한 경우(인지착오), 판단착오, 동작착오

③ 판단착오, 교통상황을 인지하지 못한 경우(인지착오), 동작착오

④ 판단착오, 동작착오, 교통상황을 인지하지 못한 경우(인지착오)

05 고령운전자 의식의 특징으로 옳지 않은 것은?

① 고령자의 운전은 젊은 층에 비하여 상대적으로 신중하지 못하다.

② 고령자의 운전은 젊은 층에 비하여 상대적으로 돌발사태 대응력이 미흡하다.

③ 고령자의 운전은 젊은 층에 비하여 상대적으로 과속을 하지 않는다.

④ 고령자의 운전은 젊은 층에 비하여 상대적으로 반사 신경이 둔하다.

해설 고령자는 젊은 층에 비하여 상대적으로 신중하다.

---

25 ①　01 ②　02 ②　03 ②　04 ②　05 ①

06 선형과 교통사고 등에 대한 설명으로 틀린 것은?

① 차로폭은 일반적으로 3.0 ~ 3.5m를 기준으로 한다.

② 긴 직선구간 끝에 있는 곡선부는 짧은 직선구간 다음의 곡선부에 비해서 사고율이 낮다.

③ 종단선형이 자주 바뀌면 시거가 단축되어 사고가 일어나기 쉽다.

④ 고속도로에서는 곡선반경 750m를 경계로 그 값이 적어짐에 따라 사고율이 높아진다.

해설 긴 직선구간 끝에 있는 곡선부는 짧은 직선구간 다음의 곡선부에 비해서 사고율이 높다.

07 내륜차와 외륜차에 대한 설명으로 틀린 것은?

① 내륜차는 회전 시 차의 안쪽 앞바퀴와 안쪽 뒷바퀴의 회전 반경의 차를 말한다.

② 앞바퀴의 안쪽과 뒷바퀴의 차이를 내륜차라고 한다.

③ 외륜차는 회전 시 차의 바깥쪽 앞바퀴와 뒷바퀴의 회전 반경의 차를 말한다.

④ 운전 시에 후진할 때는 내륜차를 고려하여 핸들을 조작해야 한다.

해설 ④ 운전 시에 후진할 때는 외륜차를 고려하여 핸들을 조작해야 한다.

08 야간 안전운전방법에 대한 설명으로 틀린 것은?

① 대향차의 전조등을 바로 보지 않는다.

② 가급적 전조등이 비치는 공간만을 살핀다.

③ 주간보다 속도를 낮추어 운전한다.

④ 전조등이 비치는 곳의 가운데를 살핀다.

해설 ④ 가급적 전조등이 비치는 곳 끝까지 살펴야 한다.

09 주행장치인 휠(wheel)에 대한 설명으로 틀린 것은?

① 타이어와 함께 차량의 중량을 지지한다.

② 구동력과 제동력을 지면에 전달하는 역할을 한다.

③ 무게가 무겁고 노면의 충격과 측력에 견딜 수 있는 강성이 있어야 한다.

④ 타이어에서 발생하는 열을 흡수하여 대기 중으로 잘 방출시켜야 한다.

해설 무게가 가볍고 노면의 충격과 측력에 견딜 수 있는 강성이 있어야 한다.

10 스탠딩 웨이브 현상으로 틀린 것은?

① 스탠딩 웨이브 현상이 계속되면 타이어는 쉽게 과열되어 오래가지 못해 파열된다.

② 조건이 나쁜 경우 150km/h 이하에서도 발생한다.

③ 스탠딩 웨이브 현상을 예방하기 위해 속도를 낮춘다.

④ 스탠딩 웨이브 현상을 예방하기 위해 공기압을 낮춘다.

해설 예방하기 위하여 공기압을 높인다.

11 타이어 마모에 대한 설명으로 틀린 것은?

① 타이어의 공기압이 규정 압력보다 높으면 숄더 부분에 마찰력이 집중되어 수명이 짧아진다.

② 차체의 하중이 커지면 타이어의 굴신이 심해져서 마모를 촉진하게 된다.

③ 브레이크를 밟는 횟수가 많을수록 타이어의 마모량은 커진다.

④ 브레이크를 밟기 직전의 속도가 빠를수록 타이어의 마모량은 커진다.

해설 ① **타이어 공기압이 규정 압력보다 높은 경우** 트레드 중앙 부분의 마모가 빨라지고, **반대로 공기압이 낮으면** 승차감이 좋아지나, 숄더 부분에 마찰력이 집중되어 타이어의 수명이 짧아진다.

06 ② 07 ④ 08 ④ 09 ③ 10 ④ 11 ①

12 주행 중 하체 부분에서 비틀거리는 흔들림이 발생하는 경우 이상이 있을 수 있는 부분은?

① 쇽 업소버　　　　② 라이닝의 결함

③ 팬벨트 이완　　　④ 휠너트의 이완

해설 하체 부분이 비틀거리는 것은 **휠너트의 이완**이나 타이어의 공기압이 부족할 때 발생한다.

13 엔진의 시동이 꺼지는 경우 조치방법으로 틀린 것은?

① 연료공급 계통의 공기빼기 작업

② 워터 세퍼레이터 공기 유입 확인

③ 작업 불가한 경우 응급조치 후 공장입고

④ 밸브 간극 조정

해설 ④ 밸브 간극 조정은 엔진매연이 과다하게 발생하는 경우의 조치방법이다.

14 주요 안전장치에 대한 설명으로 틀린 것은?

① ABS는 브레이크가 작동하는 동안 핸들의 조종을 용이하도록 한다.

② ABS의 사용목적은 방향 안정성과 조종성에 있다.

③ 쇽 업소버는 커브길이나 빗길에 차가 경로를 벗어나는 것을 방지한다.

④ 앞바퀴 정렬에는 쇽 업소버, 캠버, 캐스터가 작용한다.

해설 ④ 쇽 업소버가 아니라 토우인이다. 쇽 업소버는 현가장치이고, 토우인은 조향장치이다.

15 종단선형에 대한 설명으로 틀린 것은?

① 일반적으로 종단경사(오르막 내리막 경사)가 커짐에 따라 사고율이 높다.

② 오르막 내리막의 종단경사와 곡선부가 중복되는 곳은 사고 위험성이 낮다.

③ 종단선형이 자주 바뀌면 시거가 단축되어 사고가 일어나기 쉽다.

④ 양호한 선형조건에서 제한시거가 불규칙적으로 나타나면 사고율이 높아진다.

해설 종단경사와 곡선부가 중복되는 곳은 훨씬 더 사고 위험성이 높다.

16 일반적으로 도로의 4가지 조건이 <u>아닌</u> 것은?

① 형태성　　　　　② 이용성

③ 공개성　　　　　④ 연계성

해설 ④ 연계성은 도로의 조건이 아니다. 도로의 조건은 ① · ② · ③ 이외에 교통경찰권이 더 들어간다.

17 중앙분리대에 대한 설명으로 틀린 것은?

① 방호울타리형 중앙분리대는 충분한 설치 폭의 확보가 어려운 곳에서 설치하는 것이다.

② 연석형 중앙분리대는 향후 차로 확장에 쓰일 공간 확보를 위해서 설치한다.

③ 방호울타리형 중앙분리대는 중앙에 잔디나 수목을 심어 녹지공간을 제공하는 데에도 사용될 수 있다.

④ 광폭 중앙분리대는 대향차량의 영향을 받지 않을 정도의 넓이를 제공한다.

해설 ③ 중앙에 잔디나 수목을 심어 **녹지공간을 제공**하는 데 사용될 수 있는 **중앙분리대는 연석형 중앙분리대**이다.

18 신호기의 기능에 대한 설명으로 틀린 것은?

① 교통류의 흐름을 질서 있게 한다.

② 교통처리용량을 감소시킨다.

③ 교차로에서 직각충돌사고를 줄일 수 있다.

④ 교통흐름을 차단하는 것과 같은 통제에 이용할 수 있다.

해설 ② 교통처리용량을 증대시킬 수 있으나, 대기시간의 증대로 지체가 발생할 수 있다.

12 ④　**13** ④　**14** ④　**15** ②　**16** ④　**17** ③　**18** ②

19 내리막길 안전운전 및 방어운전에 대한 설명으로 틀린 것은?

① 내리막길에는 미리 감속하며 엔진 브레이크로 속도를 조절한다.

② 배기 브레이크와 페이드나 베이퍼 록 현상과는 관계가 없다.

③ 중간에 불필요하게 속도를 줄인다든지 급제동하는 것은 금물이다.

④ 변속할 때 클러치 및 변속 레버의 작동을 신속하게 한다.

해설 ② 배기 브레이크는 페이드와 베이퍼 록 현상을 방지하고, 엔진 브레이크는 페이드 현상을 방지할 수 있다.

20 고속도로 운행 시 주의사항으로 틀린 것은?

① 주행 중 속도계를 수시로 확인하여 법정속도를 준수한다.

② 고속도로 진·출입 시 속도감각에 유의하여 운전한다.

③ 전방주시점은 속도가 빠를수록 가까이 둔다.

④ 주행차로를 준수하고 두 시간마다 휴식을 취한다.

해설 ③ 전방 주시점은 속도가 빠를수록 멀리 둔다.

21 야간 안전운전방법의 설명으로 틀린 것은?

① 대향차의 전조등은 직접 보지 않는다.

② 주취자가 차도에 뛰어드는 것을 조심한다.

③ 실내를 불필요하게 밝게 하지 말아야 한다.

④ 자동차가 교행할 때에는 조명장치를 수평으로 조정한다.

해설 ④ 자동차가 교행 할 때에는 조명장치를 하향으로 조정한다.

22 여름철 자동차관리 요령으로 틀린 것은?

① 냉각장치를 수시로 점검한다.

② 써머스타 상태를 점검하여 엔진의 온도를 일정하게 유지되도록 한다.

③ 차량 내부의 습기를 제거한다.

④ 와이퍼의 작동상태를 꼼꼼하게 점검한다.

해설 ② 겨울철 자동차관리 요령이다. 써머스타는 엔진의 온도를 일정하게 유지시켜 주는 역할을 한다.

23 가을철 농기계 관련 사고에 대한 설명으로 틀린 것은?

① 추수시기를 맞아 경운기 등 농기계의 빈번한 사용으로 사고의 위험이 높다.

② 농촌 도로에서는 농지로부터 도로로 나오는 농기계에 주의하여 서행한다.

③ 농기계 운전자가 놀라지 않도록 경적을 울리지 않고 주행한다.

④ 도로가의 나무 등에 가려 경운기를 보지 못하는 경우가 있으므로 주의한다.

해설 ③ 안전거리를 유지하고 경적을 울려, 자동차가 가까이 있다는 사실을 알려주어야 한다.

24 위험물 적재 시 운반용기와 포장외부에 표시해야 할 사항이 <u>아닌</u> 것은?

① 위험물의 품목

② 위험물의 생산지

③ 위험물의 화학명

④ 위험물의 수량

19 ② **20** ③ **21** ④ **22** ② **23** ③ **24** ②

25 고속도로 운행 제한차량의 설명으로 틀린 것은?

① 차량의 축하중 20톤, 총중량 40톤을 초과한 차량

② 편중적재, 스페어타이어 고정 불량

③ 적재물을 포함한 차량의 길이(16.7m), 폭(2.5m), 높이(4m)를 초과한 차량

④ 덮개를 씌우지 않았거나 묶지 않아 결속 상태가 불량한 차량

해설 차량의 **축하중 10톤, 총중량 40톤**을 초과한 차량이 고속도로 운행제한 차량이다.

03 제3회 적중모의고사

01 자동차 운행 시 운전자의 운전과정 순서로 옳은 것은?

① 인지 → 조작 → 판단

② 조작 → 판단 → 인지

③ 조작 → 인지 → 판단

④ 인지 → 판단 → 조작

해설 운전자는 운행 시 "인지 → 판단 → 조작"의 과정을 반복한다.

02 야간에 하향 전조등만으로 서로 다른 색깔의 옷을 입고 있는 사람을 인지하려고 할 때, 확인하기 쉬운 색깔부터 나열한 것으로 옳은 것은?

① 적색, 백색, 흑색　　② 적색, 흑색, 백색

③ 백색, 적색, 흑색　　④ 백색, 흑색, 흑색

03 야간운전 시 주의사항으로 틀린 것은?

① 반대편 차의 전조등 불빛으로 눈이 부시면 시선을 약간 오른쪽으로 돌려 눈부심을 방지한다.

② 술에 취해 차도로 뛰어드는 취객을 주의해야 한다.

③ 눈으로 확인할 수 있는 시야의 폭이 좁아지므로 주의 의무가 높아진다.

④ 통행이 빈번한 도로에서는 항상 전조등의 방향을 수평으로 하여 운행하여야 한다.

해설 보행자와 자동차의 통행이 빈번한 도로에서는 **항상 전조등의 방향을 아래쪽으로 하여 운행**하여야 한다.

04 시야에 대한 설명으로 틀린 것은?

① 정상적인 시력을 가진 사람의 시야범위는 180°~200°이다.

② 정지 상태에서 눈의 초점을 고정시키고 양쪽 눈으로 볼 수 있는 범위를 말한다.

③ 한쪽 눈의 시야는 좌·우 각각 약 120° 정도이다.

④ 양쪽 눈으로 색채를 식별할 수 있는 범위는 약 70°이다.

해설 한 쪽 눈의 시야는 **좌·우 각각 약 160°** 정도이다.

05 교통사고의 요인에 해당되지 않는 것은?

① 직접적 요인　　② 간접적 요인

③ 중간적 요인　　④ 결과적 요인

해설 교통사고의 요인은 **직접적 요인, 간접적 요인과 중간적 요인** 등 3가지로 구분된다.

06 피로가 운전착오에 미치는 영향에 대한 설명으로 틀린 것은?

① 운전개시 직후의 착오는 운전피로, 종료 시의 착오는 정적 부조화가 그 원인이다

② 각성수준의 저하 및 졸음으로 운전착오는 심야에서 새벽 사이에 많이 발생한다.

③ 피로가 많이 쌓이면 졸음상태가 되어 차 내외의 정보를 효과적으로 인지하지 못한다.

④ 운전피로에 정서적·신체적 부조가 가중되면 난폭하고 방만한 운전을 하게 된다.

---

25 ①｜01 ④　02 ①　03 ④　04 ③　05 ④　06 ①

해설 개시 직후의 착오는 정적 부조화, 종료 시의 착오는 운전피로가 그 원인이다.

07 음주운전 교통사고의 특징으로 틀린 것은?

① 음주운전 교통사고가 발생하면 치사율이 높다.

② 전신주, 가로시설물, 가로수 등과 같은 고정물체와 충돌할 가능성이 높다

③ 차량단독사고의 비율이 낮다.

④ 주차 중인 자동차와 같은 정지물체 등에 충돌할 가능성이 높다.

해설 차량단독사고의 가능성이 높다(차량단독 도로이탈사고 등).

08 고령보행자의 보행 특성에 대한 설명으로 틀린 것은?

① 보행 시 상점이나 포스터를 보면서 걷는 경향이 있다.

② 소리 나는 방향을 주시하며 보행하는 경향이 있다.

③ 정면에서 다가오는 차량을 피할 수 있는 여력을 갖지 못한다.

④ 보행 중에 똑바로 걷지 못하고 사선횡단을 하기도 한다.

해설 소리 나는 방향을 주시하지 않고 보행하는 경향이 있다.

09 주행 시 앞바퀴에 방향성을 부여하고 조향을 하였을 때 직진 방향으로 되돌아오려는 복원력을 주는 조향장치는 무엇인가?

① 캐스터(Caster)

② 캠버(Camber)

③ 토우인(Toe-in)

④ 코일 스프링(Coil spring)

해설 ② 캠버(Camber)는 핸들조작을 가볍게 하고 수직방향 하중에 의해 일어나는 앞차축의 휨을 방지한다.
③ 토우인(Toe-in)은 주행 중 타이어가 바깥쪽으로 벌어지는 것을 방지하고 주행저항 및 구동력의 반력으로 토아웃이 되는 것을 방지하여 타이어의 마모를 방지한다.
④ 코일 스프링(Coil spring)은 현가장치이다.

10 현가장치의 하나인 판 스프링(Leaf spring)에 대한 설명으로 틀린 것은?

① 구조가 간단하다.

② 승차감이 나쁘다.

③ 내구성이 좋지 않다.

④ 주로 화물자동차에 사용된다.

해설 판스프링은 내구성이 좋다.

11 수막현상을 예방하기 위한 방법으로 틀린 것은?

① 고속으로 주행하지 않는다.

② 공기압을 조금 낮게 한다.

③ 마모된 타이어를 사용하지 않는다.

④ 배수효과가 좋은 타이어를 사용한다.

해설 수막현상을 예방하기 위해서는 공기압을 조금 높게 한다.

12 자동차의 진동 중 상하 진동을 의미하는 것은?

① 바운싱(Bouncing) ② 피칭(Pitching)

③ 롤링(Rolling) ④ 요잉(Yawing)

해설 ② 피칭(Pitching ; 앞뒤 진동)
③ 롤링(Rolling ; 좌우 진동)
④ 요잉(Yawing ; 차체 후부 진동)

13 내륜차에 대한 설명으로 틀린 것은?

① 앞바퀴의 안쪽과 뒷바퀴의 안쪽과의 차이를 외륜차(外輪差)라 한다.

② 대형차일수록 이 차이는 크다.

③ 후진 중 회전할 경우에는 외륜차에 의한 교통사고의 위험이 있다.

④ 내륜차의 크기는 축간거리에 비례한다.

07 ③ 08 ② 09 ① 10 ③ 11 ② 12 ① 13 ①

14 운전자가 위험을 인지하고 자동차를 정지시키려고 시작하는 순간부터 자동차가 완전히 정지할 때까지 진행한 거리는 무엇인가?

① 공주거리 ② 제동거리
③ 정지거리 ④ 주행거리

해설 ① **공주거리**는 운전자가 자동차를 정지시켜야 할 상황임을 지각하고 브레이크 페달로 발을 옮겨 **브레이크가 작동을 시작하는 순간까지** 자동차가 진행한 거리를 말한다.
③ **정지거리**는 운전자가 위험을 인지하고 자동차를 정지시키려고 시작하는 순간부터 자동차가 완전히 정지할 때까지 자동차가 진행한 거리로 **공주거리와 제동거리를 합한 거리**를 말한다.

15 차량점검 시 주의사항으로 **틀린** 것은?

① 운행 전 점검을 실시한다.
② 주차 시에는 평지에 풋브레이크로 멈춘 후 시동을 끄고 하차하면 된다.
③ 주차브레이크를 작동시키지 않은 상태에서 절대로 운전석에서 떠나지 않는다.
④ 컨테이너 차량의 경우 고정장치가 작동되는지를 확인한다.

해설 주차 시에는 항상 **주차브레이크**를 사용한다.

16 클러치를 밟고 있을 때 '달달달' 떨리는 소리와 함께 차체가 떨리는 이유는?

① 클러치 릴리스 베어링의 고장
② 휠 너트 이완이나 타이어의 공기가 부족할 때
③ 엔진 점화장치 부분의 결함
④ 바퀴 자체의 휠 밸런스가 맞지 않을 때

해설 ① 클러치를 밟고 있을 때 '달달달' 떨리는 소리와 함께 차체가 떨리고 있다면 클러치 릴리스 베어링의 고장이므로 정비공장에 가서 교환한다.

17 엔진온도 과열 시 점검사항으로 **틀린** 것은?

① 냉각수 및 엔진오일의 양 확인과 누출여부를 확인한다.
② 냉각팬 및 워터펌프의 작동여부를 확인한다.
③ 라디에이터 손상 여부 및 써머스태트 작동상태를 확인한다.
④ 연료파이프 누유 및 공기유입 여부를 확인한다.

해설 연료파이프 누유 및 공기유입 여부를 확인은 엔진 시동 꺼짐 시 점검사항이다.

18 다음 설명으로 **틀린** 것은?

① 차로수와 사고율의 관계는 아직 명확하지 않으나 차로수가 많으면 사고가 많이 닌다.
② 차로수에서 오르막차로, 회전차로, 변속차로 및 양보차로를 제외한다.
③ 횡단면의 차로폭과 교통사고 예방의 효과는 관계가 없다.
④ 교량전근로의 폭에 비하여 교량의 폭이 좁을수록 사고가 더 많이 발생한다.

해설 차로폭이 넓으면 교통사고의 예방효과가 있다.

19 오르막길 안전운전 및 방어운전 방법에 대한 설명으로 **틀린** 것은?

① 마주 오는 차가 잘 보이지 않으므로 서행하여 위험에 대비한다.
② 정차 시에는 풋 브레이크와 핸드 브레이크를 같이 사용한다.
③ 출발 시에는 풋 브레이크만을 사용하는 것이 안전하다.
④ 오르막길에서 앞지르기할 때는 힘과 가속력이 좋은 저단기어를 사용한다.

14 ③ **15** ② **16** ① **17** ④ **18** ③ **19** ③

20 주행 시 방어운전에 대한 설명으로 **틀린** 것은?

① 교통량이 많은 곳에서는 속도를 줄여서 주행한다.

② 해질 무렵, 터널 등 조명조건이 나쁠 때에는 속도를 줄여서 주행한다.

③ 주행하는 차들과 속도를 맞추기 보다는 스스로의 속도원칙을 지킨다.

④ 주택가나 이면도로 등에서는 과속이나 난폭운전을 하지 않는다.

21 이면도로를 안전하게 통행하는 방법으로 **틀린** 것은?

① 속도를 낮춘다.

② 위험대상물의 사소한 움직임에 민감하게 운전할 필요는 없다.

③ 자동차나 어린이가 갑자기 뛰어들지 모른다는 생각을 가지고 운전한다.

④ 언제라도 곧 정지할 수 있는 마음의 준비를 갖춘다.

22 핸들이 어느 속도에 이르면 극단적으로 흔들리는 경우에 이상 부분으로 **옳은** 것은?

① 휠 너트의 이완이나 타이어의 공기부족

② 쇽 업소버의 고장

③ 브레이크 라이닝의 마모나 결함

④ 앞 차륜 정렬불량이나 휠밸런스의 부조화

23 여름철 기상 특성으로 **틀린** 것은?

① 장마전선의 북상으로 비가 많이 온다.

② 저녁 늦게까지 기온이 내려가지 않는 열대야 현상이 나타난다.

③ 아침에는 안개가 빈발하며 일교차가 심하다.

④ 장마 이후에는 무더운 날이 지속된다.

24 겨울철 기상 특성으로 **옳지 않은** 것은?

① 낮과 밤의 일교차가 커지며 강수량이 감소한다.

② 습도가 낮고 공기가 매우 건조하다

③ 기온이 급강하고 한파를 동반한 눈이 자주 내린다.

④ 이상 현상으로 기온이 올라가면서 겨울안개가 생성되기도 한다.

25 고속도로 안전운전방법에 대한 설명으로 **틀린** 것은?

① 고속도로 진입은 빠르게 가속하면서 하고, 진입 후 감속한다.

② 주변 교통흐름에 따라 적정속도를 유지한다.

③ 느린 속도의 앞차를 추월할 경우 앞지르기 차로를 이용하며 추월이 끝나면 주행차로로 복귀한다.

④ 전 좌석 안전띠를 착용한다.

PART 4

운송서비스

01 고객서비스와 기본예절

❶ 고객 서비스

(1) 고객만족과 친절

1) 고객만족 : 고객이 무엇을 원하고 있으며 무엇이 불만인지 알아내어 고객의 기대에 부응하는 좋은 제품과 양질의 서비스를 제공하는 것이다.

2) 고객이 거래를 중단하는 가장 큰 이유 : 종업원의 불친절이 가장 큰 비율을 차지하고 있다.

(2) 고객의 욕구

1) 자신을 기억해주고 관심(환영)받기를 원한다.

2) 중요한 사람으로 인식되어 칭찬받고 싶어한다.

3) 기대와 욕구를 수용해주기를 바란다.

(3) 고객서비스의 속성 ★

서비스도 제품과 마찬가지로 하나의 상품으로서 서비스 품질의 만족을 위하여 고객에게 계속적으로 제공하는 모든 활동을 뜻한다.

1) 무형성(보이지 않음) : 서비스는 형태가 없는 무형의 상품으로서 **측정하기도 어렵지만 누구나 느낄 수는 있다.**

2) 동시성(생산과 소비가 동시에 발생)

① 서비스는 공급자에 의하여 제공됨과 동시에 고객에 의하여 소비되는 성격을 가진다.

② 서비스는 **재고가 없고**, 불량서비스가 나와도 다른 제품처럼 반품할 수도 없고, 고치거나 수리할 수도 없어 나쁜 결과를 초래한다.

3) 사람에 의존(이질성)

① 같은 서비스라 하더라도 **그것을 행하는 사람에 따라 품질의 차이가** 발생하기 쉽다.

② 제품은 기계나 설비로 얼마든지 균질의 것을 만들어 낼 수 있다는 것과 다르다.

4) 소멸성(즉시 사라짐) : 서비스는 제공한 즉시 사라져서 남아 있지 않는다.

5) 무소유권 : 서비스는 누릴 수는 있으나 소유할 수는 없다.

❷ 고객만족

(1) 고객만족을 위한 서비스 품질

1) 상품품질 : 성능과 사용방법을 구현한 **하드웨어 품질**로서 고객의 욕구를 상품에 반영시켜 고객만족도를 향상시킨다.

2) 영업품질 : 고객과 현장사원의 접점에서 고객만족을 실현하는 **소프트웨어 품질**이다.

3) 서비스품질 : 이를 통하여 고객의 신뢰를 획득하는 **휴먼웨어**(Human-ware) **품질**이다.

(2) 서비스 품질을 평가하는 고객의 기준 ★

1) 신뢰성 : 정확하고 틀림없이 약속을 지킨다.

2) 신속한 대응 : 기다리게 하지 않고 적절하게 시간을 맞춘다.

3) 정확성 : 상품 및 서비스에 대한 지식이 충분하고 정확하다.

4) 편의성 : 의뢰하기 쉽고, 언제라도 곧 연락이 된다.

5) 의사소통(Communication) : 고객의 이야기를 잘 듣고 알기 쉽게 설명한다.

6) 태도 : 예의바르고 고객에 대한 배려를 한다.

7) 신용도 : 회사와 담당자를 신뢰할 수 있다.

8) 안전성 : 신체적 안전, 재산적 안전, 비밀유지

9) 고객의 이해도 : 고객의 진정한 니즈(욕구)를 알고 만족시킨다.

10) 서비스 환경 : 쾌적한 환경과 시설, 좋은 분위기

(3) 고객만족 행동예절

1) 인사

① **올바른 인사 방법**

㉠ 밝고 부드러운 미소

㉡ 고개를 반듯하게 들고 턱을 내밀지 않으며 인사 전·후에 상대의 눈을 정면으로 바라봄

㉢ 머리와 상체는 일직선이 되도록 천천히 숙임

- **보통인사는 고개를 30° 정도** 숙이며 인사(승객 앞에서 첫 인사를 나눌 때 사용)

- **정중한 인사는 고개를 45° 정도** 숙이며 인사(미안하거나 죄송할 때 사용)

㉣ 미소를 지으며, 음성은 적당한 크기와 속도로 자연스럽게 함

㉤ **처음 본 사람이 먼저** 하는 것이 좋으며, 상대방이 먼저 인사한 경우에는 응대함

㉥ 턱을 지나치게 내밀지 않음

㉦ 손을 주머니에 넣지 않고 의자에 앉아서 하지 않음

② **잘못된 인사**

㉠ 턱을 쳐들거나 눈을 치켜뜨고 하는 인사

㉡ 할까 말까 망설이다 하는 인사

㉢ 성의없이 말로만 하는 인사 7

㉣ 무표정한 인사

㉤ 상대방의 눈을 보지 않고 인사

㉥ 머리만 까닥거리며 인사

㉦ 고개를 옆으로 돌리면서 하는 인사

㉧ 뒷짐을 지고 인사

2) 악수

① 상대와 적당한 거리에서 손을 잡는다.

② 손은 **반드시 오른손을 내민다.**

③ 손이 더러울 땐 양해를 구한다.

④ 상대의 눈을 바라보며 웃는 얼굴로 악수한다.

⑤ 허리는 무례하지 않도록 자연스레 편다(상대방에 따라 10~15° 정도 굽히는 것도 좋다).

⑥ **계속 손을 잡은 채로 말하지 않는다.**

⑦ 손을 너무 세게 쥐거나 또는 힘없이 잡지 않는다.

⑧ 왼손은 자연스럽게 바지 옆선에 붙이거나 오른손 팔꿈치를 받쳐준다.

3) 시선

① 자연스럽고 부드러운 시선으로 상대를 본다.

② 눈동자는 항상 중앙에 위치하도록 한다.

③ 가급적 고객의 눈높이와 맞춘다.

❖ **고객이 싫어하는 시선** : 위로 치켜뜨는 눈, 곁눈질, 한 곳만 응시하는 눈, 위·아래로 훑어보는 눈

4) 좋은 표정 체크사항

① 밝고 상쾌한 표정인가

② 얼굴전체가 웃는 표정인가

③ 돌아서면서 표정이 굳어지지 않는가

④ 입은 가볍게 다문다.

⑤ 입의 양 꼬리가 올라가게 한다.

5) 고객응대 마음가지 10가지

① 사명감을 가진다.

② 고객의 입장에서 생각한다.

③ 원만하게 대한다.

④ 항상 긍정적으로 생각한다.

⑤ 고객이 호감을 갖도록 한다.

⑥ 공사를 구분하고 공평하게 대한다.

⑦ 투철한 서비스 정신을 가진다.

⑧ 예의를 지켜 겸손하게 대한다.

⑨ 자신감을 갖되, 꾸준히 반성하고 개선한다.

6) 언어예절

① 불평불만을 함부로 떠들지 않는다.

② 독선적, 독단적, 경솔한 언행을 삼간다.

③ 욕설, 독설, 험담을 삼가한다.

④ 매사 침묵으로 일관하지 않는다.

⑤ 남을 중상 모략하는 언동을 하지 않는다.

⑥ 불가피한 경우를 제외하고 논쟁을 피한다.

⑦ 쉽게 흥분하거나 감정에 치우치지 않는다.

⑧ **농담은 조심스럽게 한다**(부하직원이라 할지라도).

⑨ **매사 함부로 단정하지 않고 말한다.**

⑩ 일부분을 보고 **전체를 속단하여 말하지 않는다.**

⑪ **도전적 언사는 가급적 자제**한다(하급자는 상급자에게 예의바른 행동).

⑫ 상대방의 **약점을 지적하는 것을 피한다.**

⑬ 남이 이야기하는 도중에 분별없이 차단하지 않는다.

⑭ **엉뚱한 곳을 보고 말을 듣고 말하는 버릇은 고친다**(이야기에 관심이 없거나 자기를 무시하는 것으로 간주).

02 고객응대 및 직업관

❶ 운전예절과 서비스 자세

(1) 교통질서

1) 교통질서의 중요성 : 운전자 스스로 질서를 지킬 때 교통사고로부터 자신과 타인의 생명과 재산을 보호할 수 있으며 교통도 원활하게 되어 능률적인 생활을 보장받을 수 있다.

2) 질서의식의 함양

① 질서는 반드시 의식적·무의식적으로 지켜질 수 있게 돼야 한다.

② 적재된 화물의 안전에 만전을 기하여 난폭운전이나 사고로 적재물이 손상되지 않도록 한다.

(2) 운전자의 사명과 자세

1) 운전자의 사명 : '남의 생명도 내 생명처럼 존중'하고 '공인'이라는 자각이 필요하다.

2) 운전자의 기본적 자세

① 교통법규의 이해와 준수

② **양보운전의 생활화와 여유있는 운전자세**(일반운전자는 틈만 나면 화물차의 앞으로 추월하려는 마음이 있으므로 적당한 장소에서 후속자동차에게 진로를 양보)

③ 심신안정과 주의력 집중 운전

④ 운전기술의 과신은 금물

⑤ 추측운전의 자제

⑥ 공해배출 및 소음공해의 최소화

⑦ 자동차에 대한 점검과 정비 철저

(3) 올바른 운전예절

1) 운전예절의 중요성 : 예절 바른 운전습관은 명랑한 교통질서를 가져오며 교통사고를 예방케 할 뿐 아니라 교통문화를 선진화하는데 지름길이 된다.

2) 지켜야 할 운전예절

① **과신은 금물** : 안전운전은 운전기술만이 뛰어나다고 해서 되는 것이 아니며, 교통규칙을 준수함은 물론 예절 바른 행동이 뒷받침될 때만이 비로소 가능하다.

② **횡단보도에서의 예절** : 보행자가 먼저 지나가도록 일시정지하여 보행자를 보호하는데 앞장서고 횡단보도 내에 자동차가 들어가지 않도록 정지선을 반드시 지킨다.

③ **전조등 사용법** : 교차로나 좁은 길에서 마주 오는 차끼리 만나면 먼저 가도록 양보해 주고 전조등은 끄거나 하향으로 하여 상대방 운전자의 눈이 부시지 않도록 한다.

④ **고장차량의 유도** : 도로상에서 고장차량을 발견하였을 때에는 즉시 서로 도와 길 가장자리 구역으로 유도한다.

⑤ **올바른 방향전환 및 차로변경** : 일반운전자는 틈만 있으면 화물차를 추월하려고 하므로 방향지시등을 켜고 끼어들려고 할 때에는 눈인사를 하면서 양보해 주는 여유를 가지며, 이웃 운전자에게 도움이나 양보를 받았을 때 정중하게 손을 들어 답례한다.

⑥ **여유있는 교차로 통과 등** : 교차로에 정체현상이 있을 때에는 다 빠져나간 후에 여유를 가지고 서서히 출발한다.

3) 삼가야 할 운전행동

① 욕설이나 경쟁심의 운전행위

② 도로상에서 사고 등으로 차량을 세워 둔 채로 시비, 다툼 등의 행위를 하여 다른 차량의 통행을 방해하는 행위

③ 음악이나 경음기 소리를 크게 하여 다른 운전자를 놀라게 하거나 불안하게 하는 행위

④ 신호등이 바뀌기 전에 빨리 출발하라고 전조등을 켰다 껐다 하거나 경음기로 재촉하는 행위

⑤ 자동차 계기판 윗부분 등에 발을 올려놓고 운행하는 행위

⑥ 교통경찰관의 단속행위에 불응하고 항의하는 행위

⑦ 방향지시등을 켜지 않고 갑자기 끼어들거나, 버스전용차로를 무단통행하는 등의 행위

(4) 화물운전자의 서비스 확립자세 ★

1) 화물운전자의 직업상 애로사항

① 장시간 운전으로 제한된 공간에서 생활

② 주·야간 운행으로 생활리듬을 유지하기가 힘듦

③ 공로운행으로 교통사고에 대한 위기의식 상존

④ 화물운송에 대한 운임체불의 불안감

⑤ 화물적재 차량이 출고되면 거의 모든 책임이 운전자의 책임

2) 화물운전자의 서비스 확립자세

① 도착지의 주소가 명확한지 재확인하고 연락가능한 전화번호 기록을 유지한다.

② 현지에서 화물의 파손위험 여부 등 사전 점검 후 최선의 안전수송을 하여 착지의 화주에 인수인계한다.

③ 컨테이너 내품은 외부에서 보이지 않으므로 인수인계 시 철저한 화물관리가 요구된다.

④ 일반화물 중 이삿짐 수송 시에도 자신의 물건으로 여기고 소중히 수송한다.

⑤ 화물운송 시 안전도에 대한 점검을 위하여 중간지점(휴게소)에서 화물점검과 결속 풀림상태, 차량점검 등을 반드시 한다.

⑥ 화주가 요구하는 최종지점까지 배달하고 특히, 택배차량은 신속하게 화물을 자택까지 수송한다.

(5) 운전자의 기본적 주의사항

1) 법규 및 사내 안전관리 규정 준수

① 수입포탈 목적 장비운행 금지

② 배차지시 없이 임의 운행금지

③ 정당한 사유 없이 지시된 운행경로 임의 변경 운행 금지

④ 승차 지시된 운전자 이외의 타인에게 대리운전 금지

⑤ 사전승인 없이 타인을 승차시키는 행위 금지

⑥ 음주 및 약물복용 후 운전 금지

⑦ 철도건널목에서는 일시정지 준수 및 주·정차 행위 금지

⑧ 본인이 소지하고 있는 면허로 관련법에서 허용하고 있는 차종 이외의 차량 운전금지

⑨ 회사차량의 **불필요한 집단운행 금지**. 다만, 적재물의 특성상 집단운행이 불가피할 때에는 관리자의 사전승인을 받아 사고를 예방하기 위한 제반 안전조치를 취하고 운행

⑩ **자동차 전용도로, 급한 경사길 등에 주·정차 금지**

⑪ 사회적인 물의를 야기시키거나 회사의 신뢰를 추락시키는 난폭운전 등의 운전행위 금지

⑫ 외관뿐만 아니라 운전석 등 내부도 청결하게 하여 쾌적한 운행환경을 유지

2) 운행전 준비

① 용모 및 복장 확인(단정하게)

② 항상 친절하여야 하며, 고객 및 화주에게 불쾌한 언행금지

③ 배차사항 및 지시, 전달사항을 확인하고 적재물의 특성을 확인하여 특별한 안전조치가 요구되는 화물에 대하여는 사전 안전장비 장치 및 휴대 후 운행

④ 세차를 하고 화물의 외부덮개 및 결박상태를 철저히 확인한 후 운행

⑤ 운전석 내부를 항상 청결하게 유지

⑥ 일상점검을 철저히 하고 이상 발견 시 정비관리자에게 즉시 보고하여 조치 받은 후 운행

3) 운행상 주의

① 주·정차 후 운행을 개시하고자 할 때는 차량 주변의 취객·유희자 등을 확인 후 운행한다.

② 내리막길에서는 풋 브레이크를 장시간 사용하기보다는, 엔진브레이크 등을 적절히 사용한다.

③ 보행자, 이륜차, 자전거 등과 교행, 병진, 추월 운행 시 서행하며 안전거리를 유지하고 주의의무를 강화하여 운행한다.

④ 후진 시에는 유도요원의 신호에 따라 후진한다.

⑤ 노면의 적설, 빙판 시 즉시 체인을 장착한 후 안전운행한다.

⑥ 후속차량이 추월하고자 할 때에는 감속 등으로 양보운전한다.

4) 교통사고 발생시 조치 ★

① **경찰서 신고의무의 이행** : 교통사고를 발생시켰을 때에는 현장에서 인명구호, 관할경찰서에 신고 등의 의무를 성실히 수행한다.

② **회사에 즉시 보고** : 어떠한 사고라도 임의처리는 불가하며 사고발생 경위를 육하원칙에 의거 정확하게 회사에 즉시 보고한다.

③ **회사의 지시에 따른 사고처리** : 사고로 인한 행정, 형사처분(처벌) 접수 시 **임의처리 불가하며 회사의 지시에 따라 처리**한다.

④ **회사손실과 관련된 보상업무 수행불가** : 형사합의 등과 같이 운전자 개인자격으로 합의 보상 이외 회사와 직결되는 보상업무는 하지 말아야 한다.

⑤ 회사소속 차량사고를 유·무선으로 통보받거나 발견 즉시 최인근 점소에 기착 또는 유·무선으로 육하원칙에 의거 즉시 보고한다.

5) 신상변동 등의 보고

① 결근, 지각, 조퇴가 필요하거나 운전면허증 기재사항 변경, 질병 등 신상변동 시 회사에 즉시 보고한다.

② 운전면허 일시정지, 취소 등의 면허행정 처분 시 즉시 회사에 보고하여야 하며 어떠한 경우라도 운전을 금지한다.

❷ 고객응대예절 및 직업관

(1) 고객응대예절

1) 집하 시 행동방법

① 책임 집배달 구역을 정확히 인지하여 24시간, 48시간, 배달불가 지역에 대한 **배달점소의 사정을 고려하여 집하**한다.

② **결박화물 집하금지** : 2개 이상의 화물은 반드시 분리 집하한다.

③ **취급제한 물품** : 그 취지를 알리고 정중히 집하를 거절한다.

⑥ 택배운임표를 고객에게 제시 후 운임을 수령한다.

⑦ 운송장 및 보조송장 도착지란에 주소 등을 정확히 기재하여 오분류를 방지한다.

⑧ **송하인용 운송장** : 절취하여 고객에게 건넨다.

⑨ 화물인수 후 감사의 인사를 한다.

2) 배달 시 행동방법

① 배달은 서비스의 완성이라는 자세를 갖는다.

② 긴급배송을 요하는 화물은 우선 처리하고, 모든 화물은 반드시 기일 내 배송한다.

③ **수하인 주소가 불명확할 경우** : 사전에 정확한 위치를 확인 후 출발한다.

④ 무거운 물건일 경우 손수레를 이용하여 배달한다.

⑤ **부재중 방문표** : 고객이 부재 시에 이용한다.

⑥ 인수증 서명은 반드시 정자로 실명 기재 후 받는다.

3) 고객불만 발생 시 행동방법 ★

① 불만 내용을 끝까지 참고 듣고, 정중히 사과한다.

③ 고객의 불만사항이 **더 이상 확대되지 않도록** 한다.

④ 고객불만을 해결하기 어려운 경우 적당히 답변하지 말고 **관련부서와 협의 후에 답변**한다.

⑤ 책임감을 갖고 **전화를 받는 사람의 이름을 밝히고** 확인 연락을 할 것을 전해준다.

⑥ 불만전화 접수 후 우선적으로 빠른 시간 내에 확인하여 고객에게 알린다.

(2) 직업관 ★

1) 직업의 4가지 의미

① **경제적 의미** : 일터, 일자리, 경제적 가치를 창출하는 곳이다.

② **정신적 의미** : 직업의 사명감과 소명의식을 갖고 정성과 정열을 쏟을 수 있는 곳이다.

③ **사회적 의미** : 자기가 맡은 역할을 수행하는 능력을 인정받는 곳이다.

④ **철학적 의미** : 일한다는 인간의 기본적인 리듬을 갖는 곳이다.

2) **직업윤리** : 직업에는 귀천이 없으며(평등), 천직의식을 가지고(긍정적인 사고방식으로 어려운 환경을 극복), 감사하는 마음을 가진다(본인의 역할에 감사).

3) **직업의 3가지 태도** : 애정, 긍지, 열정 ★

01 물류의 기초개념

❶ 물류의 의의

(1) 개념 : 물류(物流, 로지스틱스 ; Logistics)란 공급자로부터 **생산자, 유통업자를 거쳐 최종 소비자에게 이르는 재화의 흐름**을 의미한다(최근에는 단순히 장소적 이동을 의미하는 운송의 개념에서 발전하여 자재조달이나 폐기, 회수 등까지 총괄하는 경향).

(2) 물류관리 : 이러한 재화의 효율적인 '흐름'을 **계획, 실행, 통제할 목적**으로 행해지는 제반활동을 의미한다.

(3) 물류의 기능 : 운송(수송)기능, 포장기능, 보관기능, 하역기능, 정보기능 등이 있다. ★

(4) 물류시설

1) 물류에 필요한 화물의 운송·보관·하역을 위한 시설이다.

2) 화물의 운송·보관·하역 등에 부가되는 가공·조립·분류·수리·포장·상표부착·판매·정보통신 등을 위한 시설이다.

3) 물류의 공동화·자동화 및 정보화를 위한 시설, 물류터미널 및 물류단지시설을 말한다.

❷ 물류와 공급망관리

(1) 1970년대 경영정보시스템단계

창고보관·수송을 신속히 하여 **주문처리시간을 줄이는 데 초점**을 둔 단계이다(MIS ; Management Information System).

(2) 1980 ~ 90년대 전사적자원관리단계

물류단계로서 기업활동을 위해 사용되는 기업 내의 모든 **인적, 물적 자원을 효율적으로 관리하여 궁극적으로 기업의 경쟁력을 강화**시켜 주는 역할을 하는 통합정보시스템(ERP ; Enterprise Resource Planning)을 말한다.

(3) 1990년대 중반 이후

1) **공급망관리단계** : 최초 공급업체로부터 최종고객까지 포함하여 공급망 상의 업체들이 수요, 구매정보 등을 상호 공유하는 통합공급망관리 단계를 말한다(SCM ; Supply Chain Management).

2) **공급망관리의 기능**

① 종전에는 조립·가공단계의 생산성 향상에만 주력했다면 최근에는 **인터넷 등장으로 부품조달이나 유통 등의 물류에 대한 관심**이 고조되고 있다.

② 인터넷유통시대의 디지털기술을 활용하여 공급자, 유통채널, 소매업자, 고객 등과 관련된 **물자 및 정보흐름을 신속하고 효율적으로 관리**하는 데 공급망관리가 필요하다.

❸ 기업경영에서 물류의 역할 ★

(1) 마케팅의 절반을 차지 : 물류가 **마케팅으로 결품방지나 즉납서비스** 등의 물리적인 고객서비스를 수행하는 시대이다.

(2) 판매기능 촉진 : 물류의 7R 기준을 충족하여 고객서비스를 향상시키고 물류비용을 절감하고 기업이익을 최대화하는 역할을 한다.

(3) 적정 재고 유지와 재고비용의 절감 : 물류합리화를 통해서 재고를 줄여 재고비용을 줄인다.

(4) 물류와 상류 분리를 통한 **유통합리화 기여**

+ STUDY 물류관리의 기본원칙

❶ 7R 원칙 ★   ✿ 두문자 : QUTPIC(큐트픽)

(1) Right **Qu**ality(적절한 품질)

(2) Right **Qu**antity(적절한 양)

(3) Right **T**ime(적절한 시간)

(4) Right **P**lace(적절한 장소)

(5) Right **I**mpression(좋은 인상)

(6) Right **P**rice(적절한 가격)

(7) Right **C**ommodity(적절한 상품)

❷ 3S 1L 원칙   ✿ 두문자 : `확신안저`

(1) **신**속하게(Speedy)   (2) **안**전하게(Safely)

(3) **확**실하게(Surely)   (4) **저**렴하게(Low)

❸ 제3의 이익원천

매출증대, 원가절감에 이은 물류비절감은 이익을 높일 수 있는 세 번째 방법

---

❹ 물류의 기능 ★★

(1) 운송기능 : 물품을 공간적으로 이동시키는 것으로, 수송에 의해서 생산지와 수요지와의 공간적 거리가 극복되어 상품의 **장소적**(공간적) **효용을 창출한다.**

(2) 포장기능 : 물품의 수·배송, 보관, 하역 등에 있어서 **가치 및 상태를 유지**하기 위해 적절한 재료, 용기 등을 이용해서 포장하여 보호하고자 하는 활동이다.

(3) 보관기능 : 물품을 창고 등의 보관시설에 보관하는 활동으로, 생산과 소비와의 시간적 차이를 조정하여 **시간적 효용을 창출**한다.

(4) 하역기능 : 수송과 보관의 양단에 걸친 물품의 취급으로 물품을 상하좌우로 이동시키는 활동으로 **싣고 내림, 시설 내에서의 이동, 피킹, 분류 등의 작업**이 있다. 작업의 대표적인 방식은 **컨테이너화와 파렛트화**이다.

(5) 정보기능 : 물류활동과 관련된 물류정보를 수집, 가공, 제공하여 운송, 보관, 하역, 포장, 유통가공 등의 기능을 **컴퓨터 등의 전자적 수단으로 연결**하여 줌으로써 **종합적인 물류관리의 효율화**를 도모할 수 있도록 하는 기능을 뜻한다.

(6) 유통가공기능 : 물품의 유통과정에서 물류효율을 향상시키기 위하여 가공하는 활동으로, 단순가공, 재포장 또는 조립 등 **제품이나 상품의 부가가치를 높이기 위한 물류활동**이다.

❺ 물류관리의 정의와 목표

(1) 물류관리의 정의(의의)

현대와 같이 공급이 수요를 초과하고, 소비자의 기호가 다양하게 변화하는 시대에 조달, 생산, 판매와 관련된 물류부문뿐만 아니라 수요예측, 구매계획, 재고관리, 물류비 관리, 반품·회수·폐기 등을 포함하여 종합적으로 관리함으로써 기업경영에 있어서 **최저비용으로 최대의 효과를 추구하는 종합적인 로지스틱스 개념 하의 물류관리가 중요**하다.

  1) 기업 외적 물류관리 : 고도의 물류서비스를 소비자에게 제공하여 기업경영의 경쟁력을 강화하는 것이다.

  2) 기업 내적 물류관리 : 물류관리의 효율화를 통한 물류비의 절감하는 것이다.

(2) 물류관리의 목표 ★

  1) 비용절감과 재화의 시간적·장소적 효용가치의 창조

  2) 고객서비스 수준 향상과 물류비의 감소란 목표는 서로 상충되는 트레이드오프 관계*이므로 고객지향성을 가지고 경쟁사의 서비스 수준을 비교한 후 특정 서비스를 최소의 비용으로 고객에게 제공하는 것이다.

  ✤ 트레이드오프(trade-off) 상충관계 : 두 개의 정책목표 가운데 하나를 달성하려고 하면 다른 목표의 달성이 늦어지거나 희생되는 경우 양자간의 관계를 말한다. 즉, 물류비를 절감하면 고객서비스는 떨어진다는 것이다.

❻ 기업물류

(1) 물류시스템의 개선 : 물류체계 또는 물류시스템의 개선은 기업이든 국가든 부가가치의 증대를 통해 부를 증가시킨다.

(2) 물류활동의 효율성 증대 효과 : 개별기업의 물류활동이 효율적으로 이루어지면 투입이 절감되거나 더 많은 산출을 가져와 비용 또는 가격경쟁력을 제고하고 나아가 총이윤이 증가한다.

(3) 물류활동

1) 주활동 : 대고객서비스수준, 수송, 재고관리, 주문처리

2) 지원활동 : 보관, 자재관리, 구매, 포장, 생산량과 생산일정 조정, 정보관리가 포함

(4) 물류비용과 물류의 발전방향

1) 전형적인 기업조직은 생산과 마케팅을 중심으로 구성 : 생산과 마케팅부서는 물류의 중요성을 각자의 관점에서 인식하므로 상호간에는 차이가 있어 물류문제에 있어 상호협조가 이루어지기 어려울 수 있다.

2) 조직적·기능적 통합 : 기업물류는 종전에 부분적으로 **생산부서와 마케팅부서**에 속해 있던 재화의 흐름과 보관기능을 기업조직 측면이나, 기능적으로 **통합하는 것**이다.

3) 일반적으로 **기업활동과 관련하여 체계적으로 조직을 분리할 때**, 조직 간의 상호협조가 잘 이루어지며 기업의 목적을 가장 잘 달성할 수 있다.

4) 기업 전체의 목표 내에서 물류관리자는 그 나름대로의 목표를 수립하여 기업전체의 목표를 달성하는데 기여하도록 한다.

5) 물류체계의 구축 : 물류관리의 목표는 **이윤증대와 비용절감을 위한 물류체계의 구축**이 물류관리의 목표이다.

(5) 물류전략과 물류계획

물류부문에 있어 의사결정사항은 창고의 입지선정, 재고정책의 설정, 주문접수, 주문접수 시스템의 설계, 수송수단의 선택 등에 있다.

1) 기업전략 : 훌륭한 전략수립을 위해서는 소비자, 공급자, 경쟁사, 기업 자체의 4가지 요소를 고려할 필요가 있다.

2) 물류전략의 목표 : 비용절감(운반 및 보관과 관련된 가변비용을 최소화), 자본절감(물류시스템에 대한 투자를 최소화), 서비스개선(서비스수준에 비례하여 수익의 증가)을 목표로 한다. ★

① **프로액티브**(proactive) **물류전략** : 사업목표와 소비자 서비스 요구사항에서부터 시작되며, 경쟁업체에 대항하는 공격적인 전략이다.

② **크래프팅**(crafting) **중심의 물류전략** : 특정한 프로그램이나 기법을 필요로 하지 않으며, **뛰어난 통찰력이나 영감에 바탕**을 둔다. 그러나 일단 물류서비스전략이 수립되면 서비스 수준은 수립된 전략을 통해 달성한다.

3) 물류계획

① **계획수립의 단계**

㉠ 무엇을, 언제, 그리고 어떻게

㉡ **전략, 전술, 운영의 3단계**(단계의 차이는 기간임)

㉢ **전략적 계획** : 불완전하고 정확도가 낮은 자료를 이용해서 수행

㉣ **운영계획** : 정확하면서 세부적인 자료를 이용해서 수행

② **계획수립의 주요 영역** : 고객서비스 수준, 설비의 입지(보관지점과 제품을 공급하는 공급자의 지리적인 위치를 선정하는 것), 재고의사결정, 수송의사결정

4) 물류계획수립문제의 개념화

① 물류체계를 링크(link)와 노드(node : 보관지점)로 이루어지는 네트워크로 고찰한다.

② **링크** : 재고 보관지점들 간에 이루어지는 제품의 이동경로를 나타낸다.

③ **정보네트워크** : 링크와 노드의 집합체라는 관점에서 제품이 이동하는 물류네트워크와 동일하다.

④ **물류시스템의 구성** : 제품이동 네트워크과 정보네트워크가 결합하여 물류시스템을 구성한다.

5) 물류전략수립의 시점

① 신설기업이나 신제품 생산 시 새로운 물류네트워크의 구축이 필요하다.

② 기존 물류네트워크를 수정하는 것이 필요한지, 아니면 최적은 아니지만 계속 운영하는 것이 이익인지를 결정할 필요가 있다.

③ **물류네트워크의 평가와 감사를 위한 일반적 지침** : 수요, 고객서비스, 제품특성, 물류비용, 가격결정 정책

6) 물류전략수립의 지침

① **보관지점 수의 결정** : 제공되는 서비스 수준으로부터 얻는 수익에 대해 재고·수송비용(총비용)이 균형을 이루는 점에서 결정한다.

② **재고유지비와 판매손실비**(트레이드 오프관계)의 두 비용 균형점에서 최고경영진의 고려비용을 고려하여 비용요소를 결정한다.

③ **가장 좋은 트레이드오프** : 100%의 서비스 수준보다 낮은 서비스 수준에서 발생한다.

7) 물류관리 전략의 필요성과 중요성

① 로지스틱스(Logistics)는 가치창출을 중심으로 **물류를 경쟁이 대상이 아닌 수단으로 인식하는 것**이며, 물류관리가 전략적 도구가 되는 개념이다.

② 기업이 살아남기 위한 중요한 **경쟁우위의 원천으로서 물류를 인식하는 것**이 전략적 물류관리의 방향이다.

8) 전략적 물류관리(SLM : Strategic Logistics Management)

① **필요성** : 대부분의 기업들이 **경영전략과 로지스틱스 활동을 적절하게 연계**시키지 못하고 있는 것이 문제점으로 지적되고 있으며, 이를 해결하기 위한 방안으로 전략적 물류관리가 필요하다.

② **전략적 물류관리의 목표**(물류전략 프로세스 혁신의 목표)

㉠ 비용, 품질, 서비스, 속도와 같은 핵심적 성과에서 극적인(dramatic) 향상을 이루기 위해 물류**의 각 기능별 업무 프로세스를 기본적으로 다시 생각하고 근본적으로 재설계**

㉡ 업무처리속도 향상, 업무품질 향상, 고객서비스 증대, 물류원가 절감, 고객만족을 통해 기업의 신경영체제 구축

9) 물류전략의 실행구조(과정순환) : 전략수립(Strategic) → 구조설계(Structural) → 기능정립(Functional) → 실행(Operational) ★

✿ 두문자 : 전구기실

① 전략수립(Strategic) : 고객서비스 수준을 결정하여 물류시스템이 갖추어야 할 수준과 물류성과 수준을 결정한다.

② 구조설계(Structural)

㉠ **공급망설계** : 고객요구 변화에 따라 경쟁상황에 맞게 유통경로를 재구축

㉡ **로지스틱스 네트워크전략 구축** : 원·부자재 공급에서부터 완제품의 유통까지 흐름을 최적화 (기능정립)

③ 기능정립(Functional)

㉠ 창고설계·운영　　　　㉡ 수송관리

㉢ 자재관리

④ 실행(Operational)

㉠ 정보·기술관리　　　　㉡ 조직·변화관리

02　제3자 및 제4자 물류

❶ 제3자 물류 ★★

(1) 제3자 물류의 이해

1) 의의

① **개념** : 제3자 물류업은 화주기업이 고객서비스 향상, 물류비 절감 등 물류활동을 효율화할 수 있도록 공급망(Supply Chain)상의 기능 전체 혹은 일부를 **대행하는 업종**이다.

② **물류활동의 분류** ★

㉠ **자사물류**(제1자 물류) : 화주기업이 **직접 물류활동을 처리**하는 자사물류

㉡ **제2자 물류**(물류자회사) : 기업이 사내의 물류조직을 분리하여 **자회사로 독립**시키는 경우

㉢ **제3자 물류** : 외부의 전문물류업체에게 **물류업무를 아웃소싱**하는 경우

③ **제3자 물류의 발전과정**

○ **자사물류**(1자) → **물류자회사**(2자) → **제3자 물류**라
는 단순한 절차로 발전하는 경우가 많으나 실
제 이행과정은 복잡한 구조임

○ **서비스의 깊이 측면** : 물류활동의 운영 및 실
행 → 관리 및 통제 → 계획 및 전략으로 발전

○ **서비스의 폭 측면** : 기능별 서비스 → 기능간
연계 및 통합서비스의 발전(공급망 관리기법이 필수적)

④ **국내의 제3자 물류수준** : 물류아웃소싱 단계에 있다.

❖ 물류아웃소싱은 화주로부터 일부 개별서비스를 발주받아 운
송서비스를 제공하는 반해 제3자 물류는 1년의 장기계약을
통해 회사전체의 통합물류서비스를 제공함

[제3자 물류와 물류아웃소싱의 차이점]

구 분	제3자 물류	물류아웃소싱
화주와의 관계	계약기반, 전략적 제휴	거래기반, 수 · 발주관계
관계 내용	장기(1년 이상), 협력	일시 또는 수시
서비스 범위	통합물류서비스	기능별 개별서비스
정보공유 여부	반드시 필요	불필요
도입결정권한	최고경영층	중간관리자
도입 방법	경쟁계약	수의계약

❖ 제3자 물류서비스의 활성화 : 화주기업이 물류기능별 물류사
업자와 개별적으로 접촉해야 하는 현재의 거래 · 계약구조가
화주기업과 제3자 물류업체간의 계약만으로 모든 물류서비스
를 제공받을 수 있는 형태로 변화할 것이다.

(2) 제3자 물류의 발전동향

1) 국내 물류시장은 제3자 물류가 활성화될 수 있
는 **기본적인 여건을 형성**하고 있는 중이다.

2) 공급자 측면에서는 경쟁이 심화되면서 기존의
단순 운송 · 보관서비스에서 **차별화된 저가격-고
품질 물류서비스가 확산**될 것이다.

3) 각종 행정규제가 완화되면서 특정 물류업종 안
에서의 물류업체간(기존업체-신규업체 등)의 경쟁과
이로 인한 기능의 발전을 하고 있다.

4) **수요자**(화주기업) **측면**

① **물류전문업체와의 전략적 제휴 · 협력**을 통해 물
류효율화를 추진하는 기업이 증가하고 있다.

② 기업간 경쟁에서 **기업네트워크간 경쟁구조**로 공
급망관리(SCM)의 중요성이 부각되고 있고, 물류
전문업체와의 제휴 · 협력을 통한 물류효율화에
관심이 고조되고 있다.

③ **소량 다빈도 배송업무**를 위해 물류전문업체를
활용하는 비율이 증가하고 있다.

5) **한계** : 물류산업 구조의 취약성, 물류기업의 내부
역량 미흡, 소프트 측면의 물류기반요소 미확충,
물류환경의 변화에 뒤쳐지는 물류정책 등이 제3자
물류의 발전을 저해하는 요소로 작용하고 있다.

(3) 제3자 물류의 도입이유와 기대효과

1) 도입이유 ★

① **자가물류활동에 의한 물류효율화의 한계**

○ 화주기업들은 **자가물류체제를 확충**하는데 너무
치중한 결과 물류시설확충, 물류자동화 · 정보
화, 물류전문인력 충원 등에 따른 **고정투자비
부담이 크게 증가**하였다.

○ **자가물류의 과도한 투자비**로 인한 고물류비 구
조개선의 필요성이 대두하였다.

② **물류자회사에 의한 물류효율화의 한계** : 노무관
리 차원에서 모기업으로부터의 인력퇴출 장소
로 활용되고, **모기업의 지나친 간섭과 개입으로
자율경영의 추진에 한계**가 있다.

③ **제3자 물류**(물류산업 고도화를 위한 돌파구)

○ 사회간접자본 시설의 부족 및 각종 행정규제
와 더불어 물류산업의 낙후와 비효율은 고물
류비 구조를 초래하였고, 물류산업의 낙후 ·
비효율은 **자가물류의 비대화와 물류시장의 위
축을 초래**하였다.

○ 위와 같은 상황에서 **제3자 물류의 활성화는 물
류산업이 현재의 낙후 · 비효율을 극복**하며, 고
도화된 물류산업은 자가물류와의 적절한 경쟁
· 보완관계에 의하여 발전할 수 있을 것이다.

④ **세계적인 조류로서 제3자 물류의 비중 확대**

㉠ 미국, 유럽 등 주요 선진국에서는 자가물류활동을 가능한 한 축소하고, 물류아웃소싱·제3자 물류가 활성화되어 있다.

㉡ 저가격·고품질의 물류서비스를 제공하는 물류전문업체가 발전한다면 기업의 투자비·운영비 부담의 경감과 물류비 절감효과를 위해 제3자 물류를 적극적으로 도입할 것이다.

2) 기대효과

① 화주기업 측면

㉠ 제3자 물류업체의 고도화된 물류체계를 활용함으로써 **화주기업은 공급망 대 공급망간 경쟁에서 유리한 위치**를 차지할 수 있다.

㉡ 조직 내 물류기능 통합화와 **공급망상의 기업간 통합·연계화**로 자본, 운영시설, 재고, 인력 등의 경영자원을 효율적으로 활용하여 고객서비스의 향상이 가능하다.

㉢ 물류시설 설비에 대한 **투자부담을 제3자 물류업체에게 분산**시킴으로써 유연성확보와 자가물류에 의한 물류효율화의 한계를 보다 용이하게 해소할 수 있다.

② 물류업체 측면

㉠ 제3자 물류의 활성화는 물류산업의 수요기반 확대로 이어져 **규모의 경제효과**에 의해 효율성, 생산성 향상을 달성한다.

㉡ 물류업체는 **고품질의 물류서비스를 개발·제공**함에 따라 현재보다 높은 수익률을 확보할 수 있고, 또 서비스 혁신을 위한 신규투자를 더욱 활발하게 추진할 수 있다.

❖ 화주기업이 제3자 물류를 사용하지 않는 주된 이유 : 화주기업은 물류활동을 직접 통제하기를 원하고, 운영시스템의 규모와 복잡성으로 인해 자체운영이 효율적이라 판단하기 때문이다.

③ 제3자 물류에 의한 물류혁신 기대효과

㉠ **물류산업의 합리화에 의한 고물류비 구조를 혁신** : 여러 화주기업의 물류활동을 장기간 수탁운영하는 과정에서 축적되는 운영·관리기술 및 노하우로 전문성을 갖출 수 있고, 이를 화주기업과 공유할 수 있다.

㉡ 고품질 물류서비스의 제공으로 **제조업체의 경쟁력 강화 지원**

㉢ 물류전문업체의 입장에서는 현재보다 높은 수익률을 확보할 수 있고, 이에 따라 **서비스 혁신을 위한 신규투자가 더욱 활발**해질 수 있다.

㉣ **종합물류서비스의 활성화** : 운송서비스는 개별 직송방식에서 탈피하여 연계수송방식과 물류시설을 이용한 거점운송방식으로 종합물류서비스로서의 면모를 갖추게 될 것이다.

㉤ **공급망관리**(SCM) **도입·확산의 촉진** : 통합물류(integrated logistics)가 조직내 물류관련 기능 및 업무의 통합에 의한 최적화에 초점을 두고 있는 반면, 공급망관리(SCM)는 기업간 통합을 위한 물류협력체제 구축에 중점을 두고 있기 때문이다.

❷ 제4자 물류

(1) **제4자 물류**(4PL, Fourth-Party Logistics)**의 개념** ★

1) 제4자 물류는 다양한 조직들의 효과적인 연결을 목적으로 하는 **통합체**(single contact point)**로서 공급망의 모든 활동과 계획관리를 전담**하는 것이다.

2) 제4자 물류란 **제3자 물류의 기능에 컨설팅 업무를 추가 수행**하는 것이다. ★

3) 제4자 물류(4PL)는 제3자 물류보다 범위가 넓은 공급망의 역할을 담당한다.

> **✚ STUDY** **제4자 물류**(4PL)**의 두가지 중요한 특징**
>
> 1. 제3자 물류보다 범위가 넓은 **공급망의 역할을 담당**
> 2. 전체적인 공급망에 영향을 주는 능력을 통하여 가치를 증식

(2) **공급망관리에 있어서의 제4자 물류의 4단계** ★

1) **1단계 - 재창조**(Reinvention) : 참여자의 공급망을 통합하기 위해서 비즈니스 전략을 공급망 전략과 제휴하면서 **전통적인 공급망 컨설팅 기술을 강화**한다.

2) 2단계 - 전환(Transformation) : 전략적 사고, 조직변화관리, 고객의 공급망 활동과 프로세스를 통합하기 위한 기술을 강화한다.

3) 3단계 - 이행(Implementation)

① 비즈니스 프로세스 제휴, 조직과 서비스의 경계를 넘은 **기술의 통합과 배송운영까지 실행**한다.

② **인적자원관리**가 성공의 중요한 요소이다.

4) 4단계 - 실행(Execution) : 조직은 공급망 활동에 대한 **전체적인 범위를 제4자 물류**(4PL) **공급자에게 아웃소싱할 수** 있다. 제4자 물류(4PL) 공급자가 수행할 수 있는 범위는 제3자 물류(3PL) 공급자, IT회사, 컨설팅회사, 물류솔루션 업체들이다.

✿ **암기방법 :** 재전이실행*(바이러스가 재전이되어 검진을 실행)*

03 물류 및 화물정보시스템

❶ 물류시스템의 이해 ★★

(1) 물류시스템의 구성 : 운송, 보관, 유통가공, 포장, 하역, 정보 ★

1) 운송

① **개념** : 물품을 장소적·공간적으로 이동시키는 것이다.

② **운송시스템** : 터미널이나 야드 등을 포함한 운송결절점인 노드(Node), 운송경로인 링크(Link), 운송기관(수단)인 모드(Mode)를 포함한 하드웨어적인 요소와 운송의 컨트롤과 오퍼레이션 등을 포함하는 소프트웨어적인 측면의 각종 요소가 결합·통합된 것이다.

③ **선박 및 철도와 비교한 화물자동차 운송의 특징** ★

㉠ 원활한 기동성과 신속한 수배송

㉡ 신속하고 정확한 문전운송

㉢ 다양한 고객요구 수용

㉣ 운송단위가 소량

㉤ 에너지 다소비형의 운송기관 등

[수배송의 개념]

수 송	배 송
· 장거리 대량화물의 이동	· 단거리 소량화물의 이동
· 거점 ↔ 거점간 이동	· 기업 ↔ 고객간 이동
· 지역간 화물의 이동	· 지역내 화물의 이동
· 1개소의 목적지에 1회 직송	· 다수의 목적지를 순회하면서 소량 운송

✚ STUDY 운송관련 용어

❶ **운송** : 서비스 공급측면에서의 재화의 이동

❷ **운수** : **행정상 또는 법률상**의 운송

❸ **운반** : 한정된 공간과 범위 내에서의 재화의 이동

❹ **배송** : 상거래가 성립된 후 상품을 고객이 지정하는 수하인에게 발송 및 배달하는 것으로 물류센터에서 각 점포나 소매점에 상품을 납입하기 위한 수송

❺ **간선수송** : 제조공장과 물류거점(물류센터 등) 간의 장거리 수송으로 컨테이너 또는 파렛트(pallet)를 이용, 유닛화 되어 일정단위로 취합되어 수송

2) 보관

① 물품을 저장·관리하는 것을 의미하고 **시간· 가격조정에 관한 기능**을 수행한다.

② 수요와 공급의 시간적 간격을 조정함으로써 **경제활동의 안정과 촉진**을 도모한다.

3) 유통가공

① 보관을 위한 가공 및 동일 기능의 형태 전환을 위한 가공 등 **유통단계에서 상품에 가공**이 더해지는 것을 의미한다.

② **절단, 상세분류, 천공, 굴절, 조립** 등의 경미한 생산활동이 포함한다.

4) 포장 : 물품의 운송, 보관 등에 있어서 **물품의 가치와 상태를 보호**하는 것을 말한다.

① **공업포장** : **기능면에서 품질유지**를 위한 포장이다.

② **상업포장** : 상품가치를 높여, 정보전달을 포함하여 **판매촉진의 기능**의 포장이다.

5) 하역 ★

① 운송, 보관, 포장의 전후에 부수하는 물품의 취급으로 교통기관과 물류시설에서 행해진다.

② **적입, 적출, 분류, 피킹**(picking) 등의 작업이 여기에 해당한다. 그리고 하역합리화의 수단으로 **컨테이너화와 파렛트화**가 있다.

6) 정보

① 물류활동에 대응하여 **정보의 수집·처리**로 조직·개인의 물류활동을 원활하게 한다.

② 최근에는 정보통신기술에 의해 물류시스템의 고도화가 이루어져 수주, 재고관리, 주문품 출하, 상품조달(생산), 운송, 피킹 등을 포함한 5 **가지 요소기능과 관련한 업무흐름의 일괄관리가 실현**되고 있다.

③ **대형소매점이나 편의점**에서는 유통비용의 절감과 판로확대를 위해 POS(판매시점관리)가 사용되고 EDI(전자문서교환)가 결부된 물류정보시스템이 급속하게 보급되었다.

(2) 물류시스템화

1) 작업서브시스템과 정보서브시스템으로 분류 : 오늘날의 물류활동은 광범위한 정보가 지원되고 정보를 축으로 한 물류시스템화가 실현되고 있기에 물류시스템의 기능을 작업서브시스템(운송·하역·보관·유통가공·포장)과 정보서브시스템(수주·발주·재고·출하)으로 분류한다.

2) 물류시스템의 목적★ : 최소의 비용으로 최대의 물류서비스를 산출하기 위하여 **물류서비스를 3S 1L의원칙**(Speedy, Safely, Surely, Low)으로 행하는 것이다.

① 고객에게 상품을 적절한 **납기에 맞추어 정확하게 배달**하는 것

② 고객의 주문에 대해 상품의 **품절을 가능한 한적게** 하는 것

③ 물류거점을 적절하게 배치하여 **배송효율을 향상**시키고 상품의 적정재고량을 유지

④ 운송, 보관, 하역, 포장, 유통·가공의 작업을 **합리화**하는 것

⑤ 물류비용의 **적절화·최소화** 등

3) 트레이드오프 관계

① **트레이드오프 관계의 개념** : 두 가지의 목적(필요한 비용과 서비스레벨)이 공통의 자원(**예** 비용)에 대하여 경합하고 **일방의 목적을 보다 많이 달성하려고 하면 다른 목적의 달성이 일부 희생되는 관계**가 개별 물류활동 간에 성립한다는 의미이다.

② 물류서비스의 수준을 향상시키면 물류비용도 상승하므로 **비용과 서비스의 사이에는 '수확체감의 법칙'**이 작용한다.

4) 토털 코스트(Total cost) **접근** : 물류시스템은 운송, 보관, 하역, 포장, 유통가공 등의 시스템을 **비용이 최소가 될 수 있도록 각각의 활동을 전체적으로 조화·양립시켜** 전체 최적에 근접시키려는 노력이 필요한 것이다.

❷ 운송합리화 방안

(1) 적기 운송과 운송비 부담의 완화

1) 적기에 운송하기 위해서는 운송계획이 필요하며 판매계획에 따라 일정량을 정기적으로 고정된 경로를 따라 운송하고, **간선운송이나 선적지까지 공장에서 직송**하는 것이 효율적이다.

2) 출하물량 단위의 **대형화와 표준화가 필요**하다.

3) 출하물량 단위를 자동차별로 단위화·대형화하거나 운송수단에 적합하게 **물품을 표준화**한다.

4) 트럭의 적재율과 실차율의 향상을 위하여 **제품의 규격화나 적재품목의 혼재를 고려**해야 한다.

(2) 실차율 향상을 위한 공차율의 최소화

공차상태로 운행함으로써 발생하는 비효율을 줄이기 위하여 주도면밀한 운송계획을 수립한다.

✚ STUDY　화물자동차 운송의 효율성 지표

❶ **가동률** : 화물자동차가 일정기간에 걸쳐 실제로 가동한 일수

❷ **실차율** : 주행거리에 대해 실제로 화물을 싣고 운행한 거리의 비율

❸ **적재율** : 최대적재량 대비 적재된 화물의 비율

❹ **공차거리율** : 주행거리에 대해 화물을 싣지 않고 운행한 거리의 비율 → 적재율이 높은 실차상태로 가동률을 높이는 것이 트럭운송의 효율성을 최대로 하는 것이다.

(3) 물류기기의 개선과 정보시스템의 정비

1) 유닛로드시스템의 구축과 물류기기의 개선뿐 아니라 자동차의 대형화, 경량화 등을 추진한다.

2) 물류거점간의 온라인화를 통한 **화물정보시스템과 화물추적시스템 등**을 이용한 총 물류비의 절감 노력이 필요하다.

(4) 최단 운송경로의 개발 및 최적 운송수단의 선택

신규 운송경로 및 복합운송경로의 개발과 운송정보에 관심을 집중하고 최적의 운송수단을 선택하기 위한 종합적인 검토와 계획이 필요하다.

(5) 공동 수 · 배송

1) 공동 수송

장 점	단 점
· 물류시설 및 인원의 축소	· 기업비밀 누출에 대한 우려
· 발송작업의 간소화	· 영업부문의 반대
· 영업용 트럭의 이용증대	· 서비스 차별화에 한계
· 입 · 출하 활동의 계획화	· 서비스 수준의 저하 우려
· 운임요금의 적정화	· 수화주와의 의사소통 부족
· 여러 운송업체와의 복잡한 거래교섭 비용의 감소	· 상품특성을 살린 판매전략 제약
· 소량 부정기화물도 공동수송 가능	

2) 공동 배송 ★

장 점	단 점
· 수송효율 향상(적재효율, 회전율 향상)	· 외부 운송업체의 운임덤핑에 대처 곤란
· 규모의 경제효과	· 배송순서의 조절과 물량 파악이 어려움
· 차량, 기사의 효율적 활용	
· 안정된 수송시장 확보	· 출하시간 집중

· 네트워크의 경제효과 · 교통혼잡 완화 · 환경오염 방지	· 제조업체의 산재에 따른 문제와 교육 · 훈련에 시간 및 경비소요

❸ 화물운송정보시스템의 이해

(1) 수 · 배송관리시스템 : 수 · 배송관리시스템은 주문상황에 대해 적기 수 · 배송체제의 확립과 최적의 수 · 배송계획을 수립함으로써 수송비용을 절감하려는 체제이다. 예 터미널화물정보시스템

(2) 화물정보시스템 : 화물이 터미널을 경유하여 수송될 때 수반되는 자료 및 정보를 신속하게 수집하여 이를 효율적으로 관리하는 동시에 화주에게 적기에 정보를 제공해주는 시스템을 의미한다.

(3) 터미널화물정보시스템

1) 수출계약이 체결된 후 수출품이 트럭터미널을 경유하여 항만까지 수송되는 경우

2) 국내거래의 경우 한 터미널에서 다른 터미널까지 수송되어 수하인에게 이송되는 경우

3) 위의 각종 정보를 전산시스템으로 수집, 관리, 공급, 처리하는 것이 종합정보관리체제이다.

(4) 수 · 배송활동의 각 단계(계획 - 실시 - 통제)에서의 물류정보처리 기능 ★

1) **계획** : 수송수단 선정, 수송경로 선정, 수송로트(lot) 결정, 다이어그램 시스템 설계, 배송센터의 수 및 위치 선정, 배송지역 결정 등

2) **실시** : 배차 수배, 화물적재 지시, 배송지시, 발송정보 착하지에의 연락, 반송화물 정보관리, 화물의 추적 파악 등

3) **통제** : 운임계산, 차량적재효율 분석, 차량가동률 분석, 반품운임 분석, 빈 용기운임 분석, 오송 분석, 교착수송 분석, 사고분석 등

CHAPTER 3 화물운송서비스의 내용

01 물류의 효용

❶ 총 물류비의 절감

(1) 전문지식으로 무장하는 자세 : 화주의 총물류비를 억제, 절감하기 위해서는 관련 전문지식을 가지고 공헌하는 것이 책무이다.

(2) 물류비 절감 : 총물류비를 대상으로 하는 절감은 반드시 수송비나 보관료 등의 인하를 필요조건으로 하는 것은 아니다.

❷ 적정요금을 품질(서비스)로 환원

(1) 물류업무의 적정 대가 : 신고 또는 표준운임제도의 시행과 관계없이, 물류업무의 적정한 대가를 받는다.

(2) 노동조건의 개선 : 정당한 이익을 계상함과 동시에 노동조건의 개선, 서비스의 향상, 운송기술의 개발, 원가절감의 노력을 행한다.

(3) 성과를 화주에 환원 : 서비스의 향상, 운송기술의 개발, 원가절감 등의 성과를 일을 통해 화주(고객)에게 환원한다고 마음을 갖는다.

❸ 혁신과 트럭운송

(1) 기업존속 결정의 조건

매우 단순한 것이지만 사업의 존속을 결정하는 조건은 '매상의 증가와 비용의 감소'이다.

(2) 기업의 유지관리와 혁신

1) 시장경제의 격화에 의해 수익성이 낮아지는 경우, **새로운 이익 원천을 위한 경영혁신을 추구**해야 한다.

2) 기업경영의 하나는 기업고유의 전통과 실적을 계승하는 것이고, 또 다른 하나는 새로운 기업체질을 창조하는 것이다.

(3) 기술혁신과 트럭운송사업

1) **새로운 이익원천** : 성숙기의 포화된 경제환경 하에서 거시적 시각의 새로운 이익원천에는 **인구의 증가, 영토의 확대, 기술의 혁신** 등 3가지가 있다.

2) **운송서비스** : 현재의 서비스에 안주하지 않고 **새로운 서비스를 개발·제공**하게 되고 그것이 빛을 발하기 시작하면 미래를 향한 보다 나은 발전을 이룩하게 된다.

(4) 수입확대와 원가절감

1) **생산자지향에서 소비자지향으로 전환** : 수입의 확대는 마케팅으로 자신이 가지고 있는 상품을 손님에게 팔려고 노력하기보다는 **팔리는 것, 손님이 찾고 있는 것, 찾고는 있지만 느끼지 못하고 있는 것**을 손님에게 제공하는 것이다.

2) **화주의 욕구 파악** : 기존의 운송수단을 화주에게 파는 데에 전념할 뿐 아니라 화주가 찾고 있는 수요의 실태를 파악하여 **고객이 찾고 있는 물류서비스를 제공하는 것**이 물류마케팅의 이념인 것이다.

3) **운송원가의 파악** : 운송원가는 차량의 운행이 필요한 직접 원가만이 있는 것이 아니다. 간접적으로 삭감 가능한 비용이 있다. **예** 배차담당 직원, 화주기업의 적재담당자 등에 대한 인사비용

4) **적극적인 원가절감** : 원가절감은 지출을 억제한다고 하는 방어적인 수법만이 아니라 **운행효율의 향상, 생산성의 향상**이라고 하는 적극적·공격적인 수법이 필요한 것이다.

(5) 현상의 변혁에 필요한 4가지 요소

1) 조직이나 개인의 전통, 실적의 연장선상에 존재하는 타성을 버리고 새로운 질서를 이룩하는 것이다.

2) 유행에 휩쓸리지 않고 독자적이고 창조적인 발상을 가지고 **일의 본질에서의 변혁**으로 새로운 체질을 만드는 것이다.

3) 형식적인 변혁이 아니라 실제로 생산성 향상에 공헌할 수 있도록 일의 본질에서부터 변혁이 이루어져야 한다.

4) 전통적인 체질은 좋든 나쁘든 견고하다. 과거의 체질에서 새로운 체질로 바꾸는 것이 목적이라면 **변혁에 대한 노력은 계속적인 것이어야** 성과가 확실해진다.

02 신물류서비스 기법

❶ 공급망관리(SCM ; Supply Chain Management)

(1) 의의

1) **개념** : 최종고객의 욕구를 충족시키기 위하여 원료공급자로부터 최종소비자에 이르기까지 공급망 내의 각 기업간에 긴밀한 협력을 통해 공급망인 전체의 물자의 흐름을 원활하게 하는 공동전략을 말한다.

2) **조직의 네트워크** : 공급망은 최종소비자의 손에 상품과 서비스 형태의 가치를 가져다주는 여러 가지 다른 과정과 활동을 포함하는 **조직의 네트워크**를 말한다.

3) **수직계열화와 다른 공급망관리** : 최근에 각 조직들은 그들이 잘하는 '핵심사업'에 집중화하고, 그밖의 것은 외부에서 획득(외부조달, Outsourcing)하려고 한다.

(2) 물류 → 로지스틱스(Logistics) → 공급망관리(SCM)로의 발전 ★

구 분	물 류	로지스틱스 (Logistics)	공급망관리 (SCM)
시 기	1970~1985년	1986~1997년	1998년
목 적	물류부문 내 효율화	기업 내 물류 효율화	공급망 전체효율화
대 상	수송, 보관, 하역, 포장	생산, 물류, 판매	공급자, 메이커, 도소매
수 단	물류부문 내 시스템	기업 내 정보시스템	기업 간 정보시스템
	기계화, 자동화	POS, VAN, EDI	파트너관계, ERP, SCM
주 제	효율화 (전문화, 분업화)	물류코스트 +서비스대행 다품종수량, JIT, MRP	ECR, ERP, 3PL, APS* 재고소멸
표 방	무인 도전	토탈 물류	종합 물류

✳ APS(Advanced Planing Scheduling) : 고급계획수립시스템

❷ 전사적 품질관리(TQC ; Total Quality Control)

(1) 의의 : 기업경영에 있어서 전사적 품질관리란 제품이나 서비스를 만드는 **모든 작업자가 품질에 대한 책임**을 나누어 갖는 것이다.

(2) 물류활동에 관련된 모든 사람의 참여 : 물류활동에 관련되는 모든 사람들이 물류서비스 품질에 대하여 책임을 나누어 가지고 문제점을 개선하는 것이다(불량품을 원천에서 시정하는 방안).

(3) 물류현상을 정량화 : 물류서비스의 품질관리를 보다 효율적으로 하기 위해서는 **물류현상을 정량화**하는 것이 중요하다.

❸ 제3자 물류(TPL 또는 3PL) ★

(1) 1980년대 : 물류관리 개념의 변천을 살펴보면, 1980년대에는 기업내 물류기능간 통합관리를 강조한 통합물류관리가 중시되었다.

(2) 1990년대 이후

1) 공급망관리의 개념이 본격적으로 확산된 시기라고 볼 수 있다.

2) 물류시스템의 구축노력이 개별기업 차원에서 벗어나 공급망 전체의 파트너쉽 또는 제휴의 형성이 매우 중요하게 되었다.

(3) 제3자 물류의 등장 : 제조업체와 유통업체간의 전략적 제휴라는 형태로 나타난 것이 신속대응(QR), 효율적 고객대응(ECR)이고, 제조업체, 유통업체 등의 화주와 물류서비스 제공업체간의 제휴라는 형태로 나타난 것이 제3자 물류이다.

❹ 신속대응(QR ; Quick Response)

(1) 내용 : 생산·유통관련업자가 전략적으로 제휴하여 소비자의 선호 등을 즉시 파악하여 시장변화에 신속하게 대응함으로써 시장에 적합한 상품을 적시에, 적소로, 적당한 가격으로 제공하는 것을 원칙으로 하고 있다.

(2) 신속대응(QR) **활용의 효과**

1) 소매업자 : 유지비용의 절감, 고객서비스의 제고, 높은 상품회전율, 매출과 이익증대 등의 혜택을 볼 수 있다.

2) 제조업자 : 정확한 수요예측, 주문량에 따른 생산의 유연성 확보, 높은 자산회전율 등의 혜택을 볼 수 있다.

3) 소비자 : 상품의 다양화, 낮은 소비자 가격, 품질 개신, 소비패턴 변화에 대응한 싱품구매 등의 혜택을 볼 수 있다.

❺ 효율적 고객대응(ECR : Efficient Consumer Response)

(1) 개념 : 효율적 고객대응 전략이란 **소비자 만족에 초점을 둔 공급망 관리의 효율성을 극대화하기 위한 모델**로서, 제품의 생산단계에서부터 도매·소매에 이르기까지 전 과정을 하나의 프로세스로 보아 관련 기업들의 긴밀한 협력을 통해 전체로서의 효율 극대화를 추구하는 효율적 고객대응기법이다.

(2) 제조업체와 유통업체가 상호 밀접하게 협력하여 기존의 상호기업간에 존재하던 비효율적이고 비생산적인 요소들을 제거하여 보다 효용이 큰 서비스를 소비자에게 제공하자는 것이다.

(3) ECR과 QR과의 차이점

1) 효율적 고객대응(ECR)**이 단순한 공급망 통합전략**(SCM)**과 다른 점** : 산업체와 산업체간에도 통합을 통하여 표준화와 최적화를 도모할 수 있다는 점이다.

2) 효율적 고객대응(ECR)**이 신속대응**(QR)**과의 차이점** : 섬유산업뿐만 아니라 식품 등 다른 산업부문에도 활용할 수 있다는 것이다.

❻ 주파수 공용통신(TRS ; Trunked Radio System)

(1) 개념 : 주파수 공용통신(TRS)이란 중계국에 할당된 여러 개의 채널을 공동으로 사용하는 무전기시스템으로서 이동자동차나 선박 등 운송수단에 탑재하여 **이동간의 정보를 리얼타임**(real-time)으로 송수신할 수 있는 **화물추적통신망시스템**으로서 주로 물류관리에 많이 이용된다.

(2) 주파수 공용통신(TRS)**의 대표적 서비스** : 음성통화(voice dispatch), 공중망접속통화(PSTN I/L), TRS데이터통신, 첨단차량군 관리 등이다.

(3) 주파수 공용통신(TRS) **기능을 유통관리에 이용할 수 있는 방법**

1) 주파수 공용통신(TRS)과 공중망접속통화로 물류의 3대 축인 운송회사·자동차·화주의 통신망을 연견하면 화주가 화물의 소재와 도착시간 등을 즉각 파악할 수 있다.

2) 운송회사에서도 자동차의 위치추적에 의해 사전회귀배차(廻歸配車)가 가능해지고 단말기 화면을 통한 작업지시가 가능해져 급격한 수요변화에 대한 신축적 대응이 가능해진다.

(4) 주파수 공용통신(TRS)**의 도입 효과**

1) 업무분야별 효과

① **자동차운행 측면**

㉠ 사전배차계획 수립과 배차계획 수정이 가능

㉡ 자동차의 위치추적기능의 활용으로 도착시간의 정확한 추정이 가능

② **집배송 측면** : 화물추적기능 활용으로 지연사유 분석이 가능해져 표준운행시간 작성에 도움을 줄 수 있다.

③ **자동차 및 운전자관리 측면**

㉠ TRS를 통해 고장자동차에 대응한 자동차 재배치나 지연사유 분석이 가능

㉡ 데이터통신에 의한 실시간 처리가 가능해져 관리업무가 축소

ⓒ 대고객에 대한 정확한 도착시간 통보로 JIT (즉납)가 가능해지고 분실화물의 추적과 책임자 파악이 용이

2) 기능별 효과

① 자동차의 운행정보 입수와 본부에서 자동차로 정보전달이 용이해지고 자동차에서 접수한 정보의 실시간 처리가 가능해진다.

② 화주의 수요에 신속히 대응할 수 있으며 또한 화주의 화물추적이 용이해진다.

❼ 범지구측위시스템(GPS ; Global Positioning System)

(1) GPS 통신망의 개념

1) 범지구측위시스템은 관성항법과 더불어 어두운 밤에도 목적지에 유도하는 측위(測衛)통신망이다.

2) 인공위성을 이용한 범지구측위시스템(GPS)이며 주로 자동차위치추적을 통한 물류관리에 이용되는 통신망이다.

(2) GPS의 도입 효과

1) GPS를 도입하면 각종 자연재해로부터 사전대비를 통해 **재해를 회피**할 수 있다.

2) 토지조성공사에도 작업자가 건설용지를 돌면서 지반침하와 침하량을 측정하여 **리얼 타임으로 신속하게 대응**할 수 있다.

3) 대도시의 교통혼잡 시에 자동차에서 **행선지 지도와 도로 사정을 파악**할 수 있으며, 공중에서 온천탐사도 할 수 있다.

4) 무엇보다 밤낮으로 운행하는 **운송차량 추적시스템을 GPS로 완벽하게 관리 및 통제**할 수 있다는 점이다.

❽ 통합판매 · 물류 · 생산시스템(CALS ; Computer Aided Logistics Support) ★

(1) CALS의 개념

1) 1982년 미군의 병참지원체계로 개발된 것으로 최근에는 민간에까지 급속도로 확대되어 산업정보화의 마지막 무기이자 **제조 · 유통 · 물류산업의 인터넷**이라고 평가받고 있다.

2) **제품의 생산에서 유통 그리고 폐기까지 전 과정에 대한 정보를 한 곳에 모은다는 의미에서 통합유통 · 물류 · 생산시스템**이라고 부른다.

3) CALS는 특정 시스템의 개발기간 단축, 유통비와 물류비 절감, 상품의 품질향상 등 산업전반의 생산성과 경쟁력을 향상시킬 수 있다.

(2) CALS의 내용

1) 제품설계에서 폐기에 이르는 모든 활동을 **디지털 정보기술의 통합을 통해 구현**하는 산업화전략이다.

2) 컴퓨터에 의한 통합생산이나 경영과 유통의 재설계 등을 총칭한다.

3) **컴퓨터 네트워크를 사용하여 전 과정을 단시간에 처리**할 수 있어 기업으로서는 품질향상, 비용절감 및 신속처리에 큰 효과를 거둘 수 있다.

(3) CALS의 목표

1) 설계, 제조 및 유통과정과 보급 · 조달 등 물류지원과정을 i) **비즈니스 리엔지니어링**을 통해 조정하고, ii) **동시공학적 업무처리과정**으로 연계하며, iii) 다양한 정보를 디지털화하여 **통합데이타베이스**에 저장하고 활용하는 것이다.

2) 1)을 통해 업무의 과학적 · 효율적 수행이 가능하고 신속한 **정보공유 및 종합적 품질관리 제고가 가능**하게 되었다.

(4) CALS의 중요성과 적용범주

1) 정보화 시대의 기업경영에 필수적인 **산업정보화**

2) 방위산업뿐 아니라 제조업과 정보통신산업에서 중요한 **정보전략화**

3) 과다서류와 기술자료의 중복 축소, 업무처리절차 축소, 소요시간 단축, 비용절감

4) 기존의 전자데이타정보(EDI)에서 영상, 이미지 등 **전자상거래**(e-Commerce)로 그 범위를 확대하고 **궁극적으로 멀티미디어** 환경을 지원하는 시스템으로 발전

5) 동시공정, 에러검출, 순환관리 자동활용을 포함한 **품질관리와 경영혁신 구현** 등

+ STUDY CALS의 도입효과와 가상기업

❶ CALS의 도입 효과 및 추진전략

(1) CALS/EC는 민첩생산시스템으로써 패러다임의 변화에 따른 새로운 생산시스템, 첨단생산시스템, 고객요구에 신속하게 대응하는 고객만족시스템, 규모경제를 시간경제로 변화, 정보인프라로 광역대 ISDN(B-ISDN)으로써 그 효과를 나타내고 있다.

(2) 기업통합과 가상기업을 실현할 수 있을 것이란 점이다.

③ CALS의 추진전략

1) 정보화시대를 맞이하여 기업경영에 필수적인 산업정보화전략이라고 요약할 수 있다.

2) 모든 정보기술과 통신기술의 통합화전략이며, 정보화사회의 새로운 생산모델 및 경영혁신수단이다.

3) 정보의 공유와 활용으로 기업을 수평적이고 동시공학 체제로 전환하여 고객만족에 기반을 뒀다.

❷ 가상기업

(1) 급변하는 상황에 민첩하게 대응키 위한 전략적 기업제휴를 의미한다.

(2) 시장의 급속한 변화에 대응키 위해 수익성 낮은 사업은 과감히 버리고 리엔지니어링을 통해 경쟁력 있는 사업에 경영자원을 집중투입한다.

(3) 필요한 정보를 공유하면서 상품의 공동개발을 실현, 제품단위 또는 프로젝트 단위별로 기동적인 기업간 제휴를 할 수 있는 수평적 네트워크형 기업관계 형성을 의미한다.

---

03 물류고객과 택배운송서비스

❶ 물류고객서비스

(1) 물류부문 고객서비스의 개념

1) **고객서비스의 주요 목적은 고객 유치를 증대시키지** 위한 마케팅자원 중에서 가장 유효한 무기이다.

2) 물류부문의 고객서비스에는 먼저 기존고객과의 계속적인 거래관계를 유지, 확보하는 수단으로서의 의의가 있다.

3) **기존의 고객에게 보다 만족도가 높은 수준의 서**비스를 제공함으로써 잠재적 고객 내지는 신규고객을 획득할 수 있다.

(2) 물류고객서비스의 요소

1) **주문처리시간**(주문을 받아서 출하까지 소요되는 시간)

2) **주문품의 상품구색시간**(모든 주문품을 준비하여 포장하는데 소요되는 시간)

3) **납기**(고객에게로의 배송시간)

4) **재고신뢰성**(재고품으로 주문품을 공급할 수 있는 정도)

5) **주문량의 제약**(주문량과 주문금액의 하한선)

6) **혼재**(다품종 주문품의 배달방법)

7) **일관성**(각각의 서비스 표준이 허용하는 변동 폭)

+ STUDY 물류고객서비스의 그밖의 요소

❶ 아이템의 이용가능성, A/S와 백업, 발주와 문의에 대한 효율적인 전화처리, 발주의 편의성, 유능한 기술담당자, 배송시간, 신뢰성, 기기성능 시범, 출판물의 이용가능성 등

❷ 발주 사이클 시간, 재고의 이용가능성, 발주 사이즈의 제한, 발주의 편리성, 배송빈도, 배송의 신뢰성, 서류의 품질, 클레임 처리, 주문의 달성, 기술지원, 발주상황 정보

---

4) **거래 전 · 거래 시 · 거래 후 요소** ★

① **거래 전 요소** : 문서화된 고객서비스 정책 및 고객에 대한 제공, 접근가능성, 조직구조, 시스템의 유연성, 매니지먼트 서비스

② **거래 시 요소** : 재고품절 수준, 발주 정보, 주문사이클, 배송촉진, 환적(還積, transship), 시스템의 정확성, 발주의 편리성, 대체 제품, 주문상황 정보

③ **거래 후 요소** : 설치, 보증, 변경, 수리, 부품, 제품의 추적, 고객의 클레임, 고충 · 반품처리, 제품의 일시적 교체, 예비품의 이용가능성

5) 일반적으로 제공되는 임의의 물류서비스는 비용의 이전을 요하지만 이는 **최종소비자가 서비스를 위해 지불해도 좋다고 여기는 가격의 트레이드오프 범위를 반영**하고 있는 것이다.

(3) 고객서비스전략의 구축

1) 물류관리자나 운송종사자는 서비스 향상을 요구하는 고객의 요청에 대하여 전체적인 예측이 가능해지고 치밀한 종합적인 서비스정책을 전개하여야 할 것이다.

2) 전략을 구축할 때 제일 먼저 고려되어야 할 사항은 비용을 줄인다는 것은 품질을 희생하는 것으로, 역으로 품질을 향상시키려고 한다면 비용이 올라가게 되는 것이다.

3) 주안점을 물류코스트를 내리는 것에 둘 것인가, 서비스 수준을 향상시키는데 둘 것인가를 결정하지 않으면 안 된다.

4) 최근 들어 물류코스트에 주안점을 두어 개혁을 하는 기업은 적어졌다. 성공한 조직은 **서비스 수준의 향상 또는 재고축소에 주안점을 두는 추세이다.**

❷ 택배운송서비스

(1) 고객의 불만사항

1) 약속시간을 지키지 않는다(특히 집하요청시).

2) 전화도 없이 불쑥 나타난다.

3) 임의로 다른 사람에게 맡기고 간다.

4) 너무 바빠서 질문을 해도 도망치듯 가버린다.

5) 불친절하다.

　① 인사를 잘 하지 않는다.

　② 용모가 단정치 못하다.

　③ 빨리 사인(배달확인) 해달라고 윽박지르듯 한다.

6) 사람이 있는데도 경비실에 맡기고 간다.

7) 화물을 함부로 다룬다.

　① 담장 안으로 던져놓는다.

　② 화물을 발로 밟고 작업한다.

　③ 화물을 발로 차면서 들어온다.

　④ 적재상태가 뒤죽박죽이다.

8) 화물을 무단으로 방치해 놓고 간다.

9) 전화로 불러낸다.

10) 길거리에서 화물을 건네준다.

11) 배달이 지연된다.

12) 기타

　① 잔돈이 준비되어 있지 않다.

　② 포장이 되지 않았다고 그냥 간다.

　③ 운송장을 고객에게 작성하라고 한다.

　④ 전화 응대가 불친절하다(통화중, 여러 사람 연결).

　⑤ 사고배상 지연 등

(2) 고객요구 사항

1) 할인 요구

2) 포장불비로 화물 포장 요구

3) 착불요구(확실한 배달을 위해)

4) 냉동화물 우선 배달

5) 판매용 화물 오전 배달

6) 규격 초과화물, 박스화되지 않은 화물 인수 요구

❖ 고객들은 화물의 성질, 포장상태에 따라 각각 다른 형태의 취급절차와 방법을 사용하는 것으로 생각

(3) 택배종사자의 서비스 자세

1) 애로사항에도 불구 고객만족을 위한 최선

　① 송하인, 수하인, 화물의 종류, 집하시간, 배달시간 등이 모두 달라 서비스의 표준화가 어렵다.

　② 특히 개인고객의 경우 어려움이 많다.

2) 진정한 택배종사자로서 대접받을 수 있도록 행동 : 단정한 용모, 반듯한 언행, 대고객 약속 준수 등

3) 상품을 판매하고 있다고 생각

　① 많은 화물이 통신판매나 기타 판매된 상품을 배달하는 경우가 많다.

　② 배달이 불량하면 판매에 영향을 준다.

4) 택배종사자의 용모와 복장

　① 복장과 용모, 언행을 통제한다.

② 고객도 복장과 용모에 따라 대한다.

③ 신분확인을 위해 명찰을 패용한다.

④ 선글라스는 강도, 깡패로 오인할 수 있다.

⑤ 슬리퍼는 혐오감을 준다.

⑥ 항상 웃는 얼굴로 서비스 한다.

5) 안전운행과 자동차관리 ★

① 사고와 난폭운전은 회사와 자신의 이미지 실추

② 골목길 처마, 간판주의

③ 어린이, 노인 주의

④ **후진 주의**(반드시 뒤로 돌아 탈 것)

⑤ 골목길 네거리 주의 통과

⑥ **후문은 확실히 잠그고 출발**(과속방지턱 통과 시 뒷문이 열려 사고발생)

⑦ 골목길 난폭운전은 고객들의 이미지 손상

⑧ 자동차의 외관은 항상 청결하게 관리

(4) 택배화물의 배달방법

1) 배달 순서 계획

① 관내 상세지도를 보유한다(비닐코팅).

② 배달표에 나타난 주소대로 배달할 것을 표시한다.

③ 우선적으로 배달해야 할 고객의 위치 표시

④ 배달과 집하 순서표시(루트 표시)

⑤ 순서에 입각하여 배달표 정리

2) 개인고객에 대한 전화

① **전화를 100% 하고 배달할 의무는 없다.**

② 전화는 해도 불만, 안해도 불만을 초래할 수 있으나 전화를 하는 것이 더 좋다.

③ 위치 파악, 방문예정 시간 통보, 착불요금 준비를 위해 **방문예정시간은 2시간 정도의 여유를** 갖고 약속한다.

④ **전화를 안 받아도 화물을 가지고 간다.**

⑤ 주소, 전화번호가 맞아도 그런 사람이 없다고 할 때가 있다(예 며느리 이름).

⑥ 방문예정시간에 수하인 **부재중일 경우 반드시 대리 인수자를 지명받아 그 사람에게 인계**해야 한다(인계용이, 착불요금, 화물안전 확보).

⑦ 약속시간을 지키지 못할 경우에는 재차 전화하여 예정시간 정정한다.

⑧ **전화통화시 주의할 점**

• **본인 아닌 경우 화물명을 말하지 않아야 할 경우**가 있음(보약, 다이어트용 상품, 보석, 성인용품 등)

• **전화하면 수취거부로 반품율이 높은 품목이 있음** : 족보, 명감(동문록) 등 (전화 시 반품율 30% 이상)

3) 수하인 문전 행동방법

① **배달의 개념** : 가정이나 사무실에 배달하는 것

② **인사방법** : 초인종을 누른 후 인사한다. 사람이 안나온다고 문을 쾅쾅 두드리거나 발로 차지 않는다(용변중, 통화중, 샤워중, 장애인 등).

③ **화물인계방법** : ○○○한테서 또는 ○○에서 소포가 왔습니다. 판매상품인 경우는 ○○회사의 상품을 배달하러 왔습니다. 겉포장의 이상 유무를 확인한 후 인계한다.

④ **배달표 수령인 날인 확보** : 반드시 정자 이름과 사인(또는 날인)을 동시에 받는다. **가족 또는 대리인이 인수할 때는 관계를 반드시 확인**한다.

⑤ **고객의 문의 사항이 있을시** : 집하 이용, 반품 등을 문의할 때는 성실히 답변한다. **조립방법, 사용방법, 입어 보이기 등은 정중히 거절**한다.

⑥ **불필요한 말과 행동을 하지 말 것**(오해 소지) : 배달과 관계없는 말은 하지 않는다. 예 여자만 있는 가정 방문 시 눈길 주의, 많은 선물에 대한 잡담, 외제품 사용에 대한 말, 배달되는 상품의 품질에 대한 말

4) 화물에 이상이 있는 경우 인계방법

① **완전히 파손, 변질 시** : 진심으로 사과하고 회수 후 변상하고, 내품에 이상이 있을 시는 전화할 곳과 절차를 알려준다.

② **약간의 문제가 있을 시** : 잘 설명하여 이용하도록 한다.

③ **배달완료 후** : 파손, 기타 이상이 있다는 배상 요청 시 반드시 현장 확인을 해야 한다(책임을 전가 받는 경우 발생).

5) 반드시 약속 시간(기간) 내에 배달해야 할 화물 : 모든 배달품은 약속 시간(기간) 내에 배달되어야 하며 특히 한약, 병원조제약, 식품, 학생들 기숙사 용품, 채소류, 과일, 생선, 판매용 식품(특히 명절 전), 서류 등은 약속 시간(기간) 내에 좀 더 신속히 배달되도록 한다.

6) 과도한 서비스 요청 시

① 설치 요구, 방안까지 운반, 제품 이상 유무 확인까지 요청 시 정중히 거절한다.

② 노인, 장애인 등이 요구할 때는 방안까지 운반한다.

7) 엉뚱한 집에 배달할 경우도 생기므로 주의 : 아파트 등에서 너무 바쁘게 배달하다보면 동을 잘못 알거나 호수를 착각하여 배달하는 경우가 있다(인계전 동, 호수, 성명 확인).

8) 대리 인계 시 방법

① **인수자 지정**

㉠ **전화로 사전에 대리 인수자를 지정**(원활한 인수, 파손·분실 문제 책임, 요금수수)받는다.

㉡ **반드시 이름과 서명을 받고 관계를 기록**한다. 서명을 거부할 때는 시간, 상호, 기타 특징을 기록한다.

② **임의 대리 인계** : 수하인이 부재중인 경우 외에는 대리 인계를 절대 해서는 안 된다. 불가피하게 대리 인계를 할 때는 확실한 곳에 인계해야 한다(옆집, 경비실, 친척집 등).

③ **대리 인수 기피 인물** : 노인, 어린이, 가게 등

④ **화물의 인계 장소** : 아파트는 현관문 안. 단독 주택은 집에 딸린 문안

⑤ **사후확인 전화** : 대리인계 시는 반드시 귀점 후 통보

9) 고객부재시 방법

① **부재안내표의 작성 및 투입** : 반드시 방문시간,

송하인, 화물명, 연락처 등을 **기록하여 문안에 투입**(문밖에 부착은 절대 금지)한다. 대리인 인수 시는 인수처를 명기하여 찾도록 해야 한다.

② 대리인 인계가 되었을 때는 귀점 중 다시 전화로 확인 및 귀점 후 재확인한다.

10) 밖으로 불러냈을 때의 방법 : 반드시 죄송하다는 인사를 한다. 소형화물 외에는 집까지 배달한다(길거리 인계는 안 됨).

11) 기타 배달시 주의 사항

① 화물에 부착된 운송장의 기록(특기사항)을 잘 보아야 한다.

② 중량초과화물 배달시 정중하게 도와 달라고 얘기한다.

③ 초기의 야간배달은 손전등을 준비한다.

12) 미배달화물에 대한 조치 : 미배달 사유를 기록하여 관리자에게 제출하고 화물은 재입고(주소불명, 전화불통, 장기부재, 인수거부, 수하인 불명)한다.

(5) 택배 집하 방법

1) 집하의 중요성

① 집하는 택배사업의 기본이다.

② **집하가 배달보다 우선**되어야 한다.

③ 배달 있는 곳에 집하가 있다.

④ 집하를 잘 해야 고객불만이 감소한다.

2) 방문 집하 방법

① 방문 시 약속시간을 준수한다.

② 고객 부재 상태에서는 집하가 곤란하고, 약속시간이 늦으면 불만이 가중되므로 사전전화한다.

3) 기업화물 집하 시 행동 : 화물이 준비되지 않았다고 운전석에 앉아있거나 빈둥거리지 말고, 집하 담당자의 일을 도와주어 친하게 지내도록 한다.

4) 운송장 기록의 중요성 : 운송장 기록을 정확하게 기재하지 않고 부실하게 기재하면 오도착, 배달 불가, 배상금액 확대, 화물파손 등의 문제점이 발생한다.

❖ **정확히 기재해야 할 사항 ★** : <u>수하인 전화번호</u>(주소는 정확해도 전화번호가 부정확하면 배달 곤란), <u>정확한 화물명</u>(포장의 안전성 판단기준, 사고 시 배상기준, 화물수탁 여부 판단기준, 화물취급요령), <u>화물가격</u>(사고 시 배상기준, 화물수탁 여부 판단기준, 할증여부 판단기준)

5) 포장의 확인 : 화물종류에 따른 포장의 안전성 판단한다. 안전하지 못할 경우에는 보완 요구 또는 귀점 후 보완하여 발송한다.

04 사업용 및 자가용 운송서비스

❶ 트럭 수송의 장 · 단점(비행기 · 철도와 비교) ★

(1) 장점

1) 문전에서 문전으로 **배송서비스를 탄력적으로** 행할 수 있다.

2) 중간 하역이 불필요하며 **포장의 간소화 · 간략화**가 가능하다.

3) 다른 수송기관과 연동하지 않고서도 **일관된 서비스를 할 수가 있다.**

4) **싣고 부리는 횟수가 적어도 된다는 점** 등이 있다.

(2) 단점

1) 수송 단위가 작고 연료비나 인건비(장거리의 경우) 등 **수송단가가 높다.**

2) 진동, 소음, 스모그 등의 **공해 문제가** 있다.

3) 유류의 다량소비에서 오는 자원 및 에너지절약 문제 등이 있다.

❷ 사업용(영업용) **트럭운송의 장 · 단점 ★**

(1) **사업용**(영업용) **트럭운송의 장점**

1) 수송비가 저렴하다.

2) **물동량의 변동에 대응한 안정수송이** 가능하다.

3) 수송 능력이 높다.

4) 융통성이 높다.

5) **화주의 설비투자가 필요** 없다.

6) **화주의 인적투자가 필요** 없다.

7) 변동비 처리가 가능하다.

(2) **사업용(영업용) 트럭운송의 단점**

1) 운임의 안정화가 곤란하다.

2) 자사시스템과 비교하여 **유기성과 관리기능이 떨어진다.**

3) **기동성이** 부족하다.

4) **시스템의 일관성이 없다.**

5) **인터페이스가 약하다.**

6) 마케팅 사고가 희박하다.

❸ 자가용 트럭운송의 장 · 단점

(1) **자가용 트럭운송의 장점**

1) **높은 신뢰성이 확보**된다.

2) **상거래에 기여**한다.

3) 작업의 **기동성이 높다.**

4) 안정적 공급이 가능하다.

5) **시스템의 일관성이 유지**된다.

6) 리스크가 낮다(위험부담도가 낮다).

7) 인적 교육이 가능하다.

(2) **자가용 트럭운송의 단점**

사업용(영업용)의 장점이 모두 자가용의 단점에 해당된다.

1) 수송량의 변동에 대응하기가 어렵다.

2) 트럭 또는 운전자 및 이에 관련된 **투자를 필요**로 하여, 그 비용이 고정비화된다.

3) 설비투자가 필요하다.

4) 인적 투자가 필요하다.

5) **수송능력에 한계가** 있다.

6) 사용하는 차종, 차량에 한계가 있다.

❖ **코스트**(비용)와 서비스 면에서 자가용이 아니어서는 안 될 점만을 자가용으로 하고, 여타는 가능한 한 영업용의 선택적 이용을 도모하는 것이 타당하다.

❹ 트럭운송의 전망

(1) 트럭운송의 운송이 대부분을 차지하는 이유

1) 기동성이 **산업계의 요청에 적합**하기 때문이다.

2) 철도수송은 경쟁의 원리가 작용하지 않아 그 지위가 낮다.

3) 도로와 같은 **사회기반시설에 대한 투자**가 적극적이었다.

(2) 트럭운송의 과제

1) **고효율화** : 트럭 수송은 노동집약적 업무로서 향후 합리화해야 할 요소가 많이 있다.

2) **공차로 운행하지 않도록** 운송시스템을 효율화해야 한다.

3) **트레일러 수송과 도킹시스템화** : 트레일러의 활용으로 시스템화를 도모하고, 중간지점의 도킹시스템으로 운송합리화를 추진하여야 한다.

4) **컨테이너 및 파렛트 수송의 강화** : 컨테이너를 트럭에 장비하고, 파렛트의 화물의 경우 측면개폐유개차, 파렛트 로더용 가드레일차 등 용도에 맞는 자동차를 활용할 필요가 있다.

5) 트럭의 보디를 바꾸는 바꿔 태우기 수송과 이어 타기 수송을 통해 운송의 합리화를 기한다.

6) **집배 수송용자동차의 개발과 이용** : 다품종 소량화 시대를 맞아 집배 수송을 위해 딜리버리카(델리베리카, 워크트럭차)의 확산이 요망된다.

7) **트럭터미널** : 간선 수송에는 대형화 경향, 집배 자동차는 소형화되는 추세로서 양자의 결절점에 해당하는 트럭터미널의 복합화, 시스템화가 필요하다.

❺ 국내 화주기업물류의 문제점과 개선방향

(1) **각 업체의 독자적 물류기능 보유**로 물류시스템의 개선이 더디다.

(2) 아웃소싱을 위해 전문업체에 의뢰하는 제한적·변형적 형태의 제3자 물류기능에 그치고 있다.

(3) 시설간·업체간 **표준화가 미약**하다.

(4) 제조업체와 물류업체간의 협조성이 미비하다.

(5) 물류전문업체의 물류인프라 활용도가 낮다.

01 고객서비스는 **무형성, 동시성, 이질성**(사람에 의존), **소멸성, 무소유권**이라는 속성을 가진다.

02 서비스는 사람에 의하여 생산되어 고객에게 제공되므로 **서비스를 행하는 사람에 따라 품질의 차이가 발생**한다는 성질은 (　　　)이다.

03 사업용트럭운송은 기동성이 (　　　), 시스템의 일관성이 (　　　).

04 고객만족을 위한 서비스 품질로서 **상품품질**(하드웨어)과 **영업품질**(소프트웨어)을 통하여 고객의 신뢰를 확보하는 것을 (　　)품질이라고 한다.

05 신뢰성, 경영환경, 정확성, 신용도, 신속한 대응, 편의성 중에서 **서비스품질을 평가하는 고객의 기준**이 아닌 것은? (　　　　　　)

06 틈만 나면 추월하려는 일반운전자에 대하여 **적당한 장소에서 후속자동차에게 양보**하는 미덕을 갖는다.

07 사업용트럭운송은 자사시스템에 비해 유기성과 관리성이 (　　　).

08 사고로 인한 행정, 형사처분 접수 시 임의처리하지 말고 (　　)에 따라 처리한다.

09 집하시 2개 이상의 화물은 반드시 (　　) 집하한다.

10 화물의 수·배송활동의 3단계는 계획단계 → (　　)단계 → (　　)단계로 나뉜다.

11 직업의 4가지 의미는 **경제적** 의미, **정신적** 의미, **사회적** 의미, (　　) 의미가 있다.

12 **직업의 3가지 태도**로는 애정, 긍지, (　　)이 있다.

13 물류의 기능으로는 **운송기능, 포장기능**, (　　)기능, (　　)기능, **정보기능, 유통가공기능**이 있다.

> [해설] 물류시스템도 위와 같은 물류의 기능과 동일하게 구성되어 있다.

14 **고객서비스의 향상과 물류비**는 서로 (　　)관계이다.

15 최초 공급에서 최종 고객까지 네트워크상 업체들이 **상호 수요·구매 정보를 공유**하는 것을 무엇이라고 하는가? (　　　　　)

16 물류관리의 기본원칙으로는 **7R원칙, 3S 1L원칙, 제3의 이익원천**(물류비절감)이 있다.

17 대고객서비스수준, 구매, 포장, 수송, 재고관리, 주문처리, 정보관리 중에서 **주활동이 아닌 보조활동**을 모두 고르시오. (　　　　　)

18 기업들이 경영전략과 로지스틱스 활동을 적절하게 연계시키기 위하여 **각 기능 업무프로세스를 근본적으로 재설계**하여 고객만족을 위한 신경영체제를 구축한 것을 무엇이라고 하는가? (　　　　　)

19 **물류전략의 실행구조**의 (　　)에 들어갈 말은?

> 전략수립 → (　　) → 기능정립 → 실행

20 제3자물류업은 화주기업이 물류서비스를 효율화할 수 있도록 공급망상의 기능 전체 혹은 일부를 (　　)하는 업종이다.

---

02 이질성　**03** 부족하고, 없다　**04** 서비스(휴먼웨어)　**05** 경영환경　**07** 떨어진다　**08** 회사의 지시　**09** 분리　**10** 실시, 통제
11 철학적　**12** 열정　**13** 보관, 하역　**14** 상충(트레이드오프)　**15** 통합공급망관리(scm)　**17** 구매, 포장, 정보관리
18 전략적 물류관리(SLM)　**19** 구조설계　**20** 대행

21 (　　　)는 장기계약을 통해 **회사전체의 통합 물류서비스를 제공**하는데 비해, (　　　)은 화주로부터 **일부 개별서비스를 발주**받아 운송서비스를 제공하는 것이다.

22 **제4자물류**는 다양한 조직들의 효과적인 연결(공급망)을 목적으로 하는 통합체로서 제3자 물류의 기능에 (　　　)를 추가수행하는 것이다.

23 **선박과 철도를 비교한 화물자동차운송의 특징으로** (　　) 수배송, (　　) 고객요구 수용, 소량의 운송단위 등을 들 수 있다.

24 **수송**은 장거리 대량화물의 이동이며, **배송**은 단거리 소량화물의 이동이다.

25 물류시스템의 (　　　)은 절단, 상세분류, 천공, 굴절, 조립이 포함되고 (　　　)은 적입, 적출, 분류, 피킹의 작업이 포함된다.

26 특정한 프로그램이나 기법을 필요로 하지 않으며, **뛰어난 통찰력이나 영감에 바탕을 둔 물류전략**은 (　　　) 전략이다.

27 기업이 **사내의 물류조직을 별도로 분리**하여 자회사로 독립하여 운영하는 것을 (　　　)물류라고 한다.

28 (　　)은 **서비스공급 측면에서의 재화의 이동**이고, (　　)는 **행정상 또는 법률상 운송**을 의미한다.

29 수·배송활동의 각 단계인 "**계획 - 실시 - 통제**" 중에서 운임계산, 차량가동률분석, 반품운임분석, 사고분석은 어느 단계인가? (　　　)

30 **공동수송의 장점**은 물류시설 및 인원의 축소, 발송작업의 간소화, 운임요금의 적정화, 수량 부정기화물도 공동수송이 가능한 것이다.

31 수·배송활동 중 수송수단 선정, 배송지역 선정, 수송로트(lot)는 (　　　)단계이다.

32 (　　　)은 소비자의 선호 등을 즉시 파악하여 시장변화에 신속하게 대응하여 **상품을 적시·적소·적당한 가격에 제공**하는 것을 원칙으로 한다.

33 제품의 생산단계에서부터 도매·소매에 이르기까지 **전 과정을 하나의 프로세스로 보아 관련 기업들의 긴밀한 협력**을 통해 전체로서의 효율 극대화를 추구하는 기법은 (　　　)이다.

34 **효율적 고객대응(ECR)**이 (　　　)과 다른 점은 **산업체와 산업체간에도 통합을 통한 표준화와 최적화**를 도모할 수 있다는 것이다.

35 **효율적 고객대응(ECR)**이 (　　　)과 차이점은 섬유, 식품 등 다른 산업에도 활용될 수 있다는 것이다.

36 꿈의 로지스틱스 실현을 위한 **혁신적인 화물 추적통신망시스템**으로 물류관리에 많이 이용되는 것은 (　　　)이라고 한다.

37 정보시스템 연계를 통하여 **가상기업(VE)의 출현을 낮게 하는 것**은 (　　　)이다.

38 재고품절수준, 발주 정보, 보증, 변경, 주문사이클, 배송촉진, 환적 중에서 물류고객서비스의 **거래 시 요소가 아닌 것**을 모두 고르면?

39 화물자동차가 일정기간에 실제로 가동한 일수는 (　　　), 실제로 화물을 싣고 운행한 거리의 비율은 (　　　), 주행거리 대비 화물을 싣지 않고 운행한 거리를 (　　　)이라 한다.

---

21 제3자물류, 물류아웃소싱　**22** 컨설팅업무　**23** 신속한, 다양한　**25** 유통가공, 하역　**26** 크래프팅(crafting)
27 제2자(물류자회사)　**28** 운송, 운수　**29** 통제　**31** 계획　**32** 신속대응(QR)　**33** 효율적 고객대응(ECR)
34 공급망통합전략(scm)　**35** 신속대응(QR)　**36** 주파수 공용통신(TRS)　**37** 통합판매·물류·생산시스템(CALS)
38 보증, 변경(거래후 요소임)　**39** 가동율, 실차율, 공차거리율

40 설치, 접근가능성, 수리, 부품, 제품의 추적, 고충·반품처리 중에서 물류고객서비스의 **거래 후 요소**가 아닌 것은? (   )

41 **트럭운송**은 다른 수송기관과 연동이 필요하지 않으며 수송단가가 (   ).

42 **트럭운송의 장점**(비행기·철도와 비교)으로는 배송서비스의 탄력성, 포장의 간소화 가능, 일관된 서비스가 있다.

43 **트럭운송의 단점**(비행기·철도와 비교)으로는 수송단가가 높고, 공해발생의 문제가 있다.

44 **사업용 트럭운송의 장점**은 **수송비가** (   ), 안정적 수송, **화주의 투자** (   ), 융통성이 높음을 들 수 있다.

45 **제4자물류의 4단계**는 재창조 → 전환 → (   ) → 실행 이다.

46 화물이 터미널을 경유하여 수송될 때, 수반되는 자료 및 정보를 신속하게 수집하여 이를 효율적으로 관리하는 동시에 화주에게 적기에 정보를 제공해주는 것은 (   )시스템이다.

47 물류관리의 목표는 고객서비스의 (   )과 **기업이 달성하고자 하는 특정 서비스를** (   )의 비용으로 고객에게 제공, **비용절감과 재화의 시간적·장소적 효용가치의 창조를 통한** (   )의 강화이다.

48 제조공장과 물류거점간의 장거리 수송으로 컨테이너 또는 **파렛트를 이용, 유닛화되어 일정단위로 취합되어 수송**하는 것은 (   )수송이고, 상거래가 성립된 후 상품을 고객이 지정하는 수하인에게 발송 및 배달하는 것으로 **물류센터에서 각 점포나 소매점에 상품을 납입하기 위한 수송**은 (   )이다.

49 적입, 적출, 분류, 피킹 등의 작업으로 이루어진 물류시스템의 구성요소는? (   )

50 **품질, 양, 시간, 장소, 인상, 신용, 가격, 상품** 중에서 물류관리 기본원칙인 **7R원칙**의 요소에 해당하지 않는 것은? (   )

51 물류관리의 기본원칙 중 3S 1L의 원칙은 **신속**하게, (   )하게, **확실하게**, (   )하게 이다.

52 **물류전략의 목표를 위해서** 사업목표와 소비자 서비스 요구사항에서부터 시작되며, **경쟁업체에 대항하는 공격적인 전략**은 (   ) 물류전략이다.

53 **물류전략 실행구조 중에서** 공급망설계와 로지스틱스 네트워크 전략을 구축하는 단계는? (   )

해설 **물류전략의 실행구조 : 전략수립**(고객서비스 수준과 물류성과 수준 결정) → **구조설계** → **기능정립**(창고설계와 운영, 수송·자재 관리 → **실행관리**(정보·기술관리, 조직·변화관리)

---

40 접근가능성(거래 전 요소) **41** 높다 **44** 저렴, 불필요 **45** 이행 **46** 화물정보 **47** 수준향상, 최소, 시장능력
48 간선, 배송 **49** 하역 **50** 신용 **51** 안전, 저렴 **52** 프로액티브 **53** 구조설계

PART 4 단원별 적중모의고사

01 제1회 적중모의고사

01 고객에 대한 올바른 기본예절과 가장 거리가 먼 것은?

① 신뢰관계는 상대에게 도움이 되어야 신뢰관계가 형성된다.

② 약간의 어려움을 감수하는 것은 좋은 인간관계를 유지하는 투자이다.

③ 상대에게 관심을 갖는 것은 상대도 나에게 호감을 갖게 한다.

④ 상대의 결점을 지적할 때는 직접적이고 간명하게 한다.

[해설] ④ 상대의 결점을 지적할 때는 **진지한 충고와 격려를 통해서 해야 한다.** 직접적이고 간명한 충고는 오해를 살 수 있다.

02 운전자의 운행 전 준비사항에 대한 설명으로 틀린 것은?

① 일상점검을 하고 이상을 발견한 경우 정비관리자에게 즉시 보고한다.

② 화주로부터 적재물 특성이 무엇인지를 반드시 확인받아야 한다.

③ 세차를 하고 화물의 덮개 및 결박상태를 확인한 후에 운행한다.

④ 항상 친절하여야 하고 고객 및 화주에게 불쾌한 언행을 하지 않는다.

[해설] ② 운전자가 특별한 적재물이 아니라면 화주에게까지 적재물의 특성을 확인받을 필요는 없다.

03 화물의 집하 시 행동방법에 대한 설명으로 틀린 것은?

① 책임 배달 구역을 인식하고 시간별로 배달점소의 사정을 고려하여 집하한다.

② 2개 이상의 화물은 결박하여 집하한다.

③ 송하인용 운송장을 절취하여 고객에게 건네준다.

④ 취급제한물품은 그 취지를 설명하고 정중하게 집하를 거절한다.

[해설] ② **결박화물 집하금지** : 2개 이상의 화물은 반드시 분리집하 한다.

04 물류와 공급망관리에 대한 설명으로 틀린 것은?

① 1970년대 경영정보시스템 단계는 운송단계를 줄이는데 역점을 두었다.

② 1980~1990년대의 전사적 자원관리는 기업의 모든 인적, 물적 자원을 효율적으로 관리하여 경쟁력을 강화한다.

③ 1990년대 중반 이후의 공급망관리단계는 공급망 상의 업체들이 수요, 구매정보 등을 상호공유하는 공급망관리를 말한다.

④ 공급망관리는 정보기술을 활용하여 재고를 최적화하고 양질의 상품 및 서비스를 소비자에게 제공하는 것이다.

[해설] ① 운송단계를 줄이는 것이 아니라 주문처리시간을 줄이는 데 초점을 둔 단계이다.

01 ④ 02 ② 03 ② 04 ①

05 공급망관리(Supply Chain Management)의 개념과 기능에 대한 설명으로 옳은 것은?

① 상품·서비스 및 정보의 프로세스를 분할하여 운영하는 경영전략이다.

② 제품생산의 과정을 효율적으로 처리할 수 있는 회계솔루션이다.

③ 물류와 유통에 대한 관심에서 조립·가공단계의 생산성 향상으로 변화하고 있다.

④ 물류의 원칙으로 적정수요 예측, 배송기간의 최소화, 반송과 환불시스템이 있다.

해설 ① 최초의 공급업체로부터 최종 소비자에 이르기까지 상품·서비스 및 정보의 흐름이 관련된 프로세스를 '통합적'으로 운영하는 경영전략이다.
② 회계솔루션이 아니라 **관리솔루션**이다.
③ 종전의 조립·가공단계의 생산성 향상에서 **부품조 달이나 유통 등의 물류에 대한 관심**이 옮겨지고 있다.

06 전략적 물류관리의 설명으로 틀린 것은?

① 목표는 비용, 품질, 서비스 등의 향상을 위해 업무과정을 재설계하는 것이다.

② 접근대상은 자원 및 비용발생, 활동, 과정, 흐름이다.

③ 물류전략의 실행구조는 전략수립, 구조설계, 기능정립, 실행의 순으로 이루어진다.

④ 기업의 경영전략과 로지스틱스 활동을 독립적 운영을 하기 위한 관리기법이다.

해설 ④ 전략적 물류관리는 기업들이 경영전략과 로지스틱스 활동을 **적절하게 연계시키지 못하고 있는 문제점을 해결**하기 위하여 필요하게 되었다.

07 국내 화주기업 물류에 대한 설명으로 틀린 것은?

① 각 업체가 독자적 물류기능을 보유하여 물류합리화의 장애가 되고 있다.

② 국내물류의 제한적·변형적 형태로 인하여 제3자 물류기능이 강화되고 있다.

③ 시설간 업체간 표준화가 미약하여 중복투자가 이루어지고 있다.

④ 과당경쟁이나 물류처리의 이해부족으로 물류전문업체의 인프라활용도가 미약하다.

해설 ② 국내 화주기업 물류는 제한적·변형적 형태로 제3자 물류기능이 약화되고 있다.

08 다음에서 설명하는 '운송'관련 용어는?

> 제조공장과 물류거점 간의 장거리 수송으로 컨테이너 또는 파렛트를 이용, 유닛화(unitization)되어 일정단위로 취합되어 수송하는 것을 말한다.

① 운송　　　　　　② 통운

③ 간선수송　　　　④ 운수

해설 ① **운송** : 서비스 공급에서의 재화의 이동을 말한다.
② **통운** : 소화물의 운송을 말한다.
④ **운수** : 행정상 또는 법률상의 운송을 말한다.

09 물류시스템의 목적으로 가장 거리가 먼 것은?

① 고객에게 상품을 적기에 정확하게 배달하는 것이다.

② 고객의 주문에 대하여 품절을 적게 하여 불편을 최소화하는 것이다.

③ 물류거점을 적절히 배치하여 배송효율을 높이고 상품의 재고량을 최소화한다.

④ 물류비용을 고객서비스에 맞춰 적절하게 하는 것이다.

해설 ③ 물류거점을 적절히 배치하여 배송효율을 높이고 상품의 재고량을 '적정하게 유지'하는 것이다.

05 ④　06 ④　07 ②　08 ③　09 ③

10 운송합리화 방안으로 가장 거리가 <u>먼</u> 것은?

① 적기 운송과 운송비 절감을 위하여 출하 물량 단위를 대형화하고 표준화 한다.

② 공차상태의 운행을 줄이기 위하여 주도면밀한 운송계획을 수립하여야 한다.

③ 운송합리화를 위하여 차량의 소형화, 경량화를 추진한다.

④ 운송정보를 최신화 하고 최적의 운송수단을 선택한다.

〔해설〕 **차량의 대형화, 경량화** 등을 추진하고 물류거점간의 온라인화를 통한 총 물류비의 절감노력이 필요하다.

11 물류의 새로운 흐름에 대한 설명으로 <u>틀린</u> 것은?

① 물류를 생산작업의 일환에서 더 나아가 산업공학의 개념으로 확대되어야 한다.

② 물류는 비용절감에서 더 나아가 기업경쟁에서 중요한 수단이 되고 있다.

③ 수송비나 보관료의 인하가 아닌 총물류비의 절감이 필요한 시대이다.

④ 물류업무의 운임을 낮추고 서비스를 향상시켜 원가절감 등의 성과를 올려야 한다.

〔해설〕 ④ 물류업무의 운임을 낮추는 것보다는 물류업무에 대한 적정한 대가의 지불로 정당한 이익을 계상하고 서비스와 운송기술을 향상해야 한다.

12 신물류서비스 기법 중 공급망관리(SCM)에 대한 설명으로 옳지 <u>않은</u> 것은?

① 공급망 내의 각 기업간에 긴밀한 협력을 통한 물자흐름을 원활히 하는 전략이다.

② 상위의 공급자와 하위의 고객을 소유하는 것을 의미하는 수직계열화이다.

③ 공급망관리는 '물류'와 '로지스틱스'를 거쳐 발전되었다.

④ 공급망관리는 종합물류를 표방한다.

〔해설〕 ② 공급망관리는 각 조직들이 점차적으로 **그들의 핵심사업에 집중하고 그 밖의 것은 아웃소싱**하려는 것으로 수직계열화와는 다르다.

13 신물류서비스 기법 중 신속대응(QR)에 대한 설명으로 <u>틀린</u> 것은?

① 소비자의 선호 등에 적합한 상품을 적시·적소에 적절한 가격으로 제공한다.

② 제조업자는 고객서비스의 제고, 매출과 이익증대 등의 혜택을 볼 수 있다.

③ 제조업자는 정확한 수요예측, 높은 자산회전율 등의 혜택을 볼 수 있다.

④ 소비자는 낮은 소비자 가격, 소비패턴 변화에 대응한 상품구매 등의 혜택을 볼 수 있다.

〔해설〕 ② **소매업자의 혜택**에 대한 내용이다. 제조업자는 생산의 유연성 확보, 높은 자산회전율 등의 혜택을 볼 수 있다.

14 사업용(영업용) 트럭운송의 장점에 대한 설명으로 옳지 <u>않은</u> 것은?

① 수요의 변동에 저렴하게 대응할 수 있다.

② 돌발적인 수송증가에 대하여 탄력적으로 대응할 수 있다.

③ 화주의 설비투자와 인적투자가 필요없고 변동비 처리가 가능하다.

④ 관리기능이 높아지고 운임의 안정화가 가능하다.

〔해설〕 ④ 사업용 트럭운송은 화주의 자사시스템에 비하여 관리기능이 저해되고, **운임인상의 가능성이 있어 운임의 안정화가 곤란**하다.

10 ③ **11** ④ **12** ② **13** ② **14** ④

15 물류고객서비스에 대한 설명으로 틀린 것은?

① 기존 고객을 유지 확보하고 잠재적 고객이나 신규고객을 획득하는 것이다.

② 물류부문의 고객서비스란 물류시스템의 산출이라고 할 수 있다.

③ 거래 전의 요소로 재고품절 수준, 발주정보, 주문사이클 등이 있다.

④ 설치, 보증, 변경, 수리 등은 거래 후의 요소이다.

[해설] ③ 거래 전의 요소가 아니라 <u>거래 시의 요소</u>들이다.

02 제2회 적중모의고사

01 운전자의 자세에 대한 설명으로 틀린 것은?

① 운전자는 공익을 위한 일을 한다는 '공인'의 자세를 가져야 한다.

② 교통규칙을 준수하고 상황에 맞는 적절한 판단을 해야 한다.

③ 운전 시 주의력을 집중하되 추측운전을 한다.

④ 여유를 가지고 서로 양보하는 마음으로 운전한다.

[해설] ③ 운전 시 주의력을 집중하고 자신에게 유리한 행동이나 판단을 하는 등 추측운전을 하지 않는다.

02 운전자의 교통사고 발생시 조치에 대한 설명으로 틀린 것은?

① 교통사고 발생 시 법규상의 구호조치 및 신고의무를 성실히 이행해야 한다.

② 사고에 대한 일반적인 사항을 처리하고 사고발생의 경위를 회사에 보고해야 한다.

③ 사고처리 시 임의처리를 하지 말고 회사의 지시에 따라야 한다.

④ 회사손실과 직결되는 보상업무는 회사가 처리하도록 해야 한다.

[해설] ② 사고에 대한 임의처리는 안 되고, 사고발생의 경위를 거짓 없이 회사에 보고해야 한다.

03 화물운전자에게 고객의 불만이 발생 시 행동방법을 설명한 것으로 틀린 것은?

① 고객의 불만 내용을 끝까지 참고 듣고 불만사항에는 정중하게 사과한다.

② 고객이 무리한 요구를 해 오는 경우 즉시 거절의 의사를 명확하게 표현한다.

③ 고객불만에 대해 해결하기 어려운 사항이 있는 경우 관련부서와 협의하여 답변한다.

④ 불만접수 후에 신속히 처리하여 고객에게 알린다.

[해설] ② 고객이 무리한 요구를 하는 경우 관련부서와 협의하여 방법을 논의한 후에 대응하도록 한다.

04 물류체계와 고객서비스의 수준에 대한 설명으로 틀린 것은?

① 물류비용은 소비자에 대한 서비스의 수준에 비례하여 증가한다.

② 생산과 수요의 시간적 차이를 해소하는 역할을 물류나 재고관리에서 해야 한다.

③ 다품종 소량화와 재고비용의 절감을 위해 주문처리의 신속성이 요구된다.

④ 운송은 재화와 서비스의 시간적 가치를 창출하는 것이다.

[해설] ④ 운송은 재화와 서비스의 **공간적 가치**를 창출하고, 재고는 재화와 서비스의 **시간적 가치**를 창출한다.

PART 4

운송서비스

15 ③ | 01 ③ 02 ② 03 ② 04 ④

05 물류의 개념에 대한 설명 중 틀린 것은?

① 제3자 물류는 화주기업이 자기의 모든 물류활동을 외부에 위탁하는 것이다.

② 제2자 물류는 기업이 사내의 물류조직을 별도로 분리·독립시키는 것이다.

③ 물류아웃소싱과 제3자 물류는 같은 개념이다.

④ 제3자 물류의 실제 이행과정은 자사물류, 물류자회사, 제3자 물류로 발전하였다.

해설 ③ 물류아웃소싱은 화주로부터 일부 개별서비스를 발주받아 운송서비스를 제공하는데 반해 **제3자 물류는 1년의 장기계약을 통해 통합물류서비스를 제공**한다.

06 제4자 물류에 대한 설명으로 틀린 것은?

① 제4자 물류란 제3자 물류의 기능에 컨설팅 업무를 추가해서 수행하는 것이다.

② 제3자 물류보다 범위가 넓은 공급망의 역할을 담당한다.

③ 전체적인 공급망에 영향을 주는 것을 통하여 가치를 높인다.

④ 화주기업의 물류활동을 위하여 공급망상의 기능 전체 혹은 일부를 대행하는 업종이다.

해설 ④ 제3자 물류의 정의이다.

07 다음은 물류시스템의 구성 중 어느 것인가?

> 적입, 적출, 분류, 피킹 작업을 수행한다.

① 보관　　　　② 정보

③ 하역　　　　④ 포장

08 물류비용과 물류서비스의 관계 중 가장 소극적인 사고는?

① 물류서비스를 유지하면서 비용절감을 지향하는 효율추구의 사고

② 물류비용이 상승하더라도 물류서비스를 향상시키는 사고

③ 물류비용은 일정하게 유지하고 서비스 수준을 향상시키려는 성과주의 사고

④ 간접적인 물류비용은 절감하고, 보다 높은 물류서비스를 실현하려는 사고

해설 물류서비스의 최종 목적은 물류서비스를 향상시키는 것이다. 이러한 목적에 가장 미진한 사고가 ①이다.

09 공동수송의 단점이 아닌 것은?

① 기업비밀 누출의 우려

② 서비스 차별화의 한계

③ 물류시설 및 인원의 확대 우려

④ 서비스 수준의 저하 우려

해설 ③ 물류시설 및 인원이 축소되는 장점이 있다.

10 화물운송정보시스템에 대한 설명으로 틀린 것은?

① 수배송관리시스템은 적기의 수배송체제와 최적의 수배송계획을 수립하는 것이다.

② 수배송활동은 계획, 실시, 통제의 3단계 물류정보처리 기능을 수행한다.

③ 운임계산, 차량가동률 분석 등은 수배송활동의 단계 중에서 '실시'에 해당한다.

④ 수배송관리시스템의 대표적인 것으로는 터미널화물정보시스템이 있다.

해설 ③ 수배송활동 중에서 '통제'에 해당한다.

11 화물운송의 혁신을 하기 위한 내·외부적 요인에 관련된 설명으로 틀린 것은?

① 고객의 욕구와 행동의 변화에 대응하지 못하는 조직이나 개인은 도태된다.

② 운송수요는 제품이나 상품에 대한 직접수요로서 고객의 요구에 민감하다.

③ 조직이나 개인, 환경에 대한 열린 시스템으로 부단히 변화해야 하는 시대이다.

④ 외부의 변화에 대한 대응하기 위해서는 가치관 또는 행동패턴 등이 변화해야 한다.

해설 ② 운송수요는 제품이나 상품에 대한 직접수요라기보다는 간접수요이므로 **고객의 요구에 둔감**하다.

12 신물류서비스 기법 중에서 전사적 품질관리(TQC)에 대한 설명으로 틀린 것은?

① 모든 작업자가 품질에 대한 책임을 나누어 갖는다는 개념이다.

② 화물운송의 불량은 주문, 집하하는 순간부터 찾아내어 바로잡는 방안이다.

③ 물류서비스의 품질관리의 효율화를 위해서 물류현상의 비정량화에 관심을 가져야 한다.

④ 전사적 품질관리는 통계적인 기법이 주요 근간을 이룬다.

해설 ③ 품질관리를 보다 효율적으로 하기 위해서는 물류현상을 **수치화할 수 있는 정량화가 필요**하다.

13 통합판매·물류·생산시스템(CALS)의 개념에 대한 설명으로 틀린 것은?

① 특정시스템의 유통비와 물류비의 절감 등으로 산업의 경쟁력을 갖출 수 있다.

② 디지털기술의 통합과 정보공유를 통한 신속한 자료처리 환경을 구축한다.

③ 위치추적으로 사전 회귀배차가 가능해지고 적절한 작업지시가 가능하다.

④ 신속한 정보공유 및 종합적 품질관리의 제고가 가능하게 되었다.

해설 ③ 주파수 공용통신(TRS)에 대한 설명이다.

14 택배운전자의 안전운행과 차량관리에 대한 설명으로 틀린 것은?

① 후진을 주의하여 차에 탑승할 때는 반드시 앞으로 돌아 탄다.

② 골목길의 난폭운전은 고객들로부터 평판을 손상시킨다.

③ 골목길의 네거리를 통과할 때는 의외의 상황이 있으므로 주의하여 통과한다.

④ 후문이 확실히 잠겨있는지 확인하고 출발한다.

해설 ① 후진을 주의하여 차에 탑승할 때는 반드시 뒤로 돌아 탄다.

15 화물의 대리인계의 방법으로 틀린 것은?

① 대리인수자는 사전에 지정받을 필요는 없다.

② 대리인수자는 반드시 이름과 서명을 받고 관계를 기록한다.

③ 대리인수자가 서명을 거부하는 경우에는 시간, 상호, 기타 특징을 기록한다.

④ 수하인이 부재중인 경우 외에는 대리인계를 절대로 해서는 안 된다.

해설 ① 대리인수자는 사전에 지정받아야 한다.

11 ② **12** ③ **13** ③ **14** ① **15** ①

01 서비스의 품질을 평가하는 고객의 기준과 가장 거리가 먼 것은?

① 신뢰성　　　② 신속한 대응

③ 정확성　　　④ 회사의 재무건전성

해설 ①·②·③ 이외에도 고객에 대한 태도, 편의성, 고객과의 커뮤니케이션, 신용도, 안전성, 고객의 이해도, 환경 및 분위기가 서비스 품질을 평가하는 고객의 기준이라고 할 수 있다.

02 운전예절에 대한 설명으로 틀린 것은?

① 횡단보도에서는 보행자가 먼저 지나가도록 일시정지하여 보행자를 보호해야 한다.

② 도로상에서 고장차를 발견하였을 경우에는 가장자리 구역으로 유도한다.

③ 방향지시등을 켜고 끼어드는 경우 양보를 해주는 여유를 가진다.

④ 교차로에 정체 현상이 발생하는 경우 신속하게 빠져나가려 한다.

해설 ④ 교차로에 정체 현상이 발생하는 경우 다 빠져 나간 후에 여유를 가지고 천천히 출발한다.

03 배달 시 행동방법으로 틀린 것은?

① 수하인 주소가 명확하지 않은 경우 사전에 정확한 위치를 확인한 후에 출발한다.

② 인수증 서명은 반드시 정자로 실명 기재 후 받는다.

③ 고객이 부재 시에는 문 앞에 물건을 놔두면 된다.

④ 긴급배송 화물을 우선 처리하고, 모든 화물은 반드시 기일 내 배송한다.

해설 ③ 고객이 부재 시 '부재중 방문표'를 반드시 이용한다.

04 물류계획수립의 주요 영역에 대한 설명으로 틀린 것은?

① 물류계획수립의 주요 영역으로는 고객서비스 수준, 생산의사결정이 있다.

② 물류계획을 수립할 때에 우선적으로 적절한 고객서비스 수준을 고려해야 한다.

③ 보관과 공급시설의 지리적 위치는 비용이 최소화되는 경로를 발견하는 것이다.

④ 수송수단의 선택과 규모, 운행경로의 결정 등 수송의사결정도 수립되어야 한다.

해설 ① 물류계획수립의 주요 영역으로는 생산의사결정보다는 재고의사결정이 더욱 중요하다.

05 다음 중 '수송'의 의미인 것은?

① 단거리 소량화물의 이동을 말한다.

② 거점과 거점간 이동을 말한다.

③ 지역내 화물의 이동이다.

④ 다수의 목적지로 소량을 운송한다.

해설 ①·③·④는 배송의 의미이다. 수송은 ② 이외에도 장거리 대량화물의 이동, 지역간 화물의 이동, 1개소 목적지에 1회의 배송을 개념으로 한다.

06 제3자 물류 도입이유의 설명으로 틀린 것은?

① 화주기업이 자가물류의 확충으로 고정투자비의 부담이 크게 증가하였다.

② 물류자회사가 모기업의 물류효율화에 부응하여 수익이 증가하는 상황이었다.

③ 모기업의 지나친 간섭과 개입은 자율경영을 위축시켜 자생력을 떨어트렸다.

④ 제3자 물류산업은 자가물류와의 적절한 경쟁·보완관계로 발전될 수 있다.

해설 ② 물류자회사가 모기업의 물류효율화에 부응할수록 수익이 줄어드는 상황에 직면하게 되었다.

---

01 ④　02 ④　03 ③　04 ①　05 ②　06 ②

07 물류시스템의 구성 중 '보관'에 대한 설명으로 틀린 것은?

① 물품을 저장하여 시간과 가격을 조정하는 기능을 수행한다.

② 수요와 공급의 시간적 간격을 조정하여 경제활동의 안정과 촉진을 도모한다.

③ 물품의 운송, 보관 등에 있어서 가치와 상태를 보호하고, 품질유지를 한다.

④ 보관을 위한 창고에서는 물품의 입고, 재고관리가 이루어진다.

해설 ③ 물류시스템의 구성 중 '포장'에 대한 설명이다.

08 물류시스템에 대한 설명으로 틀린 것은?

① 물류시스템의 기능은 작업서브시스템과 정보서브시스템으로 분류된다.

② 작업서브시스템은 운송, 하역, 보관, 유통가공, 포장을 포함한다.

③ 정보서브시스템은 수·발주, 재고, 출하를 포함한다.

④ 개별물류활동은 이를 수행하여 얻는 산출과 비용의 트레이드오프관계가 성립한다.

해설 ④ 개별 물류활동을 수행하는데 **필요한 비용과 서비스 레벨의 트레이드오프 관계가 성립**한다. 즉, 비용을 줄이려는 활동을 하게 되면 서비스의 레벨이 저하된다는 것이다. 산출은 비용과 비례관계이다.

09 물류네트워크의 평가와 감사를 위한 일반적 지침이 아닌 것은?

① 공급   ② 고객서비스

③ 제품특성   ④ 물류비용

해설 물류네트워크의 평가와 감사를 위한 일반적 지침으로는 ②·③·④ 이외에 수요, 가격결정정책이 있다.

10 화주기업의 제3자 물류의 기대효과를 설명한 것으로 틀린 것은?

① 제3자 물류업체의 물류체계를 활용함으로써 공급망에서 유리한 위치를 차지한다.

② 물류기능의 통합화와 공급망의 기업간 독립화로 고객서비스의 향상이 가능하다.

③ 물류시설 설비에 대한 투자부담을 분산시켜 유연성을 확보할 수 있다.

④ 고정투자비에 대한 부담이 없어져서 경기변동이나 계절성 수요에 효과적으로 대응할 수 있다.

해설 ② 제3자 물류는 외부의 전문화된 물류체계를 활용함으로써 다른 운송수단과 연계되는 **연계수송방식**과 물류시설을 이용한 **거점운송방식**이 활성화되는 등 **종합물류서비스로서 공급망상 연계화를 꾀하여 경영자원을 효율적으로 활용**할 수 있다. 그러므로 기업간 독립화가 아니라 연계화가 맞는 말이다.

11 현상의 변혁에 필요한 4가지 요소에 대한 설명으로 옳지 않은 것은?

① 조직이나 개인의 전통과 타성을 버리고 새로운 질서를 이룩하는 것이다.

② 독자적이고 창조적인 발상을 가지는 것보다는 시대유행에 맞춰 발상해야 한다.

③ 실질적인 생산성 향상을 위하여 일의 본질에서부터 변혁이 이루어져야 한다.

④ 전통적인 체질을 바꾸기 위하여 변혁에 대한 노력은 지속적으로 이루어져야 한다.

해설 ② 유행에 휩쓸리지 않고 독자적이고 창조적인 발상을 가지는 것이다.

---

07 ③ 08 ④ 09 ① 10 ② 11 ②

12 신물류서비스 기법 중 범지구측위시스템(GPS)에 대한 설명으로 <u>틀린</u> 것은?

① 유도기술의 핵심은 범지구측위시스템이다.

② 인공위성으로 지구의 어느 곳이든 실시간으로 위치를 확인할 수 있다.

③ 미국의 경우 민간기업은 국제법상의 제약으로 아직 활성화되어 있지 않다.

④ 이동체의 위치정보는 메시지로 보내지지만, 위치확인은 이동체로부터 메시지가 와야 확인할 수 있다.

해설 ③ 미국은 정부뿐만 아니라 민간기관 모두 이동체통신에 위성을 이용하고 이동체 위치추적용으로 민간기업이 대부분 위성을 사용하고 있다.

13 통합판매·물류·생산시스템(CALS)의 도입 효과에 대한 설명으로 옳지 <u>않은</u> 것은?

① 산업정보화전략으로 기업은 수평적이고 동시공학적 체제로 전환하였다.

② 기업통합과 가상기업을 실현시켜 기업내 또는 기업간 장벽을 허물 것으로 예상된다.

③ 부서 단위 또는 계층별로의 제휴를 할 수 있는 수직적 네트워크형 기업관계가 형성되기 용이하다.

④ 경쟁력있는 사업에 경영자원을 집중하고 수익성 낮은 사업은 과감하게 포기할 수 있다.

해설 ③ CALS는 제품단위 또는 프로젝트 단위별로 기동적인 기업간 제휴를 할 수 있는 **수평적 네트워크형 기업관계 형성**할 수 있다.

14 화물에 문제가 있는 경우의 인계방법으로 <u>틀린</u> 것은?

① 하자가 사소한 경우에도 고객의 욕구를 전적으로 수용하여야 한다.

② 완전히 파손, 변질 시에는 진심으로 사과하고 회수 후 변상한다.

③ 내용품에 이상이 있는 경우는 연락처와 절차를 알려준다.

④ 배달완료 후 파손이나 기타 이상이 있다고 배상을 요청받는 경우 반드시 현장확인을 한다.

해설 ① 하자가 사소한 경우는 잘 설명하여 고객이 받아들이도록 한다.

15 운송장에 정확히 기재하여야 할 사항 중 가장 거리가 <u>먼</u> 것은?

① 수하인의 이름

② 정확한 화물명

③ 화물가격

④ 운송료

해설 ① 수하인의 이름은 정확하게 기재하여야 할 사항에 포함되지 않지만, 수하인의 전화번호는 정확하게 기재해야 할 사항이다.

12 ③ **13** ③ **14** ① **15** ①

부록

최종모의고사

01 제1회 최종모의고사

01 운전면허취득 응시 제한의 기간이 <u>다른</u> 것은?

① 무면허운전금지를 위반하여 자동차를 운전한 경우

② 거짓이나 그 밖의 부정한 수단으로 운전면허를 받은 경우

③ 공동위험행위의 금지를 2회 이상 위반한 경우

④ 음주운전 또는 경찰공무원의 음주측정을 위반하여 교통사고를 일으킨 경우

02 화물자동차운수사업법상 운송사업자가 화물의 인도기한을 지난 후 얼마 이내에 인도하지 않으면 그 화물을 멸실된 것으로 보는가?

① 1개월

② 3개월

③ 6개월

④ 12개월

03 화물자동차의 유형별 세부기준에 대한 설명으로 틀린 것은?

① 덤프형 – 적재함을 원동기의 힘으로 기울여 적재물을 중력에 의하여 쉽게 미끄러뜨리는 구조의 화물운송용인 것

② 특수용도형 – 견인형, 구난형 어느 형에도 속하지 아니하는 특수작업용인 것

③ 밴형 – 지붕의 덮개가 있는 화물운송용인 것

④ 일반형 – 보통의 화물운송용인 것

04 자동차의 점검 및 정비에서 시장·군수·구청장의 권한을 설명한 것으로 틀린 것은?

① 자동차 소유자에게 점검·정비·검사 또는 원상복구를 명할 수 있다.

② 승인을 받지 아니하고 튜닝한 자동차는 원상복구 및 임시검사를 명하여야 한다.

③ 자동차 정기검사 또는 자동차종합검사를 받지 아니한 자동차는 정기검사 또는 종합검사를 명하여야 한다.

④ 화물자동차운수사업법에 따른 중대한 교통사고가 발생한 사업용 자동차는 임시검사를 명할 수 있다.

05 편도 2차로 이상의 고속도로와 편도 1차로 고속도로에서 적재중량 1.5톤 초과 화물자동차의 최고속도로 각각 옳게 짝지어진 것은? (여기서 고속도로는 지정·고시한 노선 또는 구간이 아닌 고속도로임)

<u>고속도로</u>(편도 2차로 이상) /	<u>편도 1차로 고속도로</u>
① 80km/h	70km/h
② 90km/h	80km/h
③ 80km/h	80km/h
④ 110km/h	90km/h

06 교통정리를 하고 있지 아니하고 좌우를 확인할 수 없는 교차로에서의 통행방법으로 옳은 것은?

① 속도를 유지하고 진행한다.

② 일시정지 후 서행한다.

③ 운전자는 좌측 도로의 차에 진로를 양보한다.

④ 앞차의 속도에 따라 진행한다.

07 교통사고처리특례의 적용이 배제되는 신호·지시위반의 성립요건에 해당하지 <u>않는</u> 것은?

① 장소적 요건 : 경찰관의 수신호를 위반

② 피해자적 요건 : 신호·지시위반 차량에 충돌되어 인적피해를 입은 경우

③ 장소적 요건 : 규제표지 중 차간거리확보, 주차금지가 설치된 지역

④ 운전자의 과실 : 고의적 과실이나 부주의에 의한 과실

08 화물자동차운송사업의 허가에 대한 설명으로 <u>틀린</u> 것은?

① 화물자동차운송사업을 경영하려는 자는 국토교통부장관의 허가를 받아야 한다.

② 20대 이상의 화물자동차를 사용하여 화물운송사업을 경영하려는 자는 국토교통부장관의 허가를 받아야 한다.

③ 화물자동차 운송가맹사업의 허가를 받은 자는 운송사업의 허가를 받지 않아도 된다.

④ 운송사업자는 허가를 받은 날부터 3년의 범위에서 허가기준에 관한 사항을 국토교통부장관에게 신고하여야 한다.

09 화물자동차 운송사업과 운송가맹사업에 이용되지 아니하는 자가용으로 사용되는 최대적재량 2.5톤 이상인 화물자동차를 사용하려는 자가 신고하여야 하는 기관은?

① 국토교통부장관　　　② 행정안전부장관

③ 시·도지사　　　　　④ 한국교통안전공단

10 화물자동차 운전업무에 종사하는 운수종사자의 교육에 대한 설명으로 옳지 <u>않은</u> 것은?

① 운수종사자는 시·도지사가 실시하는 교육을 매년 2회 이상 받아야 한다.

② 운수종사자 교육의 교육시간은 4시간으로 한다.

③ 운수종사자 준수사항을 위반하여 과태료 처분을 받은 자 및 특별검사 대상자의 교육시간은 8시간으로 한다.

④ 관할관청은 운수종사자 교육을 실시하는 때에는 교육을 시작하기 1개월 전까지 운수사업자에게 통지하여야 한다.

11 자동차관리법상 화물자동차의 규모별 세부기준에서 화물자동차로 인정되기 위한 요건에 대한 설명으로 <u>틀린</u> 것은?

① 일반형 경형화물자동차는 배기량이 1,000cc 미만인 것

② 소형화물자동차는 최대적재량이 1톤 이하인 것으로서 총중량이 3.5톤 이하

③ 중형화물자동차는 최대적재량이 1톤 초과 5톤 미만이거나, 총중량이 3.5톤 초과 10톤 미만인 것

④ 대형화물자동차의 최대적재량이 5톤 이상이고, 총중량이 10톤 이상인 것

12 도로법상 도로관리청이 차량의 운행을 제한을 할 수 있는 차량이 <u>아닌</u> 것은?

① 축하중이 10톤을 초과한 경우

② 차량의 높이가 4.0미터를 초과한 경우

③ 차량의 길이가 16.7미터를 초과한 경우

④ 차량의 총중량이 30톤을 초과하는 경우

13 4톤 초과 화물자동차가 고속도로나 자동차전용도로에서 안전거리를 확보하지 못한 경우 부과되는 범칙금액은?

① 4만원　　　　　　　② 5만원

③ 6만원　　　　　　　④ 7만원

14 자동차관리법상 차령이 2년 초과인 사업용 대형 화물자동차의 정기검사 유효기간은?

① 1년   ② 6개월

③ 2년   ④ 3년

15 자동차의 등록에 관한 설명으로 <u>틀린</u> 것은?

① 자동차의 양수인이 이전등록을 신청하지 아니한 경우에는 그 양수인을 갈음하여 양도자가 신청할 수 있다.

② 임시운행허가를 받아 허가 기간 내에 운행하는 경우에는 자동차등록원부에 등록하지 않고 운행할 수 있다.

③ 시·도지사는 등록번호판을 회수한 경우에는 이를 밀봉하여 보관한다.

④ 고의로 자동차등록번호판을 가리거나 알아보기 곤란하게 한 자는 1년 이하의 징역 또는 1,000만원 이하의 벌금에 처한다.

16 교통사고특례법이 배제되는 음주운전에 대한 설명으로 <u>틀린</u> 것은?

① 차단기에 의해 도로와 차단된 통행로에서는 음주운전도 처벌 대상이 된다.

② 술을 마시고 주차장 또는 주차선 안에서 운전하여도 처벌 대상이 된다.

③ 혈중알코올농도 0.028%에 해당한 경우에도 음주운전이다.

④ 도로가 아닌 곳에서의 음주운전도 처벌 대상이다.

17 최고속도의 100분의 20을 줄인 속도로 운행해야 하는 경우는?

① 비가 내려 노면이 젖어 있는 경우

② 노면이 얼어붙은 경우

③ 눈이 20mm 이상 쌓인 경우

④ 폭우로 가시거리가 100m 이내인 경우

18 4톤 초과 화물자동차의 경우 '운전 중 휴대용 전화를 사용한 경우'의 범칙금액과 같은 것은?

① 서행의무나 일시정지를 위반한 경우

② 운전 중 좌석안전띠를 미착용한 경우

③ 운전 중 영상표시장치를 조작한 경우

④ 보행자 통행방해 또는 보호 불이행한 경우

19 속도위반 시 벌점 및 범칙금의 설명으로 <u>틀린</u> 것은?

① 80km/h 초과 100km/h 이하의 속도위반을 한 경우 – 벌점 80점

② 60km/h 초과의 속도위반을 한 경우 – 벌점 60점, 범칙금 13만원

③ 40km/h 초과 60km/h 이하의 속도위반을 한 경우 – 벌점 30점, 범칙금 10만원

④ 20km/h 초과 40km/h 이하의 속도위반을 한 경우 – 벌점 20점, 범칙금 7만원

20 운임 및 요금을 정하여 국토교통부장관에게 신고해야 하는 운송사업자가 <u>아닌</u> 경우는?

① 구난형 특수자동차를 사용하여 고장차량·사고차량 등을 운송하는 운송사업자

② 구난형 특수자동차를 사용하여 고장차량·사고차량 등을 운송하는 화물자동차를 직접 소유한 운송가맹사업자

③ 밴형 화물자동차를 사용하여 화주와 화물을 함께 운송하는 운송주선사업자

④ 견인형 특수자동차를 사용하여 컨테이너를 운송하는 운송사업자

21 다음 중 무면허운전에 해당되지 <u>않는</u> 것은?

① 면허증 교부 전에 운전하는 경우

② 위험물을 운반하는 3톤 이하의 화물자동
차를 제1종 보통 운전면허로 운전한 경우

③ 유효기간이 지난 운전면허증으로 운전한
경우

④ 면허 있는 자가 무면허자에게 운전연습을
시키던 중 사고를 야기한 경우

**22 화물자동차운송가맹사업의 원활한 수행을 위해
운송가맹사업자가 이행하여야 할 사항이 <u>아닌</u>
것은?**

① 효율적인 운송기법의 개발과 보급

② 화물의 원활한 운송을 위한 화물정보망의
설치·운영

③ 운송가맹사업자가 정한 기준에 맞는 운송
서비스의 제공

④ 운송가맹사업자의 직접운송물량과 운송가
맹점의 운송물량의 공정한 배정

**23 자동차관리법상 자동차등록번호판에 대한 설명
으로 옳은 것은?**

① 국토교통부장관이 자동차등록번호판을 부
착한다.

② 등록번호판이 떨어지거나 알아보기 어렵게
된 경우에는 국토교통부장관에게 이의 부
착을 다시 신청하여야 한다.

③ 고의로 자동차등록번호판을 가리거나 알아
보기 곤란하게 한 자는 1년 이하의 징역
또는 1,000만원 이하의 벌금에 처한다.

④ 등록번호판은 절대로 뗄 수 없다.

**24 자동차검사의 유효기간에 대한 설명으로 <u>틀린</u>
것은?**

① 신규등록을 하려는 자동차는 신규등록일부
터 계산한다.

② 종합검사를 신청하여 적합 판정을 받은 자
동차는 직전 검사 유효기간 마지막 날의
다음 날부터 계산

③ 종합검사기간 전 또는 후에 종합검사를 신
청하여 적합 판정을 받은 자동차는 종합검
사를 받은 날의 다음 날부터 계산한다.

④ 재검사 결과 적합 판정을 받은 자동차는
지동차종합검사 결과표 또는 지동차기능
종합진단서를 받은 날부터 계산한다.

25 도로법령에 대한 설명으로 <u>틀린</u> 것은?

① 도로법은 국민이 안전하고 편리하게 이용
할 수 있는 도로의 건설과 공공복리의 향
상에 이바지함을 목적으로 한다.

② 도로에는 도로의 부속물이 포함된다.

③ 옹벽·배수로·길도랑 및 무넘기시설도
도로에 포함된다.

④ 도로의 등급은 일반국도, 고속국도, 특별
시도, 광역시도, 지방도, 시도, 군도, 구
도의 순이다.

26 운송장의 부착요령에 대한 설명으로 <u>틀린</u> 것은?

① 운송장은 물품의 정중앙 상단에 뚜렷하게
보이도록 부착한다.

② 운송장이 떨어질 우려가 큰 물품의 경우
송하인의 동의를 얻어 포장재에 수하인의
필요한 사항을 기재하도록 한다.

③ 취급주의 스티커의 경우 눈에 안 띄게 붙
인다.

④ 기존에 사용하던 박스를 사용하는 경우
구 운송장은 반드시 제거한다.

27 금속, 금속제품이나 부품을 수송 또는 보관할 때 녹의 발생을 방지하기 위해 하는 포장방법은?

① 방수포장   ② 방청포장

③ 진공포장   ④ 압축포장

28 이사화물 표준약관의 규정상 손해배상책임의 특별소멸사유와 시효에 관한 설명으로 **틀린** 것은?

① 사업자의 손해배상책임은 고객이 이사화물을 인도받은 날로부터 30일 이내에 그 사실을 사업자에게 통지하지 않으면 소멸한다.

② 이사화물의 멸실, 훼손 또는 연착에 대한 사업자의 손해배상책임은 고객이 이사화물을 인도받은 날로부터 1년이 경과하면 소멸한다.

③ 사업자 또는 그 사용인이 이사화물의 일부 멸실 또는 훼손의 사실을 알면서 이를 숨긴 경우 고객이 이사화물을 인도받은 날로부터 3년간 존속한다.

④ 이사화물이 전부 멸실된 경우에는 약정된 인도일부터 기산한다.

29 이사화물 표준약관에 대한 설명으로 **틀린** 것은?

① 사업자가 운송에 적합하도록 포장할 것을 요구하였으나 고객이 이를 거절한 물건은 인수거절 할 수 있다.

② 고객의 책임있는 사유로 계약을 해제한 경우에 있어서 약정된 이사화물의 인수일 당일에 해제를 통지한 경우는 계약금이 손해배상액이다.

③ 사업자의 귀책사유로 인수가 2시간 이상 지연된 경우에는 고객은 계약의 해제와 함께 계약금의 반환과 계약금 6배액의 손해배상을 청구할 수 있다.

④ 이사화물이 고객의 책임없이 전부가 멸실된 경우에는 사업자는 이사화물에 대한 운임 등은 청구하지 못한다.

30 창고 내 작업 및 입·출고 작업 요령에 대한 설명으로 **틀린** 것은?

① 화물더미에 오르내릴 때에는 화물의 쏠림이 발생하지 않도록 한다.

② 화물을 출하할 때에는 화물더미 중간부터 순차적으로 층계를 지으면서 헐어낸다.

③ 원기둥형 화물을 굴릴 때는 앞으로 밀어 굴리고 뒤로 끌어서는 안 된다.

④ 발판을 이용하여 오르내릴 때에는 2명 이상이 동시에 통행하지 않는다.

31 택배표준약관의 규정상 운송물의 인도일에 대한 설명으로 **틀린** 것은?

① 운송장에 인도예정일의 기재가 있는 경우에는 그 기재된 날이다.

② 운송장에 인도예정일의 기재가 없는 경우에는 수탁일로부터 일반지역은 2일이다.

③ 운송장에 인도예정일의 기재가 없는 경우에는 운송물의 수탁일로부터 도서, 산간벽지는 4일이다.

④ 사업자는 수하인이 특정일시에 사용할 운송물을 수탁한 경우에는 운송장에 기재된 인도예정일의 특정시간까지 운송물을 인도한다.

32 컨테이너의 취급에 대한 설명으로 **옳은** 것은?

① 개폐문의 방청상태를 우선 점검해야 한다.

② 컨테이너에 수납된 위험물의 분류명, 표찰 등은 위험물 각각의 내부에 표시한다.

③ 컨테이너 적재 후 반드시 콘(잠금장치)을 잠근다.

④ 부득이한 경우에는 화물 일부가 컨테이너 밖으로 튀어나와도 된다.

33 독극물 취급 시의 주의사항에 대한 설명으로 **틀린** 것은?

① 독극물을 보호할 수 있는 조치를 취하고 주차 브레이크를 사용하여 차량이 움직이지 않도록 조치하여야 한다.

② 독극물 저장소, 드럼통, 용기, 배관 등은 내용물을 알 수 없도록 밀봉하여 보관한다.

③ 독극물이 들어 있는 용기는 마개를 단단히 닫고 빈 용기와 확실하게 구별하여 놓아야 한다.

④ 용기가 깨어질 염려가 있는 것은 나무상자나 플라스틱상자 속에 넣어 보관한다.

34 다음 화물 붕괴방법에 대한 설명은 어떤 방식인가?

> 통기성이 없고 고열의 사용으로 상품에 따라서는 이용할 수 없고, 비용이 많이 든다는 단점이 있다.

① 스트레치 방식

② 슈링크 방식

③ 풀 붙이기 접착 방식

④ 주연어프 방식

35 다음 중에서 수작업의 운반기준에 적합한 것을 모두 고른 것은?

> ㄱ. 취급물이 경량물인 작업
>
> ㄴ. 취급물이 중량인 작업
>
> ㄷ. 두뇌작업이 필요한 작업
>
> ㄹ. 취급물의 형상, 성질, 크기 등이 일정하지 않은 작업
>
> ㅁ. 얼마간의 시간 간격을 두고 되풀이되는 소량취급 작업

① ㄴ, ㄷ, ㅁ　　　② ㄱ, ㄴ, ㄷ

③ ㄷ, ㄹ, ㅁ　　　④ ㄱ, ㄷ, ㄹ, ㅁ

36 다음 화물붕괴방식 중에서 통기성이 없는 방식으로만 묶어 놓은 것은?

① 밴드걸기 방식, 슬립 멈추기 시트삽입방식

② 슈링크 방식, 스트레치 방식

③ 슈링크 방식, 슬립 멈추기 시트삽입 방식

④ 스트레치 방식, 풀 붙이기 접착 방식

37 컨테이너 상차에 따른 주의사항으로 **틀린** 것은?

① 상차 전에 컨테이너 라인(Line)을 배차부서로부터 통보받는다.

② 상차할 때는 해당 게이트로 가서 담당자에게 면장번호를 불러주고 보세운송 면장과 적하목록을 출력받는다.

③ 상차할 때 다른 라인의 컨테이너 상차가 어려울 경우 배차부서로 통보한다.

④ 상차 전에 해당 게이트로 가서 전산정리를 하고, 다른 라인일 경우는 배차부서에게 면장 및 컨테이너 번호 등을 말해주고 전산정리를 한다.

38 다음 중 1년 이하의 징역이나 1천만원 이하의 벌금에 해당하는 위반행위가 <u>아닌</u> 것은?

① 적재량의 측정 및 관계서류의 제출요구 거부 시

② 적재량 측정 방해 행위 및 재측정 거부 시

③ 운행제한을 위반하도록 지시하거나 요구한 자

④ 적재량 측정을 위한 도로관리원의 차량 승차요구 거부 시

39 화물의 인계요령으로 옳지 않은 것은?

① 부패성 물품과 긴급을 요하는 물품에 대해서는 우선적으로 배송하여 손해배상 요구가 발생하지 않도록 한다.

② 배송 중 수하인이 직접 찾으러 오는 경우 본인 확인 후 인계하면 된다.

③ 물품을 고객에게 인계할 때 인수증에 정자로 인수자 서명을 받는다.

④ 부득이하게 대리인에게 인계할 때에는 사후조치로 실제 수하인과 연락을 취하여 확인한다.

40 이사화물표준약관의 규정상 고객의 책임 있는 사유로 이사화물의 인수가 지체된 경우에 사업자에게 지급해야 할 손해배상액으로 옳은 것은?

① 약정된 인수일시로부터 지체된 1시간마다 계약금의 배액을 곱한 금액

② 약정된 인수일시로부터 지체된 1시간마다 계약금을 곱한 금액

③ 약정된 인수일시로부터 지체된 1시간마다 계약금의 반액을 곱한 금액

④ 약정된 인수일시로부터 지체된 1시간마다 계약금의 4배액을 곱한 금액

41 도로선형과 교통사고의 설명으로 틀린 것은?

① 곡선부는 미끄럼 사고가 발생하기 쉽다.

② 일반도로에서는 곡선반경의 크기가 작아짐에 따라 사고율이 낮아진다.

③ 일반적으로 횡단면의 차로 폭이 넓을수록 교통사고의 예방효과가 있다.

④ 곡선부에서의 사고를 감소시키는 방법은 편경사를 개선하고 시거를 확보하는 것이다.

42 엔진오일 과다 소모 시 조치방법으로 틀린 것은?

① 엔진 피스톤 링 교환

② 실린더 교환이나 보링작업

③ 에어클리너 청소 및 장착 방법 준수 철저

④ 냉각팬 휴즈 및 배선상태 확인

43 이면도로의 특성 및 안전운전방법에 대한 설명으로 틀린 것은?

① 보행자 등이 아무 곳에서나 횡단이나 통행을 할 수 있어 주의의무를 높여야 한다.

② 속도를 낮추고 언제라도 정지할 수 있는 마음가짐을 가진다.

③ 위험대상물을 발견한 경우 그의 움직임을 주시하며 시선을 떼지 않는다.

④ 이면도로는 보도 등의 안전시설은 있으나, 도로의 폭이 일정하다.

44 빗길과 안개길 안전운전에 대한 설명으로 틀린 것은?

① 안개로 시야의 장애가 생기면 차간거리를 충분하게 확보하고 앞차의 방향지시등을 주시하고 천천히 주행한다.

② 앞이 안 보일 정도로 안개가 심한 경우에는 미등과 비상경고등을 점등시키고 서행한다.

③ 빗물로 브레이크 작동이 원활치 않은 경우 브레이크를 여러 번 나누어 밟아서 패드나 라이닝의 물기를 제거한다.

④ 비가 내려 물이 고인 길을 통과할 때는 속도를 줄이며 저속기어로 바꾸어 서행하여 통과한다.

45 봄철 자동차관리에 대한 설명으로 틀린 것은?

① 겨울을 보낸 후에는 전문세차장에서 차체를 구석구석 청소한다.

② 겨울 동안 사용한 월동장비를 잘 정리하고 깨끗하게 손질한다.

③ 오일의 교체는 다른 등급의 오일로 교체하거나 보충한다.

④ 벗겨진 전선 피복이나 소켓의 부식 여부를 살피고 낡은 배선은 새것으로 교환한다.

46 상황별 방어운전방법으로 틀린 것은?

① 신호가 바뀌어도 곧바로 출발하지 않고, 주위 자동차 움직임을 관찰 후 진행한다.

② 차량이 많을 때 가장 안전한 속도는 서행하는 것이다.

③ 교통상황을 판단하여 미리 속도를 줄여 급정지하지 않도록 한다.

④ 미끄러운 노면에서는 급제동으로 차가 회전하는 경우가 발생하지 않도록 한다.

47 충전용기 등을 차량에 적재할 경우에 따르는 기준이 <u>아닌</u> 것은?

① 자전거 또는 오토바이에 적재하여 운반하지 아니할 것

② 운반중의 충전용기는 항상 40℃ 이하를 유지할 것

③ 충전용기를 팔레트 내부에 넣어 적재하는 경우에도 1단으로 쌓아야 한다.

④ 충전용기 등은 차량의 짐받이에 바싹대고 적재하여야 하되, 운반차량 뒷면에는 완충장치를 설치하여야 한다.

48 교통사고 및 고장 발생 시 대처요령에 대한 설명으로 틀린 것은?

① 고속도로에서 2차사고의 발생 확률은 일반도로 사고보다 훨씬 높다.

② 2차 사고의 발생을 방지하기 위하여 비상등을 켜고 갓길로 차량을 이동시킨다.

③ 후방에서 접근하는 차량의 운전자가 쉽게 확인할 수 있도록 주간에는 고장자동차의 표지(안전삼각대)를 한다.

④ 1.4톤 초과 화물자동차는 고속도로 2504 긴급견인서비스로 전화하여 견인서비스를 무료로 받을 수 있다.

49 교량과 교통사고의 관계로 틀린 것은?

① 교량이 폭, 교량 접근부 등이 교통사고와 밀접한 관계가 있다.

② 교량 접근로의 폭에 비해 교량의 폭이 좁을수록 사고가 더 많이 발생한다.

③ 교통통제 설비를 효과적으로 설치하여 교량에서의 사고를 방지할 수 있다.

④ 교량 접근로의 폭과 교량의 폭이 같을 때 사고율이 높다.

50 교통시설의 용어에 대한 설명으로 틀린 것은?

① '편경사'라 함은 평면곡선부에서 자동차가 원심력에 저항할 수 있도록 하기 위하여 설치하는 횡단경사를 말한다.

② '오르막차로'는 오르막 구간에서 저속 자동차를 다른 자동차와 분리하기 위해 설치하는 차로이다.

③ '차로수'라 함은 오르막차로, 회전차로, 변속차로 및 양보차로를 포함한 양방향 차로의 수를 합한 것을 말한다.

④ '종단경사'라 함은 도로의 진행방향 중심선의 길이에 대한 높이의 변화 비율을 말한다.

51 운전 중 추월할 경우의 방어운전방법으로 <u>틀린</u> 것은?

① 꼭 필요한 경우에만 추월한다.

② 반드시 안전을 확인한 후 시행한다.

③ 추월 전에 앞차에게 신호로 알린다.

④ 대형차를 뒤따라가는 경우 앞지르기를 하여 시야를 확보해야 한다.

52 자동차의 주행장치 점검사항이 <u>아닌</u> 것은?

① 타이어의 공기압은 적당한가?

② 섀시스프링이 절손된 곳은 없는가?

③ 타이어의 이상 마모와 손상은 없는가?

④ 휠볼트 및 허브볼트의 느슨함은 없는가?

53 고속도로 주행 중 앞차와의 안전거리로 적당한 것은?

① 30m 이상　　② 50m 이상

③ 100m 이상　　④ 도로상황에 따라

54 교통사고의 직접적 요인이 <u>아닌</u> 것은?

① 위험인지 지연

② 사고 직전 과속과 같은 법규 위반

③ 운전조작의 잘못 및 미숙한 위기대처

④ 차량의 운전 전 점검습관 결여, 무리한 운행계획

55 다른 차가 자차를 앞지르기 할 때의 방어운전 방법으로 옳은 것은?

① 곧바로 정지한다.

② 자차도 앞지르기를 시도한다.

③ 다른 차가 앞지르기를 못하도록 전속력으로 주행한다.

④ 자차의 속도를 앞지르기를 시도하는 차의 속도 이하로 적절히 감속한다.

56 암순응과 명순응에 대한 설명으로 옳은 것은?

① 암순응이란 어두운 곳에서 밝은 곳으로 갑자기 이동하면 잠깐 시력을 잃고 회복하는 현상이다.

② 명순응이란 어두운 곳에서 밝은 곳으로 갑자기 이동하면 잠깐 시력을 잃었다가 조금씩 볼 수 있게 되는 현상이다.

③ 명순응에 걸리는 시간은 일반적으로 암순응에 걸리는 시간보다 길다.

④ 명순응이란 밝은 장소에서 갑자기 어두운 장소로 이동하면 잠깐 시력을 잃는 현상이다.

57 커브길에 대한 설명으로 옳지 <u>않은</u> 것은?

① 곡선반경이 길어질수록 급한 커브길이 된다.

② 곡선부의 곡선반경이 극단적으로 길어져 무한대에 이르면 완전한 직선도로가 된다.

③ 커브길은 도로가 왼쪽 또는 오른쪽으로 굽은 곡선부를 갖는 도로의 구간을 의미한다.

④ 커브길에서 중앙선을 침범이나 시야불량으로 사고가 많이 발생한다.

58 방어운전을 위한 주행 시 속도조절 방법으로 옳은 것은?

① 교통량이 적은 곳에서는 속도를 줄여서 주행한다.

② 노면의 상태가 나쁜 도로에서는 속도를 높여 주행한다.

③ 주택가나 이면도로 등에서는 과속이나 난폭운전을 하지 않는다.

④ 곡선반경이 작은 도로나 신호의 설치간격이 좁은 도로에서는 속도를 높여 통과한다.

59 원심력에 관한 설명으로 **틀린** 것은?

① 커브길을 돌 때 바깥으로 미끄러지려고 하는 힘이다.

② 원심력은 커브 반경이 작을수록 커지고 중량이 무거울수록 작아진다.

③ 커브길 운전 시에는 커브 직전에서 속도를 충분히 줄인 후 진입해야 한다.

④ 원심력이 타이어와 노면의 마찰저항보다 크면 밖으로 미끄러지거나 전복한다.

60 차량점검 및 주의사항에 대한 설명으로 **옳지 않은** 것은?

① 라디에이터 캡은 주의해서 연다.

② 컨테이너 차량의 경우 고정장치가 작동되는지를 확인한다.

③ 트랙터 차량의 경우 트레일러 브레이크만을 사용하여 주차한다.

④ 파워핸들이 작동되지 않더라도 트럭을 조향할 수 있으나 조향이 매우 무거움을 유의한다.

61 교차로의 신호가 녹색일 때 신체장애인이 무단 횡단하고 있는 경우, 가장 올바른 운전방법은?

① 공회전을 하면서 위협한다.

② 안전하게 횡단할 때까지 일시정지한다.

③ 횡단하는 신체장애인을 피해 주행한다.

④ 경음기를 울린다.

62 오감으로 판별하는 자동차의 이상 징후에 대한 설명으로 **틀린** 것은?

① 고무 타는 냄새가 날 때는 대개 엔진실 내부의 전기배선 등이 타는 냄새일 수 있다.

② 치과 병원에서 이를 갈 때 나는 단내가 심하게 나는 경우는 주브레이크의 간격이 좁은 경우일 수 있다.

③ 머플러 파이프에서 배출되는 가스의 색이 백색인 경우 다량의 엔진오일이 실린더 위로 올라와 연소되는 현상이다.

④ 노면이 험한 도로를 달릴 경우 '딱각딱각'소리나 '쿵쿵'의 소리가 나는 경우 앞 차륜 정렬이 맞지 않는 경우이다.

63 마찰력이 급격히 떨어져 브레이크가 잘 듣지 않게 되는 페이드 현상의 원인은?

① 긴 내리막길에서 풋 브레이크를 자주 사용하였을 때

② 긴 내리막길에서 엔진 브레이크를 남용했을 때

③ 긴 내리막길에서 풋 브레이크를 세게 밟았을 때

④ 긴 내리막길에서 엔진 브레이크를 작동시켰을 때

64 내리막길 안전운전방법으로 **옳지 않은** 것은?

① 풋 브레이크를 사용하면 페이드 현상을 예방하여 운행 안전도를 더욱 높일 수 있다.

② 중간에 불필요하게 속도를 줄인다든지 급제동하는 것은 금물이다.

③ 배기 브레이크를 사용하면 운행의 안전도를 더욱 높일 수 있다.

④ 내리막길을 내려가기 전에는 미리 감속하고, 엔진 브레이크로 속도를 조절한다.

65 타이어의 본질적인 역할로 가장 거리가 **먼** 것은?

① 자동차의 중량을 떠받쳐준다.

② 핸들의 조종을 용이하게 해준다.

③ 자동차의 진행방향을 전환시킨다.

④ 승차감을 좋게 한다.

66 국내 화주기업 물류의 문제점이 <u>아닌</u> 것은?

① 제3자 물류 기능의 약화

② 제조·물류 업체 간의 협조성 미비

③ 각 업체의 독자적 물류 기능 보유

④ 물류전문업체의 물류 인프라 활용도 증가

67 사업용 트럭 운송의 단점이 <u>아닌</u> 것은?

① 인터페이스가 약하다.

② 수송비가 다른 트럭운송 형태보다 비싸다.

③ 운임의 안정화가 곤란하다.

④ 시스템의 일관성이 없다.

68 제3자 물류의 기능에 컨설팅 업무를 추가 수행하는 것을 가리키는 용어는?

① 제1자 물류 　　② 제2자 물류

③ 제4자 물류 　　④ 물류아웃소싱

69 다음 중 공동수송의 장점이 <u>아닌</u> 것은?

① 운임요금의 적정화

② 발송작업의 간소화

③ 물류시설 및 인원 확대

④ 영업용 트럭의 이용 증대

70 기업이 사내에서 수행하던 물류업무를 전문업체에 위탁하는 것을 의미하는 용어는?

① 물류아웃소싱

② 화물운송서비스

③ 물류관리시스템

④ 물류고객서비스

71 택배운전자의 운행상 주의사항으로 <u>틀린</u> 것은?

① 후속차량이 추월하고자 하는 경우에는 속도를 높이는 운행

② 노면의 적설, 빙판 시에는 즉시 체인을 장착한 후 운행

③ 주·정차 후 운행을 개시할 경우에는 차량 주변의 취객, 유희자 등을 확인 후 운행

④ 내리막길에서는 풋 브레이크의 장시간 사용을 삼가고 엔진 브레이크 등을 적절히 사용하여 운행

72 기업경영에 있어서 물류의 역할이 <u>아닌</u> 것은?

① 판매기능보다는 물품의 가치제고 기능 우선

② 마케팅의 절반을 차지

③ 적정재고의 유지로 재고비용 절감에 기여

④ 물류(物流)와 상류(商流)의 분리를 통한 유통 합리화에 기여

73 고객 상담 시의 대처방법으로 <u>틀린</u> 것은?

① 밝고 명랑한 목소리로 받는다.

② 배송확인 문의전화에는 영업사원의 전화번호를 알려준다.

③ 고객의 불만전화 접수 시에 해당점소가 아니더라도 확인하여 친절하게 답변한다.

④ 전화가 끝나면 마지막 인사를 하고 상대편이 먼저 끊고 난 후 전화를 끊는다.

74 GPS에 대한 설명으로 <u>틀린</u> 것은?

① 이동체의 위치파악에 적절한 시스템이다.

② 인공위성과 통신망을 이용한 위치측정시스템을 말한다.

③ 최단경로를 찾는 데 효율적으로 이용된다.

④ 무선통신시스템으로 GPS 수신기의 차량부착 없이도 편리하게 사용될 수 있다.

75 운전예절에 대한 설명 중 틀린 것은?

① 횡단보도에서는 보행자가 먼저 지나가도록 일시정지하여 보행자를 보호한다.

② 교차로나 좁은 길에서 마주 오는 차끼리 만나면 먼저 지나간다.

③ 도로상에서 고장차량을 발견하였을 경우에는 즉시 서로 도와 길 가장자리 구역으로 유도한다.

④ 차로에 정체현상이 있을 때에는 다 빠져나간 후에 여유를 가지고 출발한다.

76 운전자가 가져야 할 기본자세가 <u>아닌</u> 것은?

① 주의력 집중

② 심신(心身)을 다양한 분야에 노출

③ 소음공해 최소화

④ 자기에게 유리한 행동 삼가

77 화주기업이 직접 물류활동을 처리하는 자사물류를 무엇이라 하는가?

① 제1자 물류　　　　② 제2자 물류

③ 제3자 물류　　　　④ 제4자 물류

78 제3자 물류에 의한 물류혁신 기대효과가 <u>아닌</u> 것은?

① 종합물류서비스의 활성화

② 공급망관리(SCM) 도입 및 확산의 촉진

③ 고품질 물류서비스의 제공으로 제조업체의 경쟁력 강화 지원

④ 물류시설에 대한 고정투자비의 상승으로 물류산업의 혁신을 촉진

79 화물자동차의 작업상 어려움이 <u>아닌</u> 것은?

① 제한된 작업공간과 장시간 운전

② 화물의 특수수송으로 수송시간이 연장되는 어려움이 있다.

③ 주·야간 운행으로 인한 불규칙한 생활의 연속

④ 공로운행에 따른 다른 자동차와 교통사고에 대한 위기의식 잠재

80 제4자 물류(4PL)에 대한 설명으로 틀린 것은?

① 제3자 물류의 기능에 컨설팅 업무를 추가 수행하는 것이다.

② 제3자 물류보다는 넓은 범위의 공급망으로서의 역할은 담당하나, 그 가치를 증대시키기에는 부족하다.

③ 다양한 조직들의 효과적인 연결을 목적으로 하는 통합체로서 공급망의 모든 활동과 계획관리를 전담하는 것이다.

④ 제4자 물류의 핵심은 고객에게 제공되는 서비스를 극대화하는 것이다.

02 제2회 최종모의고사

01 다음 (　)에 들어갈 내용으로 맞는 것은?

> ──── <보 기> ────
>
> ㄱ. 차마가 한 줄로 정하여진 부분을 통행하도록 차선으로 구분한 것은 (　　)
>
> ㄴ. 차로와 차로를 구분하기 위하여 그 경계지점을 안전표지로 표시한 선
>
> ㄷ. 운전자가 5분을 초과하지 아니하고 차를 정지시키는 것은 (　　)

① 차도,　　　차선.　　　정차

② 차로,　　　차도,　　　주차

③ 차로,　　　차선,　　　정차

④ 차도,　　　차로,　　　주차

02 안전표지와 그 내용을 순서대로 나열한 것은?

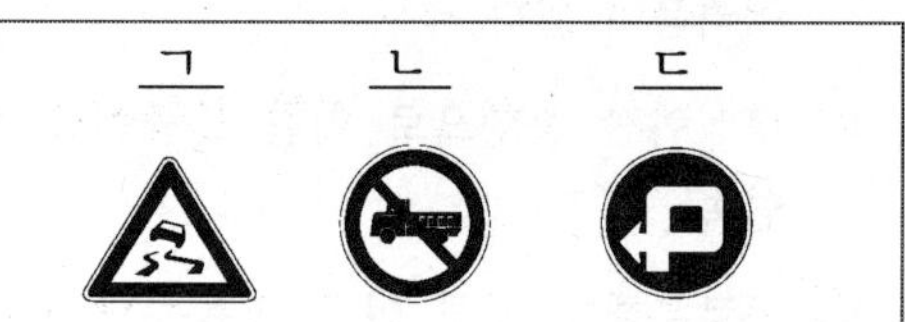

	ㄱ	ㄴ	ㄷ
①	규제표지	규제표지	보조표지
②	주의표지	지시표지	지시표지
③	주의표지	규제표지	지시표지
④	지시표지	보조표지	규제표시

03 차량신호등에 대한 설명으로 옳은 것은?

① 녹색의 등화일 경우에 비보호좌회전표지가 있는 곳에서는 좌회전할 수 없다.

② 황색의 등화일 경우에 차마가 교차로의 일부라도 진입한 경우라도 멈춰야 한다.

③ 적색의 등화시 횡단보도나 교차로의 직전에서 정지해야 하나 다른 차마의 교통을 방해하지 않는 경우에는 우회전 할 수 있다.

④ 황색등화가 점멸하는 경우 일단 멈추고 녹색의 등화가 될 때까지 기다려야 한다.

04 1종 보통면허를 가진 운전자가 운전할 수 있는 차가 <u>아닌</u> 것은?

① 승차정원 15인 이하의 승합자동차

② 총중량 10톤 미만의 특수자동차

③ 적재중량 16톤의 화물자동차

④ 도로를 운행하는 3톤 미만의 지게차

05 교통정리가 없는 교차로에서 양보운전에 대한 설명으로 옳은 것은?

① 동시에 진입하려고 하는 경우에는 좌측도로에서 진입하는 차에 진로를 양보한다.

② 교차로에서 좌회전하려고 하는 경우에는 직전하는 차에게만 진로를 양보하면 된다.

③ 교차로에 들어가려고 하는 차는 그 차가 통행하는 도로의 폭보다 교차하는 도로의 폭이 넓은 경우에는 서행하여야 한다.

④ 도로의 폭이 넓은 도로에서 진입하려고 하는 경우에는 도로의 폭이 좁은 도로로부터 진입하는 차에 진로를 양보한다.

06 도로상태가 위험하거나 도로 또는 그 부근에 위험물이 있는 경우에 필요한 안전조치를 취할 수 있도록 이를 도로사용자에게 알리는 표지는?

① 규제표지   ② 지시표지

③ 주의표지   ④ 보조표지

07 다음 설명 중 옳지 <u>않은</u> 것은?

① 자동차란 철길이나 가설된 선을 이용하지 아니하고 원동기를 사용하여 운전되는 차를 말한다.

② 사람이 끌고 가는 1m 초과의 손수레는 차에 해당하지 않는다.

③ 보행보조용 의자차, 유모차는 차에 해당하지 않는다.

④ 자동차에는 「건설기계관리법」상 건설기계도 포함된다.

08 운전면허 취소처분 기준에 해당하지 <u>않는</u> 것은?

① 수시적성검사에 불합격하거나 수시적성검사 기간을 초과한 때

② 운전면허 행정처분 기간 중에 운전한 때

③ 자동차관리법에 따라 등록되지 아니한 자동차를 운전한 때

④ 자동차 등을 이용하여 형법상 사기죄, 배임죄로 구속된 때

09 교통사고처리특례법에 대한 설명으로 틀린 것은?

① 차의 운전자가 업무상과실·중과실 치사상이나 재물손괴죄를 범했을지라도 피해자의 명시적인 의사에 반하여 공소를 제기할 수 없다는 것을 말한다.

② 사망이나 도주사고에 대해서는 특례를 적용하지 않는다.

③ 신호·지시위반차에 충돌되어 인적피해를 입힌 경우에는 특례가 적용되지 않는다.

④ 중앙선침범 차량에 충돌되어 대물피해만 입힌 경우에도 특례가 적용되지 않는다.

10 무면허 운전사고에 대한 설명으로 틀린 것은?

① 무면허운전 자동차에 충돌되어 인적사고를 입은 경우에 중대법규위반에 해당한다.

② 대물피해인 경우에도 보험면책으로 합의되지 않는 경우에는 중대법규위반에 해당한다.

③ 면허취소사유 상태이나 취소처분의 통지 전 운전인 경우에는 무면허운전으로 인한 사고에 해당한다.

④ 면허종별 외의 차를 차량을 운전하는 경우

11 어린이보호구역에서 4톤 초과의 화물자동차의 제한속도를 22km/h를 초과한 경우의 범칙금액은?

① 10만원　　　　② 11만원

③ 12만원　　　　④ 13만원

12 운전정밀검사 중 특별검사를 받아야 할 사람은?

① 화물운송 종사자격증을 취득하려는 사람

② 교통사고를 일으켜 사람에게 5주 이상의 치료가 필요한 상해를 입힌 사람

③ 과거 1년간 운전면허 행정처분기준에 따라 산출된 벌점의 누산점수가 70점 이상인 사람

④ 자격시험 심사일을 기준으로 최근 2년 이내 신규검사의 적합판정을 받은 사람

13 화물자동차 운수사업법령의 목적이 <u>아닌</u> 것은?

① 운수사업의 효율적 관리

② 운수종사자의 권리보호

③ 화물의 원활한 운송

④ 공공복리의 증진

14 국토교통부장관으로부터 화물자동차 운송사업의 허가를 받을 수 있는 사람은?

① 채무불이행자

② 파산선고를 받고 복권되지 아니한 자

③ 화물자동차 운수사업법을 위반하여 징역 이상의 실형의 집행이 끝나거나 면제된 날부터 2년이 지나지 아니한 자

④ 화물자동차 운수사업법을 위반하여 징역 이상의 형의 집행유예를 선고받고 그 유예기간 중에 있는 자

15 화물운송 종사자격증명의 게시 및 반납 등에 관한 설명으로 틀린 것은?

① 화물운송종사자격증명을 운전석 앞 창의 오른쪽 위에 항상 게시하고 운행해야 한다.

② 퇴직한 화물자동차 운전자의 명단을 제출하는 경우에는 협회에 화물운송종사자격증명을 반납하여야 한다.

③ 화물자동차 운송사업의 휴업 또는 폐업신고를 하는 경우에는 협회에 화물운송종사자격증명을 반납하여야 한다.

④ 화물자동차 운전자의 화물운송 종사자격이 취소되거나 효력이 정지된 경우에는 협회에 화물운송종사자격증명을 반납하여야 한다.

16 운임과 요금을 신고하여야 하는 운송사업자의 범위에 속하는 사업자는?

① 특수작업형 특수자동차를 사용하는 운송주선사업자 또는 운송가맹사업자

② 덤프형 화물자동차를 사용하는 운송사업자 또는 운송가맹사업자

③ 일반형 화물자동차를 사용하는 운송주선사업자 또는 운송가맹사업자

④ 구난형 특수자동차를 사용하여 고장차량을 운송하는 운송사업자 또는 운송가맹사업자

17 적재물배상보험 등에 의무적으로 가입해야 하는 자가 <u>아닌</u> 것은?

① 최대적재량 5톤 이상인 일반형 화물자동차를 소유하고 있는 운송사업자

② 총중량이 10톤 이상인 구난형 특수자동차를 소유하고 있는 운송사업자

③ 총중량이 10톤 이상인 밴형 화물자동차

④ 이사화물 운송주선사업자(각 사업자별 가입)

18 화물운송종사자격을 취소하는 경우가 <u>아닌</u> 것은?

① 화물운송 중에 과실로 교통사고를 일으켜 사람을 사망자 1명 및 중상자 3명 이상이 발생한 경우

② 화물운송 종사자격 정지기간 중에 화물자동차 운수사업의 운전업무에 종사한 경우

③ 화물자동차를 운전할 수 있는 도로교통법에 따른 운전면허가 취소된 경우

④ 화물자동차 교통사고와 관련하여 거짓이나 부정한 방법으로 보험금을 청구하여 징역 이상의 형을 선고받고 그 형이 확정된 경우

19 화물자동차 운수사업 운전업무 종사자격의 결격 사유가 <u>아닌</u> 것은?

① 고의 또는 과실로 2명 이상의 사망하여 운전면허가 취소된 사람

② 화물운송 종사자격이 취소된 날부터 2년이 지나지 아니한 자

③ 화물자동차 운수사업법을 위반하여 징역 이상의 실형을 선고받고 그 집행이 끝나거나 집행이 면제된 날부터 2년이 지나지 않은 자

④ 피성년후견인 또는 피한정후견인

20 관할관청의 운수종사자에 대한 교육에 대한 내용으로 <u>틀린</u> 것은?

① 운수종사자 교육의 교육시간은 4시간이다.

② 특별검사 대상자에 대한 교육시간은 16시간이다.

③ 관계법령, 교통안전, 자동차 응급처치 등을 교육한다.

④ 관할관청은 운수종사자 교육을 실시하려면 교육계획을 수립하여 교육을 시행하기 1개월 전까지 통지하여야 한다.

21 「자동차관리법」의 자동차에서 제외되는 것이 <u>아닌</u> 것은?

① 「건설기계관리법」에 따른 건설기계

② 합리화특장차

③ 「군수품관리법」에 따른 차량

④ 「농업기계화 촉진법」에 따른 농업기계

22 화물자동차 운수사업의 허가를 받은 자가 허가사항을 변경하는 경우 신고로 족한 사항이 <u>아닌</u> 것은?

① 상호의 변경

② 화물취급소의 설치 또는 폐지

③ 법인 및 개인 대표자의 변경

④ 주사무소·영업소 및 화물취급소의 이전

23 자동차종합검사에 대한 설명으로 **틀린** 것은?

① 자동차종합검사는 국토교통부장관과 환경부장관이 공동으로 실시하는 검사이다.

② 종합검사를 받은 경우에는 정기검사, 정밀검사, 특정경유자동차검사를 받은 것으로 본다.

③ 자동차종합검사는 관능검사 및 기능검사, 안전검사분야, 배출가스 정밀검사 분야가 있다.

④ 차령이 2년 초과인 사업용 대형화물자동차의 검사유효기간은 1년이다.

24 자동차 소유자에게 점검 · 정비 · 검사 또는 원상복구를 명할 수 있는 행정기관은?

① 시장 · 군수 · 구청장　　② 시 · 도지사

③ 한국교통안전공단　　④ 국토교통부

25 시 · 도지사가 환경부령으로 정하는 자동차에 대하여 공회전제한장치의 부착을 명령할 수 있는 대상차량이 <u>아닌</u> 것은?

① 광역급행형, 직행좌석형 버스운송사업에 사용되는 자동차

② 좌석형, 일반형 버스운송사업에 사용되는 자동차

③ 일반택시운송사업(군단위를 사업구역으로 하는 운송사업은 제외)

④ 화물자동차운송사업에 사용되는 최대적재량이 1톤 이상인 덤프형 화물자동차

26 일반화물이 <u>아닌</u> 특별한 화물을 실어 나르는 화물차량을 운행할 때 유의할 점으로 **틀린** 것은?

① '드라이벌크 탱크 차량'은 무게중심이 높아 적재물이 이동하기 쉬우므로 커브길이나 급회전 시 주의해야 한다.

② '냉동차량'은 무게중심이 높으므로 급회전 시 서행운전이 필요하다.

③ '가축이나 살아있는 동물을 운반하는 차량'은 무게중심이 낮아지므로 비포장도로에서 운행에 주의해야 한다.

④ '길이가 길거나 폭이 넓은 화물'은 특수장비나 경고표시를 하는 등 운행에 특별히 주의해야 한다.

27 필름이나 엷은 종이, 셀로판 등으로 포장하는 포장형태는?

① 유연포장　　② 강성포장

③ 반강성포장　　④ 방수포장

28 방수포장, 방습포장, 방청포장, 완충포장, 수축포장 등으로 분류하는 기준은?

① 포장빙법　　② 포징재묘

③ 포장목적　　④ 포장재료

29 운송장에 최소한 기록되어야 하는 사항에 대한 설명으로 옳은 것은?

① 송하인 주소, 성명, 생년월일 및 전화번호

② 수하인 주소, 성명. 생년월일 및 전화번호

③ 주문번호 및 고객번호

④ 운송장 번호와 바코드

30 화물의 하역방법에 대한 설명으로 **틀린** 것은?

① 화물의 적하 순서에 따라 작업을 한다.

② 종류가 다른 것을 적치할 경우에는 무거운 것을 밑에 쌓는다.

③ 화물 종류별로 표시된 쌓는 단수 이하로 적재하지 않는다.

④ 길이가 고르지 못한 화물은 한쪽 끝이 맞도록 한다.

31 차량 내 적재방법에 대한 설명으로 틀린 것은?

① 무거운 화물을 적재함 앞과 뒤쪽에 치우치게 싣지 않도록 한다.

② 무거운 화물은 적재함의 중간부분에 무게가 집중될 수 있도록 적재한다.

③ 냉동 및 냉장차량은 열과 열 사이에 공간을 남기지 않는다.

④ 가축은 화물칸에 완전히 차지 않을 경우에는 임시칸막이로 움직임을 제한한다.

32 화물의 수작업 운반과 기계운반의 기준에 대한 설명으로 틀린 것은?

① 두뇌작업이 필요한 작업은 기계작업 운반으로 한다.

② 취급물품이 중량품인 작업의 경우는 기계작업 운반으로 한다.

③ 취급물품의 형상, 성질, 크기 등이 일정하지 않은 작업은 수작업 운반으로 한다.

④ 표준화되어 있으며 운반량이 많은 경우는 기계작업 운반으로 한다.

33 파렛트의 가장자리를 높게 하여 화물이 갈라지는 것을 방지하는 방식은?

① 수평밴드걸기 풀붙이기 방식

② 주연어프 방식

③ 슈링크 방식

④ 스트레치 방식

34 포장화물 운송과정의 외압과 보호요령에 대한 설명으로 틀린 것은?

① 수송 중의 충격으로 수평충격이 있는데 이는 낙하충격에 비하면 적은 편이다.

② 비포장도로에서는 상하진동이 많이 발생하므로 화물을 단단히 고정시킨다.

③ 포장화물은 보관 중이나 수송 중에 중간에 쌓인 화물이 압축하중을 가장 많이 받는다.

④ 내하중은 나무상자의 경우 강도의 변화가 없으나 골판지는 시간이나 환경의 변화에 따라 변화를 받기 쉽다.

35 컨테이너에 상차할 때의 주의사항에 대한 설명으로 틀린 것은? (상차하기 전과 후가 아님)

① 배차계에서 보세 면장번호를 통보받는다.

② 상차할 때 안전하게 실었는지를 확인한다.

③ 샤시 잠금장치는 안전한지를 확실히 검사한다.

④ 다른 라인의 컨테이너 상차가 어려운 경우 배차계에 통보한다.

36 화물의 인수요령에 대한 설명으로 옳은 것은?

① 인수(집하)예약은 반드시 접수대장에 기재하여 누락되는 일이 없도록 한다.

② 두 개 이상의 화물을 하나로 밴딩처리한 경우 파손가능성을 설명하고 하나로 포장하여 하나의 운송장을 붙인다.

③ 신용업체의 대량화물을 집하할 때에는 박스수량과 운송장에 기재된 수량을 확인할 필요는 없다.

④ 거래처 및 집하지점에서 반품 요청이 들어왔을 때 반품요청일 내에 처리해야 한다.

37 트레일러의 장점으로 옳지 않은 것은?

① 트랙터의 효율적 활용

② 일시보관기능의 실현

③ 뛰어난 기동성

④ 트랙터와 운전자의 효율적인 운영

38 하대에 간단히 접는 형식의 문짝을 단 차량으로 우리나라에서 가장 보유대수가 많은 화물자동차는?

① 카고 트럭
② 밴
③ 보닛 트럭
④ 캡오버 엔진트럭

39 사업자의 책임있는 사유로 계약을 해제한 경우에 고객이 이미 지급한 계약금과는 별도로 고객에게 지급해야 하는 손해배상액에 대한 설명으로 옳지 <u>않은</u> 것은?

① 사업자가 약정된 이사화물의 인수일 2일전까지 해제를 통지한 경우는 계약금의 배액
② 사업자가 약정된 이사화물의 인수일 1일 전까지 해제를 통지한 경우 계약금의 4배액
③ 사업자가 약정된 이사화물의 인수일 당일에 헤제를 통지한 경우 계약금의 6배액
④ 사업자가 약정된 이사화물의 인수일 당일에도 해제를 통지하지 않은 경우 계약금의 8배액

40 (   )에 들어갈 단어로 옳게 짝지어진 것은?

> ㄱ. 이사화물의 일부 멸실 또는 훼손에 대한 사업자의 손해배상책임은 고객이 이사화물을 인도받은 날로부터 (   )일 이내 그 일부 멸실 또는 훼손의 사실을 사업자에게 통지하지 아니하면 소멸한다.
>
> ㄴ. 이사화물의 멸실, 훼손 또는 연착에 대한 사업자의 손해배상책임은 고객이 이사화물을 인도받은 날로부터 (   )년이 경과하면 소멸한다.

	ㄱ	ㄴ
①	14	3
②	50	2
③	30	1
④	30	5

41 교통사고의 3대 요인 중 '차량요인'과 가장 거리가 먼 것은?

① 부속품
② 차량구조장치
③ 안전시설
④ 적하(積荷)

42 운전과 관련한 시각의 특성으로 <u>틀린</u> 것은?

① 속도가 빨라질수록 시력은 감소한다.
② 속도가 빨라질수록 시야의 폭이 넓어진다.
③ 속도가 빨라질수록 전방주시점은 멀어진다.
④ 시각을 통하여 운전정보의 대부분을 획득한다.

43 동체시력에 대한 설명으로 <u>틀린</u> 것은?

① 물체의 이동속도가 빠를수록 동체시력은 저하된다.
② 연령이 높을수록 동체시력은 저하된다.
③ 피로상태와 동제시력은 무관하다.
④ 움직이는 물체 또는 움직이면서 다른 자동차나 사람 등의 물체를 보는 시력을 동체시력이라 한다.

44 명순응에 대한 설명으로 <u>틀린</u> 것은?

① 어두운 조건에서 밝은 조건으로 변할 때 눈이 그에 적응하여 시력을 회복하는 것이다.
② 어두운 터널을 벗어나 밝은 도로로 주행할 때 물체가 보이지 않는 시각장애이다.
③ 암순응에 비해 시력회복이 빠르다.
④ 주간운전에 터널에 막 진입하였을 때 안전운전이 요구되는 이유이기도 하다.

45 속도가 빨라지는 경우의 시야 특징으로 옳은 것은?

① 주시점이 가까워진다.
② 시야가 넓어진다.
③ 작고 복잡한 대상은 잘 확인되지 않는다.
④ 가까운 곳의 풍경은 명확해진다.

46 고령자의 시각능력에 대한 설명으로 <u>틀린</u> 것은?

① 시력자체의 저하현상이 발생한다.

② 눈부심(glare)에 대한 감수성이 감소한다.

③ 시야(visual field)의 감소 현상이 일어난다.

④ 암순응에 필요한 시간이 증가한다.

47 교통사고 관련자의 심리적 요인 중 착각에 대한 설명으로 <u>틀린</u> 것은?

① 어두운 곳에서는 가로 폭보다 세로 폭을 보다 넓은 것으로 인식한다.

② 작은 경사는 실제보다 작게, 큰 경사는 실제보다 크게 인식한다.

③ 오름 경사는 실제보다 작게, 내림경사는 실제보다 크게 인식한다.

④ 작은 것은 멀리 있는 것으로 인식한다.

48 음주에 대한 일반적인 설명으로 <u>틀린</u> 것은?

① 여자가 남자보다 체내 알콜농도가 정점에 빨리 도달한다.

② 습관성 음주자는 중간적 음주자보다 빨리 체내 알콜농도가 정점에 도달한다.

③ 음주자의 신체적·심리적 조건에 따라 체내 알콜농도 및 그 시간적 변화에 차이가 있다.

④ 알콜 농도 정점에 도달한 중간적 음주자의 알콜 농도는 습관성 음주자의 절반 수준이다.

49 내리막길에서 풋 브레이크만 사용하게 되면 라이닝의 마찰에 의해 제동력이 떨어지므로 이를 방지하기 위해 사용해야 하는 브레이크는 무엇인가?

① 주차 브레이크　　　② 엔진 브레이크

③ ABS　　　　　　　④ 사이드 브레이크

50 앞바퀴를 위에서 보았을 때 앞쪽이 뒤쪽보다 좁은 상태를 의미하는 것으로 타이어의 마모를 방지하고 바퀴를 원활하게 회전시켜서 핸들의 조작을 용이하게 하는 것을 무엇이라 하는가?

① 토우인(Toe-in)　　② 토아웃(Toe-out)

③ (+)캠버　　　　　④ (−)캠버

51 원심력에 대한 설명으로 <u>틀린</u> 것은?

① 원심력은 속도가 빠를수록 커진다.

② 원심력은 중량이 무거울수록 커진다.

③ 원심력은 커브가 클수록 커진다.

④ 원심력은 속도의 제곱에 비례해서 커진다.

52 비탈길을 내려가면서 브레이크를 반복하여 사용하면 라이닝에 축적된 마찰열로 브레이크의 제동력이 저하되는 현상을 무엇이라 하는가?

① 페이드(Fade) 현상

② 수막(Hydroplaning) 현상

③ 모닝 록(Morning lock) 현상

④ 스탠딩 웨이브(Standing wave) 현상

53 도로에서 고속으로 주행하게 되면, 노면과 좌·우에 있는 나무나 중앙분리대의 풍경 등이 마치 물이 흐르듯이 흘러서 눈에 들어오는 느낌의 자극을 무엇이라 하는가?

① 명순응 현상　　　　② 암순응 현상

③ 유체자극 현상　　　④ 페이드 현상

54 자동차의 일상점검 중 제동장치와 관련이 <u>없는</u> 것은?

① 브레이크액의 누출은 없는가?

② 주차 제동레버의 유격 및 당겨짐 정도

③ 쇽 업소버의 오일 누출은 없는가?

④ 에어탱크의 공기압은 적당한가?

55 도로 선형과 교통사고의 설명으로 틀린 것은?

① 곡선부가 많다고 사고율이 높은 것은 아니다.

② 곡선부에서의 사고율에는 시거, 편경사에 의해서도 크게 좌우된다.

③ 일반도로에서는 곡선반경이 100m 이상에서 사고율이 높다.

④ 곡선부가 종단경사와 중복되는 곳은 훨씬 더 사고위험성이 높다.

56 일반적 중앙분리대의 기능으로 옳지 않은 것은?

① 도로 중심선 축의 교통마찰을 증가시켜 교통용량을 감소시킨다.

② 차량의 중앙선 침범에 의한 치명적인 정면충돌 사고를 방지힌다.

③ 도로표지, 기타 교통관제시설 등을 설치할 수 있는 장소가 된다.

④ 야간주행 시 대항차의 전조등 불빛을 방지한다.

57 다음 용어 설명이 <u>잘못된</u> 것은?

① ‘변속차로’라 함은 자동차를 가속시키거나 감속시키기 위하여 설치하는 차로를 말한다.

② ‘측대’라 함은 중앙분리대 또는 길어깨에 차도와 동일한 횡단경사와 구조로 차도에 접속하여 설치하는 부분을 말한다.

③ ‘횡단경사’라 함은 도로의 진행방향에 직각으로 설치하는 경사를 말한다.

④ ‘종단경사’는 평면곡선부에서 자동차가 원심력에 저항할 수 있도록 하기 위하여 설치하는 횡단경사를 말한다.

58 안전운전과 방어운전에 대한 설명으로 틀린 것은?

① 안전운전과 방어운전을 별도의 개념이다.

② ‘안전운전’이란 위험한 운전을 하지 않으며 교통사고를 유발하지 않도록 주의하여 운전하는 것을 말한다.

③ ‘방어운전’이란 운전자가 미리 위험한 상황을 피하여 운전하는 것을 말한다.

④ 방어운전을 하기 위해서는 세심한 관찰력이 필요하다.

59 교차로 사고의 특징에 대한 설명으로 틀린 것은?

① 교차로 부근은 횡단보도와 더불어 교통사고가 가장 많이 발생하는 지점이다.

② 추돌사고보다 충돌사고가 일어나기 쉽다.

③ 교차로 진입 전 이미 황색신호임에도 무리하게 통과시도를 해서 사고가 일어나기 쉽다.

④ 진행신호로 바뀌는 순간 급출발하는 경우 사고가 일어나기 쉽다.

60 황색신호 시 사고유형에 대한 설명으로 틀린 것은?

① 교차로 상에서 전신호 차량과 후신호 차량의 충돌사고

② 횡단보도 전 앞차 정지 시 앞차 추돌사고

③ 횡단보도 통과 시 보행자 또는 이륜차 충돌사고

④ 유턴차량과는 충돌사고가 많이 발생한다.

61 다음 설명 중 옳지 <u>않은</u> 것은?

① 차로폭이란 도로의 차선과 차선 사이의 최단거리를 말한다.

② 차로폭이 넓은 경우 실제 주행속도 보다 주관적 속도감이 늦다.

③ 차로폭이 좁은 경우보다 넓은 경우에 보행자, 어린이 등에 주의하여 감속하여 운행한다.

④ 차로폭이 넓은 경우 주관적인 판단보다는 객관적인 속도를 준수해야 한다.

62 철길건널목 안전운전 및 방어운전에 대한 설명으로 틀린 것은?

① 일시정지 후, 좌·우의 안전을 확인한다.

② 차단기가 내려지고 있거나, 경보음이 울릴 때는 건널목을 신속히 통과한다.

③ 건널목 건너편 여유 공간을 확인 후 통과한다.

④ 건널목 통과 시 기어는 변속하지 않는다.

63 봄철 기상 특성으로 옳지 <u>않은</u> 것은?

① 대륙에서 분리된 고기압과 기압골이 통과함에 따라 날씨의 변화가 심하다.

② 황사가 강한 편서풍을 타고 우리나라 전역에 미쳐 운전자의 시야에 지장을 준다.

③ 습도가 낮고 공기가 매우 건조하다.

④ 환절기 환자가 급증하고 새벽에는 찬 공기가 옷 속까지 스며들면서 한낮에는 영상 20도까지 오르는 날씨가 되기도 한다.

64 여름철 교통사고 특징으로 옳지 <u>않은</u> 것은?

① 갑작스런 소나기 등으로 노면의 물은 빙판 못지않게 미끄러워 교통사고를 유발시킨다.

② 수면부족과 피로로 인한 졸음운전사고의 위험이 높다.

③ 장마철에는 우산을 받치고 보행함에 따라 시야를 확보하기 어려워 사고의 위험이 높다.

④ 맑은 날씨의 계속, 단체여행객의 증가 등으로 마음이 들떠 주의력 저하로 사고가 능성이 높다.

65 차량에 고정된 탱크 속 취급물질을 안전하게 운송하기 위해서 따르는 기준에 대한 설명으로 틀린 것은?

① 운행계획에 따른 운행경로를 임의로 바꾸지 말아야 한다.

② 육교 등의 아래를 통과할 때는 높이에 주의하여 서서히 운행하여야 한다.

③ 운송 중 노상에 주차할 경우 주택 및 상가 등이 밀집한 지역을 피한다.

④ 취급물질을 출하한 후에는 위험물이 적재된 상태와 달리 간략하게 점검한다.

66 고객서비스의 특징에 대한 설명으로 틀린 것은?

① 서비스는 유형의 상품으로서 측정하기도 어렵지만 누구나 느낄 수 없다.

② 서비스는 공급자에 의해 제공되는 동시에 소비되는 성격을 가지고 있다.

③ 똑같은 서비스라 하더라도 그것을 행하는 사람에 따라 품질의 차이가 발생한다.

④ 서비스는 제공한 즉시 사라진다.

67 다음의 인사 중에서 부적절한 인사가 <u>아닌</u> 것은?

① 얼굴을 빤히 보고 인사한다.

② 상대방과의 2m 내외에서 하는 인사

③ 여유 없이 급하게 하는 인사

④ 성의 없는 태도로 말로만 하는 인사

68 화물운전의 직업상 어려움에 대한 설명으로 가장 거리가 <u>먼</u> 것은?

① 공로운행(사람이 다니는 큰길)으로 인한 타 차량과 교통사고에 대한 위기의식

② 다양한 고객을 상대하는 관계로 인한 대면접촉의 스트레스

③ 주·야간의 불규칙적인 운행으로 생활리듬의 혼란

④ 제한된 공간에서 장시간 차량운전으로 인한 위장계통의 문제발생

69 물류관리에 대한 설명으로 <u>틀린</u> 것은?

① 물류관리는 그 기능의 일부가 생산 및 마케팅 영역과 밀접하게 관련되어 있다.

② 물류관리는 여러 기능과 상호관계를 가지므로 기업전체의 전략수립차원이 필요하다.

③ 물류관리의 효율화를 통한 물류비의 절감은 기업 외적 물류관리이다.

④ 고객서비스의 수준향상과 물류비의 감소는 트레이드오프 관계이다.

70 물류의 본질적인 기능이 <u>아닌</u> 것은?

① 기획   ② 포장

③ 보관   ④ 하역

71 기업물류의 현황과 발전방향으로 <u>틀린</u> 것은?

① 효율적인 국제물류체계의 구축이 성공의 한 요소이다.

② 시간은 고객의 새로운 요구에 신속히 대응하는 중요한 요소이다.

③ 서비스업체 대부분의 기업활동이 재화의 직·간접적인 이동과 관련되어 있다.

④ 생산부서와 마케팅부서는 물류의 중요성을 통합적으로 인식하는 경향이 있다.

72 물류전략수립의 지침에 대한 설명으로 <u>틀린</u> 것은?

① 서비스 수준에서 얻는 수익과 총비용의 균형지점에서 보관지점의 수를 결정한다.

② 간접비용과 직접비용이 상충되는 경우 총비용이 최소가 되도록 해야 한다.

③ 트레이드 오프관계에 있는 모든 비용을 평가하는 것이 필요하다.

④ 평균재고수준은 재고유지비와 판매손실비가 균형을 이루는 점에서 결정한다.

73 제3자 물류 발전동향의 설명으로 <u>틀린</u> 것은?

① 최근 물류전문업체와의 제휴와 협력을 통해 물류효율화를 추진하는 경향이다.

② 특정 물류업종간 경쟁은 물론 유사기능의 물류업종간 경쟁도 치열해지고 있다.

③ 차별화된 고가격·고품질의 물류서비스가 확산될 전망이다.

④ 경쟁력 제고를 위한 공급망관리의 중요성이 크게 부각되고 있다.

74 제3자 물류 기대효과의 설명으로 <u>틀린</u> 것은?

① 물류산업의 수요기반이 확대될수록 물류산업의 합리화가 촉진될 것이다.

② 화주기업의 관리기술 및 노하우를 물류업체와 공유할 수 있다.

③ 물류수요자인 제조업체들이 자사의 핵심사업에 모든 경영자원을 집중할 수 있다.

④ 물류전문업체의 부가서비스를 향유하는 제조업체는 유리한 위치를 확보할 수 있다

75 다음은 공급망관리에 있어서의 제4자 물류의 4단계 중의 하나로서 어느 단계를 설명한 것인가?

> 고객서비스, 공급망 기술 등을 포함한 특정한 공급망에 초점을 맞추며 전략적 사고, 조직변화관리, 고객의 공급망 활동과 프로세스를 통합하기 위한 기술을 강화한다.

① 1단계 : 재창조(Reinvention)

② 2단계 : 전환(Transformation)

③ 3단계 : 이행(Implementation)

④ 4단계 : 실행(Execution)

76 물류전략의 실행구조를 순서대로 설명한 것으로 틀린 것은?

① 전략수립 : 경영정보시스템의 수준을 통해 기업경영의 수준과 성과를 결정한다.

② 구조설계 : 공급망설계와 로지스틱스 네트워크 전략을 구축한다.

③ 기능정립 : 창고설계·운영, 수송관리, 자재관리의 기능을 정립한다.

④ 실행 : 정보·기술관리와 조직·변화관리를 실행한다.

77 선박 및 철도와 비교한 화물자동차 운송의 특징으로 틀린 것은?

① 기동성과 신속한 수·배송이 가능하다.

② 다양한 고객의 요구를 수용할 수 있다.

③ 운송단위가 비교적 대량이다.

④ 신속하고 정확하게 도착지로 운송할 수 있다.

78 신물류서비스 기법 중 제3자 물류에 대한 설명으로 틀린 것은?

① 물류채널 내의 대행자 또는 매개자를 의미한다.

② 화주와 물류서비스 제공업체의 관계가 장기적인 관점에서 단기적인 거래기반의 관계로 발전되는 것이다.

③ 물류아웃소싱을 특수관계가 없는 물류서비스 제공업체에게 위탁하는 것을 의미한다.

④ 전략적 제휴를 통해 물류시스템 전체의 효율성을 제고하려는 전략의 일환이다.

79 화물운송의 혁신을 위한 트럭운송에 대한 설명으로 틀린 것은?

① 매상뿐만 아니라 비용을 줄이는 것도 이익의 원천이 된다.

② 화물운송에서 새로운 이익의 원천을 찾아내는 것이 화물운송의 혁신이다.

③ 새로운 이익의 원천에는 인구의 증가, 영토의 확대, 인사관리의 혁신의 3가지가 있다.

④ 원가절감측면에서 현장종사자들의 비용보다는 간접경비의 절감이 필요하다.

80 주파수 공용통신(TRS) 도입 효과에 대한 설명으로 옳지 <u>않은</u> 것은?

① 위치추적기능의 활용에 비해 사전배차계획 수립과 배차계획의 수정은 미흡하다.

② 체크아웃 포인트의 설치나 화물추적기능을 활용하여 지연분석이 가능해졌다.

③ TRS를 통해 차량재배치나 지연사유의 분석이 가능하게 되었다.

④ 데이터통신에 의한 실시간 처리가 가능해져 관리업무가 축소되었다.

정답 및 해설

01 제1회 정답 및 해설

1	2	3	4	5	6	7	8	9	10
①	②	②	④	③	②	③	④	③	①
11	**12**	**13**	**14**	**15**	**16**	**17**	**18**	**19**	**20**
④	④	②	②	③	③	①	③	④	③
21	**22**	**23**	**24**	**25**	**26**	**27**	**28**	**29**	**30**
②	③	③	③	④	③	②	③	②	②
31	**32**	**33**	**34**	**35**	**36**	**37**	**38**	**39**	**40**
③	③	②	②	④	②	④	③	②	③
41	**42**	**43**	**44**	**45**	**46**	**47**	**48**	**49**	**50**
②	④	④	②	③	②	③	④	④	③
51	**52**	**53**	**54**	**55**	**56**	**57**	**58**	**59**	**60**
④	②	④	③	④	②	④	③	②	③
61	**62**	**63**	**64**	**65**	**66**	**67**	**68**	**69**	**70**
②	④	①	①	②	④	②	④	③	①
71	**72**	**73**	**74**	**75**	**76**	**77**	**78**	**79**	**80**
①	①	④	④	②	②	④	④	②	②

01 정답 ②

① 그 위반한 날부터 1년

②·③·④ 운전면허가 취소된 날부터 2년

02 정답 ②

03 정답 ②

② 특수용도형 화물자동차는 특정한 용도를 위하여 특수한 구조로 하거나, 기구를 장치한 것으로 위 일반형, 밴형, 덤프형 어느 데에도 속하지 아니하는 화물운송용이다. 지문의 설명은 특수용도형이 아니라 특수자동차의 특수작업형에 대한 설명이다.

04 정답 ④

④ 화물자동차운수사업법에 따른 중대한 교통사고가 발생한 사업용 자동차는 임시검사를 <u>명하여야</u> 한다.

05 정답 ③

참고로 지정·고시한 노선 또는 구간의 편도 2차로 이상의 고속도로에서 적재중량 1.5톤 초과 화물자동차의 경우 최고속도는 90km 이상이다. 최저속도는 50km/h 이다.

06 정답 ②

모든 차의 운전자는 교통정리를 하고 있지 아니하고 좌우를 확인할 수 없거나 교통이 빈번한 교차로에서는 일시정지한다(법 제31조 제2항).

③ 우측 도로의 차에 진로를 양보한다.

07 정답 ③

③ **장소적 요건**: 규제표지 중 통행금지·진입금지·일시정지가 설치된 지역에서 발생한 사고여야 신호·지시위반이 성립한다.

08 정답 ④

④ 운송사업자는 **허가받은 날부터 5년의 범위**에서 대통령령으로 정하는 기간마다 허가기준에 관한 사항을 국토교통부장관에게 신고해야 한다(화물자동차운수사업법 제3조 제7항).

09 정답 ③

화물자동차 운송사업과 화물자동차 운송가맹사업에 이용되지 아니하고 자가용으로 사용되는 화물자동차로서 대통령령으로 정하는 화물자동차를 사용하려는 자는 국토교통부령으로 정하는 사항을 **시·도지사에게 신고**하여야 한다. 신고한 사항을 변경하고자 하는 때에도 또한 같다(화물자동차운수사업법 제55조).

10 정답 ①

시·도지사가 실시하는 **교육을 매년 1회 이상** 받아야 한다(화물자동차운수사업법 제59조).

11 정답 ④

④ 대형화물자동차의 **최대적재량이 5톤 이상이거나, 총중량이 10톤 이상**인 것

12 정답 ④

[**도로관리청이 운행을 제한할 수 있는 차량**(도로법 시행령 제79조 제2항)]

1. 축하중이 10톤을 초과하거나 총중량이 40톤을 초과하는 차량

2. 차량의 폭이 2.5미터, 높이가 4.0미터(도로구조의 보전과 통행의 안전에 지장이 없다고 도로 관리청이 인정하여 고시한 도로노선의 경우에는 4.2미터), 길이가 16.7미터를 초과하는 차량

3. 도로관리청이 특히 도로구조의 보전과 통행의 안전에 지장이 있다고 인정하는 차량

13 정답 ②

i) 앞지르기 방해금지위반, ii) 고속도로 · 자동차전용도로 안전거리 미확보, iii) 교차로 통행방법 위반, iv) 정차 · 주차방법 위반 등 → 4톤 초과 화물자동차의 경우 5만원이다.

14 정답 ②

참고로 **차령이 2년 초과인 사업용 경형 · 소형의 승합 및 화물자동차의 유효기간은 1년이다.**

15 정답 ③

③ 시 · 도지사가 등록번호판을 회수한 경우에는 다시 사용할 수 없는 상태로 폐기하여야 한다.

16 정답 ③

③ 술을 마셨더라도 혈중알코올 농도 **0.03% 이상**이 아니면 음주운전이 아니다.

17 정답 ①

이상기후 시의 감속운행(도로교통법 시행규칙 제19조)

도로의 상태	감속운행 속도
• 비가 내려 노면이 젖어 있는 경우 • 눈이 20mm 미만 쌓인 경우	최고속도의 20/100 감속
• 폭우 · 폭설 · 안개 등으로 가시거리가 100m 이내인 경우 • 노면이 얼어붙은 경우 • 눈이 20mm 이상 쌓인 경우	최고속도의 50/100 감속

18 정답 ③

휴대전화를 사용한 경우와 ③의 경우는 7만원이다.

① · ② 3만원

④ 5만원

19 정답 ④

④ 20km/h 초과 40km/h 이하의 속도위반을 한 경우 – **벌점 15점, 범칙금 7만원**

20 정답 ③

[운임과 요금을 신고하여야 하는 운송사업자의 범위]

1. **구난형**(救難型) **특수자동차**를 사용하여 고장차량 · 사고차량 등을 운송하는 **운송사업자 또는 운송가맹사업자**(화물자동차를 직접 소유한 운송가맹사업자만 해당)

2. **견인형 특수자동차**를 사용하여 컨테이너를 운송하는 **운송사업자 또는 운송가맹사업자**(화물자동차를 직접 소유한 운송가맹사업자만 해당)

3. **밴형 화물자동차**를 사용하여 화주와 화물을 함께 운송하는 **운송사업자 및 운송가맹사업자**

21 정답 ②

위험물 등을 운반하는 적재중량 3톤 이하 또는 적재용량 3천리터 이하의 화물자동차는 제1종 보통면허로 운전을 할 수 있고, 적재중량 3톤 초과 또는 적재용량 3천리터 초과의 화물자동차는 **제1종 대형면허**가 있어야 운전할 수 있다.

22 정답 ③

운송가맹사업자가 정한 기준에 맞는 운송서비스의 제공(운송사업자 및 위 · 수탁차주인 운송가맹점만 해당)은 운송가맹점이 이행해야 할 사항이다.

23 정답 ③

① 시 · 도지사는 자동차등록번호판을 붙여야 한다.

② 자동차 소유자는 등록번호판이 떨어지거나 알아보기 어렵게 된 경우에는 시 · 도지사에게 등록번호판의 부착을 다시 신청하여야 한다.

④ 등록번호판은 시 · 도지사의 허가를 받은 경우와 다른 법률에 특별한 규정이 있는 경우를 제외하고는 떼지 못한다.

24 정답 ③

③ 재검사 결과 적합 판정을 받은 자동차는 지동차종합검사 결과표 또는 지동차기능 종합진단서를 받은 **날의 다음 날부터 계산**한다.

25 정답 ④

④ 도로의 등급은 **고속국도, 일반국도, 특별시도 · 광역시도, 지방도, 시도, 군도, 구도**의 순이다.

26 정답 ③

③ 취급주의 스티커의 경우 운송장 바로 우측 옆에 붙여서 눈에 띄게 한다.

27 정답 ②

28 정답 ③

③ 고객이 이사화물을 인도받은 날로부터 5년간 존속한다.

29 정답 ②

② 고객의 책임있는 사유로 계약을 해제한 경우에 약정된 이사화물의 인수일 당일에 해제를 통지한 경우는 **계약금의 배액이 손해배상액**이다.

30 정답 ②

② 화물더미의 화물을 출하할 때에는 **화물더미 위에서부터 순차적으로 층계를 지으면서** 헐어낸다.

31 정답 ③

③ 운송장에 인도예정일의 기재가 없는 경우에는 운송장에 기재된 운송물의 수탁일로부터 **도서, 산간벽지는 3일**이다.

32 정답 ③

① 개폐문의 방청상태보다 방수상태를 점검해야 한다.

② 컨테이너에 수납되어 있는 위험물의 분류명, 표찰 및 컨테이너 번호를 외측부 가장 잘 보이는 곳에 표시한다.

④ 화물 중량의 배분과 외부충격의 완화를 고려하는 동시에 어떠한 경우라도 화물 일부가 컨테이너 밖으로 튀어나와서는 안 된다.

33 정답 ②

② 독극물 저장소, 드럼통, 용기, 배관 등은 내용물을 알 수 있도록 확실하게 표시하여 놓아야 한다.

34 정답 ②

② 슈링크방식은 열수축성 플라스틱 필름을 파렛트 화물에 씌우고 슈링크 터널을 통과시킬 때 가열하여 필름을 수축시켜 파렛트와 밀착시키는 방식으로 우천 시의 하역이나 야적보관도 가능하다.

35 정답 ④

ㄴ은 기계작업의 운반기준이다.

36 정답 ②

② **슈링크 방식과 스트레치 방식**은 통기성이 없는 점은 공통적이나 스트레치 방식은 열처리를 하지 않는 점이 다른 점이다.

37 정답 ④

④ 상차 후에는 해당 게이트로 가서 전산정리를 하고, 다른 라인일 경우는 배차부서에게 면장 및 컨테이너 번호, 화주이름을 말해주고 전산정리를 한다.

38 정답 ③

③ 500만원 이하의 과태료의 벌칙에 해당한다.

39 정답 ②

② 배송 중 수하인이 직접 찾으러 오는 경우 물품을 전달할 때 반드시 본인 확인을 한 후 물품을 전달하고, 인수확인란에 직접 서명을 받아 그로 인한 피해가 발생하지 않도록 유의한다.

40 정답 ③

③ 고객의 책임 있는 사유로 이사화물의 인수가 지체된 경우에는 고객은 약정된 인수일시로부터 지체된 1시간마다 계약금의 반액을 곱한 금액(지체 시간 수×계약금×1/2)을 손해배상액으로 사업자에게 지급해야 한다.

41 정답 ②

② 일반도로에서는 곡선반경의 크기가 작아짐에 따라 사고율이 높아진다.

42 정답 ④

④ 주행 시 엔진과열의 현상 시 조치방법 중 하나이다.

43 정답 ④

④ 이면도로는 간선도로와 달리, 운전을 하는데 있어 여러 가지 환경과 여건이 좋지 않기 때문에 위험성이 많다. **도로의 폭도 일정하지 않다.**

44 정답 ②

② 앞이 안 보일 정도로 안개가 심한 경우에는 운행을 하는 것보다는 미등과 비상경고등을 점등시키고 **차를 안전한 곳에 세우고 잠시 기다리는 것이 좋다.**

45 정답 ③

③ **동일 등급**의 오일로 교체하거나 보충하고, 반드시 오일필터도 함께 교환한다.

46 정답 ②

② 차량이 많을 때 가장 안전한 속도는 **다른 차량의 속도와 같을 때**이다.

47 정답 ③

③ 충전용기 등을 목재·플라스틱 또는 강철재로 만든 팔레트 내부에 넣어 안전하게 적재하는 경우와 용량 10kg 미만의 액화석유가스 충전용기를 적재할 경우를 <u>제외하고</u> 모든 충전용기는 1단으로 쌓을 것을 요한다.

48 정답 ④

고속도로 2504 긴급견인서비스(1588-2504, 한국도로공사 콜센터)는 고속도로 본선, 갓길에 멈춰 2차사고가 우려되는 소형차량을 가까운 안전지대(영업소, 휴게소, 쉼터)까지 견인하는 제도로 무료서비스이다. 그 대상차량은 **승용차, 16인 이하 승합차, 1.4톤 이하 화물차**이다.

49 정답 ④

④ 교량 접근로의 폭과 교량의 폭이 같을 때 사고율이 가장 낮다.

50 정답 ③

③ '차로수'라 함은 양방향 차로(오르막차로, 회전차로, 변속차로 및 양보차로를 제외한다)의 수를 합한 것을 말한다.

51 정답 ④

④ 대형차를 따라갈 때는 가능한 앞지르기를 않는 것이 좋다.

52 정답 ②

② 완충장치의 점검사항이다.

53 정답 ③

시속 100km로 주행 시 정지거리는 112m이므로 앞차의 안전거리는 100m 이상 두고 주행함이 안전하다.

54 정답 ④

④ 간접적 요인이다.

55 정답 ④

자차의 속도를 앞지르기를 시도하는 차의 속도 이하로 적절히 감속한다. 앞지르기를 시도하는 차가 안전하고 신속하게 앞지르기를 완료할 수 있도록 함으로써 자차와의 사고 가능성을 줄일 수 있기 때문이다.

56 정답 ②

밝은 곳에서 어두운 곳으로 들어가서 눈이 익숙해져서 시력을 회복하는 것을 암순응이라고 하며 반대의 경우를 명순응이라 한다. 암순응에 걸리는 시간은 일반적으로 명순응에 걸리는 시간보다 길다.

57 정답 ①

① **곡선반경이 짧아질수록 급한 커브길이** 된다.

58 정답 ③

① 교통량이 많은 곳에서는 **속도를 줄여서** 주행한다.

② 노면의 상태가 나쁜 도로에서는 **속도를 줄여서** 주행한다.

④ 곡선반경이 작은 도로나 신호의 설치간격이 좁은 도로에서는 **속도를 낮추어** 안전하게 통과한다.

59 정답 ②

원심력의 크기는 커브 반경이 작을수록, 중량이 무거울수록 비례해서 커지고 속도의 제곱에 비례하여 커진다.

60 정답 ③

③ 트랙터 차량의 경우 트레일러 주차 브레이크는 일시적으로만 사용하고 트레일러 브레이크만을 사용하여 주차하지 않는다.

61 정답 ②

모든 차의 운전자는 교통정리가 행하여지고 있지 아니하는 교차로 또는 그 부근의 도로를 횡단하는 보행자의 통행을 방해하여서는 아니된다. 모든 차의 운전자는 보행자가 횡단보도가 설치되어 있지 아니한 도로를 횡단하고 있는 때에는 안전거리를 두고 일시정지하여 보행자로 하여금 안전하게 횡단할 수 있도록 하여야 한다(도로교통법 제27조).

62 정답 ④

④ 노면이 험한 도로를 달릴 경우 '딱각딱각'소리나 '쿵쿵'의 소리가 나는 경우 속 업소버의 고장일 수 있다.

63 정답 ①

64 정답 ①

① 엔진 브레이크를 사용하면 페이드 현상을 예방하여 운행 안전도를 더욱 높일 수 있다.

65 정답 ②

타이어는 휠의 림에 끼워져서 일체로 회전하며 자동차가 달리거나 멈추는 것을 원활히 한다.

66 정답 ④

국내 화주기업 물류의 문제점 : 각 업체의 독자적 물류 기능 보유, 제3자 물류 기능의 약화, 시설·업체 간 표준화 미약, 제조·물류 업체 간 협조성 미비, **물류 전문업체의 물류 인프라 활용도 미약** 등

67 정답 ②

② 수송비가 저렴하다.

68 정답 ③

69 정답 ③

공동수송의 장점 : 물류시설 및 인원 축소, 발송작업의 간소화, 영업용 트럭의 이용 증대, 입출하 활동의 계획화, 운임요금의 적정화, 소량 부정기화물 공동수송 가능 등

70 정답 ①

71 정답 ①

① 후속차량이 추월하고자 할 때에는 감속 등으로 양보운전한다.

72 정답 ①

① 판매기능을 촉진한다.

73 정답 ②

② 배송확인 문의전화는 영업사원에게 시간을 확인한 후 고객에게 답변한다.

74 정답 ④

GPS는 운행차량의 관리·통제에도 용이하게 활용될 수 있으며 차량부착이 필요하다.

75 정답 ②

② 교차로나 좁은 길에서 마주 오는 차끼리 만나면 먼저 가도록 양보해 주고 전조등은 끄거나 하향하여 상대방 운전자의 눈이 부시지 않도록 한다.

76 정답 ②

② 운전자는 심신 상태를 조절하여 냉정하고 침착한 자세로 운전하여야 한다. 그러기 위해서는 생활을 단순화하는 것이 평정심을 유지하는 데 도움이 된다.

77 정답 ①

② 물류자회사에 의해 처리하는 경우

③ 화주기업이 자기의 모든 물류활동을 외부에 위탁하는 경우 (단순 물류아웃소싱 포함)

④ 다양한 조직들의 효과적인 연결을 목적으로 하는 통합체로서 공급망의 모든 활동과 계획관리를 전담하는 경우

78 정답 ④

제3자 물류서비스의 개선 및 확충으로 물류시설에 대한 고정투자비 부담이 감소되어 규모의 경제효과를 얻을 수 있어 물류산업의 합리화가 촉진될 것이다.

79 정답 ②

② 화물의 특수수송에 따른 운임에 대한 불안감이 있다.
　　예 회사부도

80 정답 ②

제4자 물류(4PL)의 두 가지 중요한 특징으로는 i) 제3자 물류보다 범위가 넓은 공급망의 역할을 담당하고, ii) 전체적인 공급망에 영향을 주는 능력을 통하여 가치를 높일 수 있다는 것이다.

02 제2회 정답 및 해설

1	2	3	4	5	6	7	8	9	10
③	③	③	③	③	③	②	④	④	③
11	12	13	14	15	16	17	18	19	20
①	②	②	①	④	④	②	①	①	②
21	22	23	24	25	26	27	28	29	30
②	③	④	①	④	③	①	①	④	③
31	32	33	34	35	36	37	38	39	40
③	①	②	③	①	①	③	①	④	③
41	42	43	44	45	46	47	48	49	50
③	②	③	④	③	②	③	④	②	①
51	52	53	54	55	56	57	58	59	60
③	①	③	③	③	①	④	①	②	④
61	62	63	64	65	66	67	68	69	70
③	②	③	④	④	①	②	②	③	①
71	72	73	74	75	76	77	78	79	80
④	③	③	②	②	①	③	②	③	①

01 정답 ③

02 정답 ③

ㄱ. **주의표지** 중에 '미끄러운 도로'에 대한 표지이다.

ㄴ. **규제표지** 중에 '화물자동차통행금지'에 대한 표지이다.

ㄷ. **지시표지** 중 '우회로'에 대한 표지이다.

03 정답 ③

① **녹색의 등화**일 경우에 비보호좌회전표지 또는 비보호좌회전표시가 있는 곳에서는 좌회전할 수 있다.

② **황색의 등화**일 경우에 차마가 교차로의 일부라도 진입한 경우에는 신속히 교차로 밖으로 진행하여야 한다.

③ **차마는 우회전하려는 경우** 정지선, 횡단보도 및 교차로의 직전에서 정지한 후 신호에 따라 진행하는 다른 차마의 교통을 방해하지 않고 우회전할 수 있다. 다만, 우회전 삼색등이 적색의 등화인 경우 우회전할 수 없다.

④ **황색등화가 점멸하는 경우** 차마는 다른 교통 또는 안전표지의 표시에 주의하면서 진행할 수 있다.

04 정답 ③

③ 1종 보통면허로 **총중량 12톤 미만의 화물자동차를** 운행할 수 있다.

05 정답 ③

① 동시에 진입하려고 하는 경우에는 우측도로에서 진입하는 차에 진로를 양보한다.

② 죄회전하려고 하는 경우에는 직전하거나 우회전하려는 차에 진로를 양보한다.

④ 도로의 폭이 좁은 도로에서 진입하려고 하는 경우에는 **도로의 폭이 넓은 도로로부터 진입하는 차에 진로를 양보**한다.

06 정답 ③

07 정답 ②

② 사람이 끌고가는 **손수레도 도로교통법상 '차'에 해당**한다. **만일 리어카나 손수레가 1m 이하에 해당하면** 차마에 해당하지 않는다. 그리고, 횡단보도에서 손수레를 끌고 가는 사람은 보행자로서 보호를 받는다.

08 정답 ④

④ 자동차 등을 이용하여 형법상 특수상해 등을 행한 때와 자동차를 이용하여 범죄행위(살인, 사체유기, 방화, 강도, 강간, 강제추행, 약취, 유인·감금, 상습절도, 교통방해 등)를 한 때가 취소처분 기준이다.

09 정답 ④

중앙선침범 차량에 충돌되어 **'물적피해'를 입힌 경우에는 특례가 적용**된다. 인적피해를 준 경우에는 특례적용이 배제된다.

10 정답 ③

③ 면허취소사유 상태이나 취소처분의 통지 전 운전인 경우에는 무면허운전에 해당하지 않는다.

11 정답 ①

① 20km/h 이하는 6만원, 20km/h 초과 40km/h 이하는 10만원이다.

12 정답 ②

① 화물운송 종사자격증을 취득하려는 사람은 운전적성정밀검사 중 신규검사를 받아야 한다.

③ 과거 1년간 운전면허행정처분기준에 따라 **산출된 누산점수가 81점 이상인 사람**이 운전정밀검사 중 특별검사를 받아야 한다.

④ 신규검사 또는 유지검사의 적합판정을 받은 사람으로서 해당 검사를 받은 날부터 **3년 이내에 취업하지 아니한 사람은 유지검사를** 받아야 한다.

13 정답 ②

이 법은 화물자동차 **운수사업을 효율적으로 관리**하고 건전하게 육성하여 **화물의 원활한 운송을 도모**함으로써 **공공복리의 증진**에 기여함을 목적으로 한다.

14 정답 ①

① 채무불이행자는 결격사유가 아니다.

15 정답 ④

④ 협회가 아니라 **관할관청에 반납**하여야 한다.

16 정답 ④

④ **이외에도 밴형 화물자동차를** 사용하여 화주와 화물을 함께 운송하는 운송사업자 및 운송가맹사업자도 운임과 요금을 신고하여야 하는 운송사업자이다.

17 정답 ②

② 최대적재량이 5톤 이상이거나 총중량이 10톤 이상인 화물자동차 중 **일반형·밴형 및 특수용도형 화물자동차와 견인형 특수자동차**(구난형 특수자동차는 제외)를 소유하고 있는 운송사업자가 적재물배상책임보험 또는 공제에 가입하여야 한다.

18 정답 ①

① 자격정지 90일이다.

19 정답 ①

① 고의 또는 과실로 **3명 이상이 사망**(사고발생일부터 30일 이내에 사망한 경우를 포함)**하거나 20명 이상의 사상자가 발생**한 교통사고를 일으켜 운전면허가 취소된 사람이 운전결격사유이다.

20 정답 ②

특별검사 대상자에 대한 교육시간은 **8시간**이다(규칙 제53조).

21 정답 ②

①·③·④ 이외에도 궤도 또는 공중선에 의하여 운행되는 차량, 「의료기기법」에 따른 의료기기가 적용이 제외되는 자동차이다.

22 정답 ③

대표자의 변경은 법인인 경우만 해당한다. 즉 개인대표자의 변경은 허가가 필요하다.

23 정답 ④

검사유효기간은 6개월이다.

24 정답 ①

튜닝의 승인을 하는 행정기관도 **시장·군수·구청장**이다.

25 정답 ④

④ 화물자동차운송사업에 사용되는 **최대적재량이 1톤 이하인 밴형 화물자동차로서 택배용으로 사용**되는 자동차가 그 대상이다.

26 정답 ③

③ 가축이나 살아있는 동물을 운반하는 차량은 무게중심이 이동하여 전복될 위험이 있으므로 안전운전이 필요하다. 무게중심이 낮아지는 것보다 무게중심이 높아지거나 이동하는 것이 더 위험하다.

27 정답 ①

28 정답 ①

참고로 유연포장, 강성포장, 반강성포장은 포장재료로 분류한 것이다.

29 정답 ④

①·②에서 생년월일은 빠진다.

③ 주문번호 또는 고객번호이다. 즉, 두 개 중 하나만 있으면 된다.

30 정답 ③

③ 화물 종류별로 표시된 쌓는 **단수 이상**으로 적재를 하지 않는다.

31 정답 ③

③ 냉동 및 냉장차량은 열과 열 사이에 공간을 남기고 화물을 적재하기 전에 적절한 온도가 유지되고 있는지 확인한다.

32 정답 ①

① 두뇌작업이 필요한 작업은 수작업 운반으로 한다.

33 정답 ②

34 정답 ③

③ 포장화물은 보관 중이나 수송 중에 **'밑에' 쌓인 화물이 압축하중을 가장 많이 받는다.**

35 정답 ①

① 상차 전의 확인사항이다.

36 정답 ①

② 두 개 이상의 화물을 하나로 밴딩처리한 경우 반드시 고객에게 파손가능성을 설명하고 **별도로 포장하여 각각 운송장 및 보조송장을 부착**하여 집하한다.

③ 신용업체의 대량화물을 집하할 때는 박스 수량과 운송장에 기재된 수량을 확인해야 한다.

④ 반품요청이 들어왔을 때 반품요청일 다음 날부터 빠른 시일 내에 처리한다.

37 정답 ③

③ **트레일러 자체로는 기동성을 가진 것은 아니고 견인됨으로서 기동성을 가지게 된다.**

①·②·④ 이외에도 효과적인 적재량, 탄력적인 작업, 중계지점에서의 탄력적인 이용을 들 수 있다.

38 정답 ①

카고 트럭은 적재량 1톤 미만의 소형차로부터 12톤 이상의 대형차까지 있다. 카고 트럭의 하대는 귀틀이라는 받침 부분과 바닥부분 그리고 문짝의 3부분으로 이루어진다.

39 정답 ④

④ **계약금의 10배액**이다.

40 정답 ③

ㄴ. 만일 이사화물이 전부 멸실된 경우에는 '약정된' 인도일부터 1년을 기산한다.

41 정답 ③

안전시설은 도로·환경요인과 관련이 있다.

42 정답 ②

② 속도가 빨라질수록 시야의 폭이 좁아진다.

43 정답 ③

③ 장시간 운전에 의한 피로상태에서 동체시력은 저하된다.

44 정답 ④

주간에 터널에 진입하는 경우 발생하는 현상은 암순응이다.

45 정답 ③

① 주시점은 멀어진다.

② 시야가 좁아진다.

④ 가까운 곳의 풍경이 더욱 흐려진다.

46 정답 ②

고령자의 경우 눈부심에 대한 감수성이 증가한다.

47 정답 ③

오름 경사는 실제보다 크게, 내림경사는 실제보다 작게 인식한다.

48 정답 ④

④ 중간적 음주자는 습관성 음주자보다 더 늦게 알콜 농도 정점에 도달하지만, 농도는 습관성 음주자의 2배이다.

49 정답 ②

내리막길에서 풋 브레이크만 사용하게 되면 라이닝의 마찰에 의해 제동력이 떨어지므로 **엔진 브레이크**를 사용하는 것이 안전하다..

50 정답 ①

② 토아웃(Toe-out)은 앞바퀴를 위에서 보았을 때 앞쪽이 뒤쪽보다 넓은 상태를 의미한다.

③ (+)캠버는 자동차를 앞에서 보았을 때, 위쪽이 아래보다 약간 바깥쪽으로 기울어져 있는 상태를 의미한다.

④ (−)캠버는 자동차를 앞에서 보았을 때, 위쪽이 아래보다 약간 안쪽으로 기울어져 있는 상태를 의미한다.

51 정답 ③

원심력은 커브가 작을수록 커진다.

52 정답 ①

② **수막**(Hydroplaning) **현상**은 물이 고인 노면을 고속으로 주행할 때 타이어의 배수 기능이 감소되어 물의 저항에 의해 노면으로부터 떠올라 물위를 미끄러지듯이 되는 현상을 의미한다.

③ **모닝 록**(Morning lock) **현상**은 비가 자주 오거나 습도가 높은 날, 또는 오랜 시간 주차한 후에는 브레이크 드럼에 미세한 녹이 발생하는 현상을 의미한다.

④ **스탠딩 웨이브**(Standing wave) **현상**은 타이어의 회전속도가 빨라지면 접지부에서 받은 타이어의 변형(주름)이 다음 접지 시점까지도 복원되지 않고 접지의 뒤쪽에 진동의 물결이 일어나는 현상을 의미한다.

53 정답 ③

① **명순응 현상**은 일광 또는 조명이 어두운 조건에서 밝은 조건으로 변할 때 사람의 눈이 그 상황에 적응하여 시력을 회복하는 것을 말한다.

② **암순응 현상**은 일광 또는 조명이 밝은 조건에서 어두운 조건으로 변할 때 사람의 눈이 그 상황에 적응하여 시력을 회복하는 것을 말한다.

④ **페이드**(Fade) **현상**은 비탈길을 내려가거나 할 경우 브레이크를 반복하여 사용하면 마찰열이 라이닝에 축적되어 브레이크의 제동력이 저하되는 것을 말한다.

54 정답 ③

속 업소버의 오일 누출 여부 점검은 완충장치와 관련이 있다.

55 정답 ③

③ 일반도로에서는 **곡선반경이 100m 이내일** 때 사고율이 높다.

56 정답 ①

① 도로 중심선 축의 교통마찰을 감소시켜 교통용량을 증가시킨다.

57 정답 ④

④ **편경사에 대한 설명**이다. '종단경사'는 도로의 진행방향 중심선의 길이에 대한 높이의 변화 비율을 말한다.

58 정답 ①

① 두 가지 중 어느 것 하나라도 소홀히 하면 곧바로 교통사고로 연결되어 사람의 귀중한 생명과 재산상의 손실을 초래할 수 있어 **안전운전과 방어운전을 별도의 개념으로 양립시켜 운전할 수 없다.**

59 정답 ②

② 교차로에서는 충돌사고가 아니라 추돌사고가 일어나기 쉽다.

60 정답 ④

④ 유턴 차량과는 추돌사고가 많이 발생한다.

61 정답 ③

③ 차로폭이 넓은 경우보다 좁은 경우에 더욱 안전속도로 감속하여 운행해야 한다.

62 정답 ②

② 차단기가 내려지고 있거나, 경보음이 울릴 때, 건널목 앞쪽이 혼잡하여 건널목을 완전히 통과할 수 없게 될 염려가 있을 때에는 진입하지 않는다.

63 정답 ③

③ 습도가 낮고 공기가 매우 건조한 계절은 겨울철이다.

64 정답 ④

④ 가을철 교통사고 특징이다.

65 정답 ④

④ 취급물질을 출하한 후에도 탱크 속에는 잔류가스가 남아 있으므로 위험물이 적재된 상태와 동일하게 취급 및 점검을 실시한다.

66 정답 ①

① 서비스는 무형의 상품으로서 측정하기도 어렵지만 누구나 느낄 수 있다(무형성).

② 동시성에 대한 설명이다.

③ 인간주체에 따른 이질성에 대한 설명이다.

④ 소멸성. 이밖에도 서비스는 누릴 수는 있으나 소유할 수 없는 '무소유권'을 특징으로 한다.

67 정답 ②

68 정답 ②

② 택시나 버스와 같은 다양한 승객을 상대해야 하는 서비스에서 발생하는 문제이다.

①·③·④ 이외에 화물의 특수 수송에 따른 운임체불에 대한 불안감 같은 직업상 어려움이 존재한다.

69 정답 ③

③ 물류관리의 효율화를 통한 물류비의 절감은 기업 내적 물류관리이다. 고도의 물류서비스를 소비자에게 제공하여 기업경영의 경쟁력을 강화시키는 것이 기업 외적 물류관리이다.

70 정답 ①

① 기획기능도 있다고 볼 수 있으나 본질적인 기능은 아니다. 물류의 기능으로 ②·③·④ 외에도 유통가공기능, 정보기능 등이 있다.

71 정답 ④

④ 일반적으로 생산과 마케팅부서는 물류의 중요성을 각자의 관점에서 인식하는 경향이 있어 상호협조가 이루어지기 어렵다.

72 정답 ③

③ 트레이드 오프관계에 있는 모든 비용을 평가할 수 없다.

73 정답 ③

③ 차별화된 저가격·고품질의 물류서비스가 확산될 전망이다.

74 정답 ②

② **물류업체**는 물류활동을 장기간 수탁운영하는 과정에서 얻은 관리기술 및 노하우를 화주기업과 공유할 수 있다. 즉 반대로 서술되어 있다.

75 정답 ②

76 정답 ①

① 전략수립은 **고객서비스 수준을 통해** 물류시스템의 수준과 성과를 결정한다.

77 정답 ③

③ 화물자동차는 선박과 철도에 비해서 비교적 소량이다.

78 정답 ②

② 제3자 물류로의 방향전환은 화주와 물류서비스 제공업체의 관계가 **단기적인 거래기반에서 장기적인 관점으로 발전**하는 것이다.

79 정답 ③

③ 새로운 이익의 원천에는 **인구의 증가, 영토의 확대, 기술의 혁신**의 3가지가 있다.

80 정답 ①

① 사전배차계획 수립과 배차계획 수정이 가능해지며, 차량의 위치추적기능의 활용으로 도착시간의 정확한 추정이 가능해졌다.

두문자 (頭文字) 정리

✿ 학습에 두문자를 이용하셨다면 시험장까지 가져 가시라는 의미에서 전체적으로 내용을 확인·암기 하시도록 정리했습니다.

PART 1 교통 및 화물관련법규

CHAPTER 2 도로교통법령

✿ [서행해야 하는 장소]　　　　교구고비지 ➡ 23p

✿ [제1종 보통면허로 운전할 수 있는 자동차]
　　　　오승이화삼지영툭 ➡ 24p

✿ [벌점 40점]　　　　불공안소란즉 ➡ 26p

✿ [벌점 30점]　회사어어／전통불／철길갓길30 ➡ 26p

✿ [범칙금 7만원]
　철길갓길／미신／보영앞긴／맹추／회전중사／휴유 ➡28p

CHAPTER 3 화물자동차운수사업법령

✿ [벌금 및 과태료] 5년 이하의 징역 또는 2천만원 이하의 벌금
　　　　5상상3개보1대대 ➡ 53p

✿ [과징금]　　　호관환60／방현기20 ➡ 55p

PART 2 화물취급요령

CHAPTER 2 화물의 상·하차와 결박·덮개

✿ [일반적으로 수하역의 경우에 낙하의 높이]
　　　　114 ➡ 100p

CHAPTER 5 화물자동차의 종류

✿ [특수용도자동차]　　　구급냉장우선 ➡ 108p

✿ [특수장비차]
　　덤탱위합리화／소레내동트럭／크레인믹스 ➡ 108p

CHAPTER 6 화물운송의 책임한계

✿ [사업자의 책임있는 사유로 계약을 해제한 경우 손해배상]
　　　　2일영팡／이사육십 ➡ 114p

PART 3 안전운행이론

CHAPTER 2 자동차요인과 안전운행

✿ [토우인, 캠버, 캐스터]　　토마캐방캠휨 ➡ 137p

PART 4 운송서비스

CHAPTER 2 물류의 이해

✿ [7R 원칙]　　QUTPIC (큐트픽) ➡ 190p

✿ [7S 1L 원칙]　　　확신안저 ➡ 191p

✿ [물류전략의 실행구조]　　전구기실 ➡ 193p

**2026 초단기합격 화물운송종사자격시험
적중기출문제집**

2026년 3월 5일 개정5판 발행
2026년 3월 3일 개정5판 인쇄

편저자 ▌교통지식연구회
펴낸이 ▌최 영 호
발행처 ▌지식과 실천
등록번호(일자) ▌제2014-000032호(14년 5월 8일)
주 소 ▌서울시 관악구 양산길 33 성서빌딩 4F 412호
전 화 ▌02 - 6012 - 9800
팩 스 ▌02 - 2179 - 9810
ISBN ▌979 - 11 - 93835 - 19 - 7   13550

정가 14,000원

파본은 구입하신 서점에서 교환하여 드립니다.

"사랑의 첫 번째 의무는 상대방에 귀 기울이는 것이다."

- 폴 틸리히(Paul Tillich -

"사람을 존경하라, 그러면 그는 더 많은 일을 해 낼 것이다."

- 제임스 오웰(James Howell) -

"걱정거리를 두고 웃는 법을 배우지 못하면 나이가 들었을 때 웃을 일이 전혀 없을 것이다."

- 에드가 왓슨 하우(Edgar Watson Howe) -

"과거를 애절하게 들여다보지 마라. 다시 오지 않는다. 현재를 현명하게 개선하라. 너의 것이니. 어렴풋한 미래를 나아가 맞으라. 두려움 없이."

- 헨리 워즈워스 롱펠로우(Henry Wadsworth Longfellow) -

"내가 보기에 사람들은 엄청난 잠재력을 가지고 있다. 많은 이들이 자신감을 갖거나 위험을 무릅쓴다면 위대한 일을 해낼 수 있다. 하지만 대부분 그러지 못한다. 사람들은 TV 앞에 앉아 삶은 영원할 것이라 생각한다."

- 필립 애덤스(Philip Adams) -

"무얼하든 주의 깊게 하라. 그리고 목표를 바라보라."

- 작자 미상 -

"미래에 사로잡혀있으면 현재를 있는 그대로 볼 수 없을 뿐 아니라 과거까지 재구성하려 들게 된다." - 에릭 호퍼 -

"인생이란 폭풍우가 지나가길 기다리는 것이 아니라 빗속에서 춤을 추는 것이다."

- 석가모니 -

"행복으로 가는 길은 없다. 행복이 곧 길이다"

- 석가모니 -

"칭찬에 익숙하면 비난에 마음이 흔들리고, 대접에 익숙하면 푸대접에 마음이 상한다. 문제는 익숙해져서 길들어진 내마음이다."

- 백범 김구 -

"진짜로 인생을 즐기는 사람은 재미있는 것을 선택하는 사람이 아니었어요. 아무리 어려운 상황에 처해 있어도 「재